"모아교육그룹이 함께 만들어갑니다!"

소방기술사 / 소방시설관리사 / 소방설비기사 / 소방설비산업기사 / 소방실무 / 소방안전관리자 / 화재감식평가(산업)기사

전기안전기술사 / 건축전기설비기술사 / 발송배전기술사 / 전기응용기술사 / 정보통신기술사 / 전기기능장 / 전기기사 / 전기산업기사 / 전기기능사

화공안전기술사 / 산업안전기사 / 에너지관리기사 / 에너지관리산업기사 / 에너지관리기능사 / 공조냉동기계기사 / 공조냉동기계산업기사 / 공조냉동기계기능사

건축기계설비기술사 / 건축설비기사 / 건축설비산업기사 / 가스기사 / 가스산업기사 / 가스기능사 / 위험물기능장 / 위험물산업기사 / 위험물기능사

건설안전기사 / 대기환경기사 / 식품안전기사 / 산업위생관리기사 / 승강기기능사 / 설비보전기사 / 설비보전기능사

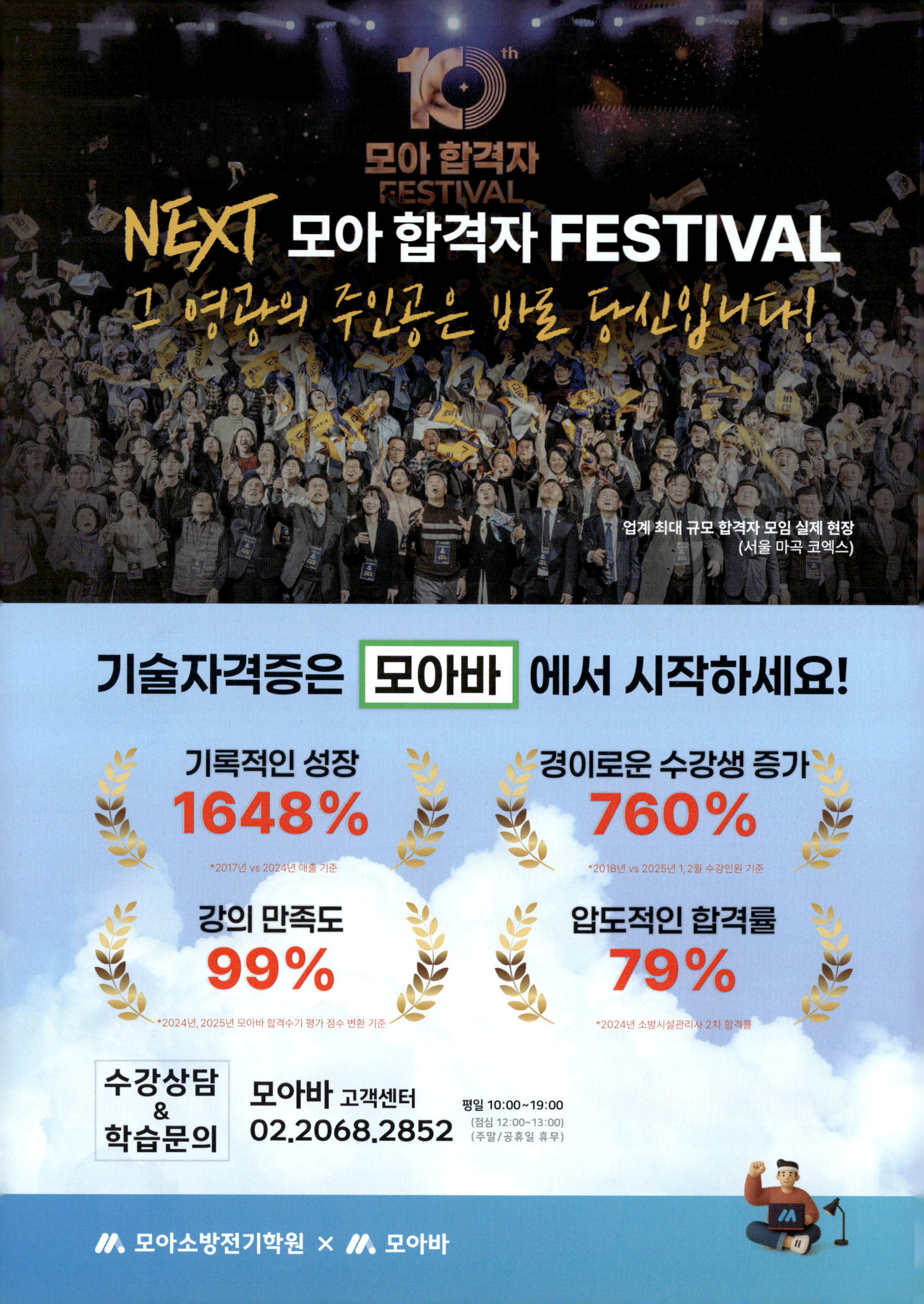

NEXT 모아 합격자 FESTIVAL
그 영광의 주인공은 바로 당신입니다!

업계 최대 규모 합격자 모임 실제 현장
(서울 마곡 코엑스)

기술자격증은 모아바 에서 시작하세요!

기록적인 성장
1648%
*2017년 vs 2024년 매출 기준

경이로운 수강생 증가
760%
*2018년 vs 2025년 1, 2월 수강인원 기준

강의 만족도
99%
*2024년, 2025년 모아바 합격수기 평가 점수 변환 기준

압도적인 합격률
79%
*2024년 소방시설관리사 2차 합격률

수강상담 & 학습문의

모아바 고객센터
02.2068.2852

평일 10:00~19:00
(점심 12:00~13:00)
(주말/공휴일 휴무)

모아소방전기학원 × 모아바

모아
설비보전
기능사 필기

모아합격전략연구소

2026년 설비보전기능사시험 한눈에 보기

[왜 설비보전기능사인가?]

오늘날 산업은 단순한 생산을 넘어 효율과 안전, 그리고 지속 가능한 운영을 요구합니다. 그 중심에는 설비를 안정적으로 유지하고 문제를 예방하며 성능을 높이는 설비보전 역량이 있습니다. 기업들은 생산성과 비용, 안전을 모두 잡기 위해 전문 인재를 찾고 있으며, 그 해답이 바로 설비보전기능사입니다. 설비보전기능사는 취업 경쟁력을 높이고, 자동화·스마트팩토리로 변화하는 미래 산업을 준비하는 가장 확실한 전문 자격입니다. 현장을 지키는 기술, 미래를 여는 힘. 그 시작은 설비보전기능사로부터 가능합니다.

[시험과목 및 합격 기준]

설비보전기능사

구분	필기	실기
시험과목	• 기계구동장치 • 공유압장치 • 전지전자장치 • 용접 및 안전관리	설비보전 기본 실무
검정방법	객관식 4지 택일형 60문항(60분)	작업형(공압 25점, 유압 25점, 가스절단 및 용접 30점, 기계장치 분해조립 20점), 2시간 50분
합격 기준	100점을 만점으로 하여 60점 이상	100점을 만점으로 하여 60점 이상(단, 작업형 과제 중 실격 사항에 해당할 경우 전체 실격)

[2026년 시험 일정]

필기시험

회별	원서접수 (휴일 제외)	시험시행
제1회	1.6(화) ~ 1.9(금)	1.20(화) ~ 1.24(토)
제2회	3.16(월) ~ 3.20(금)	4.4(토) ~ 4.9(목)
제3회	6.8(월) ~ 6.11(목)	6.27(토) ~ 7.2(목)
제4회	8.24(월) ~ 8.27(목)	9.16(수) ~ 9.21(월)

실기시험

회별	원서접수 (휴일 제외)	시험시행
제1회	2.2(월) ~ 2.5(목)	3.14(토) ~ 4.1(수)
제2회	4.27(월) ~ 4.30(목)	5.30(토) ~ 6.14(일)
제3회	7.27(월) ~ 7.30(목)	8.29(토) ~ 9.16(수)
제4회	10.12(월) ~ 10.15(목)	11.14(토) ~ 12.2(수)

※ 정확한 시험일정과 관련된 정보는 Q-Net에서 확인하시길 바랍니다. (* 필기 2회차 원서 접수 3월 18일 제외)

과목별 학습전략

기계구동장치

- 기어, 벨트, 체인 등 동력 전달장치와 관련된 계산 문제를 집중적으로 학습하는 것이 핵심입니다.
- 단순 암기보다 기계들의 구조를 통해 이해하면서 학습하는 것이 효과적입니다.
- 기출문제에서 자주나오는 기계요소를 정리해두면 학습 효율을 높일 수 있습니다.

☑ **비전공자**는 이렇게 접근하세요!
- 기초 용어와 작동 원리를 그림과 함께 이해하며 개념을 잡아가세요.
- 어려운 용어들은 반복적으로 학습해 익숙해지도록 하세요.

공유압장치

- 밸브, 실린더, 모터 등 주요 장치의 동작 원리를 비교하고 정리하는 것이 좋습니다.
- 회로도 해석 문제를 반복 학습하면 응용력이 강화되고, 시간 단축에도 도움이 됩니다.
- 실제 현장 사례와 연결해 개념을 적용해보면 문제 접근 방식이 한층 명확해집니다.

☑ **비전공자**는 이렇게 접근하세요!
- 기호부터 익히고, 간단한 회로도를 직접 그려보며 구조를 이해하세요.
- 원리를 충분히 이해한 뒤 기출문제를 통해 풀이 패턴을 학습하세요.

전기전자장치

- 직류·교류 회로 등 출제 비중이 높은 파트를 집중적으로 학습하는 것이 중요합니다.
- 혼동하기 쉬운 개념은 오답노트를 활용해 정리하면 효과적입니다.
- 계산문제는 어렵지 않게 출제되므로 간단한 계산문제만 연습해보세요.

☑ **비전공자**는 이렇게 접근하세요!
- 기본법칙을 정확히 이해하는 것이 우선입니다. 기본을 확실히 알면 정답은 따라옵니다.
- 기출문제를 반복해 풀며 풀이 패턴을 익히세요. 자신만의 풀이 흐름은 기억에 오래 남습니다.

용접 및 안전관리

- 산업안전보건법 등 법규의 세부 내용을 정확히 암기하는 것이 중요합니다.
- 용접법별 특징과 적용 사례를 정리하며 학습하면 이해도가 높아집니다.
- 수치형 안전 기준은 반복적으로 학습해 확실히 기억해두는 것이 효과적입니다.

☑ **비전공자**는 이렇게 접근하세요!
- 용접의 종류와 기본 안전수칙을 먼저 정리해 두세요.
- 법규와 규정은 암기카드나 요약노트를 활용해 반복적으로 암기하는 것이 효과적입니다.

이 책의 활용방법

Step 01. 학습 준비

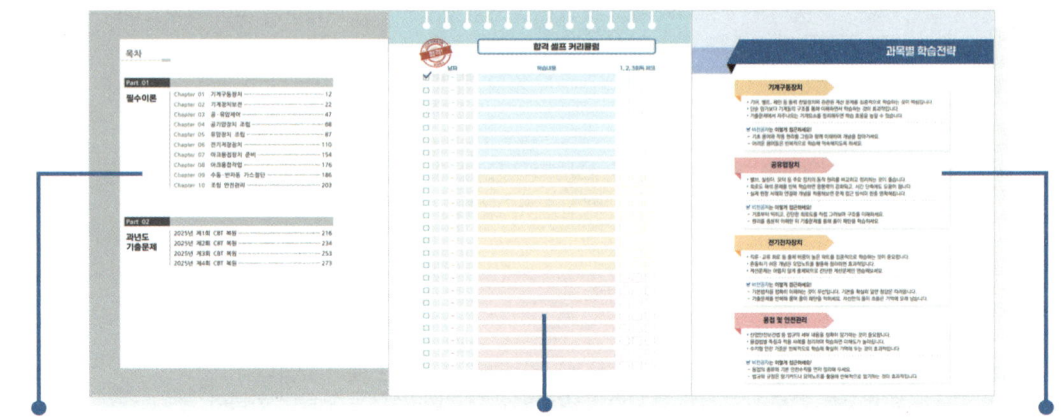

최근 개편 출제기준을 반영한 구성으로, 과목별 학습흐름과 범위를 한눈에 파악할 수 있습니다.

학습계획을 스스로 설정하고, 정해진 분량을 체크하며 학습 루틴을 형성할 수 있도록 도와주는 맞춤형 진도표입니다.

전공자는 물론, 비전공자도 수험 준비 방향을 빠르게 잡을 수 있게 과목별 학습전략을 정리했습니다.

Step 02. 효율적인 이론 학습

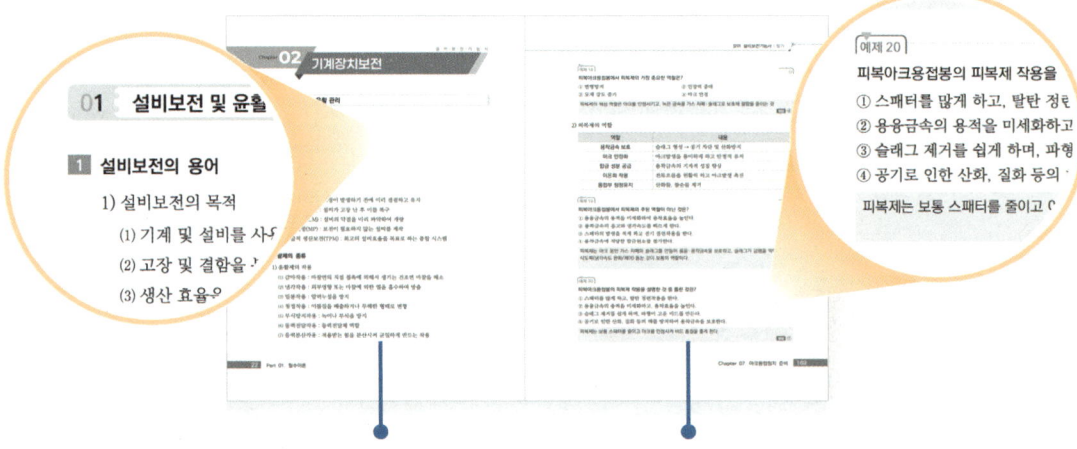

출제율 높은 핵심이론만 정리해 빠른 회독이 가능하며 개념중심 학습에 집중할 수 있습니다.

파트별 예상문제와 문제와 해설을 한눈에 볼 수 있는 구성은 학습흐름을 유지하며 실전감각을 높혀줍니다.

Step 03. 문제풀이

Step 04. 특별한 해설

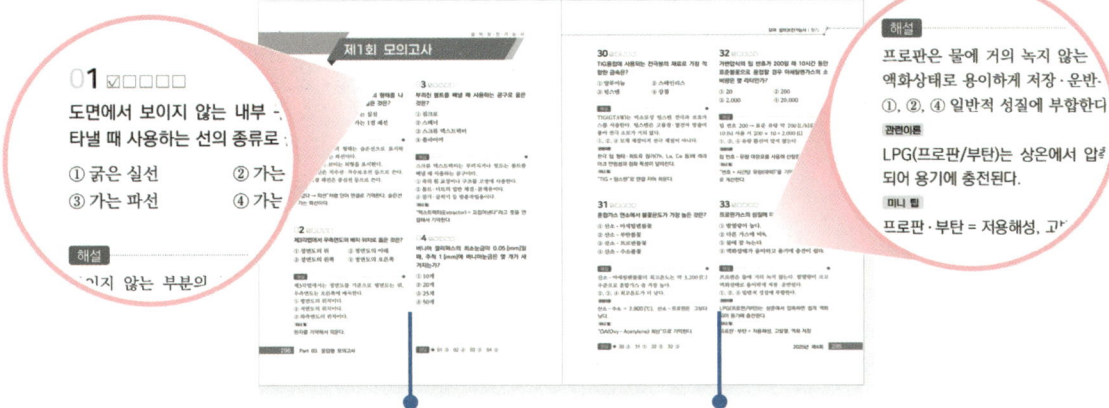

개편된 시험과목에 맞춘 실전형 모의고사로, 시험에 대비한 실전 감각과 문제해결력을 키울 수 있습니다.

해설에 관련 이론과 미니 팁을 함께 제시함으로써 문제의 핵심을 빠르게 파악하고 이해도를 높일 수 있도록 구성했습니다.

[추천! 3개월 초단기 로드맵 - 하루 3시간 기준]

설비보전기능사		
주차	학습목표	주요 내용
1~3주차	기계구동장치 및 보전 이론	• 공구, 기계장치 용어 정리 • 기계요소기호 암기
4~6주차	공유압, 전기저장장치 이론	• 공유압 원리 이해 • 회로기호 암기 • 전기이론은 이해되는 부분만 학습
7~8주차	용접, 절단 및 안전 이론	• 용어와 현상에 대한 내용 정리 • 피복아크용접 외 방식도 체크 • 안전파트는 문제 위주로 학습
9~10주차	기출 + 모의고사 문제	• 60분 내 시험완료 연습 • 최신과년도 완벽풀이
11~12주차	마무리 요약 + 총정리	• 전 범위 압축 노트 복습 • 틀리는 문제 유형 집중 반복

합격 셀프 커리큘럼

| 날짜 | 학습내용 | 1, 2, 3회독 체크 |

합격자가 인정한 이 책의 가치

처음의 도전 앞에서는 누구나 두렵고 막막함을 느끼기 마련입니다.
하지만 차근차근 준비를 쌓아간다면 그 과정은 결국 합격으로 이어지게 됩니다.
그 길에서 이 책은 여러분과 끝까지 함께하며 든든한 힘이 되어 드리겠습니다.

비전공자도 충분히 따라갈 수 있는 책이라 추천합니다!

김○○ (비전공자)

"비전공자인 저에게 가장 큰 어려움은 낯선 개념을 어떻게 이해할지였습니다. 그런데 이 책은 이론과 예제가 함께 구성되어 있어, 배운 내용을 바로 적용할 수 있었습니다. 처음에는 어렵게 느껴지던 부분도 예제를 풀며 금방 익숙해졌습니다. 앞으로 공부를 이어가는 든든한 동반자가 될 책이라 생각합니다."

3개월 플랜대로만 따라가니까 진짜 진도가 착착 나갔어요!

서○○ (직장인)

"직장인이라 공부할 시간이 부족할까 걱정했지만, 이 책의 3개월 초단기 로드맵이 큰 도움이 되었습니다. 3개월 동안 꾸준히 따라가다 보니 학습 흐름이 자연스럽게 이어지고, 과목별로 자신감이 붙었습니다. 이 책은 직장인이 시험을 준비하는 데 있어 든든한 학습 파트너가 되어 준다고 생각합니다."

실전 대비용으로 강력 추천합니다!

한○○ (재도전자)

"재도전이라 막막했지만, 이 책의 모의고사 10회분이 큰 힘이 되었습니다. 실제 시험처럼 반복 훈련을 하니 약점이 뚜렷하게 보이고 보완할 수 있었습니다. 꾸준히 풀다 보니 문제 풀이 감각이 살아나고, 다시 도전할 자신감도 얻을 수 있었습니다. 같은 길을 걷는 분들뿐만 아니라 모두에게 꼭 추천하고 싶은 책입니다."

기출이 부족한 상황에서 방향을 잡기에 딱 좋은 교재였습니다!

최○○ (전공자)

"전공자로서 기본 개념은 익숙했지만, 방대한 시험 범위를 어떻게 정리할지가 고민이었습니다. 이 책은 과목별 핵심이 잘 압축되어 있어, 짧은 시간에도 효율적으로 정리할 수 있었습니다. 체계적으로 준비하려는 모든 수험생에게 확실한 방향을 제시해주는 책이라고 생각합니다."

목차

Part 01

필수이론

Chapter 01	기계구동장치	12
Chapter 02	기계장치보전	22
Chapter 03	공·유압제어	47
Chapter 04	공기압장치 조립	68
Chapter 05	유압장치 조립	87
Chapter 06	전기저장장치	110
Chapter 07	아크용접장치 준비	154
Chapter 08	아크용접작업	176
Chapter 09	수동·반자동 가스절단	186
Chapter 10	조립 안전관리	203

Part 02

과년도 기출문제

2025년 제1회 CBT 복원 ·········· 216
2025년 제2회 CBT 복원 ·········· 234
2025년 제3회 CBT 복원 ·········· 253
2025년 제4회 CBT 복원 ·········· 273

Part 03

문답형 모의고사

제1회 모의고사	296
제2회 모의고사	311
제3회 모의고사	326
제4회 모의고사	340
제5회 모의고사	355
제6회 모의고사	370
제7회 모의고사	385
제8회 모의고사	400
제9회 모의고사	415
제10회 모의고사	431

[출·제·경·향·분·석·표]

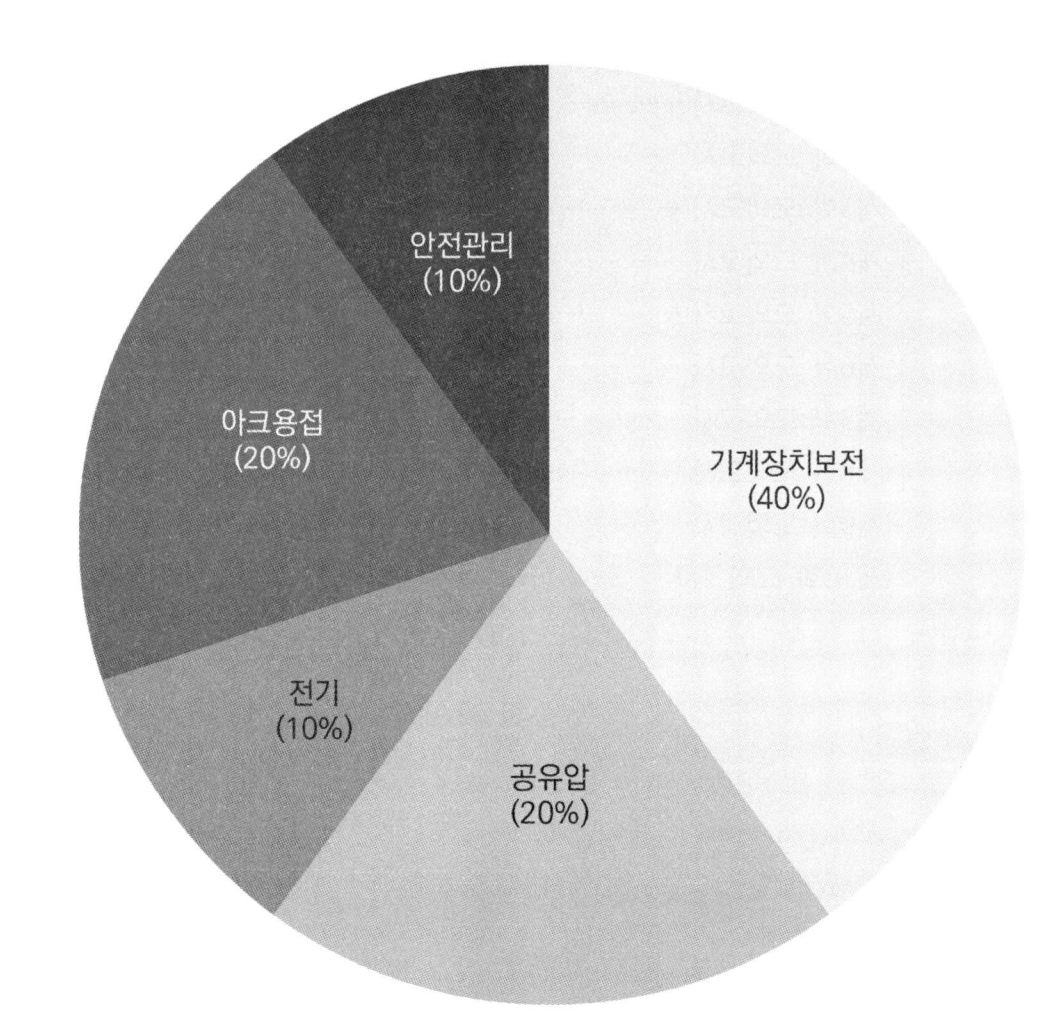

본 수치는 대략적인 값으로, 참고용으로만 활용해주시기 바랍니다.

설·비·보·전·기·능·사

Part 01

필수이론

Chapter 01 기계구동장치

01 기계구동장치 조립

1 조립

1) 조립계획
   (1) 조립도면과 조립도의 분석
   (2) 기계구동장치의 부품도와 조립도 작성
2) 부품도 확인사항
   (1) 부품의 치수
   (2) 부품의 수량
   (3) 부품의 상태
3) 조립도 확인사항
   (1) 조립상태
   (2) 조립 제품의 규격
   (3) 제품의 수량
   (4) 납기기한 및 주기

예제 01

조립계획 단계에서 부품도를 확인하는 주요 목적이 아닌 것은?
① 부품의 치수 확인
② 부품의 수량 확인
③ 부품의 재질 확인
④ 부품의 상태 확인

부품도의 확인사항은 치수, 수량, 상태이며, 재질 확인은 설계단계에서 진행한다.

정답 ③

2 공기구

1) 조립, 분해용 공구

　(1) 렌치와 스패너 : 볼트 또는 너트의 체결 및 분해 시 사용

　(2) 기어풀러 : 축에 고정된 기어, 커플링, 베어링을 빼내기 위해 사용

　(3) 스톱링 플라이어 : 스냅링, 리테이닝링의 분해, 조립용으로 사용

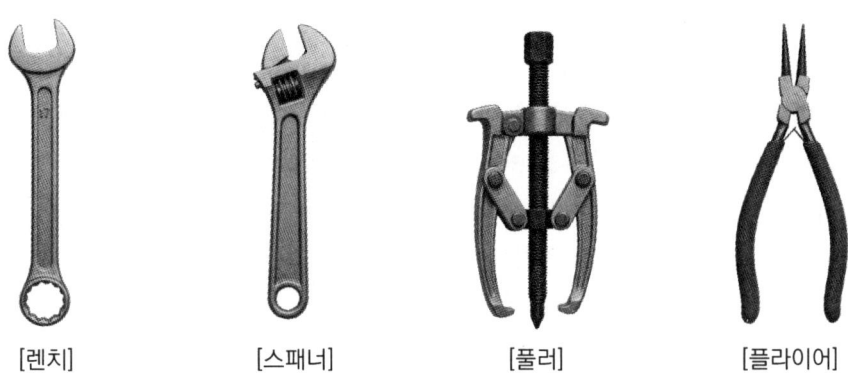

[렌치]　　　[스패너]　　　[풀러]　　　[플라이어]

예제 02

축에 고정된 기어를 빼낼 때 사용하는 공구는?

① 렌치　　　　　　　　　　② 기어풀러
③ 스톱링 플라이어　　　　　④ 짐크로

기어풀러는 축에 고정된 기어, 커플링, 베어링 등을 분해할 때 사용한다.

정답 ②

2) 수리용 공구

　(1) 짐크로 : 구부러진 축을 수리, 철 구조물이나 부품을 고정하거나 눌러줄 때 사용

　(2) 스크류 엑스트렉터 : 부러진 볼트나 헛도는 볼트를 빼내기 위해 사용

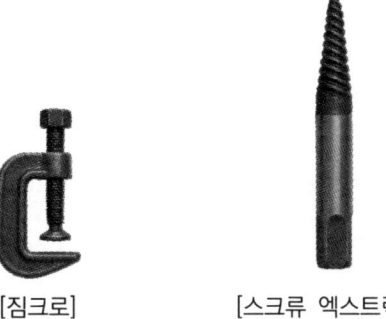

[짐크로]　　　[스크류 엑스트렉터]

> **예제 03**
>
> 구부러진 축을 교정할 때 사용하는 공구는?
> ① 스크류 엑스트렉터　　　　② 짐크로
> ③ 스패너　　　　　　　　　④ 플라이어
>
> 짐크로는 축 휨을 교정하거나 금속 구조물을 눌러 고정한다.
>
> **정답** ②

3) 치공구

(1) 동일한 제품의 대량 생산 시 대상물을 고정시킨 후 빠른 시간 내에 정확하게 작업할 수 있도록 만든 특수공구

(2) 지그와 고정구, 금형, 절삭공구, 검사공구 등을 통칭
  ① 지그(Jig) : 공작물의 위치를 정확히 잡아주고, 공구를 유도하는 역할까지 하는 도구
  ② 고정구(Fixture) : 공작물을 정확한 위치에 고정만 하고, 공구는 유도하지 않음

(3) 특징 : 사고 감소, 작업시간 단축, 비용절감

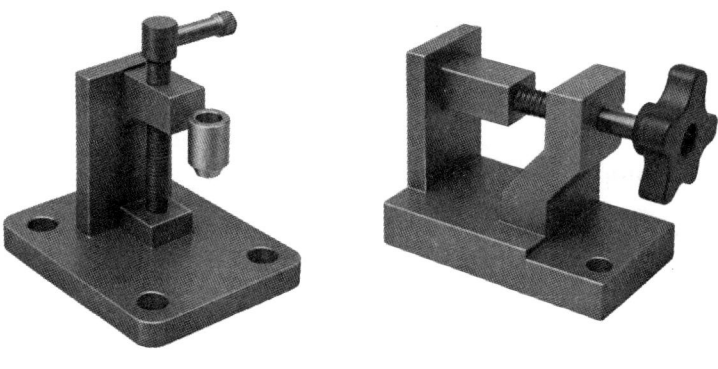

> **예제 04**
>
> 지그와 고정구의 차이로 옳은 것은?
> ① 지그는 고정만 한다.
> ② 고정구는 공구를 유도한다.
> ③ 지그는 고정과 공구 유도, 고정구는 고정만 한다.
> ④ 두 도구 모두 공구 유도를 한다.
>
> 지그는 공작물의 위치를 고정하고 공구를 유도하며, 고정구는 고정만 한다.
>
> **정답** ③

3 기계도면 기초

1) 도면의 분류

   (1) KS규격에 의한 구분

A	B	C	D	E	F
기본	기계	전기전자	금속	광산	건설
G	H	K	L	M	R
일용품	식품	섬유	요업	화학	수송기계

   (2) 사용목적에 따른 분류 : 계획도, 제작도, 견적도, 주문도, 승인도, 설명도, 공정도

   (3) 표현방식 따른 분류 : 외형도, 구조선도, 계통도, 곡면선도, 전개도

   예제 05

   다음 중 KS 규격에 의한 기계 도면 구분에 해당하지 않는 것은?
   ① A - 기본
   ② D - 금속
   ③ G - 요업
   ④ R - 수송기계

   G는 일용품, 요업은 L에 해당한다.

   정답 ③

2) 도면의 양식

   (1) 윤곽선 : 용지의 가장자리에 그린 테두리선이다.
   (2) 표제란 : 도면의 오른쪽 아래에 도면작성의 세부사항을 기입한다.
   (3) 부품란 : 도면의 오른쪽 위에 부품의 세부사항을 기입한다.
   (4) 중심마크 : 도면의 각 4개변의 중앙에 표시한다.
   (5) 비교눈금 : 축척이나 배척 시 그 정도를 가늠하기 위해 10 [mm] 간격으로 표기한다.
   (6) 재단마크 : 도면 재단의 편의를 위해 각 모퉁이에 (┌, ┐, └, ┘) 모양으로 표기한다.

   예제 06

   도면의 부품란에 기입하는 내용은?
   ① 도면명
   ② 축척
   ③ 부품의 세부사항
   ④ 도면 작성자

   부품란에는 부품명·규격·수량 등 세부사항을 기록한다.

   정답 ③

3) 척도

(1) 척도의 표현

$$A : B = 도면의\ 크기 : 실물의\ 크기$$

(2) 척도의 종류
   ① 현척(실척) : 도면의 크기 = 실물의 크기
   ② 축척 : 도면의 크기 < 실물의 크기
   ③ 배척 : 도면의 크기 > 실물의 크기

(3) 척도의 기입방법
   ① 표제란에 기입하는 것을 원칙으로 한다.
   ② 표제란이 없는 경우 도면이나 품번에 가까운 곳에 기입한다.

예제 07

도면 크기가 실물보다 작은 경우를 무엇이라 하는가?
① 현척　　　　　　　　　　② 축척
③ 배척　　　　　　　　　　④ 반척

축척은 실물보다 작게 그린 경우이다.

정답 ②

---

4 선(Line)

1) 겹치는 선의 우선순위

$$굵은\ 실선 \Rightarrow 가는\ 파선 \Rightarrow 절단선 \Rightarrow 가는\ 1점\ 쇄선 \Rightarrow 가는\ 2점\ 쇄선 \Rightarrow 가는\ 실선$$

2) 선의 굵기

(1) 가는 선 : 0.18 [mm], 0.25 [mm], 0.35 [mm], 0.5 [mm]

(2) 굵은 선 : 0.35 [mm], 0.5 [mm], 0.7 [mm], 1 [mm]

(3) 아주 굵은 선 : 0.7 [mm], 1 [mm], 1.4 [mm], 2 [mm]

(4) 굵기의 비율

$$가는\ 선 : 굵은\ 선 : 아주\ 굵은\ 선 = 1 : 2 : 4$$

3) 선의 종류와 용도

선의 종류	선의 모양	선의 명칭	선의 용도
굵은 실선	———	외형선	보이는 부분의 겉모양을 표시
가는 실선	———	치수선	길이를 나타내는 부분의 선
		치수보조선	길이 표시부분의 연장선
		지시선	기호 등을 표시하는 선
		회전단면선	도형의 절단면을 90°회전하여 표시
가는 파선	-------	숨은선	보이지 않는 부분의 형태를 표시
굵은 1점 쇄선		특수지정선	특수한 가공을 하는 부분을 표시
가는 1점 쇄선	—·—·—	중심선	도형의 중심을 표시
		기준선	위치결정의 근거를 명시할 때 사용
		피치선	반복하는 도형의 거리를 표시
가는 2점 쇄선	—··—··—	가상선	인접부분을 참고
		무게중심선	단면의 무게중심을 표시
기타	∼∼	파단선	대상물의 일부를 떼어낸 경계를 표시
	▨▨	해칭선	대상물의 절단된 부분을 표시
	⌐⌐	절단선	대상물이 절단해야 되는 부분을 표시

예제 08

보이지 않는 부분의 형태를 표시하는 선은?

① 굵은 실선　　　　　　　　② 가는 실선
③ 가는 파선　　　　　　　　④ 가는 1점 쇄선

가는 파선은 숨은선을 나타낸다.

정답 ③

5 투상도

1) 투상도의 정의

   ⑴ 투상도란 입체 형상의 물체를 정해진 방향에서 평면상에 옮겨 그린 것을 말한다.

   ⑵ 기계부품의 형상, 구조, 치수 등을 정확히 표현하기 위해 사용되며, 제작·조립·검사 등 전 과정에 활용한다.

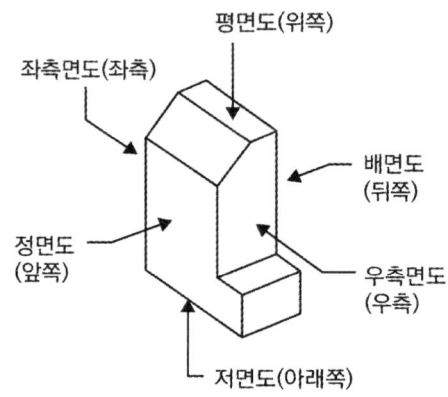

2) 투상법의 종류

종류	설명	사용 예
정투상법	물체의 각 면을 직각방향에서 투영	기계제도 기본방식
사투상법	물체를 평면에 비스듬히 투영	조감도, 개략도
등각투상법	3축이 120°로 이루어진 입체 그림	도해 설명용, 입체 이해

3) 제3각법의 투상도 구성

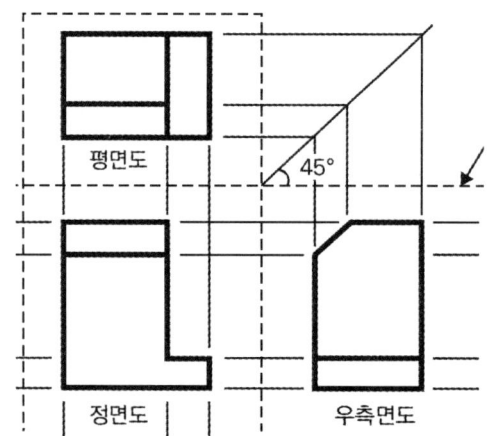

도면명	위치	설명
정면도	기준 중심	가장 중요한 형상을 보여줌
평면도	정면도 위	물체를 위에서 본 형상
우측면도	정면도 오른쪽	물체를 오른쪽에서 본 형상

① 대한민국, 미국, 캐나다 등에서 사용
② 정면도를 기준으로 상단에 평면도, 우측에 우측면도 배치
③ 국제 표준(KS, ISO)에서 채택

예제 09

제3각법에서 평면도의 위치는?

① 정면도의 위　　② 정면도의 아래　　③ 정면도의 왼쪽　　④ 정면도의 오른쪽

제3각법에서는 정면도의 위에 평면도가 온다.

정답 ①

02 기본측정기 사용

1 측정기 선정

1) 직접측정
   (1) 대상물에 직접 대고 측정
   (2) 소량이나 다품목 대상물에 적합
   (3) 종류 : 각도자, 곧은 자, 버니어 캘리퍼스, 마이크로미터, 측장기

2) 간접측정
   (1) 표준치수의 게이지와 비교하여 그 차이를 이용하여 측정
   (2) 측정이 쉽고 측정범위가 좁을 때 사용
   (3) 종류 : 다이얼게이지, 미니미터, 옵티미터

3) 한계측정
   (1) 대상물의 허용오차를 기준으로 합격, 불합격을 판단
   (2) 대량 생산 시 적용하며 조작이 간단
   (3) 종류 : 한계게이지, 블록게이지

2 기본측정기 사용

1) 측정공구

   (1) 버니어 캘리퍼스

   ① 고정된 어미자와 움직이는 아들자로 구성되어 아들자를 움직여 움직인 길이를 측정

   ② 일반적인 길이 측정뿐 아니라 철판의 두께 또는 틈 사이의 간격이나 파이프의 직경이나 내경, 파인 구멍의 깊이를 측정

   ③ 정밀도 : 0.02 ~ 0.05 [mm]

> **예제 10**
>
> 버니어 캘리퍼스에서 최소눈금이 0.02 [mm]라면, 주척눈금 1 [mm]에 버니어눈금 몇 개가 새겨져 있는가?
> ① 20개   ② 25개
> ③ 30개   ④ 50개
>
> 1 [mm]를 50등분하면 0.02 [mm], 따라서 50개의 눈금이 필요하므로 주척 1 [mm]에 버니어눈금 50개가 들어간다.
>
> **정답** ④

   (2) 마이크로미터

   ① 나사가 돌아가는 정도에 따라 앞뒤로 일정하게 움직이는 원리를 이용

   ② 파이프의 직경이나 철판의 두께 등을 정밀하게 측정

   ③ 정밀도 : 0.01 [mm]

   (3) 측장기

   ① 내부에 표준눈금을 이용해서 여러 가지 게이지의 길이를 측정

   ② 정밀 공구나 정밀한 부분을 측정하는 데 쓰는 정밀기기

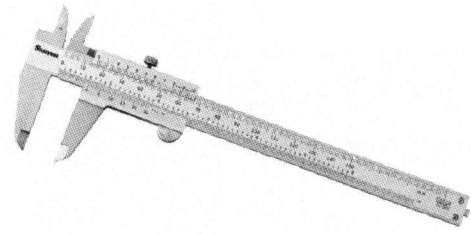
[버니어 캘리퍼스]

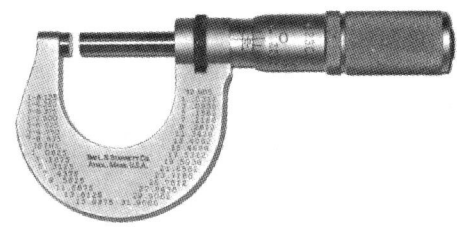
[마이크로미터]

2) 측정기구

(1) 베어링 체커 : 베어링의 윤활상태를 측정

(2) 진동계 : 진동기기의 진동을 측정

(3) 지시 소음계 : 소리의 크기를 측정

(4) 회전계 : 기계의 회전속도를 측정

(5) 수준기 : 수평도나 수직도를 측정하는 액체식 측정기

(6) 표면온도계 : 열전대를 이용하여 대상의 표면온도를 측정

3) 게이지

(1) 실린더(보어)게이지 : 원통 및 구멍의 내경을 측정

(2) 센터게이지 : 나사 절삭바이트의 각도를 측정

(3) 다이얼게이지 : 회전체나 회전축의 흔들림점검, 공작물의 평행도 및 평면상태를 측정

(4) 하이트(높이)게이지 : 정반 위에 올려놓고 정반면을 기준으로 하여 높이를 측정

(5) 와이어게이지 : 강선의 지름을 측정

(6) 피치게이지 : 나사산의 피치를 측정

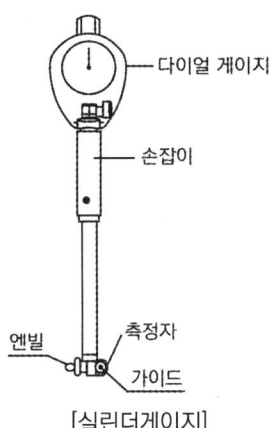

[실린더게이지]

   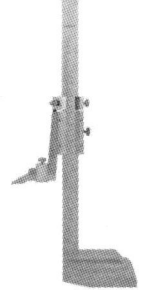   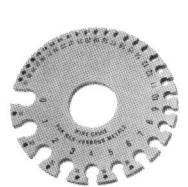   

[센터게이지]   [하이트게이지]   [와이어게이지]   [피치게이지]

예제 11

나사 피치는 어떤 측정기로 측정하는가?

① 버니어 캘리퍼스　　② 마이크로미터
③ 피치게이지　　　　 ④ 하이트게이지

나사 피치는 피치게이지로 측정한다.

정답 ③

Chapter 02 기계장치보전

01 설비보전 및 윤활 관리

1 설비보전의 용어

1) 설비보전의 목적
    (1) 기계 및 설비를 사용 가능한 상태로 유지
    (2) 고장 및 결함을 복구
    (3) 생산 효율을 높이고 비용을 절감
    (4) 설비의 수명을 연장
    (5) 재해방지

2) 설비보전의 유형
    (1) 예방보전(PM) : 고장이 발생하기 전에 미리 점검하고 유지
    (2) 사후보전(BM) : 설비가 고장 난 후 이를 복구
    (3) 개량보전(CM) : 설비의 약점을 미리 파악하여 개량
    (4) 보전예방(MP) : 보전이 필요하지 않는 설비를 제작
    (5) 종합적 생산보전(TPM) : 최고의 설비효율을 목표로 하는 종합 시스템

2 윤활제의 종류

1) 윤활제의 작용
    (1) 감마작용 : 마찰면의 직접 접촉에 의해서 생기는 건조면 마찰을 해소
    (2) 냉각작용 : 외부영향 또는 마찰에 의한 열을 흡수하여 방출
    (3) 밀봉작용 : 압력누설을 방지
    (4) 청정작용 : 이물질을 배출하거나 무해한 형태로 변형
    (5) 부식방지작용 : 녹이나 부식을 방지
    (6) 동력전달작용 : 동력전달체 역할
    (7) 응력분산작용 : 적용받는 힘을 분산시켜 균일하게 만드는 작용

> **예제 01**
>
> 다음 중 윤활제의 주된 작용이 아닌 것은?
> ① 마찰 감소 ② 마모방지
> ③ 냉각 ④ 동력 증폭
>
> 윤활제는 동력을 증폭시키지 않으며, 마찰 감소·마모방지·냉각·방청·밀봉 작용을 한다.
>
> **정답** ④

2) 윤활 관리의 4원칙

　(1) 적기 : 정해진 기간마다 점검

　(2) 적유 : 상황과 조건 맞는 윤활제를 적용

　(3) 적량 : 정해진 양을 조절해서 유지

　(4) 적법 : 가장 적합한 방법으로 급유

3) 윤활제의 구비조건

　(1) 금속의 부식성이 적을 것

　(2) 열전도가 좋고 내 하중성이 클 것

　(3) 화학적으로 안정되어야 할 것

　(4) 압력변화에 따른 점도변화가 작아야 할 것

> **예제 02**
>
> 다음 중 윤활제가 갖추어야 할 조건이 아닌 것은?
> ① 적당한 점도 ② 강한 유막 강도
> ③ 산화되기 쉬운 성질 ④ 부식방지성
>
> 윤활제는 산화 안정성이 높아야 하며, 산화되기 쉬운 성질은 오히려 해로운 조건이다.
>
> **정답** ③

4) 윤활제의 분류

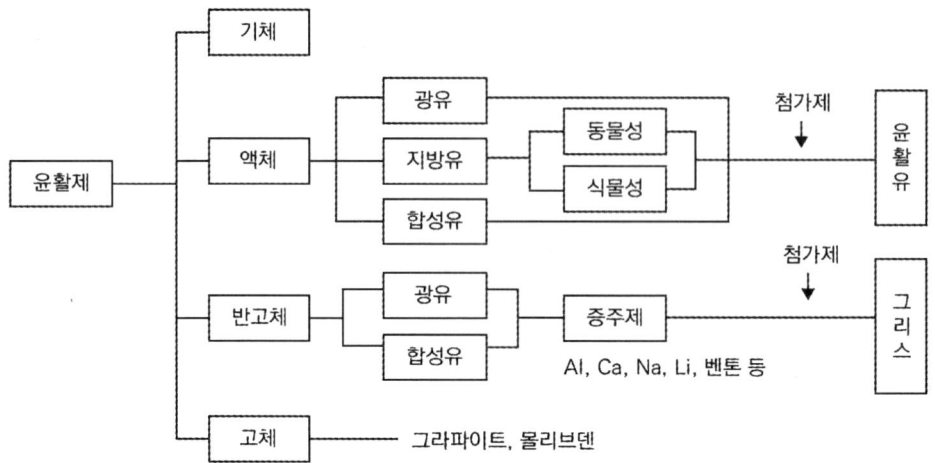

> **예제 03**
>
> 윤활제 중 그리스(Grease)의 특징으로 옳은 것은?
> ① 주로 고온·고속운전에 적합하다.
> ② 액체윤활제에 비누기유 등을 혼합하여 만든 반고체상태이다.
> ③ 고체윤활제보다 마찰계수가 작다.
> ④ 냉각효과가 크다.
>
> 그리스는 기유에 증점제를 섞어 만든 반고체윤활제로, 유지성과 밀봉성이 좋다.
>
> 정답 ②

5) 윤활유의 열화방지법

　(1) 파라핀계 윤활유를 사용

　(2) 고온상태에서의 노출시간 최소화

　(3) 산화방지제 또는 청정분산제를 사용

6) 베어링윤활의 목적

　(1) 금속류의 마찰 의한 온도상승과 소음을 방지

　(2) 마모를 막아 베어링 수명을 연장

　(3) 동력손실의 감소

　(4) 먼지 또는 이물질의 침입을 방지

3 윤활제의 급유방법

1) 비순환 급유법

　(1) 손 급유법 : Hand Oiling
　　① 마찰면의 미끄럼속도가 낮고 경하중에 사용
　　② 급유 주기가 짧음
　　③ 윤활제의 소비량이 많음

　(2) 적하 급유법 : Drop - Feed Oiling
　　① 사이펀 급유법 : 액체로 가득 찬 관을 사용하며, 한쪽 끝을 액체 원천에 담고 다른 쪽 끝을 목표 지점에 두어 액체가 자동으로 이동하도록 급유

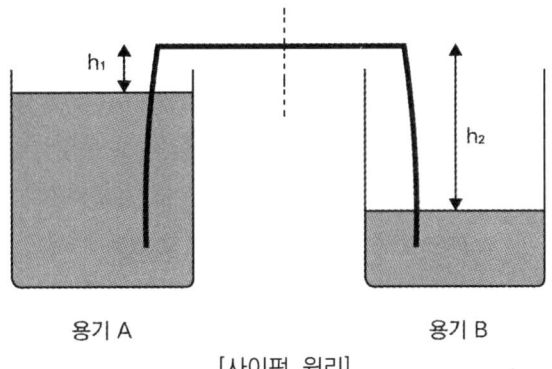

[사이펀 원리]

　　② 바늘 급유법 : 베어링이나 축과 같은 부위에 윤활유를 공급할 때 사용되며, 정확한 위치에 윤활유를 주입해야 하는 경우에 적합
　　③ 가시 적하 급유법 : 오일용기와 오일이 떨어지는 곳은 유리로 만들어져 있으므로 적하상태를 바깥에서 볼 수 있고 니들밸브(Needle Valve)로 적하 구멍을 가감하여 주유량을 조정할 수 있으므로 널리 사용
　　④ 실린더용 적하 급유법 : 용기 안에 액체를 담아 실린더 위에 놓고, 액체가 점차 흘러내려 실린더 내부로 공급되도록 하는 방식

　(3) 가시부상 유적 급유법
　　① 물 또는 적당한 액체를 가득 채운 유리관 속에서 유적이 서서히 떠올라오게 하는 급유기를 사용
　　② 급유상태를 뚜렷이 볼 수 있는 이점이 있는 급유법

> **예제 04**
>
> 비순환 급유법의 장점으로 옳은 것은?
> ① 윤활유 재활용으로 경제성이 높다.   ② 구조가 단순하고 설치비용이 적다.
> ③ 윤활유 소모가 적다.   ④ 장시간 연속운전에 적합하다.
>
> 비순환 급유법은 구조가 단순하고 설치비가 저렴하지만, 윤활유 소모량이 많다.
>
> **정답** ②

2) 순환 급유법

   (1) 패드 급유법 : 패킹을 저널(Journal)에 가볍게 접촉시켜 급유

   (2) 유욕 급유법 : 마찰면이 기름 속에 잠겨서 윤활하는 방법

   (3) 유륜식 급유법 : 축에 끼운 오일링이 축의 회전에 따라 마찰면에 오일을 운반

   (4) 비말 급유법 : 윤활유의 미립자 또는 분무상태로 떨어져 마찰면에 튕겨 급유

   (5) 롤러 급유법 : 윤활유탱크에 롤러를 설치하고 롤러에 부착되는 오일로 급유

   (6) 나사 급유법 : 나사선의 홈을 따라 올라가 축면에 급유

   (7) 중력순환 급유법 : 중력을 이용하여 높은 곳에서 분배관을 통해 흘려보내는 방법

   (8) 강제순환 급유법 : 펌프에 의해 강제적으로 밀어 공급

   (9) 원심 급유법 : 원심력을 이용한 방법

   (10) 비산 급유법 : 기어나 회전링을 이용하여 윤활유를 튕겨 날려서 베어링에 윤활유를 공급

> **예제 05**
>
> 비산식 급유방식의 설명으로 옳은 것은?
> ① 윤활유를 미리 가열하여 점도를 낮춘다.
> ② 회전 부품이 윤활유를 튕겨 부품에 공급한다.
> ③ 심지를 통해 서서히 공급한다.
> ④ 윤활유가 증발하지 않도록 밀봉한다.
>
> 비산식(스플래시) 급유는 회전 부품이 윤활유를 튕겨 공급하는 방식으로, 주로 기어박스 등에서 사용된다.
>
> **정답** ②

3) 그리스 급유법

   (1) 그리스 : 광유 및 합성유에 증주제를 분산시킨 반고체 형태의 윤활제

   (2) 장점 : 급유간격이 길고 누설이 적으며 밀봉성이 우수

   (3) 단점 : 냉각효과가 떨어지고 균일성이 부족

02 기계요소보전

1 체결용 기계요소

1) 나사

(1) 피치 : 나사산 사이의 거리

(2) 리드 : 나사가 1회전 시 움직인 거리

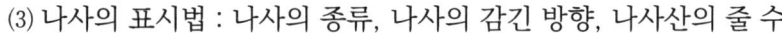

리드 = 줄 수 × 피치

(3) 나사의 표시법 : 나사의 종류, 나사의 감긴 방향, 나사산의 줄 수

※ 볼나사 : 백래시(Back Lash)가 현저하게 감소되는 나사

예제 06

나사의 리드(Lead)의 정의로 옳은 것은?

① 나사산의 높이   ② 나사산 사이 거리
③ 1회전 시 전진 거리   ④ 나사산의 각도

리드는 한 바퀴 회전 시 전진하는 거리이며, 피치와 줄 수의 곱이다.

정답 ③

2) 볼트와 너트

(1) 볼트와 너트의 이완방지법
  ① 분할핀을 이용
  ② 로크너트 또는 슬롯너트를 이용
  ③ 와셔를 사용

(2) 볼트의 고착방지법 : 유성페인트 또는 산화 연분을 기계유로 반죽한 페인트를 도포

(3) 고착된 볼트는 두드리거나 잘라서 분해

(4) 부러진 볼트는 스크류 엑스트랙터를 이용하여 제거

3) 키

(1) 새들(안장)키
  ① 보스에만 홈을 파서 축과 보스의 마찰력만으로 회전력을 전달
  ② 주로 작은 동력 전달에 사용

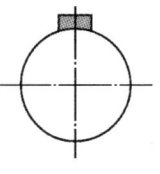

[새들키]

(2) 접선키
① 1/40 ~ 1/45의 기울기를 가진 두 개의 키를 한 조로 하여 2개의 조를 한 쌍으로 사용
② 전달 토크가 큰 축에 사용

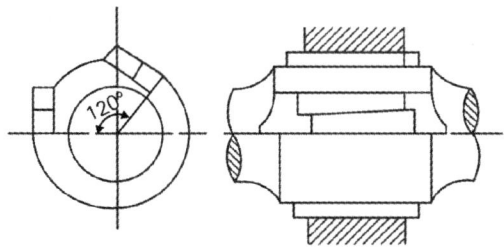

(3) 반달키
① 반달모양의 키로 축에 홈을 파서 삽입
② 약간 기울어져도 자동으로 맞추어지므로, 테이퍼축이나 작은 직경의 축에 쓰기 특히 유리

(4) 납작(평)키
① 축을 키의 폭만큼 평평하게 깎아서 사용
② 새들키보다 큰 힘을 전달

(5) 성크(묻힘)키
① 축과 보스 양쪽에 홈을 파서 사용
② 가장 널리 사용되는 키

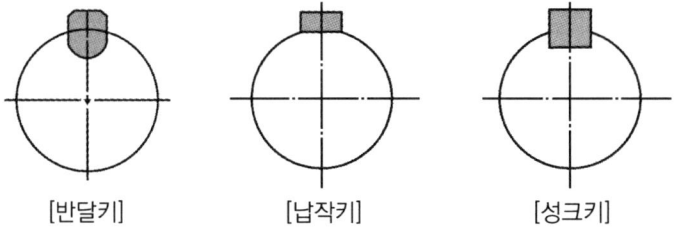

[반달키]   [납작키]   [성크키]

(6) 미끄럼키 : 회전력의 전달과 동시에 보스를 축방향으로 이동시킬 수 있는 키

예제 07

축과 보스 모두에 홈을 가공하여 끼우는 키는?
① 새들키   ② 성크키
③ 반달키   ④ 접선키

성크키는 축과 보스 모두에 홈을 가공하여 끼운다.

정답 ②

4) 핀

  (1) 분할핀 : 한쪽 끝이 두 가닥으로 갈라진 핀으로 축에 끼워진 부품이 빠지는 것을 막고, 핀을 때려 넣은 뒤 끝을 굽혀서 늦춰지는 것을 방지

  (2) 평행핀 : 조립이나 분해 시 위치관계를 항상 일정하게 유지할 때 사용

  (3) 테이퍼핀
    ① 한쪽 끝이 다른 한쪽 끝보다 더 굵은 강철 막대
    ② 테이퍼 비 : 1/50
    ③ 분리가 어려운 경우 핀의 머리에 나사선을 만들어 너트를 걸고 빼냄

  (4) 스프링핀 : 구멍의 크기가 정확하지 않을 때 사용

분할핀	평행핀	테이퍼핀	스프링핀

예제 08

테이퍼핀의 표준 테이퍼 비는?

① 1/10   ② 1/50   ③ 1/100   ④ 1/500

테이퍼핀은 1/50 비율로 가공한다.

정답 ②

2 축 기계요소

1) 축의 역할

  (1) 회전하는 기계 부품의 중심을 형성하거나 하중을 지지

  (2) 베어링으로 지지되며, 동력을 전달하는 기능을 수행

2) 축의 분류

  (1) 차축(Axle Shaft) : 바퀴를 지지하는 축
    ① 회전하지 않는 정지축(예 기차)
    ② 회전하는 회전축(예 자동차)

  (2) 전동축(Drive Shaft) : 회전에 의해 동력을 전달하는 축

  (3) 크랭크축(Crank Shaft) : 왕복 운동을 회전 운동으로 변환하는 축

> **예제 09**
>
> 다음 중 축의 주요 기능이 아닌 것은?
> ① 회전 부품지지 　　　　② 동력 전달
> ③ 하중지지 　　　　　　④ 윤활유 공급
>
> 윤활유 공급은 축의 직접적인 기능이 아니다.
>
> **정답 ④**

3) 축이음

 (1) 커플링

  ① 두 개의 축을 연결하여 동력을 전달하는 기계요소

  ② 회전축의 정렬을 유지하고 충격을 완화하며, 진동을 줄이는 역할

 (2) 센터링방법

  ① 가장 균형 있는 원심력(동심상태)을 유지하기 위한 방법

  ② 센터링이 불량하면 진동이 크고 축이나 베어링부의 손상이 심하고 기계 성능이 저하

4) 축의 고장 및 불량

 (1) 조립 및 정비 불량

  ① 축과 베어링의 정렬 불량

  ② 급유 불량

  ③ 부적절한 재료 사용

  ④ 과도한 하중으로 인한 축의 변형

 (2) 설계 불량

  ① 재질 선택의 오류 또는 재질의 불량

  ② 치수, 강도 오차로 인한 불량

 (3) 운전 시 불량

  ① 미스 얼라인먼트 : 축방향 불량, 축의 정렬 불량

  ② 언밸런스 : 수평방향 불량

  ③ 풀림 : 수직방향 불량

> **예제 10**
>
> 축 설계 시 가장 고려해야 하는 하중 조합은?
> ① 비틀림 + 굽힘　　② 인장 + 압축　　③ 전단 + 인장　　④ 비틀림 + 전단
>
> 회전축은 동력 전달 시 비틀림과 굽힘이 동시에 작용하므로 이를 고려해야 한다.
>
> **정답 ①**

5) 축의 수리

　(1) 구부러진 축은 짐 크로(Jim Crow)를 이용하여 0.1 ~ 0.2 [mm]까지 수정 가능

　(2) 현장의 판단에 의한 수리가 가능한 경우

　　① 베어링 중간부의 풀리 스프라켓이 흔들려 소리를 낼 때

　　② 500 [rpm] 이하이며 베어링 간격이 비교적 긴 축이 휘어져 있을 때

　　③ 경하중 기계에서 축 흔들림 때문에 진동이나 베어링의 발열이 있을 때

6) 베어링

　(1) 역할

　　① 회전하는 축을 지지

　　② 원활한 회전을 유지

　　③ 하중에 의한 마찰 저항의 감소

　(2) 미끄럼 베어링과 구름베어링의 비교

분류	미끄럼 베어링	구름베어링
형태		
구조	윤활유를 사용하여 마찰을 낮춤	볼이나 롤러를 이용해 회전마찰을 최소화
장점	• 구조간단하고 가격이 저렴 • 수리가 용이 • 충격에 강함	• 동력손실이 적음 • 윤활방법이 편리 • 과열의 위험이 적음 • 소형화에 유리 • 마찰에 의한 저항이 적음
단점	• 시동 시 마찰저항이 큼 • 윤활유의 주입과 사용량에 주의	• 가격이 비쌈 • 충격에 약함 • 축 간의 거리가 긴 곳에서 사용

예제 11

구름베어링의 단점으로 옳은 것은?

① 마찰이 크다.   ② 충격에 약하다.
③ 소음이 크다.   ④ 동력손실이 크다.

구름베어링은 충격하중에 약하다.

정답 ②

(3) 베어링의 열박음 장착
    ① 베어링을 가열팽창 시켜 축에 끼우는 방법
    ② 베어링의 가열온도는 80 ~ 100 [℃] 정도
    ③ 130 [℃]를 넘기면 베어링 재질의 입자구조 변화로 경도 저하가 발생

(4) 베어링 열박음 장착과정
    ① 내륜을 가열해서 일시적으로 팽창시킴
    ② 확장된 상태로 축에 쉽게 삽입
    ③ 식으면서 수축 → 단단히 고정
    ※ 조립 시에 일반적으로 내륜과 축은 억지 끼워맞춤을 사용하고 외륜과 하우징은 헐거운 끼워맞춤을 사용한다.

[용어정리]
- 축(Shaft) : 회전하는 중심 막대
- 내륜(Inner Ring) : 축에 고정되어 함께 회전
- 외륜(Outer Ring) : 하우징에 고정되어 움직이지 않음
- 하우징(Housing) : 외륜을 잡아주는 기계 본체 쪽 구조물

예제 12

깊은 홈형 볼 베어링 조립에 대한 설명이다. 맞지 않은 것은?

① 일반적으로 외륜과 하우징은 억지 끼워맞춤을 사용한다.
② 열박음을 할 때 베어링의 가열온도는 100 [℃] 정도로 한다.
③ 끼워 맞춤을 할 때 치수 공차를 확인한다.
④ 열박음은 베어링을 가열 팽창시켜 축에 끼우는 방법이다.

조립 시에 일반적으로 내륜과 축은 억지 끼워맞춤을 사용하고 외륜과 하우징은 헐거운 끼워맞춤을 사용한다.

 정답 ①

3 전동용 기계요소

1) 기어

  (1) 기어의 종류

  ① 두 축의 중심선이 평행한 경우

스퍼기어	헬리컬기어	더블헬리컬기어	래크	내접기어
가장 기본적인 직선형 치형 기어	치형이 비스듬하게 경사져 있는 기어	헬리컬기어가 V자 형태로 양쪽 경사로 배열된 형태	직선형 기어로 회전 운동을 직선 운동으로 변환할 때 사용	안쪽에 톱니가 나 있는 원형 기어

  ② 두 축의 중심선이 교차하는 경우

베벨기어	스파이럴베벨기어	헬리컬베벨기어	크라운기어
직선 이빨이 있는 원추형 기어	곡선형 이빨이 있는 원추형 기어	나선형 이빨이 경사져 있는 베벨기어	이빨이 수직으로 솟아 있는 형태

  ③ 그 외의 경우

웜기어	하이포이드기어	스큐기어
나사 모양의 축과 맞물리는 기어	축이 어긋난 곡선 베벨기어	만나지 않는 축을 가진 헬리컬기어

(2) 웜기어(Worm Gear)의 특징
  ① 이물림축형 감속기
  ② 역회전방지
  ③ 소음이 적음
  ④ 적은 용량으로 큰 감속비를 얻을 수 있음
  ⑤ 치면에서의 미끄럼이 커서 전동효율이 떨어짐
  ⑥ 호환이 불가능하고 비쌈

예제 13

역회전방지가 가능하고 큰 감속비를 얻을 수 있으나 효율이 낮은 기어는?
① 헬리컬기어   ② 웜기어
③ 스퍼기어   ④ 베벨기어

웜기어는 미끄럼마찰로 효율이 낮지만 역회전방지와 큰 감속비가 가능하다.

정답 ②

(3) 백래시(Back Lash)

백래쉬

  ① 기계에서 나사나 톱니바퀴 같은 맞물려 운동하는 장치에서 의도적으로 만들어진 틈
  ② 기어가 부드럽게 회전할 수 있지만 방향을 바꿀 때 충격이나 소음 발생
  ③ 백래시가 너무 크면 기어의 맞물림이 나빠져서 기계의 정밀도가 떨어지고, 너무 작으면 윤활이 제대로 되지 않아 마모가 심해질 수 있음
  ④ 백래시(Back Lash)가 현저하게 감소되는 나사 : 볼나사

(4) 기어의 손상
  ① 피팅 : 기어가 회전할 때 이의 면에 반복되는 접촉압력에 의해 균열이 발생하고 균열 속에 윤활유가 침투하여 이의 면의 일부가 떨어져 나가는 현상
  ② 스폴링 : 초기 피팅이 서로 연결되어 피팅보다 더 심각해지는 표면 손상
  ③ 이의절손 : 이 면이 시간이 지남에 따라 반복 접촉으로 조금씩 닳는 일반적인 현상
  ④ 스코어링 : 기어구동에서 이가 상대 측 이뿌리에 간섭을 일으켜 발열하고 윤활막 파괴로 금속접촉을 하는 것
  ⑤ 어브레이젼 : 기어 또는 베어링 표면이 이물질(먼지, 연마 입자 등)에 의해 사포처럼 마모되는 현상

> **예제 14**
>
> 기어구동에서 이가 상대 측 이뿌리에 간섭을 일으켜 발열하고 윤활막 파괴로 금속접촉을 하는 것을 무엇이라고 하는가?
> ① 피칭 ② 스포어링
> ③ 스코어링 ④ 백래시(Back Lash)
>
> 기어의 치면(Gear Tooth Surface)에서 금속과 금속이 고속·고하중상태로 미끄러지며 마찰열이 과도하게 발생할 때, 표면이 국부적으로 용융(녹음)·융착되었다가 다시 떨어져 나가면서 줄무늬 모양의 손상이 생기는 현상을 말한다. 쉽게 말해, 치면이 과열되어 긁힌 자국처럼 줄무늬 손상이 나는 것을 말한다.
>
> **정답** ③

2) 벨트

(1) 평벨트
① 가죽, 섬유, 고무 등으로 제작
② 바로걸기보다 엇걸기방법이 큰 동력을 전달

(2) 타이밍벨트
① 벨트 내측과 풀리 외측에 같은 피치의 사다리꼴 또는 원형모양의 돌기를 만들어 회전 중에 벨트와 벨트 풀리가 이 물림이 되어 미끄럼이 없이 정확한 회전각속도 비를 유지
② 인터널기어 대신 이에 해당하는 고무벨트로 만들어져 있는 벨트

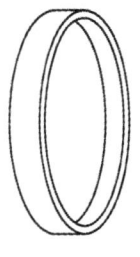
[평벨트]

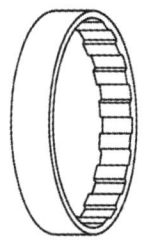
[타이밍벨트]

(3) V벨트
① 2줄 이상을 건 벨트는 균등하게 쳐져 있어야 할 것
② 풀리의 홈 마모에 주의할 것
③ V벨트는 장기간 보관하면 열화되므로 구입 시기를 확인한 후 사용할 것
④ V벨트 전동 기구는 설계 단계에서부터 벨트를 거는 구조로 되어 있을 것
⑤ 1선 노후 시 모든 선 전체를 교환할 것

[V벨트]

> **예제 15**
>
> 미끄럼이 거의 없고 동기 전달이 가능한 벨트는?
> ① 평벨트   ② V벨트
> ③ 타이밍벨트   ④ 원형 벨트
>
> 타이밍벨트는 톱니 형상으로 미끄럼 없이 동력 전달이 가능하다.
>
> **정답** ③

3) 체인

   (1) 롤러체인 : 기어(스프로킷)와 맞물려 회전력 전달

      예) 자전거, 오토바이, 컨베이어

   (2) 핀틀체인 : 오프셋링크에서 링크판과 부시를 일체화시킨 것으로 오프셋링크와 이음핀으로 연결

      예) 저속 중용량의 컨베이어, 엘리베이터에 사용

   (3) 사일런트체인 : 고속, 고출력용에 적합하고 소음이 적고 내구성이 높음

   (4) 부시체인 : 롤러가 없고 부시만 있는 체인

      예) 소형기계, 정밀기계

      ※ 부시 : 체인에서 핀(Pin)과 롤러(Roller) 사이에 위치하는 속이 빈 원통형 금속 부품

[롤러체인]   [사일런트체인]   [부시체인]

> **예제 16**
>
> 고속운전, 소음 적고 내구성이 높은 체인은?
> ① 롤러체인　　　　　　　　② 부시체인
> ③ 사일런트체인　　　　　　④ 핀틀체인
>
> 사일런트체인은 고속·고출력에 적합하며 소음이 적다.
>
> **정답** ③

4) 기어, 벨트, 체인의 비교

분류	기어	벨트	체인
슬립	없음	있음	없음
동력거리전달	근거리	장거리	중거리
소음	약간	거의 없음	있음
유지보수	필요	상대적으로 적음	필요
구조	가장 복잡	가장 단순	중간
효율성	가장 좋음	제일 낮음	중간

4 제어용 기계요소

1) 클러치 : 동력을 선택적으로 연결하거나 차단하는 장치

　(1) 클러치의 분류

　　　① 밴드클러치 : 밴드가 드럼을 조여서 마찰력으로 회전을 고정하거나 전달

　　　② 맞물림클러치 : 두 개의 이빨 구조가 맞물려 회전력을 직접 전달

　　　③ 마찰클러치 : 원판 형태의 마찰면이 맞닿아 회전력 전달

　　　④ 전자클러치 : 전자석(솔레노이드)을 사용해 마찰면을 붙이거나 떼는 방식

　(2) 클러치점검요령

　　　① 전자클러치는 전류계통을 확인

　　　② 클러치의 작동에 의한 회전축의 운동이 무리 없이 행하여지고 있는지 확인

　　　③ 클러치가 유욕급유이면 적정 유면의 유지되어 있는지 확인

　　　④ 전자클러치의 작동상태가 최근 변하지 않았는가를 확인

예제 17

드럼을 밴드로 조여 동력을 전달하는 클러치는?

① 원심클러치 ② 유체클러치
③ 밴드클러치 ④ 긍정식 클러치

밴드클러치는 드럼 외주를 밴드로 감아 마찰력으로 동력을 전달한다.

정답 ③

2) 브레이크

 (1) 브레이크의 역할
  ① 운동에너지의 흡수
  ② 운동속도를 감소 및 정지
  ③ 운동부분의 마찰 증가

 (2) 브레이크의 분류
  ① 블록브레이크 : 회전하는 드럼(원통형 표면)에 고정된 브레이크 블록(패드)을 밀착시켜 마찰력으로 회전을 멈추게 하는 장치
  ② 밴드브레이크 : 드럼을 금속 밴드로 감싸고, 이를 조여서 마찰력으로 회전을 멈추게 하는 장치
  ③ 자동하중브레이크 : 하중(부하)의 무게 또는 회전체의 힘을 이용해 브레이크 작동을 자동화하는 장치
  ④ 디스크브레이크 : 브레이크 패드(Pad)가 양쪽에서 마찰력으로 눌러서 제동하는 장치

예제 18

원통형 드럼에 블록을 밀착시켜 제동하는 브레이크는?

① 블록브레이크 ② 밴드브레이크
③ 디스크브레이크 ④ 유압브레이크

블록브레이크는 드럼 표면과 블록의 마찰로 제동한다.

정답 ①

5 관계 기계요소

1) 관이음의 분류

분류	내용	사용
나사이음	외부/내부 나사를 맞물려 결합	수도관, 소구경 관
용접이음	관 끝을 녹여 용접	고압 배관, 스팀 배관
플랜지이음	플랜지를 볼트/너트로 연결	대구경, 고압, 정비 필요 구간
소켓이음	관을 소켓에 끼워 접합	PVC배관, 주거용 급수
압착이음	링이나 너트를 조여 밀착	배관 수리, 동관
접착이음	본드로 접착	PVC, 플라스틱관
그루부이음	파이프에 홈을 파고 클램프로 체결	소방 배관, 대형 공조배관

2) 관이음쇠

분류	형태	기능
엘보		배관방향전환(45°, 90°)
유니온		나사식 탈부착 연결
소켓		삽입식 직선 연결
밴드		곡선으로 길게 방향전환
티,와이		유체 분기(T자형, Y자형)

분류	형태	기능
크로스		4방향 연결
부싱		큰 구경에서 작은 구경으로 관경 변화
캡		관의 외부 끝단 마감
리듀서		큰 구경에서 작은 구경, 작은 구경에서 큰 구경으로 파이프 또는 나사 연결
커플링		동일 직경 파이프 직선 연결
니플		짧은 관 조각으로 두 부품 연결

예제 19

관의 방향을 90°로 전환하는 관이음쇠는?
① 티
② 소켓
③ 엘보
④ 니플

엘보는 관의 방향을 전환할 때 사용된다.

정답 ③

03 기계장치보전

1 밸브의 점검 및 정비

1) 밸브의 점검항목 비교

점검항목	점검내용	정비방법
외관상태	밸브 본체, 핸들, 스템(Stem)에 손상·부식·누설 여부 확인	녹 제거, 외부 청소, 도장 복원, 균열 발견 시 교체
누설	밸브 본체 또는 패킹 부위에서 유체 누출 여부 확인	패킹 교체, 볼트 조임, 필요시 전면 분해 후 재조립
작동상태	밸브 본체 또는 패킹 부위에서 유체 누출 여부 확인	작동 불량 시 윤활, 스템 청소, 스템 씰 교체
패킹	스템 주변의 패킹이 마모, 경화, 누출 여부점검	패킹 교체, 글랜드너트 조임
구동부	기어박스, 액추에이터, 전동기 등의 작동 여부 및 상태점검	기어오일 보충/교환, 전기 연결상태 확인, 이상 소음/진동 체크
밸브 시트	밸브가 완전히 닫힐 때 밀폐상태(누설 여부) 확인	시트 면 연마 또는 교체
윤활상태	스템, 기어, 나사 등에 윤활상태 확인	밸브용 윤활유 또는 그리스 주입

2) 밸브정비 시 주의사항

  (1) 반드시 밸브 전·후단의 압력을 완전히 제거한 후 정비
  (2) 적절한 보호구 착용 - 고온/고압 유체, 유독가스 취급 시 안전 장비 필수
  (3) 전동/공압밸브는 전원차단 후 정비
  (4) 정비 후 작동테스트 및 누설 시험

2 펌프의 점검 및 정비

1) 펌프의 점검항목 비교

점검항목	점검내용	정비방법
외관상태	펌프 본체, 베이스, 배관 연결부 누설, 부식, 균열 여부 확인	청소, 도장 복원, 균열/부식 시 교체
작동상태	이상 진동, 소음 여부 확인	베어링점검, 축 정렬상태 확인 및 조정
윤활상태	윤활유 또는 그리스 부족 여부, 오염 여부 확인	윤활유 보충/교체, 오염 시 세척 후 재주입
베어링상태	고온, 마모, 소음 등 이상 유무 확인	베어링 교체 또는 재윤활
축 정렬상태	모터와 펌프축의 정렬상태 확인	레이저 정렬기 또는 다이얼게이지로 정밀 정렬
기초 고정상태	앵커 볼트 풀림 여부 및 베이스 플레이트 고정상태 확인	앵커 볼트 조임, 진동방지 패드점검
임펠러상태	마모, 이물질 막힘, 손상 여부 확인	이물질 제거, 임펠러 교체 또는 보수
씰 및 패킹	기계식 씰(Mechanical Seal) 또는 패킹에서 누수 여부 확인	씰 교체 또는 조정, 패킹 압력조절 또는 교체
모터	과열, 소음, 전류/전압 이상 확인	전기 계측기 사용하여 전기상태점검, 모터점검 또는 교체

2) 펌프정비 시 주의사항

(1) 감전 및 오작동방지를 위해 전동펌프의 전원을 반드시 차단
(2) 펌프 및 배관 내의 압력과 유체를 완전히 제거
(3) 펌프의 임펠러 또는 축이 완전히 정지되었는지 확인하고 작동 중에는 점검 금지
(4) 정비 후 공회전테스트 및 누설, 이상 진동 여부 확인 - 유량 및 압력 정상 여부점검
(5) 유체 누출 또는 이물질 튐 방지를 위한 개인 보호 장비 착용

3 송풍기의 점검 및 정비

1) 송풍기의 점검항목 비교

점검항목	점검내용	정비방법
외관상태	본체, 하우징, 연결 배관에 균열, 변형, 부식, 오염 여부 확인	청소, 도장 보수, 심각한 손상 시 교체
회전체	팬(임펠러)의 균형, 손상, 이물질 부착 여부 확인	임펠러 청소, 마모 시 교체, 균형 불량 시 정밀 밸런싱
베어링	과열, 이상 진동/소음, 윤활상태 확인	베어링윤활 또는 교체, 과열 시 냉각 또는 축 정렬점검
윤활상태	윤활유 또는 그리스 부족, 오염 여부 확인	적정량 주입, 오염 시 교체
축 정렬상태	모터와 송풍기축 사이의 정렬상태 확인	레이저 또는 다이얼게이지로 정밀 정렬
진동 및 소음	운전 중 비정상 진동 및 이상 소음 여부 확인	베어링, 팬, 축 불량 여부점검, 불균형 시 조치
벨트 및 커플링	벨트 장력, 마모상태 또는 커플링상태 점검	벨트 장력조절 또는 교체, 커플링 클리어런스점검
흡입구, 배기구	먼지, 이물질, 막힘, 역풍 여부 확인	필터 청소 또는 교체, 댐퍼 작동 상태 확인
모터	전류/전압, 소음, 과열 여부 확인	계측기 사용하여 점검, 이상 시 수리 또는 교체
댐퍼작동	수동/자동 댐퍼의 개폐 작동 여부 확인	윤활, 조정 또는 액추에이터 교체

2) 송풍기정비 시 주의사항

    (1) 정비 전 반드시 모터 전원차단
    (2) 팬 및 축이 완전히 정지된 상태에서 작업 수행
    (3) 흡입/토출 배관을 닫거나 역풍방지를 위한 조치
    (4) 작업 시 안전벨트, 회전체 청소 시 장갑·보안경 필수 착용

4 압축기의 점검 및 정비

1) 압축기의 점검항목 비교

점검항목	점검내용	정비방법
외관상태	본체, 배관 연결부, 볼트, 기초상태, 진동 등 확인	오염 제거, 누설 부위 보수, 고정 볼트 조임
윤활상태	오일량, 오일오염, 오일압 확인	오일보충 또는 교체, 오일필터점검/교체
흡입필터	필터 막힘 여부, 흡입 저항 증가 여부 확인	필터 청소 또는 교체
냉각장치	냉각수 누수, 팬 작동 여부, 오일 냉각기 오염 여부 확인	냉각수 보충, 열교환기 청소
압력, 온도상태	토출압력, 흡입압력, 토출온도 등 운전상태 이상 유무 확인	기준치 초과 시 원인 분석 및 조치
벨트, 커플링	벨트 장력, 마모, 커플링 정렬상태 확인	벨트 교체 또는 장력 조정, 커플링 정렬
씰 및 밸브류	흡입/토출밸브, 체크밸브, 씰에서의 누기 또는 손상 여부 확인	밸브 분해 청소 또는 교체, 씰 교체
모터	전압, 전류, 소음, 발열 여부 확인	계측기로 측정 후 이상 시 모터 수리 또는 교체
배출라인 및 드레인	응축수 드레인 작동 여부, 배출배관 막힘 또는 진동 여부 확인	드레인점검/청소, 배관 고정 보강
안전장치 작동 여부	압력스위치, 온도센서, 자동정지장치 등 보호장치의 정상 작동 여부 확인	이상 시 교체 또는 보정

> **예제 20**
>
> 회로 중의 공기압력이 상승해갈 때나 하강해갈 때에 설정된 압력이 되면 전기스위치가 변환되어 압력 변화를 전기신호로 나타나게 한다. 이러한 작동을 하는 기기는?
>
> ① 압력스위치 ② 릴리프밸브
> ③ 시퀀스밸브 ④ 언로드밸브
>
> - 압력스위치(Pressure Switch) : 회로의 공기압이 설정값에 도달(상승/하강)하면 내부접점이 전환되어 전기 신호를 출력하는 장치
> - 릴리프밸브 : 과압 시 공기를 배출해 압력 보호. 전기신호 출력 기능 없음
> - 시퀀스밸브 : 특정 압력 도달 후 다음 회로로 유량 개방(공압 시퀀스제어용)
> - 언로드밸브 : 무부하(언로드)운전으로 압축기 부하를 줄이는 밸브
>
> **정답** ①

2) 압축기정비 시 주의사항

(1) 정비 전 반드시 전원차단
(2) 잔압 방출 및 드레인밸브로 압력 완전 제거 필요
(3) 운전 직후는 금속 표면 고온 – 충분히 냉각 후 정비
(4) 기름, 먼지, 이물질 처리 시 장갑, 보안경 착용
(5) 재조립 시 볼트 토크 준수, 축 정렬 정확히 유지

5 감속기의 점검 및 정비

1) 감속기의 점검항목 비교

점검항목	점검내용	정비방법
윤활상태	오일상태, 오일 레벨 확인	동일 규격 오일 교환 또는 보충
오일 누유	기름자국 및 오일 고임 확인	오일 씰, 패킹 교체
기어상태	마모, 손상 여부 확인	기어 교체 또는 정밀 분해점검
베어링	베어링 유격과 안정성 확인	베어링 교체
진동, 소음	운전 중 비정상 진동 및 이상 소음 확인	정렬 조정, 기어와 베어링점검
축 유격	축 흔들림과 진동 확인	베어링 또는 샤프트 교체
설치, 고정상태	고정볼트와 흔들림 확인	볼트 재조임
냉각, 환기	팬 작동, 방열판 청소상태	팬점검, 청소
실링상태	누유상태를 확인	씰, 패킹 교체
커플링 정렬	진동 발생 확인	커플링 재정렬

2) 감속기정비 시 주의사항

　(1) 정비 전 반드시 전원차단 후 모터 및 회전체 완전 정지 확인
　(2) 작동 직후에는 감속기 표면 및 오일이 고온일 수 있으므로 식은 후 작업할 것
　(3) 폐오일은 지정용기에 모아 환경 규정에 따라 처리(피부 접촉 주의)
　(4) 정비 후 시험운전 실시, 이상 소음·진동 확인

6 전동기의 점검 및 정비

1) 전동기의 점검항목 비교

점검항목	점검내용	정비방법
절연저항	권선 접지 간 절연저항 측정	모터 건조, 코일 재권선 또는 교체
전압, 전류	상별 전압 및 전류 측정	부하 감축, 전원과 배선 확인
소음, 진동	일정치 이상의 진동 및 소음 확인	베어링 교체, 정렬
베어링상태	베어링 온도, 소리, 윤활상태 확인	그리스 보충 및 교체, 베어링 교체
온도	적외선 온도계로 외함의 온도 측정	냉각 불량점검, 과부하 보호기 조정
회전방향	부하 없이 육안으로 확인	상 교체
접지상태	접지 저항 확인	접지보강, 도체정비
팬, 냉각상태	통풍구 이물질 여부점검	팬 교체, 청소
커플링 정렬	게이지로 정렬 오차 확인	정밀 정렬 조정

2) 전동기정비 시 주의사항

　(1) 정비 전 반드시 전원을 차단하고 잔류 전하 방전
　(2) 정비 중에는 전기 부분 절대 접촉 금지
　(3) 작동 직후에는 모터 외함, 베어링, 냉각팬 등을 충분히 식힌 후 작업할 것
　(4) 시험운전 시 축, 커플링, 팬 등에 손이나 도구 접촉 금지(헐렁한 옷 금지)
　(5) 베어링, 팬 등 교체 시 동일 사양과 규격을 사용하고 정해진 윤활제만 사용

Chapter 03 공·유압제어

01 공기압제어

1 공기압 기초

1) 공기압 : 압축공기를 이용하여 기계를 구동하거나 동력을 전달하는 기술

　(1) 장점
　　　① 초기비용과 유지비용이 저렴하고, 유지보수도 간편
　　　② 시스템이 단순하고 유지보수가 쉬움
　　　③ 빠른 작동 및 반복성 우수
　　　④ 폭발 위험이 적으며 온도 변화나 진동 등에도 강함
　　　⑤ 에너지 축적과 힘의 증폭이 용이하고 속도조절이 간단

　(2) 단점
　　　① 공기의 압축성으로 인해 유압·전기 시스템보다 정확도가 부족
　　　② 동력제어 정밀도가 낮음
　　　③ 고속회전 동작엔 부적합하고 힘이 부족
　　　④ 배기 시 큰 소음 발생
　　　⑤ 공기압축과정에서 에너지 손실이 커 장기 운용 시 효율이 낮음

예제 01

공기압장치의 특징 설명으로 틀린 것은?
① 사용 에너지를 쉽게 구할 수 있다.
② 힘의 증폭이 용이하고 속도조절이 간단하다.
③ 동력의 전달이 간단하며 먼 거리 이송이 쉽다.
④ 압축성 에너지이므로 위치제어성이 좋다.

공기는 압축성이라 시스템 강성이 낮아 미세한 위치제어가 어렵다(부하 변화·외란에 취약). 정밀 위치제어는 일반적으로 유압/전동 서보가 유리하다.

정답 ④

2) 공기압의 기본 원리

    (1) 압력의 단위

단위	설명	변환
Pa(파스칼)	SI 단위	1 [Pa] = 1 [N/m^2]
kgf/cm^2	기술현장에서 많이 사용	1 [kgf/cm^2] ≈ 98,066.5 [Pa]
bar	유럽기준	1 [bar] = 100,000 [Pa]

예제 02

SI 단위계에서 압력의 단위는?

① atm ② bar
③ Pa   ④ kgf/cm^2

압력의 단위 표 참조

정답 ③

    (2) 보일의 법칙 : 압력이 증가하면 부피가 줄고 압력이 줄면 부피가 늘어남

$$P(압력) \times V(부피) = 일정$$

    (3) 샤를의 법칙 : 온도가 올라가면 기체의 부피도 증가

$$T(온도) \propto V(부피)$$

    ※ 공기의 기체상수 29.27 [kgf·m/kgf·K]

3) 공기압 시스템 구성 요소

구성 요소	역할
콤프레서(Compressor)	공기를 압축하여 공급
에어탱크(Air Tank)	압축공기를 저장
필터(Filter)	이물질 제거
레귤레이터(Regulator)	압력조절
루브리케이터(Lubricator)	윤활유 공급
실린더(Cylinder)	직선 운동 발생
밸브(Valve)	공기흐름제어(방향, 유량, 압력)

4) 공기 중의 습도
   (1) 상대습도 : 습공기 내에 있는 수증기의 양이나 수증기의 압력과 포화 상태에 대한 비
   (2) 절대습도 : 습공기 중에 포함되어 있는 건조공기 중량에 대한 수증기의 중량의 비

> 절대습도 = 포화절대습도 × 상대습도

예제 03

실내온도가 25 [℃]이고 상대습도(RH)가 50 [%]일 때, 이 온도에서의 포화 절대습도가 23 [g/m³]라고 한다. 이때 공기의 절대습도(공기 1 [m³]에 들어 있는 수증기 질량)는 얼마인가?

① 5.8 [g/m³]　　　　② 11.5 [g/m³]
③ 23 [g/m³]　　　　④ 46 [g/m³]

절대습도 = 포화 절대습도 × 상대습도 = 23 × 0.5 = 11.5 [g/m³]

정답 ②

2 공기압제어회로 구성 요소

1) 공기공급 및 준비
   (1) 압축기(Compressor) : 대기 중의 공기를 압축하여 네트워크에 저장
   (2) 저장탱크(Reservoir) : 압축 공기의 흐름을 안정화하고 즉시 공급 가능하도록 유지
   (3) FRL 유닛(Filter - Regulator - Lubricator)
       ① 필터 : 먼지/수분 제거
       ② 레귤레이터 : 정해진 압력유지
       ③ 윤활기 : 윤활유 공급

예제 04

공기압장치의 배열 순서로 옳은 것은?

① 공기압축기 → 공기탱크 → 에어드라이어 → 공기압조정유닛
② 공기압축기 → 에어드라이어 → 공기압조정유닛 → 공기탱크
③ 공기압축기 → 공기압조정유닛 → 에어드라이어 → 공기탱크
④ 에어드라이어 → 공기탱크 → 공기압조정유닛 → 공기압축기

공기압조정유닛(FRL : 필터 - 레귤레이터 - 루브리케이터)에서 깨끗이 거르고(필터) → 압력 맞추고(레귤레이터) → 필요한 경우만 윤활(루브리케이터)해서 사용한다. FRL은 가능한 한 사용점 가까이 두는 게 원칙이다.

정답 ①

2) 실린더(Cylinders/Actuators)
   (1) 실린더가 공기압을 이용해 피스톤을 움직여 기계적 동작 수행
   (2) 단동실린더(Single Acting Cylinder) → 한 방향만 작동, 복귀는 스프링
   (3) 복동실린더(Double Acting Cylinder) → 양방향 작동(작동용/복귀용 포트 있음)

3) 방향제어밸브(DCV : Directional Control Valve)
   (1) 실린더에 공급되는 공기를 출력방향 및 경로제어
   (2) 2/2, 3/2, 4/2, 5/2, 5/3 등 유형 존재

4) 기능성 밸브 & 제어 요소
   (1) 체크밸브(Check Valve) : 역류방지
   (2) OR(셔틀)밸브 : 둘 중 하나의 경로에서 흐름 → OR기능
   (3) AND밸브 : 두 경로 모두 열려야 흐름 통과
   (4) 급속배기밸브(Quick Exhaust Valve) : 빠른 배기 → 사이클 시간 단축
   (5) 유량조절밸브(Flow Control Valve) : 실린더 속도제어
   (6) 타임 딜레이밸브 : 흐름 지연 기능
   (7) 압력 릴리프/스위치밸브 : 과압방지 및 감지 역할

예제 05

공유압장치에서 방향제어밸브의 일종으로서 출구가 고압 측 입구에 자동적으로 접속되는 동시에 저압 측 입구를 닫는 작용을 하는 밸브는?

① 셀렉터밸브 ② 셔틀밸브
③ 바이패스밸브 ④ 체크밸브

- 셔틀밸브는 2개의 입구 중 압력이 더 높은 쪽과 자동으로 출구를 연결하고, 낮은 압력 쪽은 막는 구조(유압/공압 OR밸브)이다.
- 셀렉터밸브는 보통 수동 선택, 바이패스밸브는 우회 유로, 체크밸브는 단방향 유동장치이다.

정답 ②

5) 배관·피팅·소음 억제
   (1) 튜빙/호스/피팅 : 공기를 구성 요소로 운반
   (2) 머플러 : 배기 소음저감/배기흐름 원활

3 공기압기기 관리

1) 압축공기 품질 관리

   (1) 수분 제거 : 드레인밸브, 자동 드레인으로 수분 배출

   (2) 먼지 제거 : 필터 정기 청소 및 교체

   (3) 오일 혼입방지

2) 압력유지 관리

   (1) 레귤레이터 압력점검

   (2) 압력게이지 이상 여부 확인

   (3) 압력 과다방지 → 릴리프밸브 설치

3) 누설점검

   (1) 배관, 호스 연결부 누기 확인

   (2) 비눗물 검사 또는 초음파 감지기 사용

예제 06

압축공기의 흡수식 건조방식은?

① 자연건조방식　　　　　　　② 물리적인 방식

③ 기계적인 방식　　　　　　　④ 화학적인 방식

흡수식 건조는 흡수제(예 황산, 수산화나트륨 등)가 수분과 화학적으로 반응·흡수해 제거하는 방식 → 화학식 (화학적) 건조
- 자연건조방식 : 그냥 두어 자연증발에 맡기는 방식이다.
- 물리적인 방식 : 흡착식(실리카겔 등 표면에 물 분자를 붙임)이 여기에 가깝다.
- 기계적인 방식 : 냉동식 드라이어처럼 냉각장치로 응축·제거하는 방식이다.

정답 ④

02 유압제어

1 유압 기초

1) 유압 : 유체 압력을 이용하여 힘과 운동을 전달하는 기술

 (1) 장점
  ① 작은 장치로 큰 힘을 얻을 수 있음
  ② 힘과 속도의 제어 및 조정성이 우수
  ③ 연속적이고 부드러운 운동 가능
  ④ 큰 부하상태에서의 출발이 가능

 (2) 단점
  ① 누유의 위험이 존재
  ② 온도 변화에 따른 점도 변화 영향
  ③ 유압 장비는 초기 설치비용이 비교적 높음

> **예제 07**
> 유압장치의 특징과 거리가 먼 것은?
> ① 소형장치로 큰 힘을 발생한다.
> ② 고압 사용으로 인한 위험성이 있다.
> ③ 일의 방향을 쉽게 변환시키기 어렵다.
> ④ 무단변속이 가능하고 정확한 위치제어를 할 수 있다.
>
> 유압은 방향제어밸브 등으로 작동방향전환이 쉽다.
>
> **정답** ③

2) 유압의 기본 원리

 (1) 파스칼의 원리

$$P(압력) = F(힘) \div A(면적)$$

 • 적용 : 유압펌프, 수압기, 내부확장식 제동장치

 (2) 연속방정식

$$A(단면적) \times V(유속) = 일정$$

> **예제 08**
>
> 유압실린더에 작용하는 힘을 산출할 때의 원리는?
> ① 보일의 법칙　　　　　　　　② 파스칼의 법칙
> ③ 가속도의 법칙　　　　　　　④ 플레밍의 왼손법칙
>
> ① 보일의 법칙은 기체 P × V = 상수
> ③ 가속도의 법칙은 동역학
> ④ 플레밍 왼손법칙은 전자기력에 관한 법칙
>
> **정답** ②

3) 유압 시스템의 구성 요소

구성 요소	역할
유압펌프	유압유를 압력상태로 만들어 공급
유압탱크	유압유 저장소
유압밸브	유압의 방향, 압력, 유량을 제어
실린더/모터	유압 에너지를 기계적 운동으로 변환
필터	유압유 내의 불순물 제거
배관/호스	유압유흐름 전달

2 유압제어회로의 구성 요소

1) 동력원

　(1) 유압펌프 : 탱크에 저장된 유압유를 압력 에너지로 변환해 공급

　(2) 모터 : 펌프를 회전시키는 동력 제공

　(3) 유압탱크 : 유압유 저장, 냉각, 이물질 침전

2) 구동기

　(1) 유압실린더 : 직선 운동 발생

　　① 단동실린더 : 한 방향 힘, 복귀는 스프링/중력

　　② 복동실린더 : 양방향 힘

　(2) 유압모터 : 회전 운동 발생

　　① 기어형 : 구조 간단, 저속 고토크

　　② 피스톤형 : 고압, 고효율

3) 제어밸브

   (1) 방향제어밸브 : 유압유의 흐름방향제어

   (2) 압력제어밸브 : 설정 압력유지, 초과 시 자동 배출

4) 보조기기

구성 요소	역할
필터	유압유 내 이물질 제거
축압기	압력 저장, 순간적인 압력 보조
열교환기(냉각기)	유압유 온도조절
압력게이지	회로 내 압력 측정
체크밸브	역류방지(한 방향흐름만 허용)

3 유압기기 관리

1) 유압유 관리

   (1) 고장원인의 80 [%] 이상을 차지

   (2) 일반적으로 1 ~ 2년 주기로 교환

   (3) 유압유점검항목

항목	설명
색상	탁하거나 변색 시 교체
점도	온도 변화에 따른 점도 확인
수분 혼입	유압유에 물 섞이면 백탁현상 발생(주의)
이물질	필터링 후 남는 침전물 확인

2) 필터 관리

종류	내용
흡입필터	펌프 흡입 측 오염방지(정기 청소 및 교환)
라인필터	압력 라인 내 불순물 제거(교환 주기 엄수)
리턴필터	탱크로 복귀하는 유압유 필터링

3) 온도 관리

   (1) 적정 온도 범위 : 30 [℃] ~ 60 [℃](보통)

   (2) 70 [℃] 이상 → 유압유 산화/점도 저하 위험 → 냉각기 설치 필요

03 공·유압회로 도면기호

1 접속형태기호

	접속형태	
공기 빼기		연속적인 공기 빼기
		특정시간 공기 빼기
		체크기구이용 공기 빼기
배기구		접속구 없음
		접속구 있음
급속연결구		체크밸브 없음
		체크밸브 부착
회전연결구		1관로 1방향 회전
		3관로 2방향 회전

> **예제 09**
>
> 유압·공기압 도면기호 중 접속구를 나타내었다. 다음 그림과 같은 공기구멍에 대한 설명으로 맞는 것은?
>
>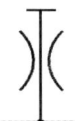
>
> ① 연속적으로 공기를 빼는 경우
> ② 어느 시기에 공기를 빼고 나머지 시간은 닫아놓는 경우
> ③ 필요에 따라 체크기구를 조작하여 공기를 빼내는 경우
> ④ 수압 면적이 상이한 경우
>
> 특정시간 공기 빼기에 대한 기호이다.
>
> **정답** ②

2 조작방식기호

조작방식		
명칭	기호	비고
입력 조작		특정하지 않는 경우의 일반기호
푸시버튼		1방향 조작
풀버튼		1방향 조작
풀/푸시버튼		2방향 조작
레버		2방향 조작
페달		1방향 조작

명칭	조작방식 기호	비고
양기능페달		2방향 조작
플랜저기계 조작		1방향 조작
리미티드기계 조작		2방향 조작(가변 스트로크)
스프링 조작		1방향 조작
롤러 조작		2방향 조작
롤러 조작		한쪽 방향 조작
단동솔레노이드		1방향 조작
복동솔레노이드		2방향 조작
엑추에이터		단동 가변식
엑추에이터		복동 가변식
엑추에이터		회전형

명칭	조작방식 기호	비고
파일럿 조작		직접 파일럿 (필요시 면적비 기입)
	45°	내부 파일럿 조작
		외부 파일럿 조작

3 에너지용기기호

명칭	에너지용기 기호	비고
어큐뮬레이터		일반기호 (부하의 종류 무시)
		기체식 부하
		추식 부하
		스프링식 부하
보조가스용기		어큐뮬레이터와 조합 사용
공기탱크		일반형

에너지원		
명칭	기호	비고
유압원		-
공기압원		-
전동기		-

4 보조기기기호

보조기기		
명칭	기호	비고
압력계		계측 불필요 경우
차압계		-
유면계		-
온도계		-
검류기		-
유량계		-
		적산계
회전속도계		-

보조기기		
명칭	기호	비고
토크계		-
압력스위치		-
리미트스위치		-
아나로그변환기		공압
소음기		공압
경음기		공압
마그네트 분리기		-

예제 10

다음의 기호가 나타내는 기기를 설명한 것 중 옳은 것은?

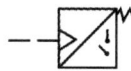

① 실린더의 로킹회로에서만 사용된다.
② 유압실린더의 속도제어에서 사용된다.
③ 회로의 일부에 배압을 발생시키고자 할 때 사용한다.
④ 유압신호를 전기신호로 전환시켜준다.

기호는 압력스위치(Pressure Switch)로 점선 파일럿 라인으로 들어온 압력(유압신호)에 따라 우측의 전기접점이 ON/OFF된다.

정답 ④

5 펌프 및 모터

펌프 및 모터		
명칭	기호	비고
유압펌프		1방향흐름 회전/정용량형
유압모터		1방향흐름 회전/가변용량형
공기압모터		2방향흐름 회전/정용량형
펌프모터		1방향흐름 회전/정용량형
		2방향흐름 회전/가변용량형
엑추에이터		2방향 요동형

> **예제 11**
>
> 아래의 공기압회로 도면기호의 명칭은?
>
>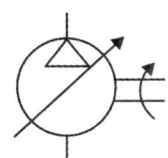
>
> ① 정용량형 공기압모터 ② 정용량형 공기압축기
> ③ 가변용량형 공기압모터 ④ 가변용량형 공기압축기
>
> - 원(○) : 회전기계요소를 의미
> - 대각선의 사선(/) : 용량조절(가변용량)을 나타냄
> - 화살표(→) : 공기(압축기 작용)흐름을 표시
>
> **정답** ④

예제 12

다음 그림은 무슨 기호인가?

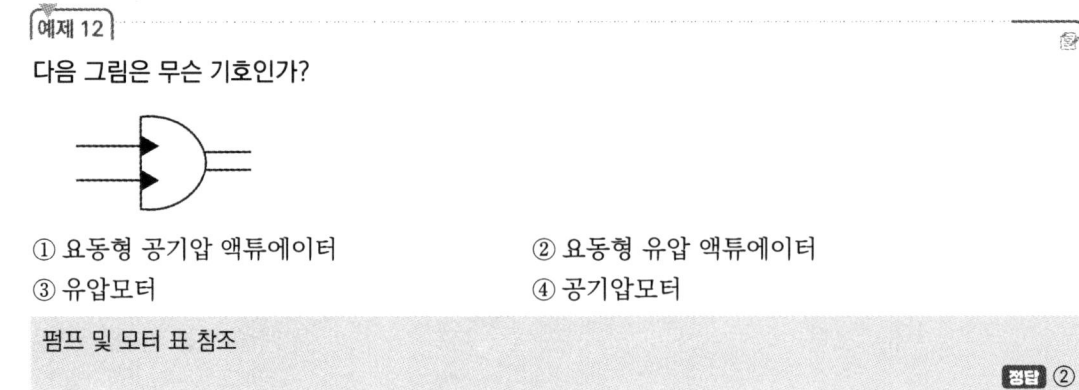

① 요동형 공기압 액튜에이터 ② 요동형 유압 액튜에이터
③ 유압모터 ④ 공기압모터

펌프 및 모터 표 참조

정답 ②

6 실린더

실린더		
명칭	기호	비고
단동실린더		밀어내는 형
		스프링으로 밀어내는 형
		스프링으로 당기는 형
복동실린더		편로드형
		양로드형
		양쿠션/편로드형

7 체크, 셔틀, 배기밸브

체크, 셔틀, 배기밸브		
명칭	기호	비고
체크밸브		스프링 없음
		스프링 있음
		파일럿 작동/스프링 없음
		파일럿 작동/스프링 있음
셔틀밸브		고압 우선형
		저압 우선형
급속배기밸브		-

8 압력제어밸브

압력제어밸브		
명칭	기호	비고
릴리프밸브		일반기호
		파일럿 작동형
		전자밸브 부착
		비례전자식(예)
감압밸브		일반기호
		파일럿 작동형
		릴리프 부착
		비례전자식(예)

압력제어밸브		
명칭	기호	비고
감압밸브		정비례식
시퀀스밸브		일반기호
		보조 조작 부착 (면적비 표기)
		파일럿 작동형
언로드밸브		일반기호
카운터바란스밸브		-
언로드릴리프밸브		-
양방향릴리프밸브		작동형
브레이크밸브		(예)

Chapter 03. 공·유압제어

9 유량제어밸브

유량제어밸브		
명칭	기호	비고
교축밸브		가변 교축
스톱밸브		NC형
감속밸브		기계 조작 가변 교축
유량조절밸브		일련형
분류밸브		-
집류밸브		-

10 유체조정기기

유체조정기구		
명칭	기호	비고
필터		일반기호
		드레인부착

유체조정기구		
명칭	기호	비고
드레인배출기	◇	-
기름분리기	◇	-
공기드라이어	◇	-
루브리케이터	◇	-
공기압조정 유니트		-
냉각기	◇	관로 생략
냉각기	◇	관로 표기
가열기	◇	-
온도조절기	◇	가열 또는 냉각

예제 13

공·유압회로를 보고 알 수 없는 것은?

① 관로의 길이 ② 사용 공·유압기기
③ 유체흐름의 순서 ④ 유체흐름의 방향

회로도는 기능·연결·신호/유체흐름을 추상적으로 표현하므로 배관의 실제 길이는 알 수 없다.

정답 ①

Chapter 04 공기압장치 조립

01 공기압축기

1 공기압축기의 개요

1) 공기의 특징
   (1) 무색, 무취, 무미
   (2) 공기는 압축할수록 압력이 높아지고 부피가 감소
   (3) 팽창 시 온도 감소, 압축 시 온도 증가

2) 공기압축기의 정의
   (1) 압축기(Compressor) : 공기나 가스를 높은 압력으로 압축하여 저장하거나 사용
   (2) 압축공기의 용도

분야	용도
제조업	자동화 기계 구동, 도장작업, 절삭 공구 구동
자동차정비	타이어 공기 주입, 에어 공구 작동
식품 산업	식품 포장, 세척, 위생 처리
건설 현장	에어 해머, 콘크리트 절단기 등 구동
기타	의료용 산소 분사, 청소용 에어건, 공기청정장치

예제 01

에너지로서의 공기압을 만드는 기계는 어느 것인가?
① 공기냉각기 ② 공기압축기
③ 공기탱크   ④ 공기건조기

압축기(Compressor) : 공기나 가스를 높은 압력으로 압축하여 저장하거나 사용

정답 ②

2 공기압축기의 분류

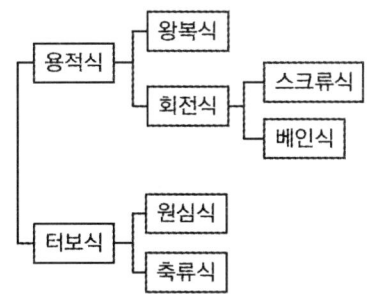

예제 02

공기압장치에서 사용되는 압축기는 작동원리에 따라 분류하였을 때 맞는 것은?
① 터보형
② 밀도형
③ 전기형
④ 일반형

> 압축기는 작동원리에 따라 보통 용적식과 터보식으로 분류
> - 용적식(Positive Displacement) : 왕복, 스크류, 베인 등
> - 터보식(Dynamic/Turbo) : 원심, 축류 등
>
> **정답** ①

1) 왕복식 압축기

　(1) 작동 원리 : 피스톤이 왕복 운동하여 공기를 압축

　(2) 높은 압력 생성 가능

　(3) 비교적 구조 간단, 저속운전

　(4) 진동, 소음이 큼

　(5) 용도 : 자동차정비, 소형 공장, 저용량 고압용

2) 회전식 압축기

　(1) 회전하는 로터를 이용해 공기를 압축

　(2) 용도 : 중·소규모 공장, 일반 산업용

구분	스크류식	베인식
원리	나사 모양의 2개의 로터가 맞물려 공기를 압축	원통 내부에 회전하는 로터와 슬라이드식 날개(Vane) 이용
특징	연속운전, 고효율, 저소음	저압용, 간단 구조, 유지보수 쉬움

3) 원심식 압축기

　⑴ 작동 원리 : 회전하는 임펠러에 의해 공기가 원심력으로 바깥쪽으로 밀려나면서 압축

　⑵ 대용량, 연속운전 적합

　⑶ 고속회전, 구조 복잡

　⑷ 용도 : 대형 공장, 화학 플랜트, 발전소

4) 축류식 압축기

　⑴ 작동 원리 : 공기가 축방향으로 흐르며 압축됨

　⑵ 대량 공기 처리

　⑶ 주로 가스터빈, 항공기 엔진에 사용

　⑷ 용도 : 항공기, 대형 발전 플랜트

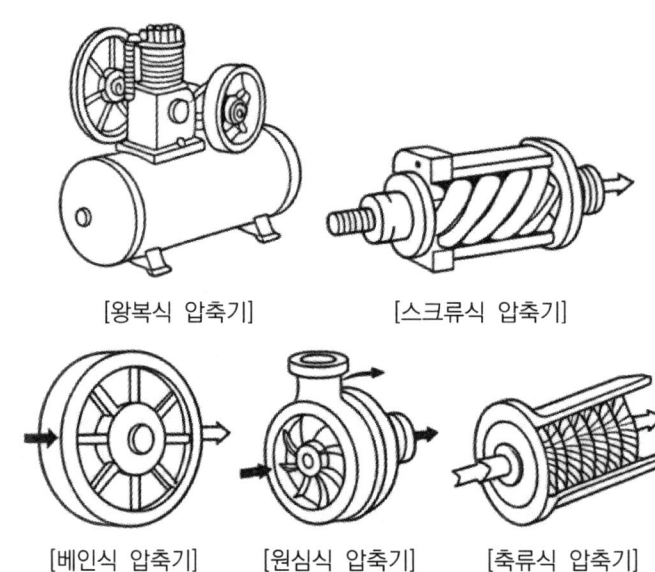

[왕복식 압축기]　　　[스크류식 압축기]

[베인식 압축기]　[원심식 압축기]　[축류식 압축기]

예제 03

공기압축기를 출력에 의해서 분류한 것 중 중형에 해당하는 것은?

① 0.2 ~ 12 [kW]　　　　② 15 ~ 75 [kW]
③ 76 ~ 150 [kW]　　　　④ 150 [kW] 이상

- 소형 압축기 : 약 0.2 ~ 12 [kW]
- 중형 압축기 : 약 15 ~ 75 [kW]
- 대형 압축기 : 약 76 ~ 150 [kW]
- 초대형 압축기 : 150 [kW] 이상

정답 ②

3 공기압축기 부속장치

1) 냉각장치

(1) 공기를 압축하면 온도가 상승하므로 냉각장치를 통해 온도를 낮춰야 함

(2) 냉각장치의 종류

구분	특징
수냉식	• 냉각수(물)를 이용하여 열을 제거 • 대형 압축기, 연속운전용에 적합
공냉식	• 팬으로 외부 공기를 이용하여 냉각 • 소형, 중소형 압축기에 주로 사용

예제 04

공기압 발생장치 중 압축된 공기를 냉각하여 수분을 제거하는 장치는?

① 공기압축기 ② 공기냉각기
③ 공기조정유닛 ④ 공기필터

- 압축기는 압력을 만들 뿐 수분 제거가 목적이 아님
- 공기 조정유닛(FRL)은 필터·레귤레이터·루브리케이터 묶음으로 기본 여과·압력조정·급유가 주요 기능
- 공기필터는 입자 제거가 주이며, 수분 제거는 제한적(코알레싱 타입 제외)

정답 ②

2) 윤활장치

(1) 압축기 내부 부품 사이의 마찰을 줄이고 마모방지

(2) 윤활방식

구분	특징
순환식	• 오일펌프를 이용하여 윤활유 순환 공급 • 왕복식, 대형 스크류식 등에 사용
분무식	• 공기와 함께 윤활유를 분사하여 윤활 • 회전식, 스크류식에 사용

3) 여과장치

　(1) 흡입 공기 중의 먼지, 이물질 등을 제거하여 압축기의 손상방지

　(2) 종류

　　① 흡입필터 : 공기 흡입 시 먼지 제거

　　② 오일 세퍼레이터(Separator) : 압축 공기에서 윤활유 분리

　　③ 라인필터 : 배관 내 이물질 제거

4) 저장탱크

　(1) 압축 공기를 저장하여 압력 변동 완화

　(2) 순간적으로 많은 양의 공기 사용 시 안정적 공급 가능

5) 자동 배수장치

　(1) 압축과정에서 발생하는 수분과 오일 성분을 자동으로 배출

　(2) 수동 드레인 대비 유지 관리가 편리함

6) 안전밸브

　(1) 압력 이상 상승 시 자동으로 압력을 방출하여 폭발 사고방지

　(2) 법정기준에 따라 설치 필수

4 압축기의 설치 및 유지보수

1) 공기압축기 설치 장소 조건

　(1) 공기 순환이 잘 되어야 냉각효과가 좋음

　(2) 습기와 먼지가 많은 장소 피하기

　(3) 기계 진동방지, 장기적 운전 안정성 고려

　(4) 정기적 점검이 가능한 공간 확보

2) 유지보수 시 주의사항

　(1) 반드시 전원차단 후 작업

　(2) 고압 공기 방출 시 안전 보호구 착용

　(3) 정비 후 시험운전 필수

02 공기압밸브

1 공기압밸브의 구조와 원리

1) 공기압밸브의 역할
   (1) 공기의 흐름방향제어
   (2) 공기의 압력조절
   (3) 공기의 유량조절
   (4) 특정 동작을 위한 타이밍조절

2) 방향제어밸브의 구조
   (1) 위치(Position) : 밸브 내부흐름의 상태(공기의 방향)

   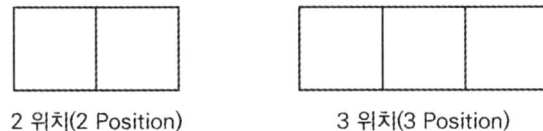

   2 위치(2 Position)   3 위치(3 Position)

   (2) 포트(Port) : 공기가 드나드는 구멍

   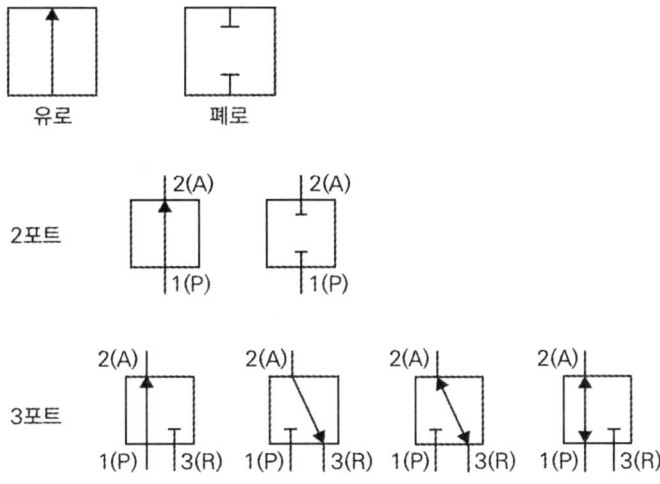

   (3) 내부구성
      ① 스풀(Spool) : 밸브 내부에서 이동하며 공기의 흐름을 바꾸는 부품
      ② 스프링 : 기본 위치로 복귀시키는 역할
      ③ 실링(패킹) : 공기 누설방지

예제 05

방향제어밸브에서 존재할 수 있는 포트의 개수가 아닌 것은?

① 1　　　　　　　　　　　　② 2
③ 3　　　　　　　　　　　　④ 4

방향제어밸브는 최소 입·출구 2개 포트가 필요

정답 ①

예제 06

다음 중 3포트 2위치 변환밸브를 나타내는 것은?

① ②
③ ④

① 2포트 2위치
③ 4포트 2위치
④ 5포트 2위치

정답 ②

3) 작동방식

작동방식	설명	적용
수동식	버튼, 레버 등 사람이 손으로 직접 조작	시험용 장치, 비상정지 버튼
기계식	롤러, 캠 등에 의해 기계 접촉으로 작동	자동기계, 컨베이어
솔레노이드식	전자석(코일)에 전류를 흘려 자력으로 스풀 이동	자동화 설비, 공장 자동제어
공기압식	압축공기의 힘으로 밸브 내부 스풀을 이동시킴	공압 시퀀스회로, 반복 동작장치

2 공기압밸브의 종류

1) 방향제어밸브

종류	기호	설명
2포트 2위치		ON/OFF밸브처럼 사용, 공기 통과 또는 차단
3포트 2위치		단동실린더제어에 사용
4포트 2위치		복동실린더제어, 복잡한 동작제어 가능
4포트 3위치		가장 일반적인 복동실린더용 밸브

예제 07

공기압회로에서 실린더나 기타의 액추에이터로 공급되는 압축공기의 흐름방향을 변화시키는 밸브는?

① 압력제어밸브 ② 유량제어밸브 ③ 방향제어밸브 ④ 릴리프밸브

- 압력제어밸브 : 시스템 압력을 제어(릴리프, 리듀싱 등)
- 유량제어밸브 : 유량을 제어해 속도조절
- 방향제어밸브 : 압축공기의 흐름 경로를 전환해 실린더 전진/후진 등 액추에이터의 동작방향을 변화 (예) 3/2, 5/2, 5/3밸브).
- 릴리프밸브 : 과압 시 배출해 보호

정답 ③

2) 압력제어밸브

종류	기호	설명
감압밸브 (Reducing Valve)		• 가장 기본적이고 필수적인 압력제어밸브 • 일부 회로의 압력을 주회로의 압력보다 낮게 제어
릴리프밸브 (Relief Valve)		• 회로 내의 압력을 설정값으로 유지 • 압력이 설정값 이상이 되면 공기를 외부로 방출
시퀀스밸브 (Sequence Valve)		• 둘 이상의 분기회로가 있는 회로 내에서 작동순서를 회로의 압력에 의해 제어 • 설정된 압력에 도달했을 때만 다른 동작을 시작함

예제 08

1차 측 공기압력이 변화하여도 2차 측 공기압력의 변동을 최저로 억제하여 안정된 공기압력을 일정하게 유지하기 위한 밸브는?

① 방향제어밸브 ② 감압밸브
③ OR밸브 ④ 유량제어밸브

감압밸브는 1차 측 압력 변동과 무관하게 2차 측(다운스트림) 압력을 일정하게 유지하도록 설계된 압력조정밸브(레귤레이터)
- 방향제어 : 유로 전환용, 압력유지 기능 없음
- OR밸브 : 공압 로직 요소
- 유량제어 : 속도(유량)조절용, 압력 안정화 아님

정답 ②

> **예제 09**
>
> 공기탱크와 공기압회로 내의 공기압력이 규정 이상의 공기압력으로 될 때에 공기압력이 상승하지 않도록 대기와 다른 공기압회로 내로 빼내주는 기능을 갖는 밸브는?
>
> ① 감압밸브　　　　　　　　　② 릴리프밸브
> ③ 시퀀스밸브　　　　　　　　④ 압력스위치
>
> - 릴리프밸브 : 회로 압력이 설정값 초과 시 자동으로 개방되어 공기를 대기(또는 다른 라인)로 배출해 과압을 방지
> - 감압밸브 : 2차 측 압력을 일정하게 낮춰 유지(과압배출 목적 아님)
> - 시퀀스밸브 : 설정 압력 도달 후 다음 회로로 유량 개방
> - 압력스위치 : 설정 압력에서 전기신호 전환만 수행(배출 기능 없음)
>
> **정답** ②

3) 유량제어밸브

종류	기호	설명
스로틀밸브 (교축밸브)		공기의 흐름 단면을 조절하여 속도조절
속도제어밸브		체크밸브가 닫히는 방향으로 유량이 제어되고 반대방향은 자유흐름으로 유량제어 불가
급속배기밸브		배기 유량 증가에 따른 액추에이터의 속도 증가 또는 공기탱크 속의 압축공기를 대기 중으로 빠르게 방출

3 공기압밸브회로 구성

1) 단동실린더제어회로

　(1) 사용 부품 : 3포트 2위치 방향제어밸브 + 단동실린더

　(2) 동작 원리

　　　① 버튼 누름 → 공기 공급 → 실린더 전진
　　　② 버튼 놓음 → 스프링 복귀 → 실린더 후진

2) 복동실린더제어회로

　　⑴ 사용 부품 : 5포트 2위치 방향제어밸브 + 복동실린더

　　⑵ 동작 원리

　　　　① 전기신호(솔레노이드 ON) → 실린더 전진

　　　　② 전기 OFF(스프링 복귀) → 실린더 후진

3) 릴리프밸브회로

　　⑴ 압력제어회로

　　⑵ 과도한 압력 발생 시 자동으로 공기 배출 → 장비 보호

4) 기타 회로

　　⑴ 속도제어회로 : 스로틀밸브 + 체크밸브 조합으로 실린더 속도조절

　　⑵ 시퀀스제어회로 : 시퀀스밸브 사용 → 특정 압력 도달 시 다음 동작 진행

03 공기압 액추에이터

1 공기압 액추에이터의 개요와 구조

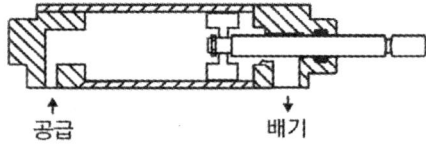
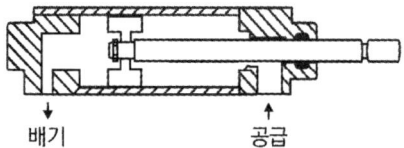

1) 공기압 액추에이터의 정의

　　⑴ 압력 에너지를 기계적 운동 에너지로 바꾸는 장치

　　⑵ 압축공기를 이용하여 기계의 직선 또는 회전 운동을 만들어내는 장치

2) 공기압 액추에이터의 역할

역할	설명
동력 발생	압축공기의 힘으로 직선 또는 회전 운동 발생
제품 이송	생산 라인에서 부품 또는 제품을 이동시킴
위치 결정	자동화 장비에서 정확한 위치 설정 및 고정 역할
반복 동작 수행	빠르고 일정한 동작 반복 → 생산성 향상

3) 공기압실린더의 기본구조

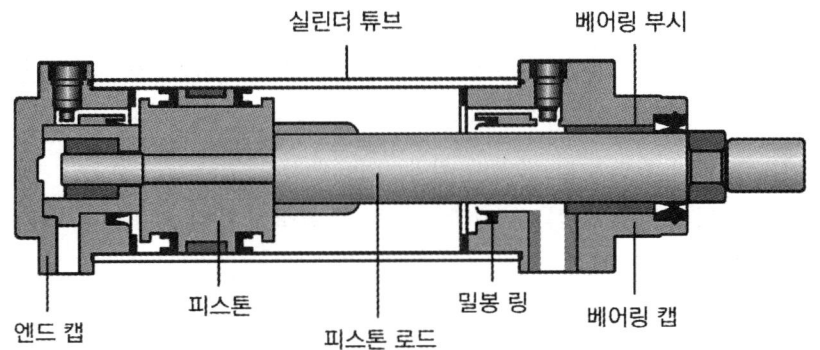

구성 부품	역할
실린더 튜브	피스톤이 왕복 운동하는 원통형 본체
피스톤	실린더 내부에서 왕복 운동하는 부분
피스톤 로드	피스톤의 운동을 외부로 전달하는 막대
캡(양 끝 부분)	실린더 양 끝을 막아주는 부분
패킹	공기 누설방지, 실린더 내부 기밀유지

예제 10

급격하게 피스톤에 공기압력을 작용시켜서 실린더를 고속으로 움직여 그 속도 에너지를 이용하는 공압실린더는?

① 서보실린더　　　　　　　　　　② 충격실린더
③ 스위치부착실린더　　　　　　　④ 터보실린더

충격실린더는 급가압으로 피스톤을 고속 가속시켜 운동(속도) 에너지로 타격력을 얻는 공압실린더. 펀칭, 스탬핑 같은 타격작업에 사용
- 서보실린더 : 정밀 위치/속도제어용
- 스위치부착실린더 : 리드/근접스위치로 위치 검출
- 터보실린더 : 표준 분류 아님

정답 ②

2 직선형 액추에이터(공기압실린더)

1) 단동실린더

(1) 구조 : 한쪽 방향으로만 공기의 힘으로 움직이고, 반대쪽은 스프링의 힘으로 복귀하는 구조

(2) 장점 : 구조가 간단하고 설치가 쉬움

(3) 단점 : 복귀력(스프링 힘)이 약해서 강한 복귀력이 필요한 곳에는 부적합

(4) 적용 : 클램핑장치, 단순 동작용 장비 등

2) 복동실린더

(1) 구조 : 양쪽 방향 모두 공기압으로 동작하는 구조

(2) 장점 : 양방향 모두 일정한 힘으로 동작 가능

(3) 단점 : 구조가 복잡하여 가격이 단동보다 비쌈

(4) 적용 : 자동화 기계, 생산라인, 물류장비 등

예제 11

전·후진 시 같은 속도와 힘으로 일을 할 수 있는 공압실린더는?

① 텐덤실린더　　　　　　　　② 스크루식
③ 다위치제어실린더　　　　　④ 양로드형 실린더

- 텐덤실린더 : 힘 증대용
- 스크루식 : 일반 공압실린더 분류가 아님
- 다위치제어실린더 : 위치 단계 확장용

정답 ④

3 회전형 액추에이터(공기압모터)

1) 베인형 회전실린더

(1) 구조 : 실린더 내부에 베인(날개판)이 있어 공기의 압력으로 베인이 회전하는 구조

(2) 특징 : 단순 구조, 소형화 가능, 토크(힘)는 약함

(3) 회전 범위 : 90°, 180°, 270° 등

2) 래크 앤 피니언형(기어형)

(1) 구조 : 직선 운동을 회전 운동으로 변환하기 위해 래크(톱니바퀴 모양의 막대)과 피니언(기어바퀴) 사용

(2) 특징 : 강한 토크 발생 가능, 정밀한 제어 가능

(3) 회전 범위 : 45°, 90°, 180°, 360°, 720° 가능

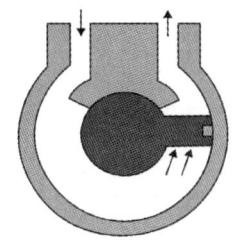

[베인형 요동형 액추에이터]

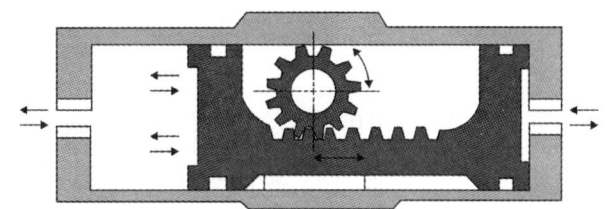

[래크 앤 피니언형]

예제 12

다음 설명 중 공기압모터의 장점은?

① 에너지의 변환 효율이 낮다.
② 제어속도를 아주 느리게 할 수 있다.
③ 큰 힘을 낼 수 있다.
④ 과부하 시 위험성이 없다.

① 낮은 효율 → 단점(배기 손실 등으로 효율이 낮음)
② 아주 느린 속도제어 → 어려움(공기압축성)
③ 큰 힘 → 보통 유압이 유리(공기압은 토크/추력 한계)
④ 과부하 안전 → 장점(스톨해도 손상·과열 위험이 작고 즉시 재가동 가능)

정답 ④

4 특수형 액추에이터

1) 로드리스실린더

(1) 구조 : 실린더 내부에 피스톤이 있고 외부에 로드 대신 슬라이더가 움직이는 구조

(2) 특징 : 좁은 공간에서 긴 스트로크 가능

(3) 사용 예 : 반도체, LCD 생산 장비 등

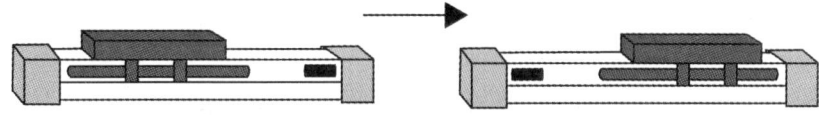

[로드리스실린더(Rodless Cylinder) 전진/후진 형태]

예제 13

공압실린더 중 단동실린더가 아닌 것은?

① 피스톤실린더　　　　　　　② 격판실린더
③ 벨로즈실린더　　　　　　　④ 로드리스실린더

- 단동실린더 : 한쪽에만 압력, 복귀는 스프링/하중 → 피스톤실린더(스프링리턴형 가능), 격판(다이어프램) 실린더, 벨로즈실린더는 단동형으로 사용
- 로드리스실린더 : 대개 복동형(양실 가압)으로 캐리지가 이동하는 구조

정답 ④

2) 다이어프램실린더

　(1) 원리 : 피스톤 대신 고무 다이어프램이 팽창과 수축을 반복 → 마찰 적음

　(2) 특징

　　① 정밀한 힘조절 필요시 사용

　　② 윤활유 불필요

　　③ 고압 사용불가

　(3) 사용 예 : 정밀측정 장비, 제약·식품 생산라인

예제 14

단계적인 출력제어가 가능한 실린더는?

① 충격실린더　　　　　　　② 다위치실린더
③ 탠덤실린더　　　　　　　④ 텔레스코프실린더

탠덤(직렬) 실린더는 두 개의 피스톤을 한 로드에 연결해 한쪽만 가압 → 양쪽 모두 가압처럼 단계적으로 챔버를 작동시켜 출력(추력)을 단계적으로 변경

정답 ③

5 액추에이터의 부속장치

1) 속도제어밸브(유량조절밸브)

　(1) 공기의 흐름속도를 조절하여 피스톤 운동속도를 설정

　(2) 주로 출구 측(배기 측)에 설치하여 일정한 속도유지

2) 완충장치

　(1) 피스톤이 실린더 끝에 부딪힐 때 충격을 줄이기 위한 구조

　(2) 주로 캡(양 끝 부위)에 장착됨

　(3) 조절 나사로 쿠션 강도조절 가능

3) 마그네틱센서와 스위치

    (1) 피스톤 내부에 자석 부착 → 외부에 설치된 센서가 피스톤 위치 감지

    (2) 자동화 장비에서 정확한 위치제어 가능

    (3) 비접촉식 → 마모 없음, 고정밀제어 가능

4) 가이드장치

    (1) 긴 스트로크를 사용하는 실린더에서 발생하는 피스톤 로드의 흔들림방지

    (2) 고하중작업 시 사용

04 공기압 기타 기기

1 공기 처리장치

1) 필터(Filter)

    (1) 기능 : 압축 공기 속에 포함된 수분, 먼지, 이물질 제거

    (2) 구조

        ① 본체 : 금속 또는 투명 플라스틱용기

        ② 필터 엘리먼트 : 미세망 또는 다공질 소재

        ③ 드레인밸브 : 바닥에 위치, 응축수 배출

    (3) 특징

        ① 미세필터(0.01 [μm]), 표준필터(5 ~ 40 [μm]) 등 등급 다양

        ② 자동 드레인식, 수동 드레인식 선택 가능

2) 레귤레이터(Regulator, 압력조정기)

    (1) 기능 : 시스템에 공급되는 압력을 일정하게 유지

    (2) 구조

        ① 다이얼 또는 노브(손잡이) → 압력조절

        ② 내부에 다이어프램과 스프링 → 압력변동방지

    (3) 특징

        ① 과도한 압력으로 인한 장치손상방지

        ② 게이지 부착으로 압력 확인 가능

    (4) 설치 위치 : 필터 바로 뒤

3) 루브리케이터(Lubricator, 윤활유 공급기)

   (1) 기능 : 공기흐름에 소량의 윤활유 미스트를 섞어 기기에 공급

   (2) 구조

      ① 오일통 + 미스트 발생장치

      ② 공기흐름을 이용해 윤활유를 미세하게 분사

   (3) 특징

      ① 고속 동작 부품의 마모방지

      ② 과도한 윤활유 사용 시 오염 가능성 있음

   (4) 주의사항 : 식품/제약 산업 등에서는 사용하지 않는 경우 많음(청정도 문제)

2 보조기기

1) 공기건조기(Air Dryer)

   (1) 기능 : 압축공기 속의 수분을 제거하여 부식과 고장을 방지

   (2) 종류

      ① 냉동식 드라이어 : 냉각하여 수분을 응축·배출(일반 산업용)

      ② 흡착식 드라이어 : 흡착제를 사용해 수분 제거(고청정도 요구 분야)

   (3) 설치 위치 : 공기탱크 뒤(건식인 경우 공기탱크 앞에 위치하기도 함)

2) 공기탱크(Air Tank)

   (1) 기능 : 압축공기 저장 및 압력 변동 완화

   (2) 순간적으로 많은 공기 공급 가능

   (3) 압축기 과부하방지

   (4) 설치 위치 : 압축기 뒤, 공기 처리장치 앞

예제 15

공기발생장치에서 공기탱크의 역할이 아닌 것은?

① 공기압력이 맥동을 흡수한다.
② 압력이 급격히 떨어지는 것을 방지한다.
③ 압축공기를 통하여 윤활유를 공급한다.
④ 압축공기를 저장한다.

윤활유 공급은 탱크가 아니라 루브리케이터(Lubricator)가 담당

정답 ③

3) 소음기(Muffler)
　(1) 공기 배출 시 소음 감소
　(2) 실내작업환경 개선
　(3) 설치 위치 : 배출 공기 통로에 설치

4) 체크밸브(Check Valve)
　(1) 공기의 역류방지
　(2) 한 방향으로만 공기 통과
　(3) 설치 위치 : 압축기와 배관 사이 또는 분기점

[예제 16]

공기압회로에서 압축공기의 역류를 방지하고자 하는 경우에 사용하는 밸브로서, 한쪽 방향으로만 흐르고 반대방향으로는 흐르지 않는 밸브는?

① 체크밸브　　　　　　　　② 셔틀밸브
③ 급속배기밸브　　　　　　④ 시퀀스밸브

- 체크밸브 : 한쪽 방향만 통과, 반대방향 역류 차단(역지밸브)
- 셔틀밸브(OR밸브) : 두 입력 중 압력이 높은 쪽만 출력으로 전달
- 급속배기밸브 : 실린더의 배기속도 증가용
- 시퀀스밸브 : 설정 압력 도달 후 다음 회로 개방

정답 ①

5) 스위블 조인트(Swivel Joint)
　(1) 에어 호스 연결부에 설치하여 회전 가능 → 호스 꼬임방지
　(2) 로봇 팔이나 이동 장비에 사용
　(3) 공기 공급이 끊기지 않은 상태에서 자유 회전 가능

6) 프레셔스위치(Pressure Switch)
　(1) 기능 : 설정 압력에 도달하면 전기신호를 발생 → 압축기 ON/OFF제어
　(2) 공정 자동화에 필수

7) 진공 발생기(Vacuum Generator)
   (1) 기능 : 압축공기를 사용해 진공을 발생
   (2) 흡착 패드로 물건을 들어 올리는 장치
   (3) 전자부품, 유리판, 박판 금속 이송

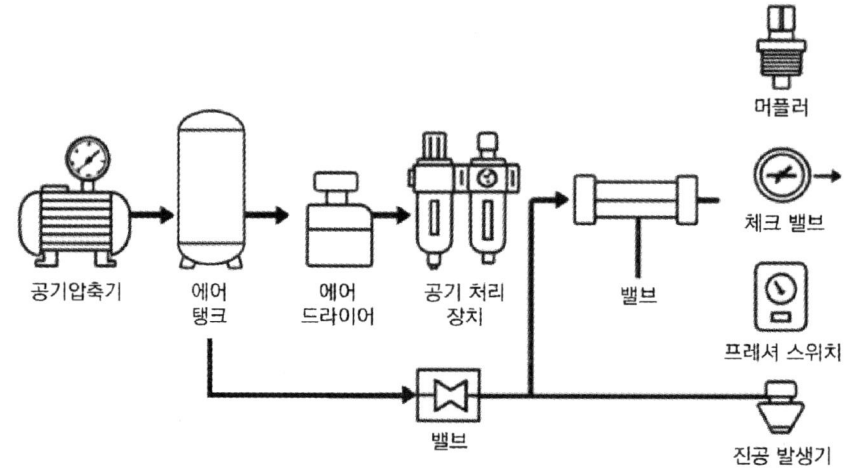

[공기압장치 구성도]

예제 17

공기압장치의 배열 순서로 옳은 것은?
① 공기압축기 → 공기탱크 → 에어드라이어 → 공기압조정유닛
② 공기압축기 → 에어드라이어 → 공기압조정유닛 → 공기탱크
③ 공기압축기 → 공기압조정유닛 → 에어드라이어 → 공기탱크
④ 에어드라이어 → 공기탱크 → 공기압조정유닛 → 공기압축기

일반적인 발생·처리 순서 : 압축기(공기 생성) → 탱크(맥동 흡수·1차 응축수 제거) → 드라이어(수분 제거)
→ FRL(필터, 레귤레이터, 루브리케이터)

정답 ①

Chapter 05 유압장치 조립

01 유압펌프

1 유압펌프의 개요

1) 유압펌프
   (1) 유압펌프는 유압 시스템에서 오일에 압력을 가해 유량(흐름)을 만들어주는 장치
   (2) 압력은 펌프가 만드는 것이 아니라 부하에 의해 형성
2) 유압펌프의 역할
   (1) 저압상태의 오일 → 고압상태로 만들어 배관 내로 공급
   (2) 유압 에너지원으로 작동(기계적 에너지를 유압 에너지로 전환)
   (3) 시스템 내 밸브·액추에이터로 전달되는 유압의 출발점

2 유압펌프의 종류

1) 기어펌프(Gear Pump)
   (1) 구조 : 2개의 맞물린 기어가 회전하면서 오일을 밀어냄
   (2) 압력 발생 위치 : 기어가 맞물리는 부분에서 오일 압력 발생
   (3) 특징
      ① 구조 단순, 가격 저렴, 내구성 좋음
      ② 소형 기계, 저압용에 주로 사용
      ③ 효율은 상대적으로 낮음
2) 베인펌프(Vane Pump)
   (1) 구조 : 회전하는 로터에 설치된 베인(날개)이 오일을 압송
   (2) 압력 발생 위치 : 좁아지는 공간에서 오일이 압축되며 압력 발생
   (3) 특징
      ① 중압용, 소음 적음
      ② 산업용 기계 및 공작기계에서 널리 사용
      ③ 일정한 유량 공급 가능

> **예제 01**
>
> 베인펌프에서 유압을 발생시키는 주요부분이 아닌 것은?
> ① 캠링   ② 베인
> ③ 로우터   ④ 인어링
>
> - 핵심 부품 : 로우터, 베인, 캠링(스테이터링), 사이드플레이트 등
> - 인어링(Inner Ring)은 베어링 등에서 쓰는 명칭
>
> **정답** ④

3) 피스톤펌프(Piston Pump)

　(1) 구조 : 피스톤이 왕복 운동하여 오일을 압송

　(2) 압력 발생 위치 : 피스톤이 전진하면서 오일 압축 → 고압 발생

　(3) 특징

　　① 고압용, 고효율

　　② 구조 복잡, 가격 높음

　　③ 굴삭기, 프레스 등 고압이 필요한 산업용 설비에 사용

4) 펌프의 성능 비교

펌프 종류	압력	유량	효율	용도
기어펌프	저압용	적음	낮음	소형 기계, 윤활 시스템
베인펌프	중압용	중간	중간	공작기계, 산업용 장비
피스톤펌프	고압용	큼	높음	중장비, 프레스, 굴삭기

3 유압펌프의 성능 및 선정기준

1) 유압펌프의 성능 요소

　(1) 유량 : [ℓ/min](리터/분)

$$Q(유량) = A(단면적) \times V(속도)$$

　(2) 압력 : [kgf/cm^2], [MPa]

　(3) 출력

$$수력[kW] = 압력[kgf/cm^2] \times 유량[\ell/min] \div 612$$

　(4) 효율 : 기어펌프 < 베인펌프 < 피스톤펌프

2) 펌프 선정 시 고려사항

고려 요소	설명
필요 유량	설비가 요구하는 속도에 맞는 유량 필요
필요 압력	설비가 요구하는 힘에 맞는 압력 필요
작업 조건	연속 사용인지 간헐적 사용인지/고온·저온 환경
펌프 종류	저압(기어)/중압(베인)/고압(피스톤) 선택
유지보수 용이성	고장 시 수리 편리 여부, 부품 구입 용이성
비용(경제성)	설비 예산과 효율성의 균형 고려

예제 02

유압펌프가 갖추어야 할 특징 중 옳은 것은?

① 토출량의 변화가 클 것
② 토출량의 맥동이 적을 것
③ 토출량에 따라 속도가 변할 것
④ 토출량에 따라 밀도가 클 것

좋은 유압펌프의 기본 조건 : 맥동과 소음이 작고, 용적효율이 높으며, 토출량이 안정적이어야 한다.

정답 ②

02 유압밸브

1 유압밸브의 기초

1) 유압밸브란?

(1) 유압장치 내에서 유압 에너지(압력, 유량, 방향)를 조절하거나 제어하는 기계요소

(2) 유압회로의 스위치 또는 조절기 역할

2) 유압밸브의 기능과 역할

(1) 방향제어 : 유압의 흐름방향을 전환

(2) 압력제어 : 유압회로 내 압력을 안정적으로 유지하거나 과도한 압력 방출

(3) 유량제어 : 유압유의 흐름량을 조절하여 속도제어

3) 유압밸브의 분류기준

분류기준	종류 예시
기능별	방향제어밸브, 압력제어밸브, 유량제어밸브
작동방식	수동식, 전자식(솔레노이드), 유압식, 공압식
구조방식	스풀형, 시트형, 팝펫형

2 방향제어밸브

1) 주요기능
   (1) 작동유의 흐름을 필요한 경로로 전환
   (2) 액추에이터(실린더, 모터 등)의 정·역방향제어
   (3) 회로의 흐름 차단 또는 연결

2) 포트 수와 위치 수
   (1) 포트 수 : 입구, 출구 등 유체가 흐르는 통로의 개수
   (2) 위치 수 : 밸브의 작동 위치(스풀의 정지 위치) 개수

3) 밸브의 구조에 따른 분류

종류	기호	설명
2포트 2위치		ON/OFF밸브처럼 단순개폐용
3포트 2위치		단동실린더제어에 사용

종류	기호	설명
4포트 2위치		복동실린더 전·후진제어, 중립상태 없이 즉시 전환
4포트 3위치		가장 일반적인 복동실린더용 밸브

예제 03

유압실린더의 중간 정지회로에 적합한 방향제어밸브는?

① 3/2 way밸브　　　　　　② 4/3 way밸브
③ 4/2 way밸브　　　　　　④ 2/2 way밸브

- 실린더를 중간 위치에서 정지시키려면 스풀의 중립(센터) 위치가 있어야 하며, 보통 클로즈드 센터(모든 포트 차단)형을 사용
- 3/2 way는 단동실린더용, 4/2 way는 두 위치만 있어 중간 정지 불가, 2/2 way는 단순 ON/OFF밸브

정답 ②

4) 체크밸브

　(1) 한 방향으로만 유체흐름 허용

　(2) 반대방향흐름은 완전히 차단

　(3) 사용목적

　　　① 역류방지

　　　② 회로보호

　　　③ 유압유지

> **예제 04**
>
> 유압실린더의 중간 정지회로에 파일럿 작동형 체크밸브를 사용하는 이유로 적당한 것은?
> ① 실린더 내부의 누설방지   ② 실린더 내 압력 평형의 유지
> ③ 밸브 내부 누설방지   ④ 무부하상태의 유지
>
> - 파일럿 작동형 체크밸브는 유입은 자유롭고 유출은 차단하여 실린더 양실의 유체를 가둬 역류를 막고, 중간 위치에서 압력을 유지(평형)시켜 로드가 처지지 않도록 한다.
> - 방향제어밸브 내부 누설의 영향을 차단하는 것이지, 밸브나 실린더 자체의 누설을 없애는 것은 아니다.
>
> **정답** ②

5) 밸브 작동방식 분류

방식	설명
수동식	레버, 핸들로 작동
솔레노이드식	전자석 이용, 자동제어에 사용
기계식	캠, 롤러 등에 의해 작동
공압/유압 조작식	파일럿 압력으로 작동(자동화 회로에 사용)

3 압력제어밸브

1) 주요 기능

   (1) 회로 내 압력유지

   (2) 장치 보호

   (3) 동작 순서제어(특정 밸브는 설정 압력 도달 시 동작)

2) 밸브의 분류

종류	기호	설명
감압밸브 (Reducing Valve)		• 가장 기본적이고 필수적인 압력제어밸브 • 일부 회로의 압력을 주회로의 압력보다 낮게 제어

종류	기호	설명
릴리프밸브 (Relief Valve)		• 회로 내의 압력을 설정값으로 유지 • 압력이 설정값 이상이 되면 공기를 외부로 방출
시퀀스밸브 (Sequence Valve)		• 둘 이상의 분기회로가 있는 회로 내에서 작동순서를 회로의 압력에 의해 제어 • 설정된 압력에 도달했을 때만 다른 동작을 시작함
무부하밸브 (Unloading Valve)		• 펌프가 지시된 압력으로 송출

예제 05

유압장치에서 릴리프밸브의 역할은?
① 유체에 압력을 증가시키는 압력제어밸브이다.
② 유체의 유로의 방향을 변환시키는 방향전환밸브이다.
③ 유체의 압력을 일정하게 유지시키는 압력제어밸브이다.
④ 유압장치에서 유체의 압력을 감소시키는 감압밸브이다.

릴리프밸브는 설정압을 넘으면 개방되어 유량을 탱크로 우회시켜 과압을 방지하고, 설정값 근처로 시스템(상류) 압력을 유지

정답 ③

3) 압력제어밸브의 비교

종류	평상시 상태	역할
릴리프밸브	닫힘	회로 전체 압력 제한
감압밸브	열림	부분회로 압력 낮춤
시퀀스밸브	닫힘	동작 순서제어(설정 압력 시 작동)
무부하밸브	닫힘	설정된 압력에 도달하면 열림

> **예제 06**
>
> 다음 중 용도가 서로 다른 밸브는?
>
> ① 릴리프밸브 ② 시퀀스밸브
> ③ 교축밸브 ④ 언로드밸브
>
> - 릴리프, 시퀀스, 언로드밸브 → 압력제어밸브(설정압유지, 순서제어, 무부하운전)
> - 교축밸브 → 유량(속도)제어밸브
>
> **정답** ③

4 유량제어밸브

1) 주요 기능

   (1) 유압장치 동작속도제어

   (2) 일정한 속도로 부드럽게 동작하게 함

   (3) 부하 변화에 관계없이 속도유지 가능(보상 기능 포함 시)

2) 유량제어밸브의 분류

   (1) 스로틀밸브(교축밸브)

   ① 가장 단순한 형태의 유량제어밸브

   ② 개폐량조절 → 유량 변화 → 속도 변화

   ③ 부하 변화에 따른 속도 변화 있음(보상 기능 없음)

   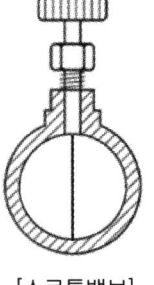

   [스로틀밸브]

   (2) 압력 보상 유량제어밸브

   ① 내부에 보상장치 탑재 → 입·출력 압력 변화에도 일정 유량유지

   ② 주로 2-way, 3-way 타입으로 구성됨

   ③ 유입/배출 형식 모두 있음

   ④ 실리콘 자동조절 구조로 안정성 높음

   (3) 체크밸브 통합 유량제어밸브

   ① 한 방향은 속도제어, 반대방향은 빠른 유체흐름 허용

   ② 복동실린더 등에서 전진속도조절, 복귀 빠름 활용

> **예제 07**
>
> 유압실린더를 사용하여 일을 할 때 실린더에 작용하는 부하의 변동은 실린더의 속도가 일정하지 않은 원인이 된다. 이와 같이 부하의 변동에도 항상 일정한 속도를 얻고자 할 때 사용하는 밸브는 다음 중 어느 것인가?
>
> ① 카운터밸런스밸브　　　　　　　　② 브레이크밸브
> ③ 압력보상형 유량제어밸브　　　　　④ 유체퓨즈
>
> ① 카운터밸런스밸브 : 하강 시 추력제어 · 런어웨이 방지용
> ② 브레이크밸브 : 모터/실린더 과속방지 · 역류제어
> ④ 유체퓨즈 : 배관 파손 등 과유량 시 차단(속도 일정화 아님)
>
> **정답** ③

03 유압 액추에이터

1 유압 액추에이터 개요

1) 유압 액추에이터 정의
    (1) 유압 액추에이터란 유압 에너지를 기계적 운동으로 바꾸는 장치
    (2) 유압실린더(직선 운동)와 유압모터(회전 운동)가 대표적

2) 유압 액추에이터의 역할과 중요성
    (1) 큰 힘을 정확하게 전달 가능
    (2) 고하중, 저속, 정밀제어에 적합

3) 유압실린더 구조

부품명	기능
실린더 튜브	피스톤이 움직이는 본체
피스톤	유압력 받아 운동 생성
로드	피스톤의 운동을 외부에 전달
패킹	누유방지 및 밀폐 역할
커버	실린더 양끝 마감 및 유체 출입

> **예제 08**
>
> 유압실린더의 피스톤 로드를 깨끗이 유지하기 위해 필요한 것은?
>
> ① 쿠션장치 ② 슬리브실린더
> ③ 로드 와이퍼 시일 ④ 피스톤 행정 제한장치
>
> > 로드 와이퍼 시일 : 헤드 커버 쪽에 장착되어 먼지·수분·칩 등을 긁어내어 로드 표면을 청결하게 유지하고, 오염물이 로드 실 손상과 내부 오염을 유발하는 것을 방지
> >
> > **정답** ③

2 직선형 액추에이터(유압실린더)

1) 단동실린더

   (1) 구조 : 한쪽에만 유압이 공급되어 피스톤을 밀고, 복귀는 스프링 또는 중력을 이용

   (2) 특징

   ① 구조 간단
   ② 가격 저렴
   ③ 일방향 동작만 가능
   ④ 복귀속도제어가 어려움

   (3) 적용 : 자동문, 경량 기계장치 등

2) 복동실린더

   (1) 구조 : 양쪽 피스톤 면에 유압을 번갈아 공급하여 왕복 운동

   (2) 특징

   ① 양방향제어 가능
   ② 동작 안정성 높음

   (3) 적용 : 프레스, 자동화 장비, 공작기계

> **예제 09**
>
> 유압동력을 직선왕복 운동으로 변환하는 기구는?
>
> ① 유압모터 ② 요동모터
> ③ 유압실린더 ④ 유압펌프
>
> > • 유압모터, 요동모터는 회전/진동(각운동) 변환
> > • 유압펌프는 유압을 생성하는 장치
> >
> > **정답** ③

> **예제 10**
>
> 유압실린더의 조립형식에 의한 분류에 속하지 않는 것은?
>
> ① 일체형 방식   ② 슬라이딩방식   ③ 플랜지방식   ④ 볼트삽입방식
>
> - 조립형식(구조)에 따른 분류
>   예) 일체형(용접형), 볼트삽입형(타이로드형), 플랜지형(플랜지로 체결)
> - 슬라이딩방식은 조립형식이 아니라 운동/가이드방식에 가까워 해당 분류에 포함되지 않는다.
>
> 정답 ②

3 회전형 액추에이터(유압모터)

1) 기어형 유압모터

   (1) 구조 : 맞물린 기어 두 개가 회전하면서 유압을 기계적인 회전력으로 변환

   (2) 특징

   ① 구조 간단

   ② 가격 저렴

   ③ 고속/저토크용에 적합

   ④ 효율은 낮은 편

   (3) 적용 : 경량 공구, 소형 이송 장비

2) 베인형 유압모터

   (1) 구조 : 회전축에 부착된 베인이 하우징 내에서 유압에 의해 밀려 회전

   (2) 특징

   ① 소음이 적고 부드러운 회전

   ② 중속/중토크용

   ③ 베인 마모 주의

   (3) 적용 : 자동 포장기, 컨베이어 시스템

3) 피스톤형 유압모터

   (1) 구조 : 여러 개의 피스톤이 유압에 의해 직선 운동 → 회전 운동으로 변환

   (2) 특징

   ① 고속, 고토크, 고압용

   ② 고효율, 내구성 우수

   ③ 가격이 비싸고 구조 복잡

   (3) 적용 : 건설기계, 군수장비, 중장비

예제 11

유압모터를 선택하기 위한 고려사항이 아닌 것은?
① 체적 및 효율이 우수할 것
② 모터의 외형 공간이 충분히 클 것
③ 주어진 부하에 대한 내구성이 클 것
④ 모터로 필요한 동력을 얻을 수 있을 것

선택기준은 보통 효율·체적효율, 필요 동력/토크·속도 달성, 내구성/수명, 설치공간 제약(작을수록 유리) 등이다.

정답 ②

예제 12

유압모터의 특징 설명으로 옳은 것은?
① 넓은 범위의 무단변속이 용이하다.
② 넓은 범위의 변속장치를 조작할 수 있다.
③ 운동량이 직선적으로 속도조절이 용이하다.
④ 운동량이 자동으로 직선 조작을 할 수 있다.

- 유압모터는 회전속도가 유량(Q)에 거의 비례하므로 펌프 토출량이나 유량제어로 무단(연속)변속이 쉽다.
- 변속장치 조작은 모터 고유 특징이 아니다.
- 유압모터는 회전운동 구동기이며 직선운동 용도는 실린더의 특징이다.

정답 ①

4 특수형 액추에이터

1) 텔레스코픽실린더

   (1) 다단실린더 : 여러 개의 실린더가 안에서 순차적으로 밀려 나와 긴 스트로크 확보

   (2) 용도 : 트럭 덤프 리프트, 리프팅장치

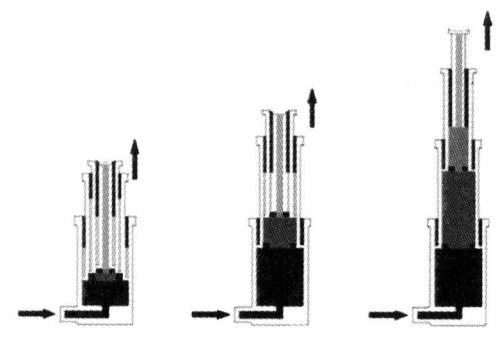

[텔레스코픽실린더]

2) 스윙실린더(스윙액추에이터)

　(1) 직선 운동을 회전 운동으로 변환하여 일정 각도로 회전

　(2) 용도 : 자동화 공정에서 회전 동작 요구 부위

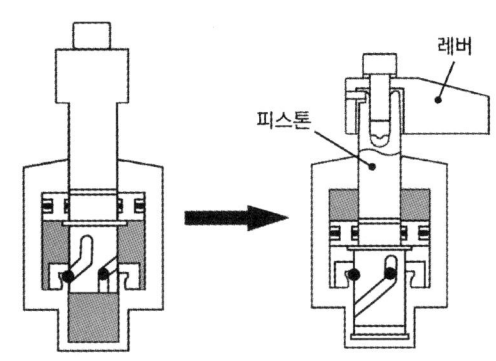

3) 로드리스실린더

　(1) 실린더 내부에서 자석이나 슬라이더를 통해 동력 전달

　(2) 좁은 공간에서 유용

　(3) 주로 공기압에서 사용되나 유압에서도 개발됨

예제 13

유압실린더의 내부에 또 하나의 다른 실린더를 내장하여 순차적으로 실린더가 작동되며, 실린더의 길에 비해 긴 스트로크를 필요로 하는 경우에 사용하는 유압실린더를 무엇이라 하는가?

① 진공실린더　　　　　　　　　② 탠덤실린더
③ 충격실린더　　　　　　　　　④ 텔레스코픽실린더

- 여러 개의 내관(스테이지)이 순차적으로 신장되는 구조로, 수축 길이는 짧게 하면서 아주 긴 스트로크가 필요할 때 사용한다(덤프트럭 적재함 리프트 등).
- 탠덤형은 추력 증가가 목적, 스트로크 연장은 아니다.

정답 ④

04 유압 기타 기기

1 저장장치

1) 오일탱크(Oil Tank)

(1) 작동유 저장

(2) 냉각, 침전, 탈기 기능 포함

(3) 구성

구성품	기능 설명
탱크 본체	작동유 저장용기
오일게이지	오일의 양 확인용(투시창 또는 유리관 형태)
통기구(브리더)	공기의 출입조절 및 필터 역할
드레인 플러그	바닥에 위치하며 오일 교환 시 배출 용도
필러캡(주입구)	작동유 주입구, 필터와 결합되기도 함
바플 플레이트	오일흐름을 가로막아 기포, 열 분산 유도

(4) 주의사항

① 내부 청결유지

② 과도한 온도상승방지(필요시 냉각기 설치)

③ 내부에 이물질, 슬러지 제거 필수

예제 14

유압장치에서 사용되고 있는 오일탱크에 대한 설명으로 적합하지 않은 것은?

① 오일을 저장할 뿐만 아니라 오일을 깨끗하게 한다.
② 오일탱크의 용량은 장치 내의 작동유를 모두 저장하지 않아도 되므로 사용압력, 냉각장치의 유무에 관계없이 가능한 작은 것을 사용한다.
③ 주유구에는 여과망과 캡 또는 뚜껑을 부착하여 먼지, 절삭분 등의 이물질이 오일탱크에 혼입되지 않게 한다.
④ 공기 청정기의 통기 용량은 유압펌프 토출량의 2배 이상으로 하고, 오일탱크의 바닥면은 바닥에서 최소 15 [cm]를 유지하는 것이 좋다.

- 탱크 용량은 가능한 작게 쓰지 않는다.
- 발열, 냉각기 유무, 연속운전, 작동기(실린더) 용적 변동 등을 고려해 충분히 크게 잡는다(현장기준으로 펌프 분당 토출량의 약 2 ~ 5배 수준, 냉각기 없으면 더 크게).

정답 ②

2) 축압기(Accumulator)

  (1) 역할

    ① 압력 에너지 저장

    ② 유량 급변 시 완충 작용

    ③ 펌프 작동 없이도 일정시간 유압유지

    ④ 펌프의 피크 부하 완화

    ⑤ 긴급 시 잔압 공급

  (2) 작동원리

    ① 내부에 가스(주로 질소)를 압축시켜 유압 에너지를 저장

    ② 필요시 압축된 가스의 힘으로 작동유를 밀어냄

  (3) 종류

종류	구조 및 특징	장점 및 용도
블래더형	고무풍선(블래더) 안에 가스를 밀봉	• 소형이면서 용량이 큼 • 응답속도 빠름 • 유지보수 쉬움
피스톤형	실린더 내부에 피스톤으로 유체/가스 분리	• 고압 사용 가능 • 설치 제작 자유로움 • 넓은 온도범위에서 사용 가능 • 구조상 충격압축의 흡수는 미흡
다이어프램형	고무 격막으로 구획	• 소형, 저비용, 진동 흡수에 유리
벨로스형	용기 속에 금속 벨로스를 삽입하여 유체/가스를 분리	• 가스 투과가 없고 온도 범위가 넓어 특수유체와 고온용으로 적당
직압형	구조가 간단	• 대용량의 축적에 사용 • 기름유출 문제

  (4) 설치 시 주의사항

    ① 어큐뮬레이터와 펌프 사이에는 역류방지밸브를 설치

    ② 기름을 모두 배출시킬 수 있는 셧 - 오프밸브를 설치

    ③ 펌프 맥동방지용은 펌프 토출 측에 설치

    ④ 어큐뮬레이터는 수직으로 설치

    ⑤ 가스 주입 시 공기(산소) 사용 금지 → 반드시 질소(N_2) 사용

> **예제 15**
>
> 유압유 저장용 용기인 어큐뮬레이터의 용도가 아닌 것은?
>
> ① 압력 증폭 ② 맥동 제거
> ③ 충격 완충 ④ 유압 에너지 축적
>
> - 어큐뮬레이터 용도 : 유압 에너지 축적(저장), 맥동 제거, 충격/수압변동 완충, 누설 보상 등
> - 압력 증폭은 보통 인텐시파이어(Booster, 증압기)의 역할
>
> **정답** ①

> **예제 16**
>
> 다음은 어큐뮬레이터를 설치할 때 주의사항을 열거한 것이다. 틀린 것은?
>
> ① 어큐뮬레이터와 펌프 사이에는 역류방지밸브를 설치한다.
> ② 어큐뮬레이터는 점검, 보수에 편리한 장소에 설치한다.
> ③ 펌프 맥동방지용은 펌프 토출 측에 설치한다.
> ④ 어큐뮬레이터는 수평으로 설치한다.
>
> 어큐뮬레이터는 일반적으로 수직(가스 측이 위)으로 설치하는 것이 표준
>
> **정답** ④

2 보조기기

1) 여과기(Filter)

  (1) 기능 : 작동유 내 이물질, 금속분, 먼지 제거

  (2) 필터의 설치 위치와 역할

설치 위치	설명 및 특징
흡입필터	탱크 → 펌프 사이에 설치, 대형 이물질 차단(스트레이너 형태)
라인필터	고압회로 중간 설치, 정밀 여과용
리턴필터	작동 후 탱크로 되돌아가는 유로에 설치, 시스템 전체 보호
탱크 내 필터	주입구 또는 배출구 근처 설치, 유입 시 여과용

[예제 17]

필터의 여과 입도가 너무 미세하면 어떤 현상이 생기는가?

① 베이퍼록현상 ② 공동현상
③ 맥동현상 ④ 블로바이현상

- 공동현상(캐비테이션) : 여과 입도가 지나치게 미세하면 필터에서 압력 강하가 커진다. 흡입 측 압력이 너무 떨어지면 유체 안에 기포가 생겼다가 터지는 공동(캐비테이션)이 발생하여 소음·진동·부품 손상이 발생
- 베이퍼락 : 연료계 등에서 기포로 연료공급 차단되는 현상
- 맥동 : 펌프구조·제어 때문인 발생되는 압력/유량 주기 변동
- 블로바이 : 피스톤링 틈으로 가스가 새는 엔진 관련 현상

정답 ②

(3) 필터의 종류

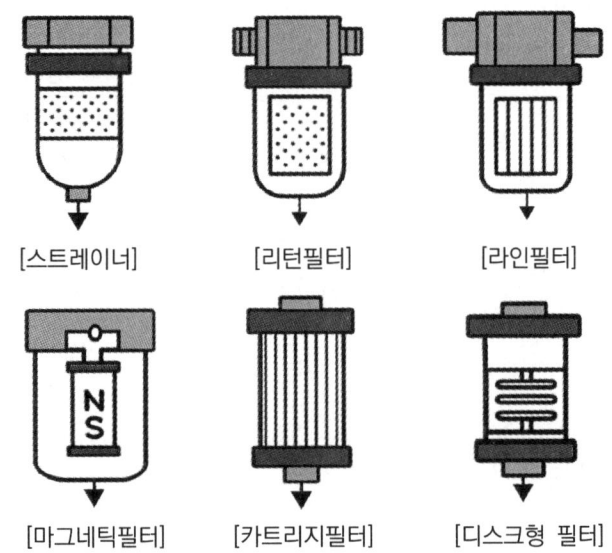

[스트레이너]　[리턴필터]　[라인필터]

[마그네틱필터]　[카트리지필터]　[디스크형 필터]

필터 종류	설치 위치	여과 정도(μm)	특징 및 용도	여과재(소재)
스트레이너	흡입구 (탱크 → 펌프)	100 ~ 150	• 비교적 큰 이물질 제거 • 금속망 사용 • 주로 흡입회로에 사용	금속망 (와이어 메쉬)
리턴필터	리턴 라인 (작동기 → 탱크)	10 ~ 30	• 오염방지 최종 단계 • 교체 용이 • 일반적 정밀도	종이, 합성수지, 섬유
라인필터	고압 라인 중간	3 ~ 10	• 정밀제어 장비 보호 • 높은 내압성 요구 • 중요 회로에 사용	종이, 합성섬유, 금속망 등
마그네틱필터	보조필터로 병렬 설치	-	• 자석을 이용해 철분, 금속분진 제거 • 다른 필터와 함께 사용	영구 자석 + 금 속망 조합
카트리지필터	리턴 또는 라인	3 ~ 30	• 여과 소자만 교체 가능 • 유지보수 편리 • 다양한 시스템에 사용	종이, 합성수지, 금속 등
디스크형 필터	라인필터 일부	10 이하	• 금속 디스크 다층 구조 • 재사용 가능 • 높은 내구성	금속 디스크 (스테인리스 등)

예제 18

유압기기에서 스트레이너의 여과입도 중 많이 사용되고 있는 것은?

① 0.5 ~ 1 [μm]
② 1 ~ 30 [μm]
③ 50 ~ 70 [μm]
④ 100 ~ 150 [μm]

필터의 종류 표 참조

정답 ④

(4) 필터 관련 보조장치

장치명	기능
필터 막힘 경고계	필터가 막혀 교환 시기를 알려줌
바이패스밸브	필터 막힘 시 우회하여 유압 순환유지
드레인밸브	필터 하단 오염물 제거용 배출밸브

2) 압력계(Pressure Gauge)

    (1) 기능 : 시스템 내 압력을 눈으로 확인

    (2) 설치 위치 : 펌프 출구, 밸브 전후, 액추에이터 전단 등

    (3) 단위 : MPa, bar, kgf/cm^2 등

3) 유량계(Flow Meter)

    (1) 기능 : 유체흐름량 측정

    (2) 용도 : 회로점검, 흐름 이상 유무 확인

4) 유온계(Thermometer)

    (1) 기능 : 작동유 온도 측정

    (2) 적정 온도 : 40 ~ 60 [℃](일반 유압 시스템기준)

3 배관 및 부속기기

1) 유압 배관(Hydraulic Piping)

구분	특징 및 용도
강관(강철 파이프)	고정식, 내압성 강함 대형 장비나 고압 라인에 적합
연질관(구리관 등)	진동이 적은 저압회로에서 사용
유압호스(고무호스)	유연성이 높아 이동부나 진동부에 사용. 내열성, 내유성 필요
테프론호스	고온, 내화학성 환경용. 값이 비싸지만 특수회로에 사용됨

2) 피팅(Fittings, 배관 연결구)

피팅 종류	특징 및 용도
엘보(Elbow)	배관의 방향을 90° 또는 45°로 전환
티(Tee)	분기 연결(3방향 연결)
유니언(Union)	직선 연결용 분리 가능 커넥터
리듀서(Reducer)	배관 지름이 다른 곳 연결 시 사용
커플링(Coupling)	두 배관을 직선 연결
플랜지(Flange)	고압용 배관에 널리 사용. 볼트로 체결되는 구조

3) 커넥터 및 어댑터(Connector, Adapter)

타입	형태	특징
나사형 커넥터		가장 일반적, 조립 편리, 누유방지를 위한 테이프 또는 씰링 사용
플레어형 커넥터		끝단을 벌려 연결, 높은 압력에도 강함
O-링 밀봉형 커넥터		연결부에 O-링을 넣어 밀폐, 고신뢰성

예제 19

유압장치에 사용되는 관(Pipe)이음 종류에 속하지 않는 것은?
① 나사이음(Screw Joint)   ② 플랜지형 이음(Flange Joint)
③ 플레어형 이음(Flare Joint)   ④ 가스켓이음(Gasket Joint)

- 유압배관이음의 일반 분류 : 나사이음(스파이럴/테이퍼), 플랜지형 이음, 플레어형 이음(37° JIC 등), 플레어리스(컷팅링/컴프레션), 용접이음, 퀵커플러 등
- 가스켓은 플랜지면 사이에 넣는 패킹(씰) 재료일 뿐, 독립된 이음방식으로 분류하지 않는다.

정답 ④

4) 씰(Seal) 및 패킹류

구분	용도
O-링	가장 널리 쓰이는 원형 고무 패킹
백업링	O-링 뒤에 추가 장착하여 밀봉력 보조
V-패킹	왕복 운동 부위용. 누유방지용
U-패킹	피스톤이나 로드 실링에 사용

예제 20

유압실린더의 구성 요소 중 유압작동유의 누설방지에 사용되는 것은?

① 실(Seal) ② 피스톤 로드
③ 헤드커버 ④ 실린더 튜브

피스톤 로드, 헤드커버, 실린더 튜브는 구조와 지지 역할

정답 ①

5) 고정/지지용 부속

명칭	용도
파이프 클램프	배관을 고정하고 진동 억제
브래킷	기기나 밸브를 지지하는 금속 고정대
고무 패드	진동 흡수 및 소음방지용 패드

4 유압 작동유

1) 유압 작동유의 주요 기능

기능	설명
압력 전달	유체의 흐름과 압력을 통해 힘을 액추에이터에 전달
윤활 기능	펌프, 밸브, 실린더 내부 마찰면을 윤활하여 마모방지
냉각 기능	장치에서 발생하는 열을 흡수하여 유온 상승 억제
방청 기능	금속 부품의 부식을 방지
밀봉 기능	실린더와 밸브 내 틈새를 유체로 채워 밀봉

예제 21

유압유의 주요 기능이 아닌 것은?

① 동력을 전달한다. ② 응축수를 배출한다.
③ 마찰열을 흡수한다. ④ 움직이는 기계요소를 윤활한다.

- 유압유의 주요 기능 : 동력 전달, 윤활, 냉각(열 제거), 밀봉, 방청, 오염 입자 운반 등
- 응축수 배출은 공압 계통(드레인·수분분리기)의 기능이지 유압유의 기능이 아니다.

정답 ②

Chapter 05. 유압장치 조립

2) 유압 작동유의 종류

구분	설명
광유계 작동유	• 가장 일반적인 유압유 • 석유계 기유 사용 • 가격 저렴, 성능 안정
인산에스테르계 작동유	• 난연성 우수 • 고온·화재 위험 지역에 사용 • 가격 높음, 고무 재질에 따라 부식 가능성
수-글리콜계 작동유	• 난연성 우수 • 수분 함유로 저온 점도 낮음 • 방청제 혼합 필요
식물유계 작동유	• 생분해성 우수 • 친환경적이지만 산화에 약하고 고온에 부적합
수분계 작동유	• 거의 물에 가까운 조성 • 방청제 필수 • 특수 목적에 한정됨

예제 22

사용온도가 비교적 넓기 때문에 화재의 위험성이 높은 유압장치의 작동유에 적합한 것은?

① 식물성 작동유　　　　　② 동물성 작동유
③ 난연성 작동유　　　　　④ 광유계 작동유

• 고온·광범위 온도 조건에서 화재 위험이 큰 설비는 난연성 유체
 (예 HFA/HFB/HFC/HFD 계열 : 수-글리콜, 에멀전, 인산에스테르 등)를 사용
• 식물성·동물성·광유계는 일반적으로 가연성이라 부적합

정답 ③

3) 작동유의 주요 성질

성질	설명
점도	유압 성능에 가장 중요한 특성 - 너무 낮으면 누유, 너무 높으면 저속·발열
점도지수	온도 변화에 따른 점도 변화율(높을수록 안정)
유성	윤활 성능을 결정하는 성분(마모방지에 중요)
산화안정성	산화에 대한 저항력. 장기간 사용에 중요한 요소
발포성	기포 발생 정도. 발포 시 압력 전달 불안정, 소음 발생 가능
방청성	금속 부식방지 능력
인화점	작동유가 증발하거나 불붙기 시작하는 온도(높을수록 안전)

예제 23

유압 작동유의 점도지수에 대한 설명으로 올바른 것은?
① 점도지수가 너무 크면 유압장치의 효율을 저하시킨다.
② 점도지수가 크면 온도 변화에 대한 유압 작동유의 점도 변화가 크다.
③ 점도지수가 작은 경우, 저온에서 작동할 때 예비운전 시간이 짧아진다.
④ 점도지수가 작은 경우, 정상운전 시에 누유량이 감소된다.

- 점도지수가 클수록 점도 변화가 작다.
- 점도지수가 작은 경우 저온에서 점도가 크게 올라가 예비운전(웜업) 시간이 길어지기 쉽다.
- 점도지수가 작은 경우 고온에서 점도가 크게 떨어져 누유(내부·외부 누설)가 증가하기 쉽다.

정답 ①

예제 24

유압유가 갖추어야 할 조건 중 잘못 서술한 것은 어느 것인가?
① 비압축성이고 활동부에서 시일역할을 할 것
② 온도의 변화에 따라서도 용이하게 유동할 것
③ 인화점이 낮고 부식성이 없을 것
④ 물, 공기, 먼지 등을 빨리 분리할 것

유압유는 인화점이 높아야 화재 위험이 낮다(저점 화재 위험↑).

정답 ③

Chapter 06 전기저장장치

01 전기전자장치 조립

1 전기기초 - 직류

1) 전기의 기본 개념
   (1) 전하 : 전기의 최소단위로, 물체에 생성된 전기를 의미
   (2) 전하량 : Q [C]
       ① 전하가 가지고 있는 전기적인 양을 의미
       ② 전하의 뭉텅이 양으로서, 전하량 = 전기량 = Q [A · sec = C]

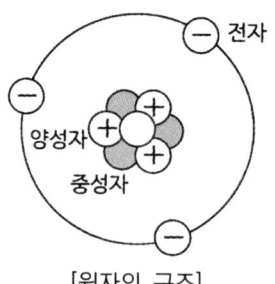

[원자의 구조]

   (3) 전하의 종류
       ① 양전하 → "⊕" 전하 → 양성자
       ② 음전하 → "⊖" 전하 → 전자

2) 전류 : I [A]
   (1) 전하의 흐름으로 단위시간 동안 이동한 전하량의 크기
   (2) 전류의 단위 : I [C/sec] = [A]
   (3) 전류의 크기 계산

$$I = \frac{Q}{t} \text{ [C / sec = A]}$$ Q : 전하량 [C], t : 시간 [sec]

> **예제 01**
>
> 전기량(Q)과 전류(I), 시간(t)의 상호관계식이 바른 것은?
>
> ① $Q = It$ ② $Q = \dfrac{I}{t}$
>
> ③ $Q = \dfrac{t}{I}$ ④ $I = Q$
>
> $I = \dfrac{Q}{t}$, $Q = It$
>
> **정답** ①

3) 전압 : V [V]

   (1) 두 지점 간 전기적 위치에너지(전위)의 차

   (2) 단위전하가 도선 두 점을 이동하는 일의 에너지

   (3) 전압의 단위 : V [J / C] = [V]

   (4) 전압의 크기 계산

$$V = \dfrac{W}{Q} \text{[J/C = V]}, \quad W = VQ \text{[J]} \qquad W : \text{일, 에너지 [J]}, \quad Q : \text{전하량(전기량) [C]}$$

4) 저항 : R [Ω]

   (1) 전류의 흐름을 방해하는 요소

   (2) 저항의 단위 : R [V/I] = [Ω]

   (3) 옴의 법칙

$$I = \dfrac{V}{R} \text{[A]}, \quad V = IR \text{[V]}, \quad R = \dfrac{V}{I} \text{[Ω]}$$

> **예제 02**
>
> 직류회로에서 옴(Ohm)의 법칙을 설명한 내용 중 맞는 것은?
>
> ① 전류는 전압의 크기에 비례하고 저항값의 크기에 비례한다.
> ② 전류는 전압의 크기에 반비례하고 저항값의 크기에 반비례한다.
> ③ 전류는 전압의 크기에 비례하고 저항값의 크기에 반비례한다.
> ④ 전류는 전압의 크기에 반비례하고 저항값의 크기에 비례한다.
>
> 전류와 전압은 비례, 전류와 저항은 반비례, 전압과 저항은 비례한다.
>
> **정답** ③

예제 03

10 [Ω]과 20 [Ω]의 저항이 직렬로 연결된 회로에 60 [V]의 전압을 가했을 때 10 [Ω]의 저항에 걸리는 전압을 구하면 얼마인가?

① 6 [V]　　　　　　　　　　② 10 [V]
③ 20 [V]　　　　　　　　　　④ 30 [V]

- 직렬합 : $R_{합} = 10 + 20 = 30\,[\Omega]$
- 전류 : $I = \dfrac{V}{R} = \dfrac{60}{30} = 2\,[A]$
- 10 [Ω]에 걸리는 전압 : $V_{10} = I \times R = 2 \times 10 = 20\,[V]$

정답 ③

5) 고유저항(ρ)

　(1) 모든 물질이 가지는 고유한 저항값으로, 저항률과 같은 말
　(2) 도체의 고유저항(ρ) 계산

$$R = \rho \frac{L}{A}\,[\Omega]$$

R : 저항 [Ω]　　ρ : 고유저항 [Ω·m]
L : 도체 길이 [m]　A : 단면적 [m²]

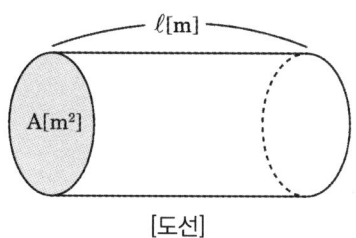

[도선]

6) 도전율(전도율)

　(1) 고유저항의 역수로서 전류가 잘 흐르는 정도를 나타내는 값
　(2) 도전율과 고유저항의 관계

$$\sigma = \frac{1}{\rho}\,[\mho/m]$$

7) 회로의 접속

직렬접속		병렬접속	
전로가 하나일 때		전로가 2개 이상일 때	
전류가 일정	$I = I_1 = I_2$	전압이 일정	$V = V_1 = V_2$
전압의 합	$V = V_1 + V_2$	전류의 합	$I = I_1 + I_2$
합성저항	$R = R_1 + R_2$	합성저항	$R = \dfrac{R_1 \times R_2}{R_1 + R_2}$
전압 분배법칙	$V_1 = \dfrac{R_1}{R_1 + R_2} V$ $V_2 = \dfrac{R_2}{R_1 + R_2} V$	전류 분배법칙	$I_1 = \dfrac{R_2}{R_1 + R_2} I$ $I_2 = \dfrac{R_1}{R_1 + R_2} I$

※ 콘덴서의 합성용량은 저항과 반대로 병렬일 때 합으로 표현된다.

예제 04

두 개의 저항 R_1, R_2가 병렬로 접속된 회로에 R_1에 20 [V]의 전압이 걸렸다면, R_2에는 몇 [V]의 전압이 걸리게 되는가?

① 20
② $20R_1$
③ $20R_2$
④ $20R_1R_2$

병렬로 접속 시 양쪽에 걸리는 전압은 서로 같다.

정답 ①

예제 05

정전 용량이 1 [μF]인 콘덴서 2개를 직렬로 접속했을 때의 합성 정전 용량은 병렬로 접속할 때의 몇 배인가?

① 1/4
② 1/2
③ 2
④ 4

직렬접속 시 $\dfrac{1 \times 1}{1 + 1} = \dfrac{1}{2}$ [μF], 병렬접속 시 $1 + 1 = 2$ [μF]

정답 ①

8) 키르히호프의 법칙

   ⑴ 제1법칙(전류법칙 : KCL)

   회로 내의 어느 점에서 흘러 들어오거나(+) 흘러 나가는(-) 전류를 +, -의 부호를 붙여 구별할 때 들어오고 나가는 전류의 합은 0이다.

   ⑵ 제2법칙(전압법칙 : KVL)

   ① 폐회로에서 기전력의 합은 전압강하의 합과 같다.

   ② 기전력(전원전압)의 합 = 전압강하(저항에 의한 전압강하)의 합이다.

9) 휘스톤 브릿지

   ⑴ 평형조건을 이용하여 미지의 저항을 측정

   ⑵ 평형조건

   ① 검류계 G에 흐르는 전류 I_G가 0일 것

   ② 대각선 저항의 곱이 같을 것

$$R_X \times R_B = R_S \times R_A$$

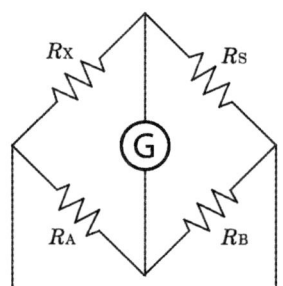

10) 전력, 전력량, 열량 계산

   ⑴ 전력 [W] = [J/s] : 전기가 단위시간(1초) 동안 한 일의 양(에너지의 크기)

$$P = VI = I^2 R = \frac{V^2}{R} = \frac{W}{t} \ [\text{W}]$$

예제 06

100 [Ω]의 크기를 가진 저항에 직류전압 100 [V]를 가했을 때, 이 저항에 소비되는 전력은 얼마인가?

① 100 [W]   ② 150 [W]
③ 200 [W]   ④ 250 [W]

$$P = \frac{V^2}{R} = \frac{100^2}{100} = 100\,[W]$$

정답 ①

(2) 전력량[W·s] = [J] : 단위시간 동안 사용한 전기적 에너지의 양

$$W = VIt = I^2Rt = \frac{V^2}{R}t = Pt\,[J]$$

(3) 열량[cal] : 전류가 흐를 때 저항성분에 방해로 인하여 열 발생

$$H = 0.24VIt = 0.24I^2Rt = 0.24\frac{V^2}{R}t = 0.24Pt\,[cal]$$

(4) 주요 단위 환산

① 1 [J] = 0.24 [cal]

② 1 [cal] = $\frac{1}{0.24}$ = 4.2 [J]

③ 1 [HP] = 746 [W] = 0.74 [kW]

④ 1 [kg] = 9.8 [N]

예제 07

전열기에 전압을 가하여 전류를 흘리면 열이 발생하게 되는데 I [A]의 전류가 저항 R [Ω]인 도체를 t [sec] 동안 흘렀다면 이 도체에서 발생하는 열에너지는 몇 [J]인가?

① IRt ② I^2Rt
③ $0.24IRt$ ④ $0.24I^2Rt$

전력 $W = VIt = I^2Rt = \frac{V^2}{R}t = Pt$, 단위가 [cal]이면 정답은 ④번이다.

정답 ②

> **예제 08**
>
> 10 [Ω]의 저항에 5 [A]의 전류를 3분 동안 흘렸을 때 발열량은 몇 [cal]인가?
> ① 1,080 [cal] ② 2,160 [cal]
> ③ 5,400 [cal] ④ 10,800 [cal]
>
> $H = 0.24 I^2 R t = 0.24 \times 5^2 \times 10 \times 180 = 10,800 \, [cal]$
>
> 정답 ④

2 전기기초 – 교류

1) 정현파

   (1) 정현파 교류의 발생 : 자기장 내에서 도체가 회전 운동을 하면 플레밍의 오른손법칙에 의해 유도기전력이 도체의 위치에 따라서 다음 그림과 같은 파형으로 발생함

   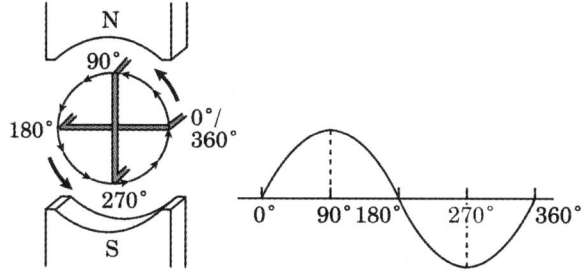

   [자기장 내의 도체]   [도체 회전에 따른 전압곡선]

   (2) 각도와 라디안 표시

도수법	0°	1°	30°	45°	60°	90°	180°	270°	360°
호도법 [rad]	0	$\dfrac{\pi}{180}$	$\dfrac{\pi}{6}$	$\dfrac{\pi}{4}$	$\dfrac{\pi}{3}$	$\dfrac{\pi}{2}$	π	$\dfrac{3\pi}{2}$	2π

2) 주파수

   (1) 1 [sec] 동안에 반복되는 주기의 수

   (2) 단위 : [Hz]

   $$f = \frac{1}{T} \, [\text{Hz}]$$

예제 09

교류에서 1초 동안에 반복되는 사이클의 수를 무엇이라 하는가?
① 주파수 ② 전력
③ 각속도 ④ 주기

주파수에 대한 정의이다.

정답 ①

3) 주기(Period) : T

(1) 교류의 파형이 1사이클의 변화에 필요한 시간
(2) 단위 : [sec]

$$T = \frac{1}{f} \text{ [sec]}$$

4) 정현파의 값

(1) 순싯값 : 임의의 순간에서의 전압 또는 전류의 크기
(2) 평균값 : 한 주기 동안의 면적을 주기로 나누어 구한 산술적인 평균값
(3) 실횻값 : 한 주기 동안 교류를 직류와 동일한 일을 하는 크기로 환산한 값
(4) 최댓값 : 교류의 순싯값 중 가장 큰 값

$$v = V_m \sin \omega t = \sqrt{2}\, V \sin \omega t \text{ [V]}$$
$$i = I_m \sin \omega t = \sqrt{2}\, I \sin \omega t \text{ [A]}$$

v, i = 순싯값 V, I = 실횻값 V_{av}, I_{av} = 평균값 V_m, I_m = 최댓값

예제 10

교류전압의 순싯값 $v = \sqrt{2}\, V \sin wt\, [V]$이고, 전류값 $i = \sqrt{2}\, I \sin\left(wt + \frac{\pi}{2}\right) [A]$인 정현파의 위상관계는?

① 전류의 위상과 전의 위상은 같다.
② 전압의 위상이 전류의 위상보다 $\pi/4$ [rad]만큼 앞선다.
③ 전류의 위상이 전압의 위상보다 $\pi/2$ [rad]만큼 앞선다.
④ 전류의 위상이 전압의 위상보다 $\pi/2$ [rad]만큼 뒤진다.

순싯값의 위상이 0일 때 주어진 전류값의 위상이 $\pi/2$ [rad]만큼 앞선다.

정답 ③

5) 교류값의 관계

   (1) 최댓값(V_m)과 실횻값(V)의 관계

   $$V_m = \sqrt{2}\,V = 1.414\,V$$

   예제 11

   사인파 교류전류에서 실횻값은 최댓값의 몇 배가 되는가?
   ① 0.27배   ② 0.5배
   ③ 0.707배   ④ 1.11배

   $\dfrac{1}{\sqrt{2}} = 0.707$배

   정답 ③

   (2) 최댓값(V_m)과 평균값(V_{av})의 관계

   $$V_m = \frac{\pi}{2} V_{av} = 1.57\,V_{av}$$

   (3) 실횻값(V)과 평균값(V_{av})의 관계

   $$V = \frac{\pi}{2\sqrt{2}} V_{av} = 1.11\,V_{av}$$

   예제 12

   정현파 교류전압 $120\sqrt{2}\sin(120\pi t - 60°)[V]$을 멀티미터로 측정할 때 전압[$V$]은?
   ① $120\sqrt{2}$ ② $60\sqrt{2}$
   ③ 120   ④ 60

   전압은 보통 실횻값을 의미한다. $\dfrac{120\sqrt{2}}{\sqrt{2}} = 120[V]$

   정답 ③

6) RLC 직렬회로

(1) 유도성 리액턴스 : X_L

$$X_L = \omega L = 2\pi f L\,[\Omega]$$

(2) 용량성 리액턴스 : X_c

$$X_c = \frac{1}{\omega C} = \frac{1}{2\pi f C}\,[\Omega]$$

예제 13

주파수 60 [kHz], 인덕턴스 20 [μH]인 회로에 교류전류 $i = I_m \sin wt\,[A]$를 인가했을 때 유도 리액턴스 $X_L\,[\Omega]$은?

① 1.2 π   ② 2.4 π
③ 36 π   ④ 1.2 × 10³ π

$X_L = \omega L = 2\pi f L = 2\pi \times 60000 \times 20 \times 10^{-6} = 2.4\pi\,[\Omega]$

정답 ②

〈기본회로 요약정리〉

구분	기본회로			
	임피던스	위상차	역률	위상
R	R	0	1	전압과 전류는 동상이다.
L	$X_L = \omega L = 2\pi f L$	90°	0	전류는 전압보다 위상이 $\frac{\pi}{2}(=90°)$ 뒤진다.
C	$X_c = \frac{1}{\omega C} = \frac{1}{2\pi f C}$	90°	0	전류는 전압보다 위상이 $\frac{\pi}{2}(=90°)$ 앞선다.

예제 14

저항만의 회로에서 전압에 대한 전류의 위상은?

① 90° 앞선다. ② 60° 뒤진다.
③ 30° 앞선다. ④ 동상이다.

〈기본회로 요약정리〉 표 참조

정답 ④

예제 15

교류전류 중 코일만으로 된 회로에서 전압과 전류와의 위상은?

① 전압이 90° 앞선다. ② 전압이 90° 뒤진다.
③ 동상이다. ④ 전류가 180° 앞선다.

〈기본회로 요약정리〉 표 참조

정답 ①

(3) 임피던스(Z) : 교류에서는 R, L, C를 고려한 임피던스로 해석한다.

$$Z = R + jX = R + j(X_L - X_C), \ |Z| = \sqrt{R^2 + (X_L - X_C)^2} \ [\Omega]$$

(4) 전류(I)

$$I = \frac{V}{|Z|} = \frac{V}{\sqrt{R^2 + (X_L - X_C)^2}} \ [A]$$

예제 16

저항 3 [Ω]과 유도 리액턴스 4 [Ω]이 직렬로 접속된 회로에 교류전압 100 [V]를 가할 때에 흐르는 전류는 몇 [A]인가?

① 14.3 ② 20
③ 24.3 ④ 30

$I = \dfrac{V}{|Z|}$ 이므로 $|Z| = \sqrt{3^2 + 4^2} = 5 \ [\Omega]$

따라서 $I = \dfrac{100}{5} = 20 \ [A]$

정답 ②

(5) 전압(V)

$$V = I \times |Z| = I \times \sqrt{R^2 + (X_L - X_C)^2}$$

(6) 역률($\cos\theta$)

$$\cos\theta = \frac{R}{|Z|} = \frac{R}{\sqrt{R^2 + (X_L - X_C)^2}}$$

예제 17

1상의 $R=12\,[\Omega]$, $X_L=16\,[\Omega]$을 직렬로 접속하여 선간전압 200 [V]의 대칭 3상 교류전압을 가할 때의 역률(%)은?

① 60 ② 70
③ 80 ④ 90

$$\cos\theta = \frac{R}{|Z|} = \frac{R}{\sqrt{R^2 + X^2}} = \frac{12}{\sqrt{12^2 + 16^2}} \times 100 = 60\,[\%]$$

정답 ①

7) 3상 교류의 발생

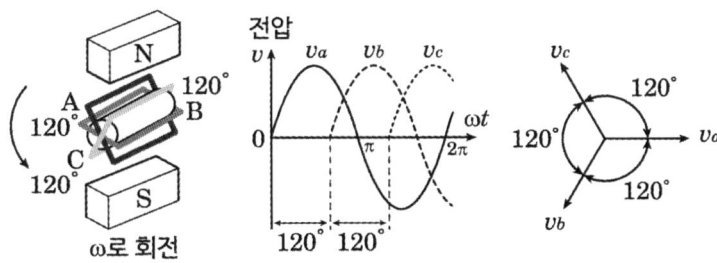

(1) 3상 교류는 크기와 주파수가 같고 위상만 120°씩 서로 다른 3개의 단상교류로 구성

(2) 대칭 3상 교류의 조건

　① 크기가 같을 것

　② 위상차가 각각 120°일 것

　③ 파형이 같을 것

　④ 주파수가 같을 것

> **예제 18**
>
> 대칭 3상 교류에서 각 상의 위상차는?
> ① 60° ② 90°
> ③ 120° ④ 150°
>
> 3상 교류는 크기와 주파수가 같고 위상만 120°씩 서로 다른 3개의 단상교류로 구성
>
> **정답** ③

8) 3상회로의 Y결선

- 상전압(Phase Voltage) : 단상에 걸리는 전압(V_p)
- 선간전압(Line Voltage) : 선과 선 사이에 걸리는 전압(V_ℓ)
- 상전류(Phase Current) : 상에 흐르는 전류(I_p)
- 선전류(Line Current) : 선에 흐르는 전류(I_ℓ)

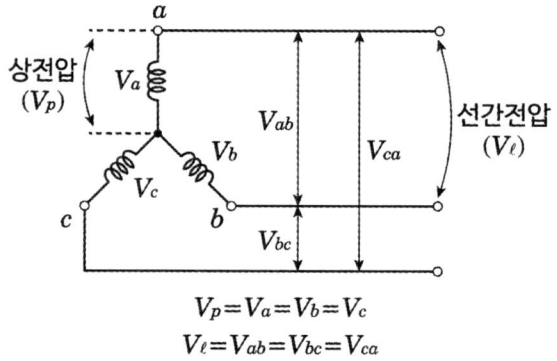

$V_p = V_a = V_b = V_c$
$V_\ell = V_{ab} = V_{bc} = V_{ca}$

(1) 상전압(V_p)과 선간전압(V_ℓ)의 관계

V_ℓ은 V_p보다 위상이 30°($= \frac{\pi}{6}$) 앞서며, 크기는 V_p의 $\sqrt{3}$ 배이다.

$$V_\ell = \sqrt{3}\, V_p$$

(2) 상전류(I_p)와 선전류(I_ℓ)의 관계

$$I_\ell = I_p$$

[예제 19]

대칭 3상 교류의 Y결선에서 선간전압 V_ℓ과 상전압 V_p의 관계는?

① $V_\ell = V_p$
② $V_\ell = \sqrt{2}\, V_p$
③ $V_\ell = 2 V_p$
④ $V_\ell = \sqrt{3}\, V_p$

V_ℓ은 V_p보다 위상이 $30°(=\frac{\pi}{6})$ 앞서며, 크기는 V_p의 $\sqrt{3}$ 배이다.

정답 ④

9) 3상회로의 △결선

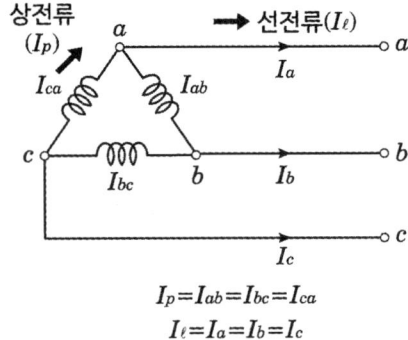

$I_p = I_{ab} = I_{bc} = I_{ca}$
$I_\ell = I_a = I_b = I_c$

(1) 상전압(V_p)과 선간전압(V_ℓ)의 관계

$$V_\ell = V_p$$

(2) 상전류(I_p)와 선전류(I_ℓ)의 관계

I_ℓ은 I_p보다 위상이 $30°(=\frac{\pi}{6})$ 뒤지며, 크기는 I_p의 $\sqrt{3}$ 배이다.

$$I_\ell = \sqrt{3}\, I_p$$

[예제 20]

△결선된 대칭 3상 교류 전원의 선전류는 상전류의 몇 배인가?

① 1/2배
② 1배
③ $\sqrt{2}$ 배
④ $\sqrt{3}$ 배

△결선에서 $I_\ell = \sqrt{3}\, I_p$, $V_\ell = V_p$

정답 ④

10) V결선

   (1) 출력

   $$P_V = \sqrt{3}\, P_1 \,[\text{kVA}]$$

   P_1 : 단상의 출력, P_V : V결선 시의 출력

   (2) 이용률 $= \dfrac{P_V(V결선시출력)}{P_2(변압기 2대의 출력)} = \dfrac{\sqrt{3}\,VI}{2VI} \times 100 ≒ 86.6\,[\%]$

   (3) 출력비 $= \dfrac{P_V(V결선시출력)}{P_\Delta(\Delta결선시출력)} = \dfrac{\sqrt{3}\,VI}{3VI} \times 100 ≒ 57.7\,[\%]$

11) 교류전력

   (1) 유효전력

   ① 단상

   $$P = V_p I_p \cos\theta \,[\text{W}]$$

   ② 3상

   $$P = 3V_p I_p \cos\theta = \sqrt{3}\, V_\ell I_\ell \cos\theta \,[\text{W}]$$

예제 21

임피던스 Z [Ω]인 단상 교류 부하를 단상 교류 전원 V [V]에 연결하였을 경우 흐르는 전류가 I [A]라면 단상전력 P를 구하는 식은? (단, θ : 전압과 전류의 위상차, $\cos\theta$: 역률)

① $P = VI\cos\theta \,[\text{W}]$ ② $P = \sqrt{3}\,VI\cos\theta \,[\text{W}]$
③ $P = VR\cos\theta \,[\text{W}]$ ④ $P = VI\sin\theta \,[\text{W}]$

3상과 혼동하지 말 것

정답 ①

(2) 무효전력

 ① 단상

$$P_r = 3V_p I_p \sin\theta \ [\text{var}]$$

 ② 3상

$$P_r = 3V_p I_p \sin\theta = \sqrt{3}\, V_\ell I_\ell \sin\theta \ [\text{var}]$$

(3) 피상전력

 ① 단상

$$P_a = V_p I_p \ [\text{VA}]$$

 ② 3상

$$P_a = 3V_p I_p = \sqrt{3}\, V_\ell I_\ell \ [\text{VA}]$$

예제 22

어떤 부하의 저항 성분이 8 [Ω], 유도 리액턴스 성분 12 [Ω], 용량 리액턴스 성분 12 [Ω]이다. 이 회로에 120 [V] 전압 공급 시 피상전력 [VA]은 얼마인가?

① 1,000   ② 1,200
③ 1,800   ④ 2,000

임피던스 $|Z| = \sqrt{R^2 + (X_L - X_C)^2}$ 이므로 $|Z| = \sqrt{8^2 + (12-12)^2} = 8\,[\Omega]$
$P = VI$에서 $I = \dfrac{V}{Z} = \dfrac{120}{8} = 15\,[A]$이므로 $P = 120 \times 15 = 1,800\,[VA]$

정답 ③

3 전기배선 요소

1) 전선

(1) 전선의 구비조건
① 경량일 것
② 기계적 강도가 클 것
③ 도전율이 클 것
④ 비중(밀도)이 작을 것
⑤ 가요성이 풍부할 것
⑥ 부식성이 적을 것
⑦ 내구성이 클 것

(2) 연선의 총 소선 수

$$N = 3n(n+1) + 1$$

층수(n)	1	2	3	4	5
총 소선수(N)	7	19	37	61	91

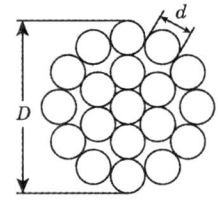

[연선의 단면]

예제 23

연선결정에 있어서 중심 소선을 뺀 층수가 3층이다. 전체 소선 수는?
① 91 ② 61
③ 37 ④ 19

총 소선 수
$N = 3n(n+1) + 1 = 3 \times 3 \times (3+1) + 1 = 37$

정답 ③

(3) 전선의 종류와 약호

약호	명칭
OW	옥외용 비닐절연전선
DV	인입용 비닐절연전선
CV	가교폴리에틸렌 비닐절연전선
NV	비닐절연 네온전선
HFIX	저독성 난연 폴리올레핀 절연전선

(4) 전선의 굵기 선정 조건
① 허용전류
② 전압강하
③ 기계적 강도

예제 24
전선 굵기의 결정에서 다음과 같은 요소를 만족하는 굵기를 사용해야 한다. 가장 잘 표현된 것은?
① 기계적 강도, 수용률, 전압강하를 만족하는 굵기
② 기계적 강도, 전선의 허용전류, 전압강하를 만족하는 굵기
③ 인장강도, 수용률, 최대사용전압을 만족하는 굵기
④ 기계적 강도, 전선의 허용전류를 만족하는 굵기

전선의 굵기 선정 시 고려사항 : 허용전류, 기계적 강도, 전압강하

정답 ②

(5) 전선의 식별

상(문자)	L1	L2	L3	N	보호도체
색상	갈색	흑색	회색	청색	녹색 - 노란색

예제 25
전선의 색상으로 틀린 것은?
① L1 - 갈색
② L2 - 흑색
③ L3 - 회색
④ N - 녹색

전선의 식별 표 참조

정답 ④

2) 개폐기

   (1) 전기회로의 개폐에 사용되는 기구
   (2) 설치장소 : 인입구 및 퓨즈 전원 측

종류	실제모습	특징	용도
나이프 스위치		대리석이나 크라이트판 위에 고정된 칼과 칼받이의 접촉에 의해 전류의 흐름을 제어	• 일반용으로는 사용 불가 • 취급자만 출입하는 장소의 배전반이나 분전반에 사용
커버 나이프 스위치		나이프스위치에 절연체 커버를 설치한 것	• 옥내 배선의 인입 또는 분기 개폐기로 사용 • 과전류 발생 시 퓨즈용단
안전 스위치		나이프스위치를 금속제 함 내부에 장치하고, 외부에서 핸들을 조작하여 개폐	• 전등과 전열기구 및 저압 전동기의 개폐에 사용
전자 개폐기		전자석의 힘으로 개폐 조작을 하는 전자 접촉기와 과전류를 감지하기 위한 열동계전기를 조합한 것	• 모터 및 펌프 등의 주 개폐장치

3) 점멸스위치

종류	실제모습	특징
텀블러스위치		• 노브를 상하나 좌우로 움직여 점멸 • 종류 : 노출형, 매입형, 3로, 4로 등
버튼스위치		• 버튼을 눌러 점멸함 • 종류 : 매입형, 노출형
코드스위치		• 중간스위치라고 함 • 전기방석, 전기담요 등의 코드 중간에 사용
펜던트스위치		• 형광등 또는 소형 전기기구의 끝에 매달아 사용하는 스위치

종류	실제모습	특징
일광스위치		• 주위 밝기에 의해 자동적으로 점멸 • 용도 : 가로등, 정원등, 방범등
타임스위치		• 시계를 내장한 스위치 • 용도 : 현관조명[일반가정(3분), 호텔(1분)]
풀스위치		• 끈을 당기면 개폐가 되는 스위치
캐노피스위치		• 풀스위치의 한 종류 • 조명기구의 캐노피 안에 스위치가 있음
로터리스위치		• 회전스위치라고도 함 • 노출형으로 노브를 돌려가며 개폐함

예제 26

조명용 백열전등을 호텔 또는 여관 객실의 입구에 설치할 때나 일반 주택 및 아파트 각 호실의 현관에 설치할 때 꼭 설치해야 할 스위치는?

① 버튼스위치 ② 타임스위치
③ 로터리스위치 ④ 텀블러스위치

주택은 3분, 숙박시설은 1분 이내에 소등

정답 ②

4) 콘센트와 플러그

(1) 콘센트의 구분

	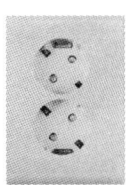	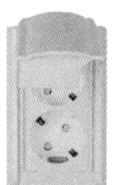
원형 노출 콘센트	매입형 콘센트	방수용 콘센트

(2) 콘센트 도면기호

벽에 부착 콘센트		비상 콘센트	
S	1 구용	H	의료용
	2 구용	EX	방폭형
WP	방수형	T	걸림형
20A	2P 20A	EL	누전차단기 붙이
30A	2P 30A	E	접지극 붙이
3P	3극		천정 부착형

(3) 플러그

명칭	실제 모습	특징
코드 접속기		• 코드를 서로 접속할 때 사용
멀티 탭		• 하나의 콘센트에 둘 또는 세 가지의 기구를 사용할 때 사용
테이블 탭		• 코드의 길이가 짧을 때 연장하여 사용 • 익스텐션 코드라고도 한다.

5) 과전류 차단기

(1) 퓨즈(Fuse)

① 구성 : 납 + 주석 또는 아연 + 주석

② 저압퓨즈의 용단 특성

정격전류의 구분	시간	정격전류의 배수	
		불용단전류	용단전류
4 [A] 이하	60분	1.5배	2.1배
4 [A] 초과 16 [A] 미만			1.9배
16 [A] 이상 63 [A] 이하		1.25배	1.6배
63 [A] 초과 160 [A] 이하	120분		
160 [A] 초과 400 [A] 이하	180분		
400 [A] 초과	240분		

③ 고압퓨즈의 용단 특성

퓨즈	특성
비포장퓨즈	1.25배에 견디고, 2배의 전류에 2분 안에 용단
포장퓨즈	1.3배에 견디고, 2배의 전류에 120분 안에 용단

(2) 과전류 차단기 시설 금지 장소

① 접지공사의 접지선

② 다선식 선로의 중성선

③ 전로의 일부에 접지공사를 한 저압 가공전선로의 접지 측 전선

예제 27

과전류 차단기로 저압전로에 사용되는 퓨즈에 있어서 정격전류가 10 [A]인 회로에 19 [A]의 전류가 흘렀을 때 몇 분 이내에 자동적으로 동작하여야 하는가?

① 60   ② 120
③ 180   ④ 240

저압퓨즈는 63 [A] 이하에는 60분 이내에 동작하여야 한다.

정답 ①

6) 누전 차단기

(1) 역할 : 누전방지, 감전방지, 화재방지

(2) 접지공사의 생략 가능한 경우

정격감도전류 30 [mA] 이하, 동작시간 0.03초 이하인 전류 동작형 누전 차단기를 시설하는 경우

예제 28

다음 중 배선기구가 아닌 것은?

① 배전판   ② 개폐기   ③ 접속기   ④ 배선용 차단기

배전판(분전반)은 전력을 분배·제어하는 설비(반/판)로, 배선기구가 아니다.

정답 ①

4 전기전자회로도 및 요소부품 기초

1) 전기전자회로도기호

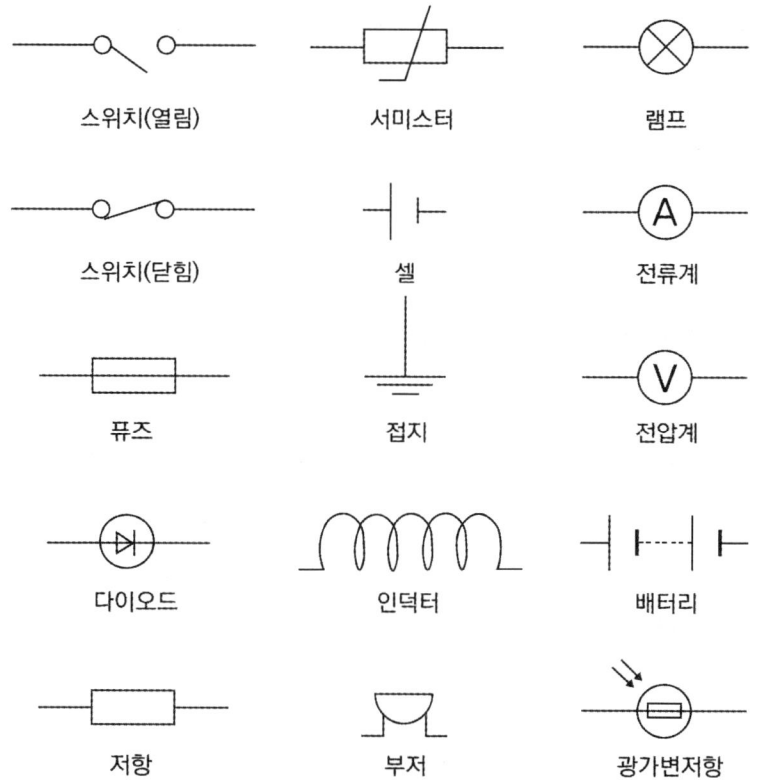

2) 주요 전자 부품 기능 및 역할

부품명	역할/기능
저항	전류를 제한하고 전압 분배
콘덴서(커패시터)	전기를 저장하고 노이즈 제거, 필터 역할
인덕터(코일)	자기장을 이용해 전류 변화 억제
다이오드	전류를 한 방향으로만 흐르게 함
트랜지스터	전류 증폭 및 스위칭 동작
릴레이	전자식 스위치로, 전기신호로 회로 개폐

예제 29

다음 중 옳은 것은?

① 커패시터는 전류의 급격한 변화를 억제하는 소자이다.
② 인덕터는 자기장에 에너지를 저장하며 전류의 급변을 억제한다.
③ 다이오드는 양방향으로 전류를 흘려 정류에 사용된다.
④ 릴레이는 반도체 소자로 게이트전압만으로 동작한다.

> ① 커패시터는 전압 변화를 주로 늦춤
> ③ 다이오드는 단방향 도통
> ④ 릴레이는 코일·접점을 쓰는 전자식(기계식) 스위치

정답 ②

3) 불대수 정리

$A+0=A$	$A+1=1$	$A \cdot 0 = 0$	$A \cdot 1 = A$
$A+\overline{A}=1$	$A \cdot \overline{A}=0$	$A+A=A$	$A \cdot A = A$
$A+B=B+A$	$A \cdot B = B \cdot A$	$\overline{\overline{A}}=A$	
$A(B \cdot C)=(A \cdot B)C$		$A+(B+C)=(A+B)+C$	
$\overline{A+B}=\overline{A} \cdot \overline{B}$		$\overline{A \cdot B}=\overline{A}+\overline{B}$	
$A(B+C)=AB+AC$		$A+BC=(A+B) \cdot (A+C)$	
$A+A \cdot B = A$		$A \cdot (A+B)=A$	

예제 30

논리식 $L = \overline{x}\cdot\overline{y} + \overline{x}\cdot y + x\cdot y$ 를 간략화한 것은?

① $x + y$
② $\overline{x} + y$
③ $x + \overline{y}$
④ $\overline{x} + \overline{y}$

$$\begin{aligned} L &= \overline{x}\cdot\overline{y} + \overline{x}\cdot y + x\cdot y \\ &= \overline{x}\cdot\overline{y} + \overline{x}\cdot y + x\cdot y + \overline{x}\cdot y \\ &= \overline{x}\cdot(\overline{y} + y) + (x + \overline{x})\cdot y \\ &= \overline{x} + y \end{aligned}$$

정답 ②

예제 31

다음의 논리식과 등가인 것은?

$$Y = (A+B)(\overline{A}+B)$$

① $Y = A$
② $Y = B$
③ $Y = \overline{A}$
④ $Y = \overline{B}$

$$\begin{aligned} Y &= (A+B)(\overline{A}+B) \\ &= A\overline{A} + AB + B\overline{A} + B \\ &= AB + B\overline{A} + B = B(A+\overline{A}) + B = B \end{aligned}$$

정답 ②

4) 시퀀스제어회로의 기초

  (1) AND, OR, NOT회로

구분	AND	OR	NOT회로
기호	$A \cdot B$	$A + B$	$\overline{A}$
무접점 회로	A,B → Y	A,B → Y	A → X
유접점 회로	(A, B 직렬 X)	(A, B 병렬 X)	(b접점)

구분	AND			OR			NOT회로	
진리표	A	B	X	A	B	X	A	X
	0	0	0	0	0	0	0	1
	0	1	0	0	1	1	0	1
	1	0	0	1	0	1	1	0
	1	1	1	1	1	1	1	0
타임차트	A, B, X 파형			A, B, X 파형			-	

(2) NAND, NOR회로

구분	NAND	NOR
기호	$\overline{A \cdot B}$	$\overline{A + B}$
무접점회로	(NAND gate diagrams)	(NOR gate diagrams)
유접점회로	(parallel $\overline{A}$, $\overline{B}$ with X)	(series $\overline{A}$, $\overline{B}$ with X)

	A	B	X		A	B	X
진리표	0	0	1	진리표	0	0	1
	0	1	1		0	1	0
	1	0	1		1	0	0
	1	1	0		1	1	0

타임차트	A, B, X 파형	A, B, X 파형

예제 32

다음 논리회로의 출력 Y는?

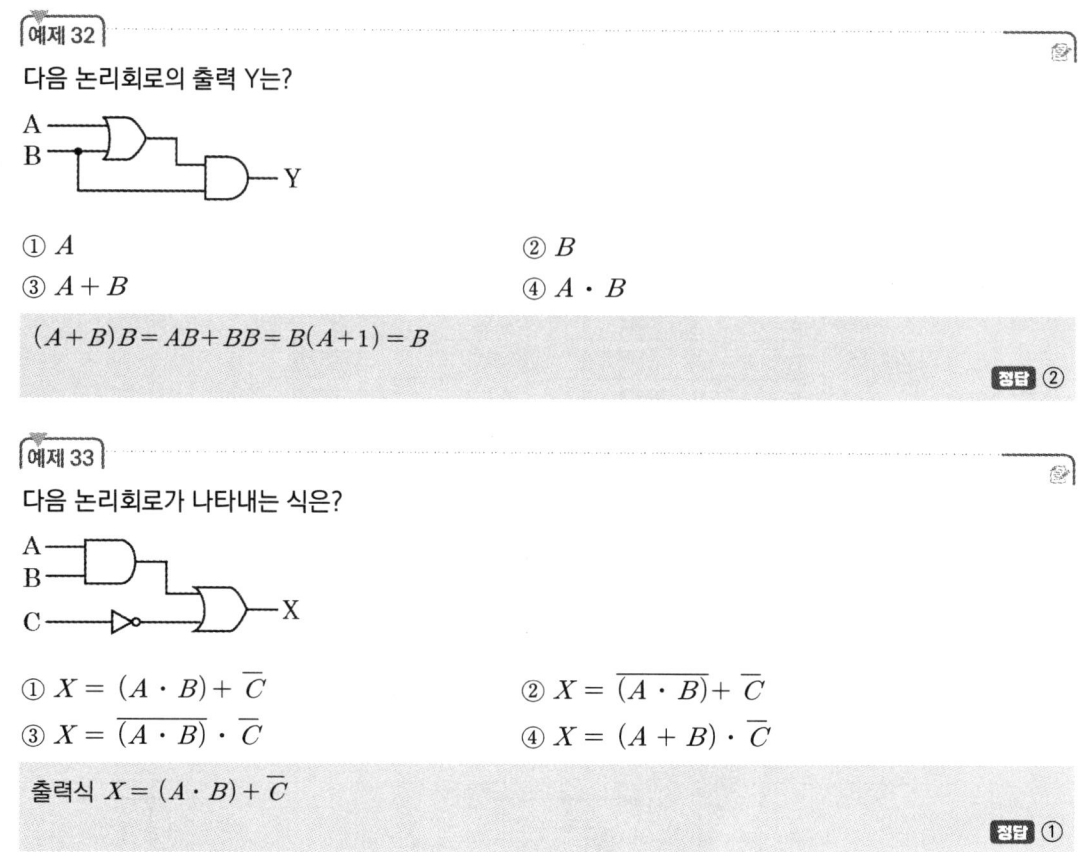

① A
② B
③ $A+B$
④ $A \cdot B$

$(A+B)B = AB+BB = B(A+1) = B$

정답 ②

예제 33

다음 논리회로가 나타내는 식은?

① $X = (A \cdot B) + \overline{C}$
② $X = \overline{(A \cdot B)} + \overline{C}$
③ $X = \overline{(A \cdot B)} \cdot \overline{C}$
④ $X = (A + B) \cdot \overline{C}$

출력식 $X = (A \cdot B) + \overline{C}$

정답 ①

02 센서활용기술

1 센서 선정

1) 센서의 정의 및 역할

(1) 센서 : 온도, 압력, 거리, 속도 등 다양한 물리적 정보를 전기신호로 변환하는 장치

(2) 설비 자동화, 품질관리, 안전장치 등에 필수

2) 센서 선정 시 고려 사항

고려 요소	설명
검출 대상	무엇을 검출할 것인지 명확히 함(예 금속, 비금속, 액체 등)
검출 거리(감도)	센서가 물체를 인식할 수 있는 거리
설치 환경	고온, 습기, 먼지 등 환경 조건 확인
출력 형태	접점 출력, 아날로그 출력, 디지털 출력 구분
응답속도	신호 변화에 대한 반응속도
정밀도	측정값의 정확도 및 오차 범위
내구성 및 수명	장기간 사용 가능 여부 확인

3) 주요 센서 종류 및 특징

센서 종류	특징 및 사용 예시
근접센서	비접촉식, 금속체 검출, 짧은 거리(수 [mm] ~ 수 [cm])
광센서	빛을 이용해 물체 감지, 장거리 검출 가능
포토센서	빛을 차단하면 감지(투과형), 반사된 빛을 받으면 감지(반사형)
초음파센서	초음파 반사 이용, 거리 측정 가능, 액체/분체 가능
온도센서	온도 측정용, 열전대·서미스터 등
압력센서	기체/액체의 압력 측정, 공압·유압장치 사용

예제 34

근접센서(Proximity)의 특징이 아닌 것은?

① 비접촉 검출이다. ② 무접점 출력이다.
③ 접점 마모가 크다. ④ 물체가 가까워지면 스위칭한다.

근접센서는 비접촉·무접점이라 접점 마모가 크지 않다.

정답 ③

> **예제 35**
>
> 공압센서의 종류가 아닌 것은?
>
> ① 광센서 ② 공기 배리어
> ③ 방향 감지기 ④ 배압 감지기
>
> - 배압 감지기 : 공압식(공기를 매개로) 압력 변화를 이용해 검출하는 공압센서
> - 방향 감지기 : 공기흐름·제트방향 변화로 존재/위치를 검출하는 공압센서 계열
> - 광센서 : 센서이긴 하지만 광(전자)식으로, 빛을 이용한 센서
> - 공기 배리어 : 에어커튼처럼 공기층으로 먼지·온도 등을 차단하는 설비
>
> **정답** ①

4) 센서 선정절차

   (1) 검출 목적 확인 → 무엇을 감지할지 명확히 함

   (2) 환경 조건 분석 → 온도, 습기, 먼지 등 고려

   (3) 센서 종류 선택 → 적합한 센서 종류 선정

   (4) 검출 거리 확인 → 필요한 검출 거리 맞추기

   (5) 출력 형태 결정 → 제어장치와 연결 가능한지 확인

   (6) 최종 선정 후 테스트 → 실제 조건에서 정상 동작 확인

2 센서의 분류

1) 작동 원리에 따른 분류

분류	주요 센서 종류	특징
접촉식 센서	리미트스위치, 마이크로스위치	물체와 접촉하여 동작
비접촉식 센서	근접센서, 광센서, 초음파센서	물체와 접촉 없이 동작

> **예제 36**
>
> 다음 중 접촉식 검출기기는?
>
> ① 마이크로스위치 ② 광전스위치
> ③ 근접스위치(유도형) ④ 초음파센서
>
> 마이크로/리미트스위치는 접점 접촉으로 신호를 낸다. 나머지는 비접촉이다.
>
> **정답** ①

2) 출력 형태에 따른 분류

분류	설명	주요 센서 예시
ON/OFF 출력형	근접센서, 포토센서	특정 조건을 만족하면 스위칭 동작(접점 동작)
아날로그 출력형	온도센서, 압력센서	연속적인 신호(전압, 전류)로 출력
디지털 출력형	광센서, 근접센서 일부	0 또는 1 신호로 출력

3) 검출 대상 물체에 따른 분류

검출 대상	주요 센서 종류	특징
금속체	근접센서(유도형)	금속만 검출 가능
비금속체/액체	초음파센서, 광센서	대부분의 재질 검출 가능
온도	온도센서	온도 측정 전용
압력	압력센서	압력 측정 전용

예제 37

유도형(인덕티브) 근접센서가 검출하기 어려운 대상은?
① 철
② 알루미늄
③ 구리
④ 플라스틱

유도형은 금속에 반응한다. 플라스틱 같은 비금속은 잘 못 본다.

정답 ④

4) 동작방식에 따른 분류

분류	설명	주요 센서
근접형(Proximity)	근접센서	금속체를 비접촉으로 검출(전자기 유도 이용)
광전형(Photoelectric)	광센서, 포토센서	빛을 이용해 물체 검출(투광·수광방식)
초음파형(Ultrasonic)	초음파센서	초음파 반사를 이용한 거리 측정
열형(Thermal)	온도센서	온도 변화에 따른 전기신호 출력
압력형(Pressure)	압력센서	기압이나 유압, 공압 등의 압력 변화 측정

예제 38

초음파센서의 특징으로 옳은 것은?

① 빛을 사용하므로 대상의 색 영향이 크다.
② 투명체도 검출 가능하다.
③ 금속만 검출할 수 있다.
④ 접촉해야만 동작한다.

초음파는 소리를 쓰므로 투명/불투명과 무관하게 검출할 수 있다.

정답 ②

예제 39

광전스위치를 설명한 것 중 잘못된 것은?

① 레벨 검출, 특정 표시 식별 등에 많이 이용되며, 포토센서, 광학적 센서라고도 한다.
② 종류에는 투과형, 미러 반사형, 확산 반사형이 있다.
③ 미러 반사형 광전스위치는 투광부와 수광부가 각각 분리되어 있다.
④ 투과형은 투광기와 수광기를 동일 축선 상에 위치시켜 사용하여야 정확한 측정이 가능하다.

미러 반사형(레트로리플렉티브)은 투광부와 수광부가 한 하우징에 같이 있고, 맞은편에 반사경(프리즘/미러)을 둬서 빛을 되돌려 받는다.

정답 ③

03 모터(전동기)제어

1 전동기의 구조와 특성

1) 전동기의 기본원리
   (1) 전기에너지를 기계적 회전에너지로 변환하는 장치
   (2) 전자기력을 이용하여 모터가 회전
      ※ 전자기력 : 전류가 흐르는 도체에 자기장이 작용하면 힘이 발생하는 현상
   (3) 플레밍의 왼손법칙 : 자기장 중에 도체가 있고, 전류가 흐를 때 도선이 자기장에서 전자기력을 받는 법칙
      ① 엄지 : 도체가 받는 힘(F)의 방향
      ② 검지 : 자기장(B)의 방향
      ③ 중지 : 전류(I)의 방향

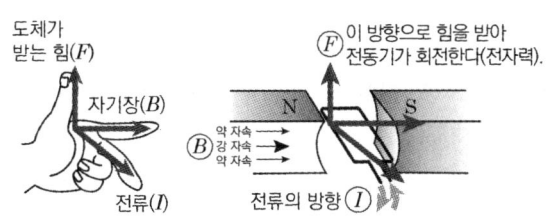

[플레밍의 왼손법칙]

예제 40

전동기의 전자력은 어떤 법칙으로 설명하는가?
① 플레밍의 오른손법칙　　　　　② 플레밍의 왼손법칙
③ 렌츠의 법칙　　　　　　　　　④ 비오 - 사바르의 법칙

- 플레밍의 오른손법칙 : 발전기의 유도전류방향
- 렌츠의 법칙 : 변화하는 자속에 의해 유도되는 전압/전류의 방향을 정함
- 비오 - 사바르법칙 : 전류가 만드는 자기장을 계산하는 식

정답 ②

(4) 직류(DC)모터 vs 교류(AC)모터 원리 차이

구분	DC모터	AC모터
전류 유형	직류전류(방향 일정)	교류전류(방향 주기적 변화)
전류 전달방식	브러시 및 정류자 이용	고정자 코일의 회전 자기장 이용
원리 특징	브러시가 회전자에 전류 공급 → 회전	회전 자기장이 회전자를 끌어 회전
장점	속도제어 용이, 제어 간단	구조 단순, 내구성 우수, 유지보수 용이
단점	브러시 마모, 유지보수 필요	속도제어 어려움(추가장치 필요)

2) 전동기의 주요 구성 요소

구성 요소	설명
고정자(Stator)	전자석으로 자기장을 형성하는 부분(코일 감겨 있음)
회전자(Rotor)	고정자의 자기장에 의해 회전하는 부분
브러시(Brush)	전류를 회전자에 전달하는 부품(DC모터에서 사용)
슬립링(Slip Ring)	회전자와 외부 전기회로 연결(일부 AC모터에서 사용)
축(Shaft)	회전력을 전달하는 축 부분
베어링(Bearing)	회전자 지지 및 회전마찰 감소

> **예제 41**
> 직류 전동기에서 자기회로를 만드는 철심과 회전력을 발생시키는 전기자 권선으로 구성된 것은?
> ① 계자 　　② 전기자 　　③ 정류자 　　④ 브러시
>
> 계자는 자속을 만드는 고정자 부분, 정류자와 브러시는 전기자의 전류방향을 바꿔주는 전기적 접점장치
>
> 정답 ②

2 직류 전동기

1) 직류 전동기의 구조

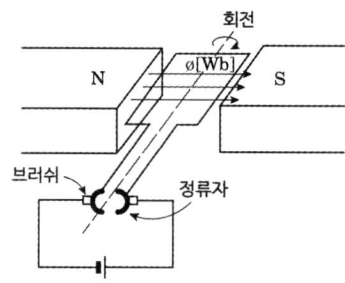

2) 직류 전동기의 원리

　(1) 직류전력을 이용하여 기계적 동력을 발생하는 회전기계

　(2) 자기장 중에 있는 코일에 정류자를 접속시키고, 직류전압을 가하면 플레밍의 왼손법칙에 따라 코일이 엄지방향으로 회전

> **예제 42**
> 직류 전동기에서 운전 중에 항상 브러시와 접촉하는 것은?
> ① 전기자 　　　　　　　　② 계자
> ③ 정류자 　　　　　　　　④ 계철
>
> DC 전동기에서는 브러시가 회전하는 정류자(구리분할링)에 항상 미끄러지며 접촉해서 전류를 전달한다. 그래서 운전 중 브러시와 직접 맞닿아 있는 것은 정류자이다.
>
> 정답 ③

3) 타여자 전동기

　(1) 구조 : 타여자 발전기와 동일한 구조

　(2) 용도 : 압연기, 엘리베이터

　(3) 정속도의 특성을 가짐

　(4) 공급전원방향을 반대로 하면 → 역회전

4) 직권 전동기

   (1) 속도 조정이 쉬움

   (2) 전기자전류나 계자전류의 극성을 반대로 하면 역회전

   (3) 기동 토크가 큼

   (4) 토크에 따라 회전수가 변하므로 출력이 일정한 정출력 특성

   (5) 토크는 전류의 제곱에 비례($T \propto I_a^2$)

예제 43

다음의 직류 전동기 중에서 무부하운전이나 벨트운전을 절대로 해서는 안 되는 전동기는?

① 타여자 전동기   ② 복권 전동기
③ 직권 전동기   ④ 분권 전동기

- 무부하($I_a = 0$)일 때 회전속도가 급격히 상승
- 방지책 : 벨트의 벗겨짐을 방지하기 위해 기어나 체인으로 운전

정답 ③

예제 44

기동 시 토크가 큰 것이 특징이며 전동차나 크레인과 같이 기동 토크가 큰 것을 요구하는 것에 적합한 전동기는?

① 타여자 전동기   ② 분권 전동기
③ 직권 전동기   ④ 복권 전동기

토크는 전류의 제곱에 비례($T \propto I_a^2$)이며 기동 토크가 크다.

정답 ③

5) 분권 전동기

   (1) 극성을 바꾸어도 회전방향에는 변화가 없다.

   (2) 무여자($\phi = 0$)일 때 속도가 급상승한다.

       • 방지책 : 계자회로에 Fuse나 개폐기 삽입 금지, 속도감지기와 과전류계전기 설치

   (3) 역기전력

$$E = \frac{PZ\phi N}{60a} = K\phi N = V - I_a R_a [\text{V}]$$

   (4) 토크와 회전수가 큰 관계가 없으므로 정속도 운전

   (5) 토크는 전류에 비례($T \propto I_a$)

6) 직류기의 운전

　(1) 기동법
　　　① 직접기동법
　　　② 저항기동법
　　　③ 가변전원기동법

　(2) 속도제어법
　　　① 전압제어 : 미세한 조정이 가능하고 제어효율이 우수
　　　② 계자제어 : 효율은 양호하나 정류가 불량
　　　③ 저항제어 : 속도 변동의 범위가 좁기 때문에 잘 사용하지 않음

　(3) 제동법
　　　① 발전제동 : 발전된 전력을 제동용 저항에서 열로 소비
　　　② 회생제동 : 발전된 전력을 전원으로 회생하는 방식
　　　③ 역상제동(플러깅제동) : 급제동 시 사용하는 방법

> **예제 45**
>
> 직류 전동기의 속도제어방법이 아닌 것은?
> ① 계자제어법　　　　　　　　② 저항제어법
> ③ 전압제어법　　　　　　　　④ 주파수제어법
>
> 주파수제어는 AC 유도/동기 전동기에서 인버터(VFD)로 전원 주파수(f)를 바꿔 속도를 조절하는 방법
>
> **정답** ④

3 유도 전동기

1) 유도 전동기의 구조와 원리

　(1) 단상 유도 전동기

구분	내용
원리	교류전류를 이용해 회전단상 전원 사용
구조	고정자, 회전자, 기동장치(콘덴서 등)
특징	구조 간단, 가격 저렴
장점	유지보수 간단, 가정용 적합
단점	기동 토크 작음, 부하 변화에 약함
주요 사용처	선풍기, 펌프, 세탁기 등 소형 가전

| 예제 46 |

단상 유도 전동기가 산업 및 가정용으로 널리 이용되는 이유로 옳지 않은 것은?

① 직류전원을 생활 주변에서 쉽게 얻을 수 있다.
② 전동기의 구조가 간단하고 고장이 적고 튼튼하다.
③ 작은 동력을 필요로 하며 가격이 비교적 저렴하다.
④ 취급과 운전이 쉬워 다른 전동기에 비해 매우 편리하게 이용할 수 있다.

- 단상 유도 전동기는 이름 그대로 단상 AC(교류) 전원으로 동작
- DC(직류) 전원으로 쓰는 모터가 아님
- 널리 쓰이는 이유는 구조가 단순·튼튼하고, 작은 동력에 적합, 가격이 비교적 저렴, 취급·운전이 쉬움 등

 ①

(2) 3상 유도 전동기

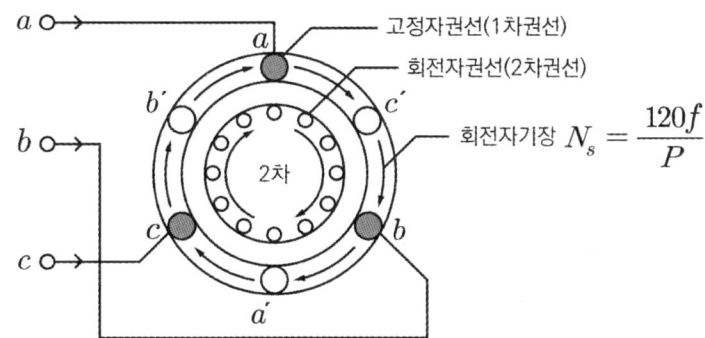

구분	내용
원리	3상 교류전류로 회전자기장 생성 → 회전자 회전(아라고의 원판)
구조	고정자, 회전자
특징	구조 간단, 내구성 우수, 대용량 가능
장점	유지보수 간단, 큰 출력 가능, 가격 저렴
단점	속도제어 어려움(인버터 등 추가 필요)
주요 사용처	산업용 펌프, 송풍기, 압축기, 기계 설비 등

- 슬립 : N_s와 N 사이에 회전속도의 차를 비로 나타낸 것

$$s = \frac{N_s - N}{N_s} = 1 - \frac{N}{N_s}$$

예제 47

유도 전동기의 슬립을 나타내는 식은?

① 동기속도 - 회전자속도/동기속도　　② 회전자속도 - 동기속도/동기속도
③ 회전자속도 - 동기속도/회전자속도　④ 동기속도 - 회전자속도/회전자속도

$$s = \frac{N_s - N}{N_s} = 1 - \frac{N}{N_s}$$

정답 ①

예제 48

유도 전동기의 슬립 S = 1일 때의 회전자의 상태는?

① 발전기상태　　② 무구속상태
③ 동기속도상태　④ 정지상태

슬립이 1일 때 정지, 0일 때 동기속도로 운전한다.

정답 ④

---

2) 3상 농형 유도 전동기

(1) 특징
① 구조가 간단하고 견고하나 주로 소형 전동기에 많이 사용
② 회전자는 개방할 수 없고 단락상태이므로 전압 측정 불가
③ 1차 3선 중 2선을 바꾸면 역회전 가능
④ 소음 발생을 억제하기 위해 회전자 둘레에 스큐(Skew)슬롯을 사용

(2) 기동법
① 전전압기동법(직입기동법) : 5 [kW] 이하의 전동기에 사용
② Y - △기동법 : 5 ~ 15 [kW] 정도의 농형 유도 전동기에 사용
③ 기동보상기법 : 15 [kW] 이상의 농형 유도 전동기에 사용

예제 49

농형 유도 전동기의 각 기동방식에 따른 특성상 회로 구성이 가장 복잡한 기동방식은?

① 전전압기동　　② Y - △기동법
③ 기동보상기법　④ 리액터기동법

기동보상기는 단권변압기 + 여러 접촉기(보통 3개) + 단계적 전환이 들어가서 전력회로 연결이 가장 복잡

정답 ③

(3) 속도제어법
   ① 극수변환법
   ② 주파수변환법
   ③ 1차 전압제어법
(4) 제동법
   ① 회생제동 : 유도 전동기를 유도발전기로 동작시켜 그 발생전력을 전원에 회생시켜서 제동
   ② 발전제동 : 전동기 제동 시에 전원을 개방하여 공급하여 발전기로 동작시킨 후 발전된 전력을 저항에서 열로 소비시키는 방법
   ③ 역상제동 : 전동기의 1차 권선 3단자 중 임의의 2단자의 접속을 바꾸면 역방향의 토크가 발생되어 제동하는 방법

3) 3상 권선형 유도 전동기
   (1) 특징
      ① 회전자 구조가 복잡하고 운전이 어려움
      ② 기동전류를 감소시킬 수 있으며 속도 조정이 자유로움
      ③ 기동할 때에 회전자는 슬립링을 통하여 외부에 가감 저항기를 접속
      ④ 전동기 속도가 상승함에 따라 외부저항을 점점 감소시키고 최후에는 슬립링을 단락
   (2) 기동법
      ① 2차 저항기동법 : 2차 회로에 가변 저항기를 접속하고 비례추이의 원리를 이용
      ② 2차 임피던스기동법 : 회전자회로에 고정저항과 리액터를 병렬 접속한 것을 삽입하여 기동
   (3) 속도제어법
      ① 2차 저항제어법 : 비례추이의 원리를 이용
      ② 2차 여자법 : 슬립링을 통하여 슬립주파수의 전압을 공급하여 속도를 제어

예제 50

권선형 유도 전동기의 속도제어법 중 비례추이를 이용한 제어법으로 맞는 것은?

① 극수변환법   ② 전원주파수변환법
③ 전압제어법   ④ 2차 저항제어법

비례추이 : 저항을 증가시키면 슬립이 커지고, 그만큼 회전속도는 비례해서 낮아진다.

정답 ④

(4) 제동법
  ① 회생제동 : 유도 전동기를 유도발전기로 동작시켜, 그 발생전력을 전원에 회생시켜서 제동
  ② 발전제동 : 전동기 제동 시에 전원을 개방하여 공급하여 발전기로 동작시킨 후 발전된 전력을 저항에서 열로 소비시키는 방법
  ③ 역상제동 : 전동기의 1차 권선 3단자 중 임의의 2단자의 접속을 바꾸면 역방향의 토크가 발생되어 제동하는 방법

예제 51

3상 유도 전동기의 회전방향을 변경하는 방법은?
① 1차 측의 3선 중 임의의 1선을 단락시킨다.
② 1차 측의 3선 중 임의의 2선을 전원에 대하여 바꾼다.
③ 1차 측의 3선 모두를 전원에 대하여 바꾼다.
④ 1차 권선의 극수를 변화시킨다.

3상 유도 전동기는 임의의 2선의 접속을 바꾸면 회전계자의 회전방향이 바뀐다.

정답 ②

4 동기 전동기

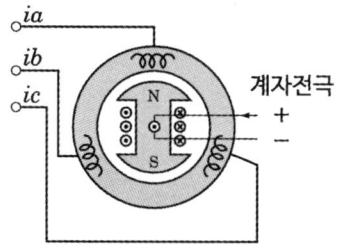

1) 동기 전동기의 구조와 원리
  (1) 계자가 회전하는 회전계자형
  (2) 유도 전동기와 같은 구조와 원리
  (3) 동기 발전기와 구조가 동일하고 방향만 반대
  (4) 전기자의 권선에 3상 교류전압을 인가하면 회전자기장이 만들어지고, 계자가 동기속도로 회전
  (5) 용도 : 압축기, 분쇄기, 송풍기 등

예제 52

동기 전동기의 용도가 아닌 것은?

① 가정용 소형 선풍기 ② 각종의 압축기
③ 시멘트 공장의 분쇄기 ④ 제지공장의 쇄목기

소형 선풍기는 유도 전동기를 사용한다.

정답 ①

2) 동기 전동기의 장점

(1) 역률 1로 운전이 가능

(2) 필요시 지상(리액터), 진상(콘덴서)으로 변환이 가능

(3) 정속도 전동기(속도 불변)

(4) 유도기에 비해 좋은 효율

예제 53

송전선의 전압조정 및 역률개선용으로 사용할 수 있는 전동기는?

① 타여자 전동기 ② 직류 분권 전동기
③ 동기 전동기 ④ 유도 전동기

동기 전동기는 역률 1로 운전이 가능

정답 ③

3) 동기 전동기의 단점

(1) 기동 토크가 발생하지 않아서 기동장치, 여자전원이 필요

(2) 속도 조정이 곤란

(3) 난조 발생

4) 동기속도

$$N_s = \frac{120f}{P} \text{ [rpm]}$$

예제 54

유도 전동기에서 동기속도를 결정하는 요인은?

① 위상 - 파형
② 홀수 - 주파수
③ 자극수 - 주파수
④ 자극수 - 전기각

$N_s = \dfrac{120f}{P}$ [rpm], 동기속도는 자극수에 반비례하고 주파수에 비례

정답 ③

예제 55

교류 전원의 주파수가 60 [Hz]이고 극수가 4극인 동기 전동기의 회전수는?

① 180 [rpm]
② 1,800 [rpm]
③ 240 [rpm]
④ 2,400 [rpm]

$N_s = \dfrac{120f}{P} = \dfrac{120 \times 60}{4} = 1,800$ [rpm]

정답 ②

5 기타 전동기

1) 서보모터

구분	내용
원리	제어신호에 따라 정밀한 위치, 속도제어
구조	고정자, 회전자, 제어회로, 감지장치
특징	정밀 위치/속도제어 가능
장점	높은 정밀도, 응답성 우수
단점	가격 비쌈, 복잡한 제어 필요
주요 사용처	CNC기계, 로봇, 자동화 장비

2) 스테핑모터

구분	내용
원리	신호에 따라 일정 각도로 회전(펄스신호 이용)
구조	고정자, 회전자, 제어회로
특징	각도제어 용이, 개방 루프제어 가능
장점	정밀한 위치제어, 제어 간단
단점	고속회전 부적합, 진동 발생 가능
주요 사용처	프린터, 복합기, 의료기기, 3D 프린터 등

예제 56

동회로에 가해지는 펄스 수에 비례한 회전 각도만큼 회전시키는 특수 전동기는?

① 분권　　　　　　　　　　② 직권
③ 직류 스테핑　　　　　　　④ 타여자

- 모터의 회전 각도는 입력하는 펄스신호에 정확히 일치하므로 정확한 각도제어가 가능
- 최소 단계별 각도 1.5°까지 정밀제어

정답 ③

3) 모터의 비교

모터 종류	주요 특징	장점	단점	사용처
DC모터	직류, 브러시 필요	속도제어 우수	브러시 마모, 유지 필요	소형 장비, 로봇
단상 유도 전동기	단상 교류, 구조 단순	저렴, 가정용 적합	기동 토크 약함, 부하에 약함	가전제품, 펌프
삼상 유도 전동기	산업용, 내구성 강함	내구성, 가격 저렴, 고출력 가능	속도제어 어려움 (인버터 필요)	공장 설비, 송풍기, 압축기 등
동기모터	속도 일정, 정밀 동기화 가능	일정한 속도유지	기동 어려움	발전기, 정밀 회전 장비
서보모터	정밀 위치·속도 제어	정밀제어, 빠른 응답성	가격 비쌈, 제어 복잡	자동화 장비, 로봇
스테핑모터	펄스신호로 각도제어	위치제어 용이, 제어 간단	진동 발생 가능, 고속회전 어려움	프린터, 의료기기, 3D 프린터

6 모터유지보수

1) 모터점검항목

점검항목	설명
절연 저항 측정	• 권선의 절연상태 양호 여부점검 • 절연 저항계(Megger) 사용 • 일반적으로 1 [MΩ] 이상 유지 필요
베어링상태	• 소음, 진동, 마모상태 확인 • 이상 시 윤활 또는 교체
볼트 체결상태	• 진동으로 인한 볼트 풀림 여부 확인 • 모터 고정 볼트 중요
전선 연결상태	• 전선 단선, 피복 손상, 노후 여부 확인 • 연결 불량 시 과열·화재 위험
냉각상태	• 통풍구 막힘, 냉각팬 손상 여부점검 • 과열 예방 중요
브러시 마모상태	• DC모터 전용 항목 • 브러시 마모 시 교체 • 스파크 과다 발생 시 점검

2) 주요 유지보수방법

유지보수방법	설명
청소	• 먼지, 이물질 제거 • 통풍로 막힘 예방 • 주기적 필요
윤활	• 베어링에 윤활유 주입 • 과도한 윤활 금지 • 소음·마찰 최소화
볼트 재조임	• 주기적 볼트점검 • 진동으로 인한 풀림 예방
절연복구	• 절연 불량 시 권선 재감기, 절연 바니시 도포 등 절연 회복
브러시 교체	• DC모터 브러시 마모 시 교환 • 교환 시 동일 규격 사용

3) 모터유지보수 시 필수 주의사항

   (1) 반드시 전원 OFF 및 방전 후 점검
   (2) 절연저항기준 이상 유지 여부 확인(일반적으로 1 [MΩ] 이상)
   (3) 이상 징후(소음, 진동, 발열 등) 즉시 정비
   (4) 점검 전후 전기적·기계적 연결부 재확인 필수

Chapter 07 아크용접장치 준비

01 용접장비 준비

1 용접 및 산업용 전류, 전압

1) 전기의 기본 개념

　(1) 전압(Volt, V) : 전기의 압력. 전자가 흐르도록 밀어주는 힘

　(2) 전류(Ampere, A) : 전자의 흐름. 용접 시 열을 발생시키는 에너지

　(3) 저항(Ω) : 전류의 흐름을 방해하는 요소

2) 용접에서 사용되는 전류 형태

구분	특징	용도
직류(DC)	아크안정, 스패터 적음	철, 스테인리스 등
교류(AC)	구조 단순하고 저렴, 아크쏠림 적음	알루미늄 TIG, 자화된 강재

예제 01

직류아크용접기와 비교하여 교류아크용접기에 대한 설명으로 가장 올바른 것은?

① 무부하전압이 높고 감전의 위험이 많다.
② 구조가 복잡하고 극성변화가 가능하다.
③ 자기쏠림방지가 불가능하다.
④ 아크안정성이 우수하다.

- AC 기계는 보통 구조가 단순(변압기형)
- 자기쏠림(Arc Blow)은 주로 DC에서 문제이고, AC는 극성이 계속 바뀌어 자기쏠림 억제에 유리
- 아크안정성은 일반적으로 DC가 우수

정답 ①

3) 용접용 전류, 전압

용접방식	전압(V)	전류(A)	특징
피복아크용접(SMAW)	20 ~ 30	50 ~ 230	가장 일반적인 방식
텅스텐아크용접(GTAW)	10 ~ 16	10 ~ 200	정밀용접
CO_2용접(GMAW)	16 ~ 20	50 ~ 200	고속 생산성 필요시

【예제 02】

CO₂가스아크용접에서 아크전압에 대한 설명으로 옳은 것은?

① 아크전압이 높으면 비드 폭이 넓어진다.
② 아크전압이 높으면 비드가 볼록해진다.
③ 아크전압이 높으면 용입이 깊어진다.
④ 아크전압이 높으면 아크길이가 짧다.

CO₂가스아크용접(GMAW)에서 전압을 올리면 아크길이가 늘고 아크콘이 퍼지며 비드가 넓고 평평해진다.
※ 비드 : 용접 후 용융금속이 굳어져 용접부 표면에 형성된 융기된 부분
※ 용입 : 피복아크용접 시 아크 열에 의하여 용접봉과 모재가 녹아서 용착금속이 만들어지는데 이때 모재가 녹은 깊이

정답 ①

【예제 03】

피복아크용접봉에서 아크길이와 아크전압의 설명으로 틀린 것은?

① 아크길이가 너무 길면 불안정하다.
② 양호한 용접을 하려면 짧은 아크를 사용한다.
③ 아크전압은 아크길이에 반비례한다.
④ 아크길이가 적당할 때 정상적인 작은 입자의 스패터가 생긴다.

아크길이와의 관계 : 전압을 높이면 불꽃이 길어지고(간격↑), 낮추면 짧아진다.

정답 ③

2 용접기 설치 주의사항

1) 설치 장소 조건

   (1) 환기 잘 되는 곳

   (2) 가연물 없는 장소

   (3) 습기, 먼지 적은 환경

   (4) 지면 평탄하고 수평유지

2) 전원 연결 시 주의사항

   (1) 정격전압/전류 확인

   (2) 접지 필수(10 [Ω] 이하)

   (3) 누전차단기 설치

   (4) 배선은 굵고 절연상태 양호한 것 사용

3) 배선 시 고려사항

  (1) 고온·기계 접촉방지

  (2) 용접케이블은 가능한 짧게

  (3) 전선 손상 없도록 고정

> **예제 04**
> 용접기의 구비조건에 해당되는 사항으로 옳은 것은?
> ① 사용 중 용접기 온도상승이 커야 한다.
> ② 용접 중 단락되었을 경우 대전류가 흘러야 된다.
> ③ 소비전력이 큰 역률이 좋은 용접기를 구비한다.
> ④ 무부하전압을 최소로 하여 전격기의 위험을 줄인다.
>
> • 온도상승이 크면 오히려 위험·고장 원인
> • 아크길이가 바뀌어도 전류 변화를 작게 하고 단락전류가 과도하게 커지지 않도록 설계
> • 역률은 클수록(1에 가까울수록) 좋지만, 소비전력이 크다는 건 좋은 조건이 아님
>
> 정답 ④

3 용접기 운전 및 유지보수 주의사항

1) 용접기 운전 전 점검사항

  (1) 전원스위치상태

  (2) 냉각팬 정상 작동 여부

  (3) 케이블 연결상태

  (4) 접지상태 및 전원선 절연상태

2) 운전 중 점검사항

  (1) 전류 세기 변화 확인

  (2) 불규칙한 소리나 진동 여부

  (3) 아크 불안정 여부

예제 05

용접 전의 일반적인 준비 사항이 아닌 것은?
① 사용재료를 확인하고 작업내용을 검토한다.
② 용접전류, 용접순서를 미리 정해둔다.
③ 이음부에 대한 불순물을 제거한다.
④ 예열 및 후열처리를 실시한다.

예열·후열처리는 항상 하는 기본 준비가 아니라, 재질·두께·조건에 따라 필요할 때만 하는 특수절차이다. 게다가 후열처리(PWHT)는 말 그대로 용접 후에 하는 과정이다.

정답 ④

4 용접기 안전 및 안전수칙

1) 보호구 착용 필수 항목
    (1) 용접면(자동차광식) : 아크광 차단
    (2) 가죽 장갑 : 고온·불꽃 차단
    (3) 앞치마 : 불꽃·금속 슬래그 보호
    (4) 안전화 : 감전·낙하물방지

2) 작업 전 준비 사항
    (1) 작업장 정리 및 청소
    (2) 주변 가연물 제거
    (3) 환기 및 조명 확보
    (4) 소화기 비치

3) 작업 중 주의사항
    (1) 아크발생 시 주변 사람 보호
    (2) 젖은 손·젖은 장갑 사용 금지
    (3) 작업 중 전원 ON/OFF 주의

4) 작업 후 조치
    (1) 전원 OFF 확인
    (2) 장비 및 케이블 정리
    (3) 용접 슬래그 제거

예제 06

피복아크용접 시 지켜야 할 유의사항으로 적합하지 않은 것은?

① 작업 시 전류는 적정하게 조절하고 정리정돈을 잘하도록 한다.
② 작업을 시작하기 전에는 메인스위치를 작동시킨 후에 용접기스위치를 작동시킨다.
③ 작업이 끝나면 항상 메인스위치를 먼저 끈 후에 용접기스위치를 꺼야 한다.
④ 아크발생 시 항상 안전에 신경을 쓰도록 한다.

작업이 끝나면 항상 용접기스위치를 먼저 끈 후에 메인스위치를 끈다.

정답 ③

5 환기장치, 유해가스

1) 용접 시 발생하는 유해물질

물질	발생원인	건강 영향
오존(O_3)	고온아크에 의해 공기 중 산소 분해	호흡기 자극
일산화탄소(CO)	불완전 연소	체내 산소 공급 방해
질소산화물(NO_X)	고온에서 공기와 질소가 반응	폐 손상 유발
금속 흄	용접봉 금속 성분	중금속 중독 위험

2) 환기 대책

　(1) 국소배기장치(후드) : 연기 포집

　(2) 자연환기 : 창문·환기구 개방

　(3) 공조 설비 보조 사용

3) 보호 장비 및 작업환경

　(1) 활성탄 방진마스크 사용

　(2) 정기적 환기 설비점검

　(3) 실내 공기 오염도 측정 권장

예제 07

용접작업 시 작업자의 부주의로 발생하는 안염, 각막염, 백내장 등을 일으키는 원인은?

① 용접 흄가스　　② 아크 불빛　　③ 전격 재해　　④ 용접 보호 가스

용접아크에서 나오는 강한 자외선(UV)이 눈의 각막·결막을 손상시켜 아크아이(광각막염, 결막염)를 일으키고, 장기적으로는 백내장 위험도 높인다.

정답 ②

02 용접장치의 구성

1 용접기 각 부 명칭과 기능

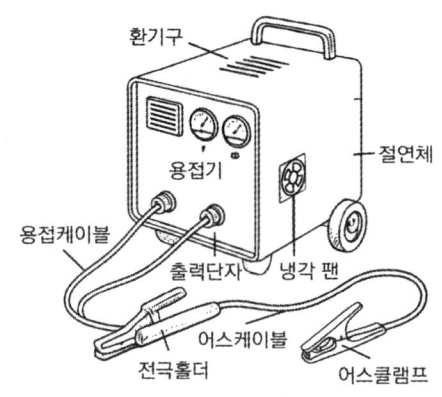

| 예제 08 |

피복아크용접에서 사용하는 아크용접용 기구가 아닌 것은?
① 용접케이블   ② 접지클램프
③ 용접홀더   ④ 팁 클리너

팁 클리너는 가스(산소-아세틸렌) 토치 노즐 내부를 청소하는 공구

정답 ④

1) 전원부

명칭	기능
변압기(AC용)	교류아크용접기의 주 전원장치로 고전압·저전류의 전력을 저전압·고전류로 변환하여 아크발생에 적합하도록 함
정류기(DC용)	교류전력을 직류로 변환하여 직류 피복아크용접 시 사용하고 직류 특유의 안정된 아크를 제공
발전기(DC용)	자체적으로 직류 전원을 공급하는 장치로 과거 많이 사용되었으나 현재는 정류기로 대체되는 추세

2) 출력부

명칭	기능
출력단자(용접선 접속단자)	용접기에서 출력되는 전류를 용접선(용접케이블)으로 연결하는 단자
용접케이블	용접기의 출력전류를 전극 및 모재로 전달하는 케이블
어스클램프(접지클램프)	용접전류가 회로를 형성하도록 모재에 접속하는 장치
전극홀더(용접홀더)	용접봉(전극봉)을 잡아주며 전류를 전달하는 장치

예제 09

다음 중 모재와 용접기를 케이블로 연결할 때 모재에 접속하는 것은?
① 용접홀더 ② 케이블커넥터
③ 접지클램프 ④ 케이블러그

용접전류가 회로를 형성하도록 모재에 접속하는 장치로 어스클램프라고 부르기도 한다.

정답 ③

3) 제어부

명칭	기능
전류 조정기 (탭스위치, 슬라이더)	용접전류의 크기를 조정하여 용접 두께, 용접봉에 맞는 전류를 선택
전압 조정기	일부 기종에서 사용. 아크길이에 영향을 주는 전압을 조정
전류계, 전압계	용접 중 전류와 전압상태를 확인하는 계기
팬(냉각 팬)	용접기 내부 발열을 방지하고 과열을 방지

4) 보조장치

명칭	기능
이동 바퀴 및 손잡이	용접기 이동을 쉽게 함
환기구(냉각 통풍구)	내부 열 배출을 위한 통풍구
절연체(케이스, 보호 덮개)	감전방지 및 전기적 절연 역할
휴즈 및 과전류 차단기	과부하 및 과전류 발생 시 용접기 보호

예제 10
피복아크용접용 기구에 해당되지 않는 것은?
① 주행대차　　　　　　　　② 용접봉홀더
③ 접지클램프　　　　　　　④ 전극케이블

주행대차(용접캐리지)는 토치를 일정속도로 정확히 이동시켜 긴 구간을 균일품질로 용접하게 해주는 이동형 자동화장치이다. 긴 직선·반복용접에서 품질과 생산성을 크게 높이는 것이 핵심 특징이다.

정답 ①

2 전격방지기

1) 전격방지기의 개념

(1) 정의 : 용접작업 중 용접기의 무부하전압이 높아 발생할 수 있는 감전(전격) 사고를 방지하기 위한 장치로 특정 장소에서 AC아크용접기를 사용할 때 설치 의무가 있다.
　① 도전체에 둘러싸인 장소(선박 이중선체·탱크 내부 등)
　② 높이 2 [m] 이상에서 철골 등 도전성 물체 접촉 우려 장소
　③ 물·땀 등으로 습윤한 상태의 장소

(2) 설치 목적 : 용접봉 교체나 아크가 끊긴 상태에서 작업자가 용접봉·모재에 접촉하더라도 인체에 위해를 주지 않는 저전압으로 자동 전환

(3) 부착 위치 : 자동전격방지장치는 용접기에 수직으로 부착(다만 수직으로 부착하기 어려울 때는 기울기가 20° 이내로 부착)

예제 11
다음 중 아크용접기에 전격방지기를 설치하는 가장 큰 이유로 옳은 것은?
① 용접기의 효율을 높이기 위하여
② 용접기의 역률을 높이기 위하여
③ 작업자를 감전 재해로부터 보호하기 위하여
④ 용접기의 연속 사용 시 과열을 방지하기 위하여

접봉 교체나 아크가 끊긴 상태에서 작업자가 용접봉·모재에 접촉하더라도 인체에 위해를 주지 않는 저전압으로 자동 전환하여 감전으로부터 보호한다.

정답 ③

2) 전격방지기의 주요 기능

기능	내용
무부하전압 자동 저하	용접 중 아크가 발생하지 않을 때, 무부하상태의 전압을 안전전압(약 20 ~ 30 [V] 이하)으로 자동 저하
아크발생 시 즉시 전압 공급	용접봉이 모재에 접촉하여 아크가 발생하면 즉시 정상용접전압(60 ~ 80 [V] 내외)으로 전환
작업자 감전방지	특히 습기가 많은 장소, 밀폐공간, 고온다습한 환경에서 감전사고 예방

예제 12

용접작업을 하지 않을 때는 무부하전압을 20 ~ 30 [V] 이하로 유지하고 용접봉을 작업물에 접촉시키면 릴레이(Relay)작동에 의해 전압이 높아져 용접작업이 가능하게 하는 장치는?

① 아크부스터 ② 원격제어장치
③ 전격방지기 ④ 용접봉홀더

- 용접 중 아크가 발생하지 않을 때, 무부하상태의 전압을 안전전압(약 20 ~ 25 [V] 이하)으로 자동 저하
- 용접봉이 모재에 접촉하여 아크가 발생하면 즉시 정상용접전압(60 ~ 80 [V] 내외)으로 전환

정답 ③

3) 전격방지기의 작동 원리

(1) 무부하상태
① 용접기에서 출력되는 고전압을 저항·리액터(코일) 등을 이용해 자동으로 저전압으로 변환
② 작업자가 용접봉을 만져도 인체에 위해를 주지 않는 전압유지

(2) 아크발생상태
용접봉이 모재에 접촉하면 회로가 닫히고, 자동으로 정상용접전압을 공급하여 용접 가능상태로 전환

4) 전격방지기의 설치 및 사용 시 주의사항

항목	내용
정격전류·전압 확인	용접기의 출력전류 및 전압에 맞는 전격방지기를 사용
정기점검	내부 절연, 배선상태 이상 여부 주기적 점검
방수·방습 관리	습기에 약하므로 고습한 환경에서는 절연상태 주의
정품 사용	임의 개조·불량 제품 사용 금지(감전 위험)

3 용접봉 건조기

1) 용접봉 건조기의 개념
   (1) 정의 : 피복아크용접봉이 수분을 흡수하면 용접결함(기공, 크랙 등)이 발생하므로, 이를 예방하기 위해 용접봉을 일정 온도로 건조·보관하는 장치
   (2) 설치 위치 : 작업장 인근에 설치하며, 소형 이동식과 대형 고정식이 있음
   (3) 구조 : 전열히터, 온도조절장치, 단열재, 환기구 등으로 구성

2) 용접봉 건조기의 기능

기능	내용
수분 제거	용접봉 피복재 내부·외부의 수분을 제거하여 수소 기공, 용입 불량 등을 방지
보관 및 유지	건조 후에도 일정 온도로 유지하여 재흡습방지
용접 품질 확보	건조된 용접봉 사용으로 균일한 용접부 품질 확보
안전작업유지	수분이 많은 용접봉 사용 시 발생할 수 있는 스패터, 기공, 균열을 예방

3) 용접봉 건조 온도 및 시간

용접봉 종류	건조 온도(℃)	건조 시간	비고
일반구조용 저수소계 용접봉	300 ~ 350 [℃]	1 ~ 2시간	사용 직전 건조 필수
고장력강용 저수소계 용접봉	350 ~ 400 [℃]	1 ~ 2시간	엄격한 건조 필요
일반용접봉 (산화철계·루틸계)	70 ~ 100 [℃]	30분 ~ 1시간	사용 전 가볍게 재건조

예제 13

피복금속아크용접봉은 습기의 영향으로 기공(Blow Hole)과 균열(Crack)의 원인이 된다. 보통용접봉(1)과 저수소계 용접봉(2)의 온도와 건조 시간은? (단, 보통용접봉은 (1)로 저수소계 용접봉은 (2)로 나타냈다)

① (1) 70 ~ 100 [℃], 30 ~ 60분　(2) 100 ~ 150 [℃], 1 ~ 2시간
② (1) 70 ~ 100 [℃], 2 ~ 3시간　(2) 100 ~ 150 [℃], 20 ~ 30분
③ (1) 70 ~ 100 [℃], 30 ~ 60분　(2) 300 ~ 350 [℃], 1 ~ 2시간
④ (1) 70 ~ 100 [℃], 2 ~ 3시간　(2) 300 ~ 350 [℃], 20 ~ 30분

용접용 건조 온도 및 시간 표 참조

정답 ③

> **예제 14**
>
> 습기 제거를 위한 용접봉의 건조 시 건조온도가 가장 높은 것은?
> ① 저수소계   ② 라임티탄계
> ③ 셀룰로오스계   ④ 고산화티탄계
>
> - 라임티탄계/고산화티탄계(= 루틸계)는 필요시 70 ~ 170 [℃] 수준이거나 보통 재건조 없이 사용 가능
> - 셀룰로오스계는 재건조 금지가 원칙
>
> **정답** ①

4) 사용 시 주의사항

항목	내용
건조 후 즉시 사용	건조 후 장시간 방치 시 재흡습 우려
재건조 횟수 제한	반복 건조 시 피복재 손상 우려(통상 2회 이내)
규정 온도 준수	과도한 온도에서 건조 시 피복재 균열 발생
건조 후 보관	건조 후 100 ~ 150 [℃] 정도의 보온기에서 보관 권장

4 용접포지셔너

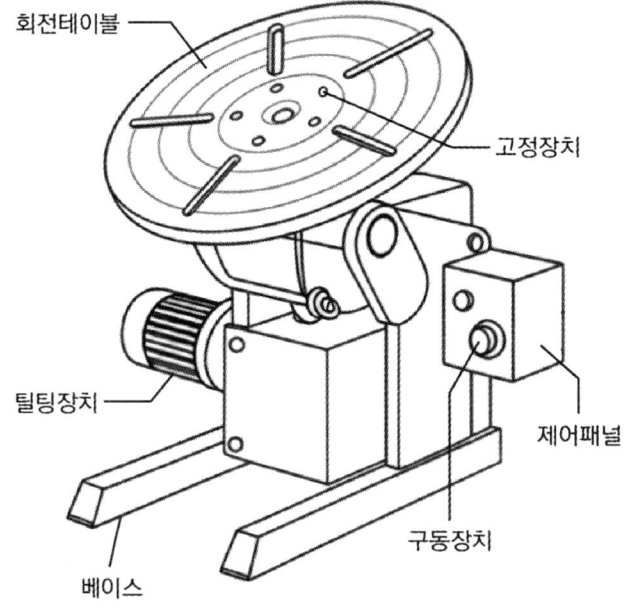

1) 용접포지셔너의 개념
   (1) 정의 : 용접물(모재)을 회전·기울임 등의 동작으로 용접하기 좋은 자세(적정용접자세)로 유지·변경해주는 장치
   (2) 목적 : 작업자가 항상 수평·수직자세로 용접할 수 있게 하여 용접 품질 향상 및 작업 효율 증가
   (3) 구분 : 수동식과 전동식(모터 구동), 소형·대형으로 구분

2) 용접포지셔너의 기능

기능	내용
작업자세 개선	작업자가 불편한 자세에서 작업하지 않도록 모재의 각도·위치를 조절
용접 품질 향상	용접봉이 일정한 각도와 속도로 진행되어 용입 깊이, 비드 품질이 균일
작업 효율 증가	용접자세 변경 없이 연속작업 가능 → 시간 절감
용접 안전성 확보	고소작업이나 어려운 자세에서의 위험 감소

예제 15

다음 중 용접포지셔너 사용이 가장 적절한 경우는?
① 길이 10 [m] 압력용기 외주를 연속 회전시켜 원주용접할 때
② 소형 브라켓·플레이트에 다면 필릿용접을 하며 아래보기자세를 유지하고 싶을 때
③ 대구경 파이프(직경 2 [m])를 느리게 회전시켜 원형부를 자동용접할 때
④ 탱크 본체를 바퀴로 지지해 수평축으로 계속 굴려가며 용접할 때

포지셔너는 공작물을 회전·틸트해서 아래보기(Flat) 자세를 만들 때 효과적이다. 반면 ①, ③, ④는 원통형 대형 공작물을 계속 굴려 용접하는 터닝롤러(Turning Roller)에 해당된다.

정답 ②

3) 용접포지셔너의 주요 구성 요소

구성 부품	기능
회전테이블	용접물을 회전시켜 연속용접 가능
틸팅(기울임)장치	용접물의 각도를 조절하여 작업자세 확보
고정장치(척, 클램프)	용접물을 정확히 고정
구동장치	전동모터 또는 수동 핸들로 회전·틸팅 작동
제어패널	회전속도, 틸팅 각도 등을 조절
베이스(지지대)	장치 전체를 지지하는 하부 프레임

4) 사용 시 주의사항

내용	항목
과도한 하중의 용접물 적재 금지	허용 하중 준수
용접물 미고정 시 회전 중 이탈 위험	정확한 고정
작업물에 따라 적정 회전속도, 각도조절	속도·각도조절
모터, 체인, 베어링 마모 여부점검	정기점검

예제 16

용접포지셔너의 특징/효과로 옳은 것은?
① 포지셔너는 회전만 가능하고 틸트(기울임) 기능은 없다.
② 포지셔너를 쓰면 작업자가 더 비틀어야 해서 안전성이 떨어진다.
③ 포지셔너는 원통 대형 전용 장비로 바퀴롤러로만 지지한다.
④ 포지셔너는 공작물을 회전·틸트해서 아래보기자세를 유지하게 하여 품질·안전·생산성을 높인다.

- 포지셔너는 회전 + 틸트로 작업자세를 최적화해 품질·안전·생산성을 높인다(피로·결함 감소).
- ③은 터닝롤러 설명이다.

정답 ④

03 피복아크용접

1 피복아크용접 설비

1) 피복아크용접 설비의 개념

(1) 정의 : 피복아크용접(SMAW : Shielded Metal Arc Welding)은 피복된 용접봉과 전기아크 열을 이용해 금속을 접합하는 방식으로, 이를 위해 전기적·기계적 설비가 필요하다.

(2) 구성 : 크게 용접 전원장치, 용접케이블 및 전극홀더, 접지장치, 부속 설비로 구분

(3) 용어
① 비드(Bead) : 용접 후 용융금속이 굳어져 용접부 표면에 형성된 융기된 부분
② 언더컷(Undercut) : 용접부 모재의 가장자리가 과도한 열로 녹아 홈이 파인 결함
③ 루트(Root) : 용접이음부에서 두 모재가 만나는 가장 깊은 부분

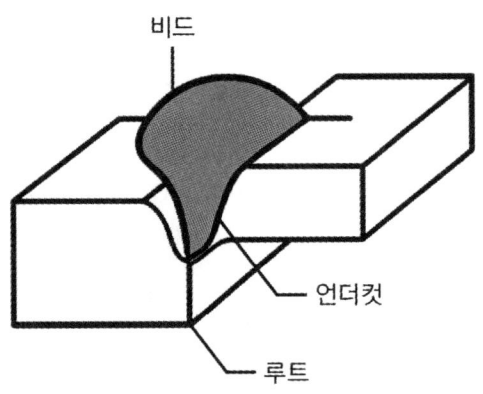

2) 피복아크용접 설비의 구성과 기능

구분	명칭	기능
전원장치	교류아크용접기 (변압기)	교류 전원을 이용, 구조 간단·저렴/아크가 약간 불안정
	직류아크용접기 (정류기·발전기)	직류 전원을 공급, 아크안정·품질 우수/비용 높음
용접케이블	전극선(용접선)	전류를 전극홀더까지 전달
	어스선(접지선)	용접회로를 형성하기 위해 모재에 연결
전극홀더	전극봉 고정장치	용접봉(피복봉)을 고정하고 전류를 공급
접지장치	어스클램프	모재와 용접기를 전기적으로 연결, 회로 형성
보조 설비	전격방지기	무부하전압을 낮춰 감전방지
	용접봉건조기	용접봉의 흡습방지 및 품질유지
	용접포지셔너	용접물의 위치·각도를 조절, 작업자자세 개선

3) 피복아크용접 설비 배치도

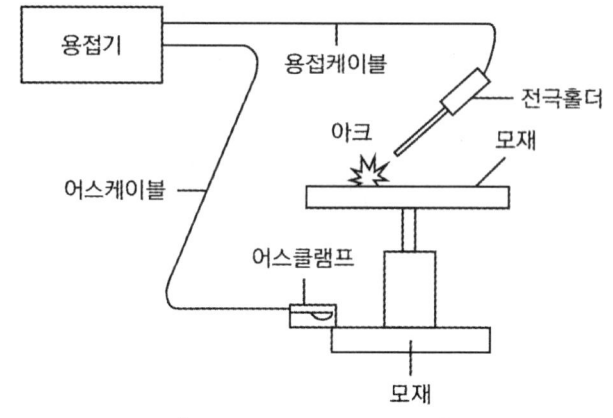

[피복아크용접 설비 배치도]

(1) 용접기(전원장치) → 용접케이블 → 전극홀더 → 모재(용접물) → 어스 클램프 순으로 회로 형성
(2) 전격방지기, 건조기 등은 부속 설비로 주변에 배치

예제 17

피복아크용접회로의 순서가 올바르게 연결된 것은?
① 용접기 - 전극케이블 - 용접봉홀더 - 피복아크용접봉 - 아크 - 모재 - 접지케이블
② 용접기 - 용접봉홀더 - 전극케이블 - 모재 - 아크 - 피복아크용접봉 - 접지케이블
③ 용접기 - 피복아크용접봉 - 아크 - 모재 - 접지케이블 - 전극케이블 - 용접봉홀더
④ 용접기 - 전극케이블 - 접지케이블 - 용접봉홀더 - 피복아크용접봉 - 아크 - 모재

피복아크용접 설비 배치도 그림 참조

정답 ①

2 피복아크용접봉, 용접와이어

1) 피복아크용접봉의 개념
 (1) 정의 : 금속 심선(용접봉 심선)에 피복제가 입혀진 전극봉으로, 전류를 통해 아크를 발생시키며, 용융금속과 슬래그를 형성하여 용접하는 데 사용됨
 (2) 구조
  ① 심선(Core Wire) : 모재와 동일 또는 유사한 금속 → 용착금속 형성
  ② 피복제(Coating) : 슬래그 형성, 아크안정, 용착금속 보호

예제 18

피복아크용접봉에서 피복제의 가장 중요한 역할은?

① 변형방지　　　　　　　　② 인장력 증대
③ 모재 강도 증가　　　　　　④ 아크안정

피복제의 핵심 역할은 아크를 안정시키고, 녹은 금속을 가스 차폐·슬래그로 보호해 결함을 줄이는 것

정답 ④

2) 피복제의 역할

역할	내용
용착금속 보호	슬래그 형성 → 공기 차단 및 산화방지
아크안정화	아크발생을 용이하게 하고 안정적 유지
합금 성분 공급	용착금속의 기계적 성질 향상
이온화 작용	전류흐름을 원활히 하고 아크발생 촉진
용접부 청정유지	산화물, 불순물 제거

예제 19

피복아크용접봉에서 피복제의 주된 역할이 아닌 것은?

① 용융금속의 용적을 미세화하여 용착효율을 높인다.
② 용착금속의 응고와 냉각속도를 빠르게 한다.
③ 스패터의 발생을 적게 하고 전기 절연작용을 한다.
④ 용착금속에 적당한 합금원소를 첨가한다.

피복제는 아크 동안 가스 차폐와 슬래그를 만들어 용융·용착금속을 보호하고, 슬래그가 급랭을 막아 서서히 식도록(냉각속도 완화/제어) 돕는 것이 보통의 역할이다.

정답 ②

예제 20

피복아크용접봉의 피복제 작용을 설명한 것 중 틀린 것은?

① 스패터를 많게 하고, 탈탄 정련작용을 한다.
② 용융금속의 용적을 미세화하고, 용착효율을 높인다.
③ 슬래그 제거를 쉽게 하며, 파형이 고운 비드를 만든다.
④ 공기로 인한 산화, 질화 등의 해를 방지하여 용착금속을 보호한다.

피복제는 보통 스패터를 줄이고 아크를 안정시켜 비드 품질을 좋게 한다.

정답 ①

Chapter 07. 아크용접장치 준비

3) 피복아크용접봉의 종류

   (1) 피복제 성분에 따른 분류

종류	특징	사용 예
산화철계	아크안정, 작업 용이/기공 위험 낮음	일반 구조물
루틸계	아크안정, 슬래그 제거 용이	박판, 일반 구조
셀룰로오스계	깊은 용입 가능, 수직·수평용접에 적합/흄(용접연기)과 가스발생 많음	배관용접
저수소계	수소기공방지, 고강도/건조 필수	고장력강, 중요 구조물

   예제 21

   피복아크용접봉의 피복제 중에서 아크를 안정시켜 주는 성분은?
   ① 붕사
   ② 페로망간
   ③ 니켈
   ④ 산화티탄

   산화철계와 루틸계가 아크를 안정시켜준다.

   정답 ④

   (2) 용도에 따른 분류

종류	특징
일반강용	연강, 구조용강
고장력강용	고강도용접, 다리·압력용기
주철·비철용	특수 금속용접

4) 피복아크용접봉의 규격 표시

E [인장강도] [용접자세] [피복제 계통]

   (1) 약호

약호	의미
E	일반 피복아크용접봉(Electrode)
RB	주철용 피복봉(Reinforced Bar Electrode)
NS	니켈계 특수용접봉(Nickel Special)
D	TIG/MIG용접봉·와이어(Electrode or Rod)

(2) 인장강도(앞 두 숫자)

번호	최소 인장강도
43	430 [MPa]급
49	490 [MPa]급
55	550 [MPa]급

예제 22

연강용 피복아크용접봉의 종류를 나타내는 기호가 다음과 같은 경우 밑줄 친 43이 나타내는 의미로 옳은 것은?

$$E\ \underline{43}26$$

① 피복제 계통 ② 용착금속의 최소 인장강도의 수준
③ 피복아크용접봉 ④ 사용전류의 종류

앞 두자리는 용착금속의 최소 인장강도를 나타내고 43은 최소인장강도가 430 [MPa]을 의미한다.

정답 ②

(3) 용접자세 및 피복제(뒤 두 숫자)

종류	피복재 계통	용접자세	전류
E 4301	일루미나이트계	F, V, O, H	AC 또는 DC(±)
E 4303	라임티타니아계	F, V, O, H	AC 또는 DC(±)
E 4311	고셀룰로오스계	F, V, O, H	AC 또는 DC(±)
E 4313	고산화티탄계	F, V, O, H	AC 또는 DC(-)
E 4316	저수소계	F, V, O, H	AC 또는 DC(+)
E 4324	철분산화티탄계	F, H	AC 또는 DC(±)
E 4326	철분저수소계	F, H	AC 또는 DC(+)
E 4327	철분산화철계	F, H	F에서는 AC 또는 DC(±) H에서는 AC 또는 DC(-)
E 4340	특수계	F, V, O, H 또는 어느 자세	AC 또는 DC(±)

F : 아래보기자세
V : 수직자세
O : 위로보기자세
H : 수평자세 또는 수평 필릿용접

> **예제 23**
>
> 피복아크용접봉의 기호 중 고산화티탄계를 표시한 것은?
>
> ① E 4301 ② E 4303
> ③ E 4311 ④ E 4313
>
> 피복제 중에 산화티탄을 약 35 [%] 정도 포함하였고 슬래그의 박리성이 좋아 비드의 표면이 고우며 작업성이 우수한 특징을 지닌 연강용 피복아크용접봉
>
> **정답** ④

5) 용접와이어의 종류

종류	특징	사용 예
고체 와이어(Solid Wire)	슬래그 거의 없음, 청정작업/실내 사용	일반 구조, 박판용접
플럭스 코어드 와이어 (Flux Cored)	플럭스 포함, 슬래그 발생/야외작업 용이	두꺼운 판재, 야외용접

6) 보관 및 취급 주의사항

항목	내용
건조상태유지	피복봉은 습기 흡수 시 기공 발생 → 건조기 사용
재건조 규정 준수	저수소계는 300 ~ 350 [℃]에서 1 ~ 2시간 재건조
오염방지	기름, 먼지, 습기에 노출 금지
사용 순서 준수	선입선출 원칙 적용(먼저 개봉한 것부터 사용)

3 피복아크용접 기법

1) 피복아크용접 기법의 개념

  (1) 정의 : 피복아크용접에서 용접봉, 아크, 용접속도 등을 적절히 조절하여 용접부의 품질과 강도를 확보하는 기술

  (2) 목적 : 용입 깊이 확보, 비드 모양 균일, 기공 및 결함방지

2) 기본용접 기법 요소

요소	설명	기능사 시험 포인트
아크길이	용접봉 끝과 모재 사이 거리 (보통 전극봉 지름 정도)	너무 길면 아크 불안정 너무 짧으면 붙음
용접전류	모재 두께·봉 지름에 맞춰 설정 (보통 30 ~ 40 [A]/1 [mm])	전류 과다 → 언더컷 과소 → 용입 부족
용접속도	일정하게 유지해야 비드 균일	너무 빠르면 용입 부족 너무 느리면 비드 과대
전극 각도	진행방향에 대해 보통 70 ~ 80° 유지	수평·수직자세별 각도조절 필요
운봉(Weaving)	비드를 형성하기 위한 전극봉의 좌우 또는 원형 움직임	넓은 용접부 → 직선, 삼각, 원형 등 다양한 기법

예제 24

피복아크용접 시 일반적으로 언더컷을 발생시키는 원인으로 가장 거리가 먼 것은?

① 용접전류가 너무 높을 때
② 아크길이가 너무 길 때
③ 부적당한 용접봉을 사용했을 때
④ 홈 각도 및 루트 간격이 좁을 때

- 언더컷의 주된 원인은 과대전류, 긴 아크길이(높은 아크전압), 과도한 진행속도/부적절한 각도 조작 등
- 부적당한 용접봉(예 지름이 과대, 유형/규격 부적합)도 언더컷을 유발할 수 있는 요인으로 분류

정답 ④

예제 25

용접입열과 관련된 설명으로 옳은 것은?

① 아크전류가 커지면 용접입열은 감소한다.
② 용접입열이 커지면 모재가 녹지 않아 용접이 되지 않는다.
③ 용접 모재에 흡수되는 열량은 입열의 10 [%] 정도이다.
④ 용접속도가 빠르면 용접입열은 감소한다.

- 전류가 커지면 분자(V × I)가 커져 입열은 증가
- 입열이 커지면 보통 모재가 더 잘 녹아 용입이 깊어지는 쪽으로 작용
- 모재에 흡수되는 열량이 입열의 10 [%]처럼 고정 비율로 단정하지 않음

정답 ④

3) 자세별 용접 기법

용접자세	특징 및 기법
아래보기(Flat) – 1G	기본자세, 전류·속도 안정이 중요
수평(Horizontal) – 2G	언더컷방지를 위해 약간 빠른 속도로 진행
수직(Vertical) – 3G	위로 올리는 방식(상진) 사용, 전류 낮추고 위빙 필수
위로보기(Over Head) – 4G	열풀림방지를 위해 낮은 전류, 짧은 아크길이유지

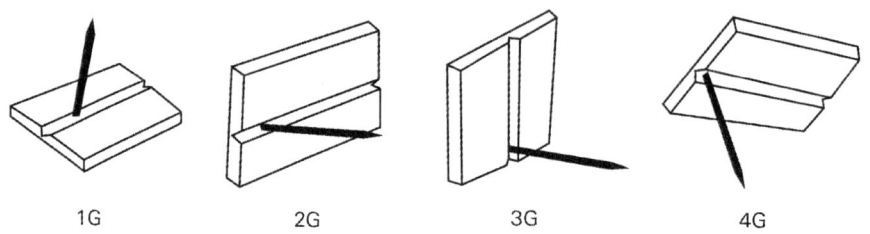

1G   2G   3G   4G

4) 운봉(Weaving) 기법 종류

기법	형태	특징
직선운봉	—	얇은 판재, 빠른 작업
삼각운봉	△	두꺼운 판재, 수직상진에서 채움·마감·맞대기부
원형운봉	○	넓은 비드 형성, 갭 매움
지그재그운봉	Z형	넓은 용접부, 수직자세 적합

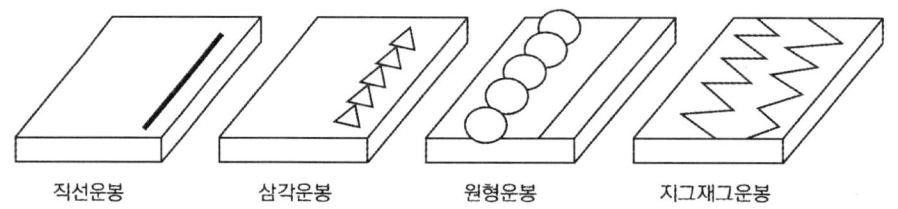

직선운봉   삼각운봉   원형운봉   지그재그운봉

[예제 26]

피복아크용접작업에서 용접봉을 용접진행방향으로 70 ~ 80 [℃] 기울이고, 좌우에 대하여 90 [℃]가 되게 하여 주로 박판용접 및 용접의 이면 비드 형성에 사용하는 운봉법은?

① 직선 비드   ② 원형 비드
③ 반달형 비드   ④ 삼각형 비드

직선 비드는 얇은 판(박판)이나 루트/이면 비드 형성에 유리한 좁고 곧은 비드로 쓰인다. 반면 원형/반달형/삼각형 등은 좌우로 흔드는 위빙(운봉) 비드로 폭을 넓힐 때 사용하는 방식이다.

정답 ①

5) 용접결함방지 요령

(1) 기공방지 : 건조된 용접봉 사용, 적정아크길이유지
(2) 언더컷방지 : 전류·속도 과다방지, 전극 각도조절
(3) 용입부족방지 : 충분한 전류, 느린 속도로 운봉
(4) 슬래그혼입방지 : 패스마다 슬래그 완전 제거
(5) 균열방지 : 용접봉의 탄소량을 적게 함

예제 27

피복아크용접 결함 중 기공이 생기는 원인으로 틀린 것은?

① 용접 분위기 가운데 수소 또는 일산화탄소 과잉
② 용접부의 급속한 응고
③ 슬래그의 유동성이 좋고 냉각하기 쉬울 때
④ 과대전류와 용접속도가 빠를 때

- 수소/일산화탄소 과잉 → 용융금속에 가스가 과다 용해·혼입되면 응고 시 빠져나가지 못해 기공 발생
- 응고가 빨라지면 가스가 빠질 시간이 부족해 가스가 갇혀 기공이 생김
- 빠른 용접속도는 응고가 빨라져 기공 증가
- 슬래그 유동성·제거성이 좋은 조건은 가스 배출과 슬래그 분리를 도와 기공 감소에 유리

정답 ③

예제 28

피복아크용접 결함 중 용착금속의 냉각속도가 빠르거나 모재의 재질이 불량할 때 일어나기 쉬운 결함으로 가장 적당한 것은?

① 용입 불량 ② 언더컷
③ 오버랩 ④ 선상조직

- 선상조직은 용착금속의 냉각이 빠르거나 모재 품질이 나쁠 때(불순물·수소 등) 서리 모양/주상정처럼 선이 생기는 취약 조직이 나타나는 결함
- 용입 불량 : 주로 열입력 부족·개선 형상 부적정이 원인
- 언더컷 : 전류 과대, 긴 아크, 빠른 진행속도 등이 대표원인
- 오버랩 : 보통 전류 부족·너무 느린 진행/잘못된 토치 각도와 관련

정답 ④

Chapter 08 아크용접작업

01 용접개요 및 가용접작업

1 용접의 원리

1) 용접의 정의
   (1) 용접이란 두 개 이상의 금속재료를 가열하거나 가압하여 접합하는 공정으로, 기계적 강도가 높고 영구적으로 결합되는 것이 특징이다.
   (2) 전통적인 기계적 체결(볼트, 리벳)과 달리 재료를 일체화할 수 있다.
   (3) 아크용접은 전류가 공기를 통과하며 발생하는 아크방전의 열(약 4,000 ~ 6,000 [℃])로 모재와 용가재를 녹여 접합하는 용접법이다.

2) 용접의 기본 원리
   (1) 용융용접(Fusion Welding)
      ① 금속을 녹여(용융) 접합하는 방식
      ② 예 아크용접, 가스용접, TIG(Tungsten Inert Gas), MIG(Metal Inert Gas)
      ③ 특징 : 접합부가 모재와 동일한 성질을 가지며 강도가 높음
   (2) 압접용접(Pressure Welding)
      ① 금속을 가열 후 압력을 가해 접합
      ② 예 저항용접(스폿, 시임), 단접
      ③ 특징 : 열과 압력을 동시에 사용, 판재 접합에 유리
   (3) 고상용접(Solid - State Welding)
      ① 금속을 녹이지 않고 확산·가압·마찰 등으로 접합
      ② 예 마찰용접, 초음파용접
      ③ 특징 : 변형과 열 영향이 적고 정밀 부품 제작에 적합

3) 아크용접의 원리
   (1) 아크발생 원리
      용접봉과 모재 사이에 짧은 순간 전류가 흐르면 공기가 이온화되어 전류가 연속적으로 흐르는 상태(아크상태)가 된다. 이때 발생되는 아크의 고온 열로 금속을 용융·접합한다.

(2) 주요 특징
① 열원 : 아크방전
② 접합방식 : 용융용접
③ 주요 장비 : 전원장치(교류, 직류), 용접봉, 접지선

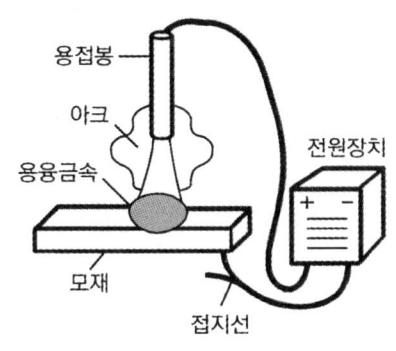

[아크용접의 원리]

2 용접의 장·단점

1) 용접의 장·단점

구분	내용
장점	• 강도 및 기밀성 우수 : 기계적 강도가 높아 구조물이 견고함 • 재료 절약 : 리벳, 볼트에 비해 중량이 감소 • 형상 자유도 높음 : 복잡한 형상 제작 가능 • 연속 생산 용이 : 자동화 및 대량 생산에 적합 • 진동·소음 감소 : 체결부가 일체화되어 소음이 적음
단점	• 열변형 및 잔류응력 발생 : 용접 후 변형 교정 필요 • 숙련도 요구 : 작업자 기술 수준에 따라 품질 차이 발생 • 현장 품질관리 어려움 : 기상 조건, 작업자세 등 영향을 많이 받음 • 분해·수리 곤란 : 볼트, 리벳과 달리 분해가 불가

[예제 01]

일반적인 용접의 장점으로 옳은 것은?

① 재질 변형이 생긴다. ② 작업 공정이 단축된다.
③ 잔류 응력이 발생한다. ④ 품질 검사가 곤란하다.

①, ③, ④는 단점에 해당된다.

정답 ②

Chapter 08. 아크용접작업

2) 아크용접의 장·단점

구분	내용
장점	• 고강도 접합 가능 : 모재와 거의 동일한 강도 확보 • 장비 간단 : 전원장치와 용접봉만 있으면 가능(재료비 저렴) • 풍속영향이 비교적 적어 야외작업이 쉬움 • 용접 범용성 우수 : 두꺼운 강재부터 얇은 판재까지 사용 가능
단점	• 용접 변형 및 잔류응력 발생 : 열 영향이 큼 • 전기 감전의 위험 • 유해가스·스패터·강한 자외선 발생 : 안전장치, 환기장치 필요

3 아크용접의 종류 및 용도

1) 피복아크용접(SMAW)

　(1) 피복제가 용용되어 보호가스 및 슬래그 형성 → 용접부 보호

　(2) 주요 용도 : 건축 철골, 교량, 배관, 선박

2) 서브머지드아크용접(SAW)

　(1) 플럭스 속에서 아크 발생 → 고생산성

　(2) 주요 용도 : 대형 구조물, 후판용접

3) 가스금속아크용접(GMAW = MIG/MAG, 일명 CO_2)

　(1) 보통 정전압(CV) 전원을 쓰며 속도가 빠르고 연속용접에 유리

　(2) 주요 용도 : 자동차 차체, 철골 조립, 일반 구조물 제작

4) 가스텅스텐아크용접(GTAW = TIG)

　(1) 비드가 가장 깨끗하고 정밀하며 속도는 느리지만 품질 관리가 장점

　(2) 주요 용도 : 스테인리스·알루미늄의 정밀용접

5) 플라즈마아크용접(PAW)

　(1) TIG와 비슷하나 아크가 더 집중됨

　(2) 주요 용도 : 박판 정밀

> **예제 02**
>
> 다음 중 서브머지드아크용접의 장점에 해당되지 않는 것은?
>
> ① 용입이 깊다.
> ② 비드 외관이 아름답다.
> ③ 용융속도 및 용착속도가 빠르다.
> ④ 개선각을 크게 하여 용접 패스 수를 줄일 수 있다.
>
> 개선각을 크게 하면 홈(그루브) 부피가 커져 필요한 용접 금속량과 패스 수가 오히려 늘어난다. 반대로 좁은 그루브를 쓰면 용접량·시간·패스 수를 줄일 수 있다.
>
> **정답** ④

4 측정기의 측정원리 및 측정방법

측정기	측정원리	사용목적
버니어 캘리퍼스	주 눈금과 보조 눈금 차이 이용	용접부 두께, 이음 간격 측정
용접게이지	규격화된 눈금자	비드 높이, 언더컷 깊이, 루트 간격 측정
온도계(열전대)	열기전력 발생	예열 및 후열 온도 측정
피복손상 검사기	전기 저항 변화 측정	용접봉 피복상태점검

5 가용접 주의사항

1) 가용접의 목적

  (1) 본용접 전 부재의 위치 고정 및 변형방지

  (2) 작업 시 치수 정확도 확보

2) 가용접 시 유의사항

  (1) 정확한 위치 결정 : 도면 치수에 맞게 정확히 위치 고정

  (2) 가용접길이 및 간격

   ① 길이 : 20 ~ 50 [mm]

   ② 간격 : 약 300 ~ 500 [mm](부재 크기 따라 조절)

  (3) 청결유지 : 기름, 녹, 이물질 제거 후 작업

  (4) 변형방지방법

   ① 대칭, 교차, 분산용접

   ② 필요한 경우 강제 고정구 사용

  (5) 본용접 순서 준수 : 가용접 위치가 본용접 순서와 일치해야 함

> **예제 03**
>
> 다음 중 용접작업에 있어 가용접 시 주의해야 할 사항으로 옳은 것은?
>
> ① 본용접보다 높은 온도로 예열을 한다.
> ② 개선 홈 내의 가접부는 백치핑으로 완전히 제거한다.
> ③ 가접의 위치는 주로 부품의 끝 모서리에 한다.
> ④ 용접봉은 본용접작업 시에 사용하는 것보다 두꺼운 것을 사용한다.
>
> - 예열이 필요하면 본용접과 같은 조건으로 하는 것이 일반 지침이다.
> - 끝 모서리·강도상 중요한 부위는 가접을 피해야 한다.
> - 보통은 동일 또는 더 가는 지름을 써서 변형·결함을 줄이고 본용접에 잘 녹아들게 한다.
>
> 정답 ②

02 아크용접작업

1 용접기 및 피복아크용접기기

1) 교류아크용접기(AC)

　(1) 전원 : 상용 교류 전원(220 [V], 380 [V])을 사용

　(2) 아크 특성 : 아크가 순간적으로 꺼졌다 켜지는 현상이 있어 아크가 불안정할 수 있음

　(3) 장점

　　① 아크블로우(자기쏠림) 억제에 유리

　　② 구조가 단순해 가격이 저렴하고 고장이 적어 유지 보수가 용이함

　(4) 단점

　　① 얇은 판(2 [mm] 이하)이나 정밀용접에는 부적합

　　② 무부하전압이 높아 감전 위험이 상대적으로 큼

　(5) 주요 용도 : 일반 구조물, 철판보수, 자화된 강재 등

> **예제 04**
>
> 교류피복아크용접기에서 아크발생 초기에 용접전류를 강하게 흘려보내는 장치를 무엇이라고 하는가?
>
> ① 원격제어장치　　　　　　　　② 핫 스타트장치
> ③ 전격방지기　　　　　　　　　④ 고주파 발생장치
>
> 핫 스타트(Hot Start) : 아크를 붙일 때 순간적으로 용접전류를 더 올려 전극이 붙는 걸 막고 쉽게 점화되도록 하는 기능
>
> 정답 ②

2) 직류아크용접기(DC)

   (1) 전원 : 교류를 정류하여 직류로 변환(다이오드, SCR 등 사용)

   (2) 아크 특성 : 아크가 안정적이며 용융금속흐름이 일정

   (3) 장점

      ① 박판, 스테인리스강, 합금강 등에도 사용 가능

      ② 역극성(DCEP) 사용 시 침투력 우수

      ③ 정극성(DCEN) 사용 시 얕은 용입, 박판 적합

   (4) 단점

      ① 가격이 비싸고 관리가 필요

      ② 아크블로우(자기쏠림)가 잘 생김

   (5) 주요 용도 : 박판, 파이프, 특수강용접

예제 05

직류아크용접기로 두께가 15 [mm]이고, 길이가 5 [m]인 고장력 강판을 용접하는 도중에 아크가 용접봉 방향에서 한쪽으로 쏠리었다. 다음 중 이러한 현상을 방지하는 방법이 아닌 것은?

① 이음의 처음과 끝에 엔드 탭을 이용한다.
② 용량이 더 큰 직류용접기로 교체한다.
③ 용접부가 긴 경우에는 후퇴용접법으로 한다.
④ 용접봉 끝을 아크쏠림 반대방향으로 기울인다.

아크쏠림(Arc Blow)은 직류(DC)에서 자기장 불균형으로 생기는 현상이라 기계 용량을 키운다고 해결되지 않는다. 오히려 전류가 커지면 쏠림이 심해질 수 있다.

정답 ②

3) 피복아크용접기기의 구성 및 역할

구성품	역할	비고
용접기 본체	전류 공급 및 아크발생	교류/직류 선택
용접봉홀더	용접봉을 고정하고 전류 전달	절연처리 필수
어스클램프	모재와 접지 연결 → 전류 순환	접촉 불량 시 아크 불안정
용접케이블	전류를 용접봉 및 접지까지 전달	굵기와 길이 적정해야 발열방지
피복아크 용접봉	피복재가 용접부를 보호하고 용착금속 형성	종류에 따라 용입·비드 품질 결정

2 아래보기, 수직, 수평, 위로보기용접

1) 아래보기(Flat) → 1G

   (1) 가장 기본자세, 초보자 적합

   (2) 전극 각도 : 70 ~ 80°, 전진법 사용

   (3) 작업 부위 : 평면, 바닥면

2) 수평(Horizontal) → 2G

   (1) 용융금속이 아래로 흘러내리므로 각도유지 중요

   (2) 전극 각도 : 80 ~ 90°, 위쪽으로 약간 향하게

   (3) 작업 부위 : 배관, 구조물 측면

3) 수직(Vertical) → 3G

   (1) 상진법(아래 → 위 진행)과 하진법(위 → 아래 진행) 사용

   (2) 전극 각도

   ① 상진 : 80 ~ 90°(용입 깊이 확보를 위해 천천히)

   ② 하진 : 70 ~ 80°(빠르게)

   (3) 작업 부위 : 기둥, 철골

4) 위로보기(Over Head) → 4G

   (1) 난이도 최고, 용융금속이 떨어짐 주의

   (2) 짧은 아크와 낮은 전류로 금속이 떨어지는 것 방지

   (3) 전극 각도 : 80 ~ 85°, 짧은 아크유지

   (4) 작업 부위 : 천장, 고정 구조물

예제 06

수직(Vertical, 3G)자세에 대한 설명으로 틀린 것은?

① 상진법(아래 → 위)과 하진법(위 → 아래)을 모두 사용한다.

② 상진 시 전극 각도는 80 ~ 90°로 하고, 진행은 비교적 천천히 한다.

③ 작업 부위는 주로 평면·바닥면이다.

④ 하진 시 전극 각도는 70 ~ 80°로 하고, 비교적 빠르게 진행한다.

평면·바닥면은 아래보기(1G)의 전형적 작업 부위. 3G는 기둥·철골 등 수직면 작업이 대상

정답 ③

3 T형 필릿 및 모서리용접

1) T형 필릿용접(Fillet Weld)

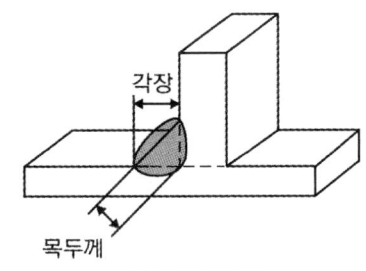

[T형 필릿용접]

(1) 개념 및 특징
  ① 두 금속이 T자 형태로 결합할 때 모서리 접합부를 삼각형 단면(필릿비드)으로 메우는 용접
  ② 맞대기용접(Butt Weld)과 달리 모재를 완전히 녹여 관통시키지 않음 → 비교적 작업이 쉬움
  ③ 철골 구조물, 보강재 접합, 빔과 기둥 결합 등에 많이 사용

(2) 단면 형상 : 필릿비드(Fillet Bead) → 삼각형 단면
  ① 목두께(Throat Thickness) : 용접부의 강도를 결정하는 가장 중요한 치수
  ② 각장(Leg Length) : 모재에서 용접비드 외곽까지의 길이
  ③ 용입 깊이(Penetration Depth) : 모재 내부까지 침투된 깊이

(3) 작업방법
  ① 루트 간격유지 : 통상 2 ~ 3 [mm] 간격 확보 → 용입 확보
  ② 아크길이 : 너무 길면 언더컷 발생, 너무 짧으면 오버랩 발생
  ③ 전극 각도 : 45° ± 5° 유지

(4) 주요 용접 결함

결함	원인
언더컷(Under Cut)	전류 과다, 너무 빠른 진행
오버랩(Overlap)	전류 부족, 느린 진행
용입 부족(Lack of Fusion)	루트 간격 부족, 전류 부족
슬래그 혼입	각 층 용접 전 슬래그 제거 불량

> **예제 07**
>
> 다음 중 T형 필릿용접(Fillet Weld)에 대한 설명으로 틀린 것은?
> ① 두 금속이 T자 형태로 결합한 모서리 접합부를 삼각형 단면으로 메운다.
> ② 맞대기용접과 달리 모재를 완전히 관통시켜야 하므로 작업이 어려운 편이다.
> ③ 주요 치수로 목두께(Throat)와 각장(Leg Length)이 있으며 전극 각도는 약 45° ± 5°를 유지한다.
> ④ 루트 간격 2 ~ 3 [mm] 확보는 용입 확보에 유리하며 아크길이가 너무 길면 언더컷이 발생하기 쉽다.
>
> 필릿용접은 모재를 완전 관통시키지 않으며(맞대기용접과 구분) 일반적으로 작업이 비교적 쉬운 편이다.
>
> 정답 ②

2) 모서리용접(Corner Weld)

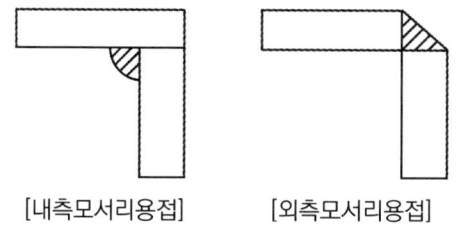

[내측모서리용접]   [외측모서리용접]

(1) 개념 및 특징
  ① 두 금속이 L자 형태(내측 또는 외측)로 결합된 용접
    • 내측모서리는 보통 필릿 용접
    • 외측모서리는 얇은 판에서 엣지/코너비드(맞대기처럼 모서리 녹여 붙임)를 사용
  ② 주로 탱크, 용기, 밀폐 구조물 제작에 사용

(2) 내측모서리용접(Inside Corner Weld)
  ① 응력 집중이 심함 → 충분한 용입 필요
  ② 용입 부족 발생 시 강도 급격히 저하

(3) 외측 모서리용접(Outside Corner Weld)
  ① 주로 밀폐용기, 탱크용접에 사용
  ② 외관상 매끄러움 중요 → 비드 고르기

(4) 작업방법
  ① 전극 각도 : 45° ± 5° 유지
  ② 다층 용접 : 두꺼운 모재의 경우 루트패스 → 필러패스 → 커버패스 순서
  ③ 전류조절 : 내측은 과입방지 위해 낮은 전류, 외측은 외관 중시하여 적정전류유지

(5) 주요 용접 결함

결함	원인
루트 용입 부족	전류 부족, 루트 간격 부족
언더컷	전류 과다, 빠른 진행
크랙(Crack)	급격한 냉각, 용접봉 수분 함유

예제 08

용접이음의 종류가 아닌 것은?
① 겹치기이음　　　　　　② 모서리이음
③ 라운드이음　　　　　　④ T형 필릿이음

라운드이음은 공식 분류에 없다.

정답 ③

Chapter 09 수동·반자동 가스절단

01 가스용접

1 가스 및 불꽃

1) 가스의 종류와 특성

가스용접 및 절단에 사용되는 주요 가스는 연료가스와 산화가스로 구분

가스 종류	특징	용도
아세틸렌(C_2H_2)	• 발열량이 높음(약 11,500 [kcal/m^3]) • 공기와 혼합 시 폭발 위험	용접 및 절단 주 연료
프로판(C_3H_8)	• 발열량이 높으나 아세틸렌보다 낮음 • 절단에 주로 사용	절단, 가열
부탄(C_4H_{10})	• 휴대가 용이 • 저온 가열작업	간단한 가열작업
산소(O_2)	• 연료가스의 연소 촉진 • 순도 99 [%] 이상 사용	용접 및 절단 시 필수

예제 01

가스아세틸렌의 성질에 대한 설명으로 틀린 것은?

① 탄화수소에서 가장 완전한 가스이다.
② 산소와 적당히 혼합하여 연소하면 고온을 얻는다.
③ 아세톤에 25배로 용해된다.
④ 공기보다 가볍다.

- 아세틸렌(C_2H_2)은 불포화 탄화수소로 분자 안에 삼중결합을 가진 불안정하고 폭발성이 강한 가스로 특히 고압상태에서는 충격·열에 의해 쉽게 분해 폭발한다.
- 아세틸렌을 산소와 적당히 혼합해 연소하면 약 3,000 ~ 3,300 [℃]의 고온불꽃을 얻을 수 있어 가스용접·절단에 사용된다.
- 아세틸렌의 비중은 약 0.91로 공기(1.0)보다 가볍다.

정답 ①

> **예제 02**
>
> 프로판가스의 특징으로 틀린 것은?
> ① 안전도가 높고 관리가 쉽다.
> ② 온도 변화에 따른 팽창률이 크다.
> ③ 액화하기 어렵고 폭발 한계가 넓다
> ④ 상온에서는 기체상태이고 무색, 투명하다.
>
> - 프로판은 쉽게 액화되는 LP가스이다(저압으로도 액화 가능).
> - 아세틸렌 등과 비교하면 상대적으로 안전하고 관리가 쉬운 편이다.
> - 액체 프로판의 체적 팽창률이 커서 온도변화에 민감하다.
> - 상온·대기압에서 무색의 기체이다.
>
> **정답** ③

2) 불꽃의 종류 및 특징

  (1) 불꽃의 구성

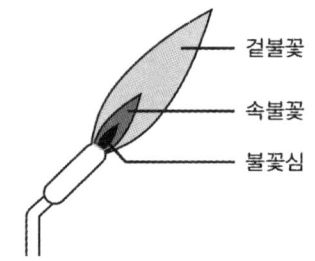

  ① 불꽃심 : 약 3,000 ~ 3,300 [°C]으로 끝부분이 가장 뜨겁다.
  ② 속불꽃 : 환원불꽃에서만 보이며 절단에 부적합하다.
  ③ 겉불꽃 : 약 1,200 ~ 2,000 [°C] 수준

  (2) 불꽃의 종류 : 가스용접에서 산소와 아세틸렌의 혼합비에 따라 불꽃은 세 가지로 구분

불꽃 종류	산소와 아세틸렌의 혼합비	특징	주요 용도
중성불꽃	$O_2 = C_2H_2$	• 탄소나 산화물이 거의 생기지 않음 • 청백색의 선명한 불꽃	일반 가스용접
산화불꽃	$O_2 > C_2H_2$	• 온도가 높고 산화성이 강함 • 금속이 산화되기 쉬움	황동용접, 브레이징
환원불꽃 (탄화불꽃)	$O_2 < C_2H_2$	• 불꽃이 길고 황백색의 탄화환 형성 • 금속 표면에 탄소 흡수	알루미늄, 산화억제작업

> **예제 03**
>
> 다음 중 가스용접에서 산화불꽃으로 용접할 경우 가장 적합한 용접재료는?
> ① 황동 ② 모넬메탈
> ③ 알루미늄 ④ 스테인리스
>
> - 산화불꽃은 산소가 조금 많은 불꽃이다.
> - 황동(구리 + 아연)을 용접할 때 표면에 산화막을 얇게 만들어 아연의 기화·손실을 줄이는 데 도움이 된다.
> - 모넬메탈(니켈·구리 합금), 알루미늄, 스테인리스강은 보통 중성불꽃(또는 약환원성)이 더 적합하다.
>
> **정답 ①**

> **예제 04**
>
> 가스용접에서 탄화불꽃의 설명과 관련이 가장 적은 것은?
> ① 속불꽃과 겉불꽃 사이에 밝은 백색의 제3불꽃이 있다.
> ② 산화작용이 일어나지 않는다.
> ③ 아세틸렌 과잉불꽃이다.
> ④ 표준불꽃이다.
>
> - 탄화불꽃은 아세틸렌이 과잉인 불꽃이다. → 환원성 분위기를 만든다.
> - 표준불꽃은 중성불꽃을 뜻한다.
>
> **정답 ④**

2 가스용접 설비 및 기구

1) 기본 구성 : 가스 공급장치, 압력 조정장치, 연소장치로 구분

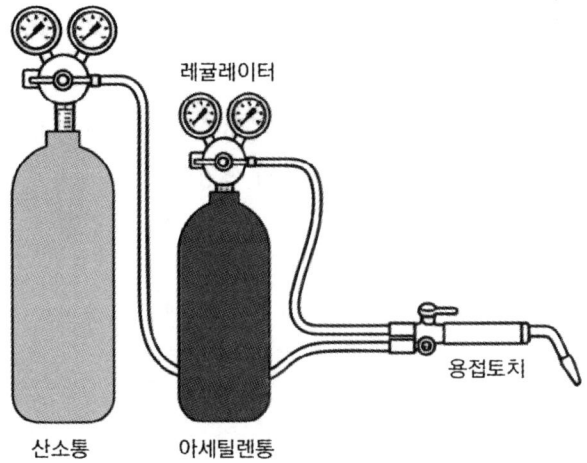

구분	주요 기구	기능
가스 공급장치	산소통(O_2용기)	고압산소 공급
	아세틸렌통(C_2H_2용기)	연료가스 공급
압력 조정장치	레귤레이터(조정기)	고압가스를 작업에 적합한 저압으로 조정
	역화방지기	불꽃이 역류하는 것을 방지
연소장치	용접토치(취관)	산소와 연료가스를 혼합·점화하여 불꽃 생성
연결 부속품	용접 호스	산소(파란색), 아세틸렌(빨간색) 이송
기타 부속품	점화기	가스점화용(마찰 점화기 사용)
	용접봉	모재와의 결합재료

[예제 05]

산소용기의 윗부분에 각인되어 있는 표시 중 최고 충전 압력의 표시는 무엇인가?

① TP   ② FP
③ WP   ④ LP

- FP(Filling Pressure) : 용기를 최대로 충전할 때의 압력 표시이다.
- WP(Working Pressure) : 통상 사용(정격)압력이다.
- TP(Test Pressure) : 수압시험 등 내압시험 시의 압력이다(충전압력보다 높다).

정답 ②

2) 산소통(Oxygen Cylinder)

  (1) 규격 및 색상

   ① 색상 : 청색(파란색) 또는 흰색

   ② 용량 : 일반적으로 40 [ℓ](6 ~ 8 [m^3]) 정도 사용

   ③ 압력 : 약 150 [kgf/cm^2](충전 압력)

  (2) 주요 특징

   ① 산소 순도 99 [%] 이상 사용

   ② 고압이므로 레귤레이터(조정기) 필수 사용

   ③ 용기 상단에는 밸브 및 안전장치 부착

  (3) 취급 주의사항

   ① 기름·윤활유 접촉 금지(산소와 반응 시 폭발 위험)

   ② 고온, 충격 금지

   ③ 사용 후 밸브 잠금 → 압력 배출 필수

예제 06

가스용접에서 산소용기 취급에 대한 설명이 잘못된 것은?

① 산소용기밸브, 조정기 등을 기름천으로 잘 닦는다.
② 산소용기 운반 시에는 충격을 주어서는 안 된다.
③ 산소 밸브의 개폐는 천천히 해야 한다.
④ 가스 누설의 점검은 비눗물로 한다.

> 산소는 강한 산화제이기 때문에 기름·유류 성분과 접촉하면 폭발적으로 연소할 수 있어서 밸브나 조정기에 기름이 묻어 있으면 고압 산소가 통과할 때 마찰열·충격에 의해 폭발이나 화재가 발생할 위험이 매우 크다. 따라서 산소용기 및 부속기기는 절대로 기름천으로 닦으면 안 되며 마른 천으로만 닦아야 한다.

정답 ①

3) 아세틸렌통(Acetylene Cylinder)

(1) 규격 및 색상
   ① 색상 : 적색
   ② 용량 : 일반적으로 7 [m^3] 정도
   ③ 압력 : 약 10 ~ 15 [kgf/cm^2] 이하 - 산소통보다 저압

(2) 주요 특징
   ① 다공질 충전재와 아세톤에 아세틸렌을 녹여 저장
   ② 고압에서 불안정하므로 40 [℃] 이상 고온 금지
   ③ 밸브에는 안전밸브(퓨저블 플러그)가 있어 과열 시 자동 배출

(3) 취급 주의사항
   ① 절대 눕혀서 사용 금지(아세톤 누출 위험)
   ② 불꽃, 스파크와의 접촉 금지
   ③ 레귤레이터 필수 사용

예제 07

산소와 아세틸렌용기 취급상의 주의사항으로 옳은 것은?

① 직사광선이 잘 드는 곳에 보관한다.
② 아세틸렌병은 안전상 눕혀서 사용한다.
③ 산소병은 40 [℃] 이하 온도에서 보관한다.
④ 산소병 내에 다른 가스를 혼합해도 상관없다.

> • 가스용기는 직사광선을 피하고 저장
> • 아세톤 유출·불안정 등으로 반드시 세워서 사용·보관
> • 산소와 타 가스 혼합 금지/분리 보관이 원칙

정답 ③

4) 레귤레이터(Regulator, 압력조정기)
   (1) 역할
      ① 고압의 가스를 저압으로 조절하여 토치(용접취관)에 일정한 압력으로 공급
      ② 산소용, 아세틸렌용 따로 사용(혼용 금지)
   (2) 구조
      ① 고압 측 압력계 : 용기 내부의 잔량 확인용
         • 산소용 : 보통 150 ~ 200 [kgf/cm^2]($\approx$ 15 ~ 20 [MPa]) 정도 충전
         • 아세틸렌용 : 10 ~ 15 [kgf/cm^2]($\approx$ 1.0 ~ 1.5 [MPa]) 정도 충전
      ② 저압 측 압력계 : 토치에 공급되는 작업 압력 확인

〈작업 종류에 따른 산소 및 아세틸렌 적정 압력〉

작업 종류	산소 적정 압력	아세틸렌 적정 압력	비고
가스용접 (일반용접)	0.5 ~ 2.0 [kgf/cm^2] ($\approx$ 0.05 ~ 0.2 [MPa])	0.2 ~ 1.0 [kgf/cm^2] ($\approx$ 0.02 ~ 0.1 [MPa])	금속 두께에 따라 조절
가스절단 (일반절단)	2 ~ 5 [kgf/cm^2] ($\approx$ 0.2 ~ 0.5 [MPa])	0.5 ~ 1.0 [kgf/cm^2] ($\approx$ 0.05 ~ 0.1 [MPa])	두꺼운 강재 절단 시 산소 압력↑
가열작업 등	0.2 ~ 0.5 [kgf/cm^2] ($\approx$ 0.02 ~ 0.05 [MPa])	0.1 ~ 0.2 [kgf/cm^2] ($\approx$ 0.01 ~ 0.02 [MPa])	단순가열작업

※ 아세틸렌은 1.5 [kgf/cm^2]($\approx$ 0.15 [MPa]) 이상 올리면 폭발 위험이 커짐 → 절대 초과 금지

      ③ 조정 핸들(나사)
         • 시계방향 : 압력 상승
         • 반시계방향 : 압력 하강 또는 차단

예제 08

가스절단작업에서 보통작업 할 때 압력조정기의 산소 압력은 몇 [kgf/cm^2] 이하이어야 하는가?

① 5 ~ 6　　　　　　　　　　　② 3 ~ 4
③ 1 ~ 2　　　　　　　　　　　④ 0.1 ~ 0.3

〈작업 종류에 따른 산소 및 아세틸렌 적정 압력〉 표 참조

정답 ②

(3) 취급 주의사항

① 용도에 따라 산소용(녹색), 아세틸렌용(적색) 별도 사용
② 역화방지기(Flashback Arrestor) 반드시 부착
③ 사용 후에는 반드시 압력 완전 배출 → 핸들 풀어두기

예제 09

산소 - 아세틸렌가스를 용접할 때 사용하는 산소 압력조정기의 취급에 관한 설명 중 틀린 것은?
① 산소용기에 산소 압력조정기를 설치할 때 압력조정기 설치구에 있는 먼지를 털어 내고 연결한다.
② 산소 압력조정기 설치구 나사부나 조정기의 각 부에 그리스를 발라 잘 조립되도록 한다.
③ 산소 압력조정기를 견고하게 설치한 후 가스 누설 여부를 비눗물로 점검한다.
④ 산소 압력조정기의 압력 지시계가 잘 보이도록 설치하며 유리가 파손되지 않도록 주의한다.

- 산소계통에는 기름·그리스 사용 금지가 기본 원칙이다.
- 산소와 유류(그리스)가 접촉하면 고압에서 발화·폭발 위험이 크다.

정답 ②

5) 토치(용접취관)

(1) 토치의 구조

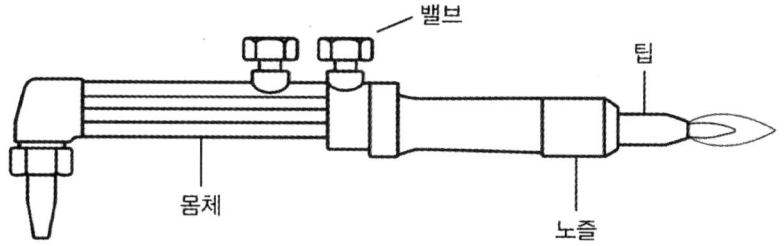

① 몸체(Body) : 토치의 기본 구조를 이루며, 가스흐름을 제어하고 조작하는 역할
② 팁(Tip) : 연료 가스와 산소를 혼합하여 불꽃을 만들고 절단 부위에 집중시키는 부분
③ 밸브(Valve) : 연료 가스와 산소의 흐름을 조절하여 불꽃의 크기와 온도를 제어
④ 노즐(Nozzle) : 혼합된 가스가 분출되는 부분

예제 10

가변압식 가스용접토치에서 팁의 능력에 대한 설명으로 옳은 것은?

① 매 시간당 소비되는 아세틸렌가스의 양
② 매 시간당 소비되는 산소의 양
③ 매 분당 소비되는 아세틸렌가스의 양
④ 매 분당 소비되는 산소의 양

가스용접토치의 팁의 능력(용량)은 가변압식 토치의 경우, 아세틸렌이 열원 역할을 하므로 팁을 통해 흘러나오는 아세틸렌가스의 양으로 규정한다. 즉, 팁이 한 시간 동안 사용할 수 있는 아세틸렌 소비량(ℓ/h)으로 크기와 성능을 나타낸다.

정답 ①

(2) 토치의 혼합방식

구분	전혼합식(Premix)	후혼합식(Postmix)
혼합 위치	토치 내부	노즐 끝단(외부)
혼합 시점	점화 전 내부 혼합	점화 직전 외부 혼합
불꽃 안정성	높음	낮음
정밀용접	적합	부적합
역화 위험	높음(방지기 필요)	낮음
안전성	낮음	높음
용도	정밀용접, 고온작업	일반절단, 안전우선작업

예제 11

산소 – 아세틸렌가스용접의 장점이 아닌 것은?

① 가열 시 열량조절이 쉽다.
② 전원 설비가 없는 곳에서도 쉽게 설치할 수 있다.
③ 피복아크용접보다 유해광선의 발생이 적다.
④ 피복아크용접보다 일반적으로 신뢰성이 높다.

산소 – 아세틸렌가스용접은 열 집중이 낮고 속도가 느리며 두꺼운 재료에는 비효율적이라 현대 산업 현장에선 주로 아크공정이 선호된다.

정답 ④

02 가스절단

1 산소, 아세틸렌용접 및 절단기법

1) 산소 - 아세틸렌용접의 원리

(1) 아세틸렌(C_2H_2)과 산소(O_2)를 혼합하여 연소 → 고온의 불꽃(약 3,000 [℃]) 생성

(2) 직접가열방식으로 모재를 용융, 용가재(용접봉)를 첨가하여 접합

> **예제 12**
> 폭발 위험성이 가장 큰 산소와 아세틸렌의 혼합비(%)는?
> ① 40 : 60
> ② 15 : 85
> ③ 60 : 40
> ④ 85 : 15
>
> 폭발 위험이 가장 큰 혼합비로 O_2 : C_2H_2 = 85 : 15
>
> 정답 ④

2) 용접 순서

(1) 용접 부위를 청소(녹, 기름 제거)

(2) 용접 토치불꽃 조정(중성불꽃이 기본)

(3) 용접 시작 : 예열 → 용융 풀(Pool) 형성 → 용가재 투입

(4) 불꽃 이동 : 전진법 또는 후진법 사용

구분	전진법(앞진법)	후진법(뒤진법)
불꽃 진행방향	용접봉 앞쪽으로 불꽃을 향하게 하며 진행	용접봉 뒤쪽으로 불꽃을 향하게 하며 진행
용접봉 위치	불꽃 앞쪽, 진행방향 앞쪽에 위치	불꽃 뒤쪽, 용접된 부분 쪽에 위치
열 전달	열이 앞쪽으로 집중 → 빠른 진행 가능	열이 뒤쪽에 남아 용입이 깊어짐
용입 깊이	얕음(얇은 판재에 적합)	깊음(두꺼운 판재에 적합)
용접속도	빠름	느림
적합한 두께	약 3 [mm] 이하 얇은 판	3 [mm] 이상 두꺼운 판
주요 용도	얇은 강판, 구리, 황동 등 열전도가 큰 재료	두꺼운 강판, 구조물용접
용가재 사용	상대적으로 적음	용가재가 많이 필요

> **예제 13**
>
> 다음 중 산소 – 아세틸린가스용접에 있어 전진법에 관한 설명으로 옳은 것은?
> ① 용접속도는 후진법보다 느리다. ② 열 이용률을 후진법보다 좋다.
> ③ 산화의 정도는 후진법보다 약하다. ④ 용착금속의 조직은 후진법보다 미세하다.
>
> - 전진법(좌진법)은 박판에 쓰고, 냉각이 빠르며, 산화가 더 심하고, 열 이용률이 낮다는 특징이 있다.
> - 빠른 냉각은 일반적으로 결정립을 미세화 시킨다.
>
> **정답** ④

3) 절단기법

　(1) 작업순서 : 예열 → 산소절단 → 용융금속 제거

　(2) 산소와 반응하여 산화철(FeO, Fe_3O_4) 생성 후 고온의 산소 제트 발생

　(3) 적용 : 주로 저탄소강, 중탄소강 절단에 사용

2 가스절단장치 및 방법

1) 가스절단장치 구성

구성 요소	역할
가스용기	산소통(O_2)·아세틸렌통(C_2H_2) 저장
조정기(레귤레이터)	고압의 가스를 저압으로 조정, 고압 측·저압 측 압력계 부착
호스	산소·아세틸렌을 토치로 공급(산소 – 파랑, 아세틸렌 – 빨강)
절단 토치	가스를 혼합하여 불꽃 생성, 산소절단 레버 포함
절단 팁	불꽃과 산소 제트를 분사하는 노즐
역화방지기	역화(불꽃이 호스로 역류하는 현상)방지
점화기	토치에 불을 붙이는 장치

2) 가스절단방법(절차)

　(1) 준비작업

　　① 절단부의 녹, 기름, 이물질 제거

　　② 절단 선 표시(초크, 마커 사용)

　　③ 가스 누설 여부점검

　(2) 가스점화 및 예열

　　① 토치에 점화 후 중성불꽃으로 조정

　　② 절단 부위를 적색(약 900 ~ 1,000 [℃])까지 예열

예제 14

가스절단 시 예열불꽃이 약할 때 일어나는 현상으로 틀린 것은?
① 드래그가 증가한다.　　　　　② 절단면이 거칠어진다.
③ 역화를 일으키기 쉽다.　　　　④ 절단속도가 느려지고, 절단이 중단되기 쉽다.

예열불꽃이 약하면 보통 드래그 증가, 절단속도저하·중단(조건 불량 시), 역화 위험

정답 ②

(3) 산소절단
　　① 절단산소 레버를 눌러 산소 제트 분사
　　② 산화철이 생성되며 절단이 시작됨

(4) 절단 진행
　　① 일정한 속도로 토치를 이동
　　② 절단면이 매끄럽게 유지되도록 속도·산소 압력조절

(5) 마무리
　　① 토치불꽃을 끄고, 가스밸브 잠금
　　② 절단면 확인 및 필요시 그라인딩

예제 15

가스절단에 대한 설명으로 옳은 것은?
① 강의 절단 원리는 예열 후 고압산소를 불어내면 강보다 용융점이 낮은 산화철이 생성되고 이때 산화철은 용융과 동시 절단된다.
② 양호한 절단면을 얻으려면 절단면이 평활하며 드래그의 홈이 높고 노치 등이 있을수록 좋다.
③ 절단산소의 순도는 절단속도와 절단면에 영향이 없다.
④ 가스절단 중에 모래를 뿌리면서 절단하는 방법을 가스분말절단이라 한다.

• 양호한 절단면은 매끈하고, 드래그 선이 거의 수직이며 노치·슬래그가 거의 없음
• 산소 순도는 절단속도와 품질에 큰 영향, 99.5 [%] 이상 권장 및 1 [%]만 떨어져도 속도 약 25 [%] 감소 등
• 가스분말절단은 모래를 뿌리는 것이 아니라 산소 제트에 철분말 등을 주입해 절단을 돕는 방식

정답 ①

3) 절단 시 주의사항
　(1) 예열이 부족하면 절단 시작이 어려움
　(2) 이동속도가 너무 빠르면 절단면이 거칠어짐
　(3) 이동속도가 너무 느리면 산화층이 두꺼워지고 과열 발생
　(4) 역화방지를 위해 토치와 팁을 청결유지

3 플라즈마, 레이저절단

1) 플라즈마절단

　(1) 원리 : 플라즈마 가스(압축공기, 아르곤, 질소 등)를 고온의 전기아크로 이온화

　　→ 10,000 ~ 20,000 [℃]의 초고온 플라즈마 제트 발생

　　→ 용융 및 고속 가스 제트로 제거하여 절단

　(2) 특징

구분	내용
절단 가능 재료	모든 전도성 금속(스테인리스강, 알루미늄, 구리, 탄소강 등)
절단속도	빠름(특히 얇은 판재에서 고속)
절단 두께	얇은 판 ~ 50 [mm] 이상(장비 용량에 따라 다름)
절단면 품질	열 영향부가 작고 변형이 적음
장점	고속, 고정밀, 후처리 최소
단점	소모품(팁·전극) 교체 필요, 고가의 장비
용도	자동화 절단기, CNC 절단기, 배관 가공, 선박·항공기 부품

예제 16

플라즈마절단에 대한 설명으로 틀린 것은?

① 플라즈마(Plasma)는 고체, 액체, 기체 이외의 제4의 물리상태라고도 한다.
② 비이행형 아크절단은 텅스텐 전극과 수냉 노즐과의 사이에서 아크 플라즈마를 발생시키는 것이다.
③ 이행형 아크절단은 텅스텐 전극과 모재 사이에서 아크 플라즈마를 발생시키는 것이다.
④ 아크 플라즈마의 온도는 약 5,000 [℃]의 열원을 가진다.

- 플라즈마절단에서 발생하는 아크 플라즈마의 온도는 약 10,000 ~ 20,000 [℃] 이상으로 매우 고온
- 5,000 [℃]는 일반적인 가스용접불꽃보다 약간 높은 수준

정답 ④

[예제 17]

다음 중 플라즈마제트절단에 관한 설명으로 틀린 것은?

① 플라즈마 제트절단은 플라즈마 제트 에너지를 이용한 절단법의 일종이다.
② 절단하려는 재료에 전기적 접촉이 이루어짐으로 비금속재료의 절단에는 적합하지 않다.
③ 절단장치의 전원에는 직류가 사용되지만 아크전압이 높아지면 무부하전압도 높은 것이 필요하다.
④ 작동가스로는 알루미늄 등의 경금속에 대해서는 아르곤과 수소의 혼합가스가 사용된다.

플라즈마제트절단(비전이형, Non-Transferred Arc)은 전극과 노즐 사이에서 아크를 만들고 이때 나온 플라즈마 제트만 공작물에 닿는다. 즉, 공작물과 전기적 접촉이 필요 없어서 비금속(비도전성) 재료에도 적용 가능하다.

정답 ②

2) 레이저절단

(1) 원리 : CO_2레이저 또는 파이버 레이저로 고에너지 레이저 빔을 금속 표면에 조사
→ 순간적으로 용융 및 기화 → 가스 제트로 제거

(2) 특징

구분	내용
절단 가능 재료	금속, 비금속 모두 가능(스테인리스강, 알루미늄, 플라스틱, 목재 등)
절단속도	매우 빠름(특히 얇은 판재)
절단 두께	일반적으로 20 [mm] 이하 금속에 적합
절단면 품질	매우 깨끗하고 정밀, 거의 후가공 불필요
장점	고정밀, 자동화 용이, 비접촉 가공
단점	장비 고가, 두꺼운 판재에는 비효율적
용도	정밀 부품 가공, 전자기기, 자동차 부품, 공예품 제작

[예제 18]

레이저용접이 적용되는 분야 및 응용 범위에 속하지 않는 것은?

① 다이아몬드의 구멍 뚫기, 절단 등에 응용
② 용접비드 표면의 기공 및 각종 불순물의 제거
③ 가는 선이나 작은 물체의 용접 및 박판의 용접에 적용
④ 우주 통신, 로켓의 추적, 광학, 계측기 등에 응용

용접비드 표면의 기공 및 불순물 제거는 보통 레이저 세정/표면처리(Laser Cleaning)영역

정답 ②

4 특수가스절단 및 아크절단

1) 특수가스절단

   (1) 기존의 산소 - 아세틸렌절단으로 절단이 어려운 금속(스테인리스강, 알루미늄 등)을 절단하기 위해 특수 가스를 사용
   (2) 산소와 가연성 가스(프로판, 수소, 메탄 등)를 혼합하여 사용
   (3) 종류 및 특징

절단법	사용 가스	특징 및 용도
프로판절단	프로판 + 산소	예열 시간이 길지만 경제적, 일반 철강 구조물 절단
수소절단	수소 + 산소	산화 생성물이 적고 깨끗함, 알루미늄·스테인리스강 절단
메탄절단	메탄 + 산소	고온의 예열불꽃, 주로 두꺼운 강판 절단

   예제 19

   가스절단 시 산소 대 프로판 가스의 혼합비로 적당한 것은?
   ① 2.0 : 1   ② 4.5 : 1
   ③ 3.0 : 1   ④ 3.5 : 1

   - 이론(화학량론) : 프로판(C_3H_8)의 완전연소에 필요한 산소 부피비는 약 4.3 : 1
   - 실무/세팅(토치·팁 유량표) : 실제 운전에서는 대략 4.5 : 1 전후

   정답 ②

2) 분말절단(Powder Cutting)

   (1) 원리 : 산소절단 시 철 분말, 알루미늄 분말 등을 산소와 함께 분사 → 분말이 연소하여 고온 발생
   (2) 용도 : 일반 산소절단이 어려운 주철, 스테인리스강, 고합금강 절단
   (3) 특징 : 산화가 잘되지 않는 금속도 절단 가능, 다만 분말 소모가 많고 비용↑

3) 수중절단(Underwater Cutting)

   (1) 원리 : 물속에서 산소절단을 변형하여 적용(특수 토치와 가스 공급장치 필요)
   (2) 용도 : 선박 수리, 해양 구조물, 수중 보수작업
   (3) 특징 : 물의 냉각효과로 열변형이 적음, 장비가 복잡하고 숙련 필요

> **예제 20**
>
> 다음 중 수중절단 시 토치를 수중에 넣기 전, 보조 팁에 점화하기 위해 가장 적합한 연료가스는?
> ① 질소 ② 아세톤
> ③ 수소 ④ 이산화탄소
>
> 아세틸렌이 수중(고압)에서 매우 불안정해서 위험하기 때문에 수중절단에서는 보통 산소-수소(Oxy-Hydrogen)불꽃을 사용한다.
>
> **정답** ③

4) 산소창절단(Oxygen Lance Cutting, 산소랜스절단)

   (1) 원리 : 철 파이프(산소창)에 산소를 공급하여 파이프 자체를 연소 → 발생한 고온으로 절단

   (2) 용도 : 고철, 대형 구조물, 두꺼운 강괴, 콘크리트 파괴

   (3) 특징 : 초고온(약 3,000 [℃] 이상), 두꺼운 재료 절단 가능, 정밀도 낮고 주로 파괴작업용

> **예제 21**
>
> 다음 중 두꺼운 강판, 주철, 강괴 등의 절단에 이용되는 절단법은?
> ① 산소창절단 ② 수중절단
> ③ 분말절단 ④ 포갬절단
>
> 산소창절단 : 고철, 대형 구조물, 두꺼운 강괴, 콘크리트 파괴
>
> **정답** ①

5) 아크절단

   (1) 원리 : 전기아크 열원을 이용해 금속을 용융 → 압축공기 또는 가스 제트로 용융금속을 불어내 절단

   (2) 종류 및 특징

아크절단법	특징	용도
탄소아크절단 (CAC-A, Air Arc)	탄소 전극과 모재 사이에 아크발생 → 용융 후 압축공기로 제거	주조품, 용접부 제거, 보수작업 대부분 금속에 적용 가능
금속아크절단 (MAG, MIG절단)	장비가 단순 작업면이 거칠고 속도가 느림	박판 절단 볼트·핀·브래킷 등 국부 제거
플라즈마아크절단	공기, 질소, 산소 등 사용 속도가 빠르고 절단면이 깨끗	모든 전도성 금속 정밀 절단

예제 22

절단의 종류 중 아크절단에 속하지 않는 것은?

① 탄소아크절단 ② 금속아크절단
③ 플라즈마제트절단 ④ 수중절단

> 수중절단은 특정 공정명이 아니라 작업환경(물속)을 의미한다. 물속에서 산소-아크절단, 피복아크절단, 또는 발열(Exothermic) 절단 등 여러 방법을 적용할 수 있다. 즉, 수중절단 자체가 아크절단의 한 종류는 아니다.
>
> **정답** ④

예제 23

다음 중 금속아크절단법에 관한 설명으로 틀린 것은?

① 전원은 직류 정극성이 적합하다.
② 피복제는 발열량이 적고 탄화성이 풍부하다.
③ 절단면은 가스절단면에 비하여 거칠다.
④ 담금질 경화성이 강한 재료의 절단부는 기계 가공이 곤란하다.

> 금속아크절단에 쓰는 전용 절단봉(피복봉)은 높은 전류와 강한 아크력으로 금속을 녹여 날려야 하므로 보통 두꺼운(Heavy) 피복과 강한 절단·블로우 작용을 내도록 설계된다. 따라서 발열량은 커야 하고 탄화성은 낮아야 한다.
>
> **정답** ②

5 스카핑 및 가우징

1) 스카핑(Scarfing)

 (1) 스카핑 : 강판이나 주강, 단조품 표면의 불량부, 산화물, 결함 제거를 위해 산소절단 원리를 이용하여 표면을 얇게 깎아내는 방법

 (2) 용도 : 주강·단조품의 표면 결함 제거, 용접부 불량 제거

 (3) 사용장치 : 특수 스카핑 토치(넓은 불꽃), 산소 공급량 많음

 (4) 주의사항 : 표면을 일정하게 유지하며 진행, 산소압과 각도 일정유지 필요

예제 24

가스가공에서 강제 표면의 홈, 탈탄층 등의 결함을 제거하기 위해 얇게 그리고 타원형 모양으로 표면을 깎아내는 가공법은?

① 가스가우징 ② 분말절단 ③ 산소창절단 ④ 스카핑

> 스카핑이란 강판이나 주강, 단조품 표면의 불량부, 산화물, 결함 제거를 위해 산소절단 원리를 이용하여 표면을 얇게 깎아내는 방법
>
> **정답** ④

2) 가우징(Gouging)

   (1) 아크에어가우징

   ① 탄소 전극과 압축공기를 이용해 전기아크로 금속을 용융시키고, 고속 공기 제트로 용융금속을 제거하여 홈을 파는 절단법
   ② 소음이 적고 작업능률이 가스가우징보다 높음
   ③ 철, 비철금속 모두 사용가능

   예제 25

   아크에어가우징에 대한 설명으로 틀린 것은?
   ① 가스가우징에 비해 2~3배 작업 능률이 좋다.
   ② 용접 현장에서 결함부 제거, 용접 홈의 준비 및 가공 등에 이용된다.
   ③ 탄소강 등 철제품에만 사용한다.
   ④ 탄소아크절단에 압축공기를 같이 사용하는 방법이다.

   > 아크에어가우징(Air Carbon Arc Gouging)은 탄소강뿐 아니라 스테인리스강, 주철, 구리·구리합금, 알루미늄 등 대부분의 도전성 금속에 쓸 수 있다.

   정답 ③

   (2) 가스가우징

   ① 가스를 이용하여 표면을 얇게 제거하거나 U형, H형 홈을 창출하는 방법
   ② 비철합금 절단 불가능

Chapter 10 조립 안전관리

01 작업 안전

1 기계작업 안전

1) 기계작업 안전의 기본 원칙

4대원칙	내용
전원차단	작업 전 Lock-Out/Tag-Out(LOTO) 실시, 전원 및 압력 완전 차단
방호장치 설치	회전부·이송부에는 안전커버, 가드 설치 필수
작업 전 점검	볼트 풀림, 윤활유 부족, 이상 진동·소음점검
보호구 착용	안전화, 장갑, 보안경, 귀마개 착용

1. 전원을 차단
2. 태그를 부착

[LOTO(전원차단)절차]

2) 주요 기계별 안전수칙

(1) 선반

① 작업 중 칩 제거는 브러시 사용, 손 사용 금지
② 회전 중 공작물 측정 금지
③ 긴 장갑·헐렁한 복장 착용 금지

[선반작업 안전수칙]

(2) 밀링머신
  ① 공구 교환 전 전원차단
  ② 절삭유 사용 시 미끄럼 주의
  ③ 고정장치(바이스) 확실히 체결
(3) 연삭기(그라인더)
  ① 연삭숫돌 교체 시 탭핑테스트(균열 확인)
  ② 덮개(커버) 제거 금지
  ③ 숫돌과 작업대 간격 3 [mm] 이하 유지

예제 01

연삭작업을 할 때 유의하여야 할 사항으로 옳지 않은 것은?
① 연삭작업은 숫돌의 측면에 서서 한다.
② 연삭기에는 반드시 안전 덮개를 설치하여야 한다.
③ 숫돌 바퀴와 받침대 사이의 간격은 8 [mm] 이내로 한다.
④ 연삭숫돌의 회전 속도는 규정 이상으로 빠르게 하지 않는다.

> 올바른 기준은 약 3 [mm](1/8 [inch]) 이내로 한다. 간격이 넓으면 공작물이 끼어들며 큰 사고로 이어질 수 있다.
>
> **정답** ③

(4) 프레스
  ① 양수 조작식 버튼 사용
  ② 비상정지장치점검
  ③ 금형 청소 시 전원차단

예제 02

프레스에서 가장 많이 존재하는 대표적인 위험요소는?
① 협착점   ② 접선 물림점
③ 물림점   ④ 회전 말림점

> 한국산업안전보건공단(KOSHA)은 프레스를 손 협착 재해 위험이 매우 높은 기계로 분류
>
> **정답** ①

2 용접 및 가스작업 안전

1) 용접작업 안전의 기본 원칙

항목	주요내용
작업환경	• 환기 및 배기장치 설치(유해가스, 연기 제거) • 가연성 물질 제거, 소화기 비치
보호구 착용	• 보안면·보안경, 방열장갑, 용접용 앞치마, 안전화 착용 • 방진마스크, 귀마개 사용
전기 안전	• 전격방지를 위해 절연장갑, 절연매트 사용 • 작업 전 전원 OFF, 접지 필수
작업 전 점검	• 용접기, 전선 피복 손상 여부점검 • 누전차단기 작동 여부점검

2) 가스작업 안전수칙

항목	주요내용
산소통	• 직사광선, 열기 차단 • 압력 : 약 150 [kgf/cm^2] 이하 (15 [MPa] 이하) • 기름류 접촉 금지(폭발 위험)
아세틸렌통	• 세워서 보관(넘어뜨림 금지) • 압력 : 약 13 [kgf/cm^2] 이하 (1.3 [MPa] 이하) • 40 [℃] 이상 고온 장소 금지
용기 이동	• 반드시 전용 운반카 사용 • 뚜껑(보호캡) 장착

3) 용접·가스작업 위험 예방

(1) 아크용접 시

① 용접봉홀더 및 케이블 손상 시 즉시 교체

② 습기 있는 장소 작업 금지

(2) 가스용접 시

① 역화·역류방지장치 설치

② 점화 시 반드시 토치에서 가스를 먼저 흘린 후 불 붙임

(3) 화재 및 폭발 예방

① 가연성 물질 반경 10 [m] 이내 제거

② 소화기 비치(분말 소화기 권장)

> **예제 03**
> 가스용접 시 역화현상의 원인이 아닌 것은?
> ① 용접봉의 예열온도 부적당   ② 팁 구멍에 이물질 부착
> ③ 팁의 과열   ④ 팁과 모재의 접촉
>
> 가스용접의 역화(백파이어/플래시백) 원인은 보통 팁 막힘(이물질), 팁 과열, 팁이 모재에 닿음, 부적절한 가스압(산소 과압·연료가스 부족) 등이다.
>
> **정답** ①

02 안전관리

1 전기취급 안전

1) 전기작업 전 안전 조치 순서

(1) 전원차단 : 주회로 차단기를 OFF상태로 전환

(2) 검전기 사용 : 실제 전원이 차단되었는지 확인

(3) 접지 확인 : 설비나 기기의 누전 가능성을 제거하기 위한 접지 확인

(4) 절연 보호구 착용 : 절연장갑, 절연매트, 절연공구 사용

2) 감전 사고의 주요 원인

(1) 전원이 차단되지 않은 상태에서의 작업

(2) 전선 피복 손상

(3) 절연 장비 미착용

(4) 접지 불량

(5) 누전차단기 미작동

예제 04

누전차단기의 사용목적이 아닌 것은?

① 단선방지
② 감전으로부터 보호
③ 누전으로 인한 화재 예방
④ 전기설비 및 전기 기기의 보호

누전차단기의 목적은 감전 보호와 누전(지락)으로 인한 화재 예방이다. 단선(선이 끊어지는 것) 방지 기능은 없다.

정답 ①

3) 전기 보호구의 종류 및 사용목적

보호구	용도	설명
절연장갑	손 보호	전류 차단용 고무장갑(작업 전 크랙 확인)
절연매트	발 보호	접지 미비 환경에서 감전방지
절연공구	드라이버, 펜치 등	손잡이가 고무로 절연 처리됨
검전기	무전 확인	눈으로 보이지 않는 전류 존재 확인
접지선(PE선)	누전방지	기계 금속 외함에 연결, 전류 유도

※ 감전방지용 누전차단기

동작감도전류가 30 [mA] 이하이고, 동작시간이 0.03초 이내인 것을 사용할 것

2 산업시설 안전

1) 끼임·협착 재해

(1) 발생원인 : 회전부, 이송부, 체인, 벨트, 기어 등에 신체 또는 복장이 끼이는 사고

(2) 예방대책

① 방호장치(가드, 커버) 설치
② 느슨한 복장, 장갑 착용 금지
③ 기계 작동 중 손·도구 삽입 금지

2) 낙하·비래 재해

(1) 발생원인 : 높이에서 떨어지는 물체, 회전 중 튀는 파편

(2) 예방대책

① 안전모 착용
② 보안경, 방진마스크 착용
③ 하중물은 안전하게 결속, 보관
④ 작업물의 낙하방지망 설치

3) 추락 재해
   (1) 발생원인 : 고소작업 중 미끄러짐, 발판 붕괴, 난간 미설치
   (2) 예방대책
      ① 안전대(풀 하네스) 착용
      ② 추락방지망, 안전난간 설치
      ③ 발판은 구조적 안정성 확보
      ④ 작업 전 점검, 진동부 주의
4) 충돌·운반재해
   (1) 발생원인 : 지게차, 크레인, 운반카 등 운반기계와 충돌
   (2) 예방대책
      ① 경광등, 경보음 장착
      ② 정격하중 확인
      ③ 후진 시 신호수 배치
      ④ 운행 경로 확보 및 통제

예제 05

안전사고발생의 가장 큰 원인은?
① 천재지변　　　　　　　　② 불안전한 행동
③ 시설의 결함　　　　　　　④ 불안전한 조건

- 통계·이론(하인리히법칙 등)에서도 사고의 대부분은 작업자의 잘못된 행동에서 시작된다고 본다.
- 예 : 보호구 미착용, 안전절차 무시, 장난·지시 불이행, 점검 미실시 등

정답 ②

예제 06

산업 현장에서 분류하는 상해의 종류가 아닌 것은?
① 골절　　　　　　　　　　② 추락
③ 동상　　　　　　　　　　④ 타박상

- 상해의 종류 = 몸이 어떻게 다쳤는가 → 골절, 타박상, 동상, 절단, 화상 등
- 재해 형태(사고 형태) = 어떻게 사고가 났는가 → 추락, 전도, 협착, 충돌 등

정답 ②

5) 안전시설

(1) 조명
   ① 광원이 흔들리지 않아야 하고 작업 성질에 따라 빛의 질이 적당할 것
   ② 작업장소와 바닥 등에 너무 짙게 그림자를 만들지 않아야 할 것
   ③ 작업장소와 그 주위의 밝기의 차이가 적을 것
   ④ 통로의 조명 : 75 [lx] 이상

(2) 이동식 사다리
   ① 재료는 심한 손상, 부식이 없는 견고한 구조로 할 것
   ② 폭은 30 [cm] 이상으로 할 것
   ③ 발판의 간격은 동일하게 할 것
   ④ 기둥과 수평면과의 각도는 75° 이하가 되도록 할 것

(3) 안전난간의 강도 : 안전난간은 임의의 점에서 임의의 방향으로 움직이는 100 [kg] 이상의 하중에 견딜 수 있는 구조일 것

3 안전보호구

1) 안전보호구의 정의와 필요성

(1) 안전보호구란 작업 중 발생할 수 있는 기계적, 화학적, 생물학적, 전기적, 물리적 위험으로부터 작업자의 신체를 보호하기 위한 장비

(2) 작업환경과 위험 요소에 따라 적절한 보호구를 착용하지 않으면, 재해 발생 시 상해 정도가 중대해지거나 사망에 이를 수도 있음

※ 「산업안전보건기준에 관한 규칙」 제32조(보호구의 지급), 제33조(보호구의 관리)
   "사업주는 근로자에게 유해 또는 위험한 작업에 필요한 보호구를 무상으로 지급하고, 그 착용을 지도·감독해야 한다."

예제 07

다음 중 작업복 선정 시 유의사항으로 옳지 않은 것은?
① 작업복이 몸에 맞고 동작이 편해야 한다.
② 작업에 지장이 없는 한 손발이 많이 노출되는 것이 좋다.
③ 착용자의 연령, 성별 등을 감안하여 적절한 스타일을 선정한다.
④ 바지 자락 또는 단추가 기계에 말려 들어갈 위험이 없도록 한다.

노출은 작업환경을 고려해 최대한 피하는 것이 좋다.

정답 ②

2) 안전모(Helmet)
    (1) 용도 : 머리 보호(낙하물, 충돌)
    (2) 착용 시기 : 건설현장, 기계실, 고소작업
    (3) 특징 : 충격흡수재 내장, 턱끈 필수 착용
    (4) 주의사항 : 작업복 위에 착용, 외부 충격에 손상되면 즉시 교체
3) 보안경(Safety Goggles)
    (1) 용도 : 눈 보호(비래물, 파편, 연기)
    (2) 착용 시기 : 연삭, 절단, 용접, 화학약품 취급
    (3) 종류 : 일반형/밀폐형/안면보호형
    (4) 주의사항 : 긁힘, 균열 발생 시 시야 방해 → 즉시 교체

[일반형]　　　[밀폐형]　　　[안면보호형]

4) 방진마스크(Dust Mask)
    (1) 용도 : 호흡기 보호(분진, 유독가스, 흄)
    (2) 착용 시기 : 용접, 도장, 분사작업, 파쇄작업
    (3) 등급 : N95/P95/P100 유기화합물용 등
    (4) 주의사항 : 얼굴에 밀착, 이물질 제거 후 사용
5) 귀마개 · 귀덮개(Hearing Protection)
    (1) 용도 : 청력 보호(소음 차단)
    (2) 착용 시기 : 85 [dB] 이상 소음 환경
    (3) 종류
        ① 귀마개 : 귀 안에 삽입(이동이 많은 현장에 적합)
        ② 귀덮개 : 귀 전체 덮음(고정작업자용, 방음효과 높음)

6) 절연장갑(Insulating Gloves)

    (1) 용도 : 손 보호(전기감전방지)

    (2) 착용 시기 : 전기 설비점검·수리 시

    (3) 재질 : 고무 또는 합성수지

    (4) 주의사항 : 작은 균열도 감전 위험 → 사용 전 검사 필수

7) 안전화(Safety Shoes)

    (1) 용도 : 발 보호(감전, 중량물, 못, 날카로운 물체 등)

    (2) 착용 시기 : 모든 작업현장 기본 착용

    (3) 특징 : 앞부분에 강철 심(토캡) 내장

    (4) 주의사항 : 바닥 미끄럼방지 패턴 확인 필요

8) 안전대(Safety Harness)

    (1) 용도 : 고소작업 중 추락방지

    (2) 착용 시기 : 2 [m] 이상 높이에서 작업 시

    (3) 종류

        ① 벨트형(구형, 비추천)

        ② 풀 하네스형(전신형) - 필수 적용

    (4) 주의사항 : 연결 고리 위치, 부착 지점 고정 확인

[벨트형]

[풀 하네스형]

예제 08

재해의 직접원인이 아닌 것은?

① 물체 자체의 결함　　　　　　② 안전방호장치의 결함
③ 불충분한 경보 시스템　　　　④ 안전 지식의 부족

안전 지식의 부족은 교육·관리의 문제(간접원인/부원인)로, 직접원인이 아니라 직접원인을 만들어내는 배경 요인으로 간접원인이다.

정답 ④

4 산업안전보건법령

1) 산업안전보건법이란?

　⑴ 근로자의 생명과 건강을 보호하고, 쾌적한 작업환경을 조성하기 위한 법률

　⑵ 산업재해(사고, 질병, 사망)를 사전에 예방하고, 발생 시에는 적절한 조치와 보고 체계를 마련하도록 의무를 부여

> **예제 09**
> 산업안전보건법의 목적에 관한 내용으로 적합하지 않은 것은?
> ① 산업재해를 예방　　　　　　　　② 쾌적한 작업환경을 조성
> ③ 산업안전·보건에 관한 기준을 확립　④ 재해발생 시 책임을 물어 형사처벌
> 법에 벌칙 조항은 있지만 형사처벌보다는 예방을 목적으로 한다.
> **정답** ④

2) 보호구 지급 및 착용에 관한 법령

　⑴ 사업주는 근로자에게 유해하거나 위험한 작업을 시키는 경우, 해당 작업에 적합한 보호구를 무상으로 지급하고, 올바르게 착용하도록 지도할 의무가 있다.

　⑵ 보안경, 방진마스크, 안전모, 절연장갑 등은 착용하지 않으면 직접적인 재해로 이어질 수 있으므로, 사업주는 착용상태까지 점검하고 불량품은 교체해주어야 한다.

3) 산업재해 발생 시 보고 의무

　⑴ 중대재해가 발생한 경우 : 지체 없이 보고

　⑵ 보고 의무는 사업주에게 있음

　⑶ 산업재해 발생 기록은 3년간 보존, 고용부 요청 시 제출

4) 중대재해의 범위

　⑴ 사망자가 1명 이상 발생한 재해

　⑵ 3개월 이상의 요양이 필요한 부상자가 동시에 2명 이상 발생한 재해

　⑶ 부상자 또는 직업성 질병자가 동시에 10명 이상 발생한 재해

예제 10

다음 중 산업안전보건법에서 규정하고 있는 중대재해에 해당되지 않는 것은?

① 사망자가 3명 발생한 재해
② 직업성 질병자가 동시에 5명이 발생한 재해
③ 3개월 이상 요양을 요하는 부상자가 동시에 2명이 발생한 재해
④ 사망자 1명과 3개월 이상 요양이 필요한 부상자 1명이 발생한 재해

> 산업안전보건법(시행규칙)에서 중대재해
> • 사망자 1명 이상
> • 3개월 이상 요양 필요 부상자 2명 이상 동시 발생
> • 부상자 또는 직업성 질병자 10명 이상 동시 발생

정답 ②

5) 유해·위험기계 및 방호장치 설치 의무

　(1) 유해하거나 위험한 기계·기구를 사용할 경우, 반드시 방호장치를 설치해야 함
　(2) 작업자가 기계의 위험부에 접근하지 않도록 차단하거나 즉시 정지할 수 있는 장치를 갖추어야 함

6) 산업안전보건교육에 관한 법령

교육 종류	대상자	시기/횟수	특징
정기교육	정규 근로자	연 1회 이상	모든 사업장에서 기본 실시
채용 시 교육	신규 채용자, 인사이동자	업무 시작 전	법적 의무
특별교육	유해기계작업자 (프레스, 용접기 등)	작업 전	기계별 맞춤 교육
정기안전 보건교육	관리감독자	연간 16시간 이상	전년도 무재해 사업장 등은 일부 감면(8시간)

예제 11

재해예방대책을 수립하여 실천하는 경영자의 자세로 바람직하지 않은 것은?

① 경영자는 생산성을 고려하여 재해예방활동을 탄력적으로 실시한다.
② 경영자는 안전관리를 위한 투자가 일차적인 생산투자임을 인식하여야 한다.
③ 경영자는 기업의 사회적 가치를 확보하기 위하여 재해예방활동에 노력하여야 한다.
④ 경영자는 재해를 예방하는 길이 곧 노사관계를 안정시킬 수 있는 지름길임을 인식하여야 한다.

> 경영자는 재해예방활동을 지속적이고 일관되게 실시한다.

정답 ①

설·비·보·전·기·능·사

Part 02
과년도 기출문제

2025 제1회 CBT 복원

01 ☑☐☐☐☐

벨트 내측과 풀리 외측에 같은 피치의 사다리꼴 또는 원형 모양의 돌기를 만들어 회전 중에 벨트와 벨트 풀리가 이물림이 되어 미끄럼이 없이 정확한 회전각속도 비가 유지되는 벨트는?

① 평벨트　　② V벨트
③ 타이밍벨트　④ 사일런트체인

해설

타이밍벨트는 벨트와 풀리의 톱니가 맞물려서 회전한다. 따라서 미끄럼이 거의 없어 속도비가 정확하게 유지된다. 이 방식은 위치 정합이 필요한 자동화 장비, 동기 구동, 캠 대체장치에 널리 사용한다. 마찰 의존이 아니라 기하학적 맞물림이 포인트이다.
① 평벨트는 마찰식이라 미끄럼이 생긴다.
② V벨트도 마찰식이라 약간의 미끄럼이 생긴다.
④ 사일런트체인은 벨트가 아니라 체인 구동이다.

미니 팁
정확한 속도나 위치 전달이 필요하면 타이밍벨트를 떠올린다.

02 ☑☐☐☐☐

양(Double) 제어밸브, 양(Double) 체크밸브라고도 하며 압축공기 입구(X, Y)가 2개소이고 출력이 1개소로부터 나오는 신호를 분류하고 제2의 신호밸브로 공기가 누출되는 것을 방지하므로 OR 요소라고도 하는 밸브는?

① 셔틀밸브　　② 체크밸브
③ 언로드밸브　④ 리듀싱밸브

해설

셔틀밸브는 두 입력 중 하나만 있어도 출력이 나오는 OR논리밸브이다. 내부 셔틀이 높은 압력 쪽으로 이동하여 반대쪽을 막아 누출을 방지한다. 비상스위치 2개 중 어느 한쪽만 눌러도 실린더가 리턴되는 회로 등에 쓴다. 두 입력이 동시에 들어와도 높은 쪽만 연결되고 다른 쪽은 차단된다.
② 체크밸브는 역류를 방지한다.
③ 언로드밸브는 무부하 전환용이다.
④ 리듀싱밸브는 감압 기능이다.

미니 팁
둘 중 하나만 와도 동작이면 OR, 셔틀밸브이다.

정답 01 ③　02 ①

03 ☑☐☐☐☐

기어가 회전할 때 맞물리는 이 표면에 접촉압력에 의해 최대 전단응력이 발생하여 균열이 일어나고, 그 균열 속에 윤활유가 들어가면 고압상태가 되어 균열이 진행되어 일부분이 떨어져 나가는 현상은 무엇인가?

① 언더컷 ② 피팅(Pitting)
③ 오버랩 ④ 스폴링

해설

피팅은 이면에 작은 점 모양의 박리가 생기는 마모현상이다. 반복 하중과 윤활 불량이 주요 원인이다. 초기에는 바늘구멍 모양의 홈이 보이고, 진행되면 표면 전체로 확대된다. 점도가 너무 낮거나 하중이 과대일 때 잘 발생한다.
① 가공 시 치근부가 깎이는 형상 결함이다.
③ 겹침 개념으로 마모 종류가 아니다.
④ 더 큰 조각이 떨어지는 박리로 피팅보다 진행된 상태를 말한다.

미니 팁

작은 점처럼 패이면 피팅, 큰 조각이 떨어지면 스폴링이다.

04 ☑☐☐☐☐

각종의 물리량의 크기 또는 정확성을 평가하기 위해 사용되는 기기 및 기구 중에서, 수량적으로 정해진 치수로 만들어졌거나 그 치수로 조정된 측정구로서 측정 시에 조절될 수 없는 것은 무엇인가?

① 금형 ② 고정구
③ 지그 ④ 검사구

해설

검사구는 정해진 치수로 제작된 비조절식 측정구이다. 합격과 불합격을 빠르게 판단하는 데 사용된다.
예) GO/NO-GO 한계게이지가 대표적이다. 생산 라인에서 치수를 빠르게 전수검사할 때 효율이 높다.
① 금형은 성형용이다.
② 고정구는 고정 용도이다.
③ 지그는 위치 안내나 가공 안내용이다.

미니 팁

치수 판정 전용이면서 조절이 불가하면 검사구이다.

05 ☑☐☐☐☐

한쪽 끝이 두 가닥으로 갈라진 핀으로 축에 끼워진 부품이 빠지는 것을 막고, 핀을 때려 넣은 뒤 끝을 굽혀서 빠지지 않게 하는 핀은 무엇인가?

① 스프링핀 ② 테이퍼핀
③ 스플릿핀(코터핀) ④ 평행핀

해설

스플릿핀은 끝이 갈라진 두 가닥을 벌려서 빠짐을 방지한다. 주로 너트 끝의 구멍과 함께 사용하여 회전·진동에 의한 풀림을 막는다. 재사용보다는 교체가 일반적이다.
① 탄성으로 고정한다.
② 원뿔 모양으로 끼워 결속한다.
④ 원통형이다.

미니 팁

끝이 갈라진 두 가닥이 보이면 스플릿핀이다.

정답 03 ② 04 ④ 05 ③

06 ☑☐☐☐☐

밸브 중 AND 요소로 알려져 있으며, 2개의 입력신호가 다른 압력일 경우에 작은 압력 쪽의 공기가 출력되므로, 안전제어 및 검사기능 등에 사용되는 밸브는?

① 2압밸브　　② 셔틀밸브
③ 체크밸브　　④ 감압밸브

해설

공압 로직에서 2압밸브(Two - Pressure Valve)는 AND 요소다. 두 입력(A, B) 모두에 압력이 들어와야 출력이 발생한다.
② OR 요소다. 두 입력 중 큰 압력(또는 먼저 들어온 압력)을 선택해 출력한다.
③ 역류방지용 단방향밸브로 로직 AND/OR 기능이 아니다.
④ 2차 측 압력을 설정값 이하로 낮춰 유지하는 압력제어밸브다.

미니 팁
둘 다 눌러야 움직이면 AND밸브이다.

07 ☑☐☐☐☐

유압실린더나 유압모터의 작동방향을 바꾸기 위해 회로 내 유체 흐름의 통로를 전환하는 것은 무엇인가?

① 체크밸브　　② 방향제어밸브
③ 유량제어밸브　　④ 감압밸브

해설

방향제어밸브가 유로를 바꾸어 실린더의 전후진이나 모터의 회전방향을 전환한다. 대표 예는 4/3회로(중립 포함)이며, 스풀 위치에 따라 A·B 포트 연결이 바뀐다.
① 체크밸브는 역류를 방지한다.
③ 유량제어밸브는 속도를 조절한다.
④ 감압밸브는 압력을 낮춘다.

미니 팁
전·후진이나 좌·우회전을 바꾸는 역할은 방향제어이다.

08 ☑☐☐☐☐

변동하는 공기 수요에 공급량을 맞추기 위한 압축기의 조절방식 중 가장 간단한 방식으로, 압력 안전밸브에 의해 압축기 압력을 배출하여 제어하는 무부하조절방식은 무엇인가?

① 차단조절　　② 배기조절
③ 흡입량조절　　④ 그립 - 암조절

해설

배기조절은 설정 압력 이상에서 안전밸브로 압력을 대기로 배출하여 무부하상태를 만든다. 구조가 단순하고 응답이 빠르나, 배출 손실이 커서 에너지 효율은 낮을 수 있다.
① 차단은 흡입이나 토출을 차단한다.
③ 흡입량조절은 용량 자체를 바꾼다.
④ 그립 - 암조절은 특정 구조식 조절방식이다.

미니 팁
압력을 빼서 무부하로 만드는 방식이면 배기조절이다.

정답 06 ① 07 ② 08 ②

09 ☑☐☐☐☐
다음 나사의 그림에서 [A]는 무엇을 나타내는가?

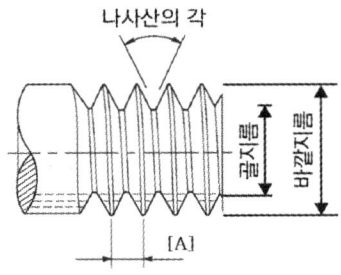

① 리드(Lead) ② 피치(Pitch)
③ 호칭지름 ④ 모듈(Module)

> **해설**

[A]는 축방향으로 이웃한 나사산 사이의 거리를 뜻한다. 이 간격을 피치라고 한다(단위 [mm]/산). 단산 나사에서는 한 바퀴 돌 때 전진량(리드)와 값이 같다.
① 한 바퀴 회전 시 축방향 전진거리, 다산나사에서는 리드 = 피치 × 산수
③ 나사의 대표 치수(일반적으로 바깥지름)를 말한다.
④ 기어의 이빨 크기를 나타내는 값으로 나사 피치와는 다른 개념이다.

> **미니 팁**

축방향 칸 간격 = 피치, 한 바퀴 전진량 = 리드

10 ☑☐☐☐☐
유압장치에서 작동유의 압력이 국부적으로 낮아져 용해 공기가 기포가 되고, 이 기포가 급격히 터져 소음·진동·침식이 생기는 현상은 무엇인가?

① 수막현상 ② 노킹현상
③ 채터링현상 ④ 캐비테이션

> **해설**

캐비테이션은 기포가 발생했다가 붕괴하면서 충격을 주어 침식과 소음·진동을 만든다. 흡입필터 막힘, 과도한 유속, 낮은 흡입압 등이 원인이다. 예방은 흡입계 손실을 줄이고 적정점도를 유지하는 것이다.
① 수막현상은 표면에 물막이 생기는 현상이다.
② 노킹은 연소 충격이다.
③ 채터링은 미세 떨림현상이다.

> **미니 팁**

기포가 터져 때리는 현상이면 캐비테이션이다.

11 ☑☐☐☐☐
정면에서 바라본 모양을 도면에 나타낸 가장 주된 면의 투상도는 무엇인가?

① 평면도 ② 측면도
③ 정면도 ④ 저면도

> **해설**

정면도는 물체를 가장 잘 설명하는 주된 면을 나타낸다. 정면도 선택이 좋으면 다른 투상도의 수가 줄어든다. 정면도는 기준 치수와 형상을 가장 명확히 보여야 한다.
① 평면도는 위에서 본 모습이다.
② 측면도는 옆에서 본 모습이다.
④ 저면도는 아래에서 본 모습이다.

> **미니 팁**

대표 얼굴은 정면도이다.

12 ☑□□□□

대칭인 물체의 중심선을 기준으로 내부 모양과 외부 모양을 동시에 표시하는 단면도는 무엇인가?

① 신축이음쇠　　② 유니언이음쇠
③ 한쪽 단면도　　④ 회전 단면도

해설

한쪽 단면도는 중심선을 기준으로 절반만 절단하여 내부와 외부를 한 그림에 동시에 보이게 한다. 축대칭 물체(풀리, 베어링 하우징 등)에 효과적이다. 필요 없는 절단선을 줄여 도면을 간결하게 만든다.
①, ② 관이음쇠이다.
④ 회전 단면도는 원통체의 내부를 회전 전개하여 보이는 방식이다.

미니 팁
반만 잘라서 내부와 외부를 동시에 보여주면 한쪽 단면도이다.

13 ☑□□□□

유압장치의 이음 중에서 동관이음 시 많이 사용하며 분해와 조립이 용이한 배관이음방식은 무엇인가?

① 플레어이음　　② 슬리브이음
③ 나사이음　　　④ 용접이음

해설

플레어이음은 동관 끝을 나팔 모양으로 벌려 너트로 체결하므로 반복 분해와 조립이 쉽다. 진동과 누설에 강하도록 토크 관리가 필요하며, 과도한 벌림은 균열을 부를 수 있다.
② 슬리브이음은 압입식이다.
③ 나사이음은 누설과 강도 문제가 생길 수 있다.
④ 용접이음은 분해가 어렵다.

미니 팁
동관을 자주 분해한다면 플레어이음이 적합하다.

14 ☑□□□□

윤활제의 작용 중 마찰면의 직접 접촉에 의한 건조 마찰을 해소하는 기능은 무엇인가?

① 냉각작용　　　② 밀봉작용
③ 감마작용　　　④ 응력분산작용

해설

감마작용은 윤활막을 형성하여 금속끼리 직접 닿지 않게 만들어 마찰을 줄인다. 마찰열 발생이 줄고 마모가 감소한다. 점도·속도·하중 관계에 따라 유막 형성이 달라진다.
① 냉각작용은 열을 빼준다.
② 밀봉작용은 누설을 막는다.
④ 응력분산작용은 힘을 넓게 나누어 전달한다.

미니 팁
마찰 자체를 줄이면 감마작용이다.

15 ☑□□□□

두 개의 마찰면이 직접 접촉 없이 비교적 두꺼운 연속 유막으로 윤활되는 방식은 무엇인가?

① 경계윤활　　　② 혼합윤활
③ 유체윤활　　　④ 고체윤활

정답 12 ③　13 ①　14 ③　15 ③

해설

유체윤활은 두꺼운 기름막이 두 표면을 완전히 분리하므로 마찰과 마모가 작다. 점도가 너무 낮으면 유막이 끊어질 수 있고, 너무 높으면 유체 저항으로 손실이 커진다.
① 막이 얇아 금속 접촉이 생길 수 있다.
② 경계와 유체윤활이 섞인 상태이다.
④ 흑연 같은 고체윤활제를 쓴다.

미니 팁

완전 분리상태면 유체윤활이다.

16 ☑☐☐☐☐

보전 활동 분류에서 고장이 없고 보전이 필요 없는 설비를 설계·제작하는 활동은 무엇인가?

① 예방보전(PM)   ② 사후보전(BM)
③ 개량보전(CM)   ④ 보전예방(MP)

해설

보전예방은 설계 단계에서부터 보전이 거의 필요 없도록 만드는 활동이다.
㉠ 표준화·모듈화·내구 부품 채택·오염방지 설계 등으로 보전 빈도를 낮춘다.
① 예방보전은 고장 전에 점검과 교체를 한다.
② 사후보전은 고장 후에 수리한다.
③ 개량보전은 약점을 개선한다.

미니 팁

처음부터 문제가 없게 만드는 활동은 MP이다.

17 ☑☐☐☐☐

고장이나 정지 또는 유해한 성능 저하가 발생한 후에 수리를 하는 보전방식은 무엇인가?

① 예방보전   ② 사후보전
③ 개량보전   ④ 보전예방

해설

사후보전은 고장 발생 후 복구하는 방식이다. 비계획 정지와 품질 손실이 커질 수 있어 중요 설비에는 단독 적용을 지양한다.
① 예방보전은 고장 전에 예방한다.
③ 개량보전은 설비를 개선한다.
④ 보전예방은 설계에서부터 문제를 줄인다.

미니 팁

터지고 나서 고치면 사후보전이다.

18 ☑☐☐☐☐

공기탱크 압력이 최고압력을 초과할 때 기기 손상과 불필요한 출력을 방지하기 위한 장치는 무엇인가?

① 감압밸브   ② 체크밸브
③ 릴리프밸브   ④ 압력스위치

해설

릴리프밸브는 과압이 되면 자동으로 열려 공기를 배출하여 압력을 안전 범위로 유지한다. 설정 압력은 기기 허용압력 이하로 정한다. 주기점검과 작동 시험이 필수이다.
① 2차 측의 압력을 낮춰 일정하게 유지한다.
② 역류를 막는다.
④ 압력을 감지하여 전기 신호를 보낸다.

미니 팁

넘치면 빼주는 밸브가 릴리프이다.

정답 ● 16 ④ 17 ② 18 ③

19

그림의 밸브기호가 나타내는 것은?

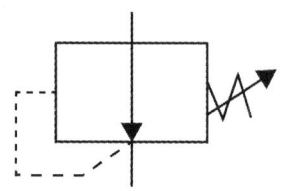

① 감압밸브 ② 릴리프밸브
③ 시퀀스밸브 ④ 무부하밸브

해설

그림의 압력제어밸브기호는 스프링(설정압력) 표기와 함께 내부에 수직 화살표가 있고, 점선은 파일럿/드레인 라인을 뜻한다. 이는 1차 측의 높은 압력을 2차 측에서 일정한 낮은 압력으로 유지하는 감압밸브(Pressure Reducing Valve)의 전형적 표시다.
② 시스템 압력이 설정치를 넘으면 탱크로 우회시키는 기호, 보통 탱크방향 화살표가 나타난다.
③ 설정 압력 도달 시 다음 회로를 여는 밸브, 기호에 체크 유로가 함께 그려진다.
④ 설정 압력에서 펌프 토출을 탱크로 돌려 무부하운전시키는 밸브, 감압기호와 다르다.

종류	기호
릴리프밸브 (Relief Valve)	
감압밸브 (Reducing Valve)	

종류	기호
시퀀스밸브 (Sequence Valve)	
무부하밸브 (Unloading Valve)	

미니 팁

압력제어기호 보기 : 스프링 = 설정압, 점선 = 파일럿/드레인, 내부 화살표 수직 = 감압, 탱크 쪽 화살표 = 릴리프

20

회전체의 회전에 의해 원심력을 이용하여 기체를 압송하는 기계는 무엇인가?

① 축류송풍기 ② 왕복압축기
③ 원심송풍기 ④ 회전식 압축기

해설

원심송풍기는 회전 임펠러가 공기에 원심력을 주어 압력과 속도를 높여서 공기를 이동시킨다. 스크롤 케이스(볼류트)로 속도를 압력으로 변환한다. 중·대유량에 적합하다.
① 축방향 흐름이다.
② 피스톤 왕복으로 압축한다.
④ 베인이나 스크류 등 다른 원리를 사용한다.

미니 팁

원심이라는 단어가 보이면 원심송풍기이다.

21

기어구동에서 이가 상대 측 이뿌리에 간섭을 일으켜 발열과 윤활막 파괴로 진행되어 심한 마모가 생기는 현상은 무엇인가?

① 피팅
② 스포어링
③ 스코어링
④ 백래시

해설

스코어링은 윤활막이 깨져 금속끼리 접촉하면서 쓸려 긁힌 자국과 마모가 생기는 현상이다. 고하중·고속·윤활 부족에서 잘 나타난다. 표면 경화와 적정윤활이 예방책이다.
① 피팅은 점식 박리 마모이다.
② 스포어링은 표기 혼동으로 다른 개념이다.
④ 백래시는 기어 틈새이다.

미니 팁
긁힌 자국이 길게 생기면 스코어링이다.

22

배관계통의 정비를 위하여 분해가 자주 필요한 곳에 적당한 관이음쇠는 무엇인가?

① 엘보
② 소켓
③ 유니언
④ 밴드

해설

유니언은 양쪽을 쉽게 분해하고 결합할 수 있어 정비가 쉽다. 나사 체결부의 테이핑(PTFE)과 토크 관리로 누설을 방지한다.
① 엘보는 방향전환용이다.
② 소켓은 연장 연결용이다.
④ 밴드는 호스 고정용이다.

미니 팁
자주 분해하는 위치에는 유니언을 사용한다.

23

공기압회로에서 회로 압력에 따라 다른 회로의 작동 순서를 제어하는 밸브는 무엇인가?

① 체크밸브
② 감압밸브
③ 시퀀스밸브
④ 유량조절밸브

해설

시퀀스밸브는 설정 압력에 도달하면 다음 동작을 진행시키므로 작동 순서를 제어한다.
예 클램핑실린더가 충분히 고정된 후에 펀치실린더가 내려오게 하는 회로에 사용한다.
① 체크밸브는 역류를 막는다.
② 감압밸브는 압력을 낮춘다.
④ 유량조절밸브는 속도만 조절한다.

미니 팁
압력을 기준으로 순서를 정하면 시퀀스밸브이다.

24

공동현상(Cavitation)이 생겼을 때의 피해사항으로 옳지 않은 것은?

① 충격력이 감소된다.
② 진동이 발생된다.
③ 공동부가 생긴다.
④ 소음이 크게 생긴다.

정답 21 ③ 22 ③ 23 ③ 24 ①

해설

캐비테이션이 일어나면 펌프 내부에 기포가 생겨 터지면서 금속이 패이고(공동), 소음·진동이 커지고 효율이 떨어진다. 충격력(펌프가 내는 힘)이 줄기보다 오히려 불규칙한 충격이 생겨 피해가 커진다.
① '충격력이 감소'라고 단정하지만, 실제 문제는 소음·진동·마모·효율저하다.
②, ③, ④ 캐비테이션의 전형적 증상이다.

미니 팁
흡입 측 막힘·유면 저하·유속 과다·유온 상승이 캐비테이션을 부른다. 흡입 여건을 먼저 체크한다.

25 ☑☐☐☐☐
작동유속에 혼입하는 불순물을 제거하기 위하여 사용하는 부품은 어느 것인가?

① 스트레이너 ② 밸브
③ 패킹 ④ 축압기

해설
탱크 → 펌프 사이 등 흡입 측에서 거친 이물질을 걸러주는 망이 스트레이너다. 세밀 여과는 필터가 담당한다.
② 밸브는 유로·압력·유량을 제어하는 부품이다.
③ 패킹은 누설방지용이다.
④ 축압기는 에너지 저장·맥동 흡수용이다.

미니 팁
흡입 측 막힘은 캐비테이션의 큰 원인이다. 스트레이너 막힘 여부를 주기적으로 점검한다.

26 ☑☐☐☐☐
유압모터의 특징 설명으로 옳은 것은?

① 넓은 범위의 무단변속이 용이하다.
② 넓은 범위의 변속장치를 조작할 수 있다.
③ 운동량이 직선적으로 속도조절이 용이하다.
④ 운동량이 자동으로 직선조작을 할 수 있다.

해설
유량을 바꾸면 회전속도가 부드럽게 연속적으로 변해 무단변속이 가능하다.
② 변속이 가능하나 장치를 조작하지는 않는다.
③, ④ 표현이 부정확하다. 유압모터는 '회전운동'을 만든다.

미니 팁
속도 = 유량/변위. 유량제어로 속도를 다룬다.

27 ☑☐☐☐☐
다음 도면기호의 명칭은 무엇인가?

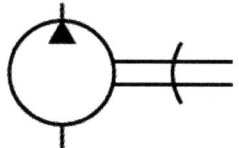

① 유압펌프 ② 압축기
③ 유압모터 ④ 공기압모터

해설
원(회전기기) 안의 삼각형 꼭짓점이 바깥쪽(위쪽)으로 향한 기호는 펌프를 뜻한다. 펌프는 기계적 에너지 → 유체의 압력/유량(유압에너지)로 바꾸어 유체를 밖으로 밀어내는 장치다.

미니 팁
원 안 삼각형 밖 = 펌프, 안 = 모터
"밖으로 밀어낸다 → 펌프"로 기억

정답 ● 25 ① 26 ① 27 ①

28 ☑☐☐☐☐
압축공기 저장탱크의 구성 기기가 아닌 것은?

① 압력계 ② 압력릴리프밸브
③ 차단밸브 ④ 유량계

해설
탱크에는 압력감시(압력계), 과압방출(릴리프), 차단밸브가 기본이다. 유량계는 보통 배관 라인 측정에 쓴다.
①, ②, ③ 탱크 안전·운용에 필수 구성이다.

미니 팁
탱크 배수밸브로 응축수 제거를 습관화한다.

29 ☑☐☐☐☐
봉함능력이 좋고 마찰력이 적은 공압실린더는?

① 단동실린더(피스톤식)
② 램형 실린더
③ 다이어프램실린더(비피스톤식)
④ 복동실린더(피스톤식)

해설
다이어프램은 고무막으로 밀폐가 좋아 누설이 적고 마찰이 작다.
①, ④ 피스톤 - 패킹 접촉 마찰이 크다.
② 램형은 로드면이 크고 씰 부하가 크다.

미니 팁
정밀 저하중 저속 구간에 다이어프램형이 유리

30 ☑☐☐☐☐
속도제어회로의 종류가 아닌 것은?

① 미터인회로
② 미터아웃회로
③ 블리드오프회로
④ 블리드온회로

해설
기본 3형식은 미터인·미터아웃·블리드오프다. 속도제어는 유량을 어떻게 조절하느냐로 3가지가 정형화되어 있다.
④ 공식 용어가 아니다.

미니 팁
실린더 구동방향·부하에 따라 미터인/아웃 선택이 달라진다.

31 ☑☐☐☐☐
일반적으로 사용되는 압력계는 대부분 어떤 것을 택하는가?

① 게이지압력 ② 절대압력
③ 평균압력 ④ 최고압력

해설
산업 현장 압력계는 대기압을 기준으로 한 게이지압력을 쓴다.
② 절대압은 진공·열역학 계산 등 특수 용도다.

미니 팁
게이지압 = 절대압 - 대기압

정답 28 ④ 29 ③ 30 ④ 31 ①

32 ☑□□□□

시스템 내의 압력이 최대 허용 압력을 초과하는 것을 방지해주는 것으로 주로 안전밸브로 사용되는 것은?

① 압력스위치　　② 언로딩밸브
③ 시퀀스밸브　　④ 릴리프밸브

해설

릴리프밸브는 설정압 이상에서 유체를 탱크나 대기로 흘려 과압을 막는다.
① 압력스위치는 전기신호용이다.
② 언로딩은 무부하 귀환용이다.
③ 시퀀스는 순서제어용이다.

미니 팁
릴리프는 모든 유압·공압회로의 필수 안전장치.

33 ☑□□□□

다음 중 2개의 입력신호 중에서 높은 압력만을 출력하는 OR밸브는?

① 셔틀밸브　　② 이압밸브
③ 체크밸브　　④ 시퀀스밸브

해설

셔틀밸브 내부의 스풀(볼)이 높은 압력 쪽으로 밀려 그 라인만 출력으로 연결된다.
② 특정 압력차 유지용이다.
③ 역류방지용이다.
④ 압력 도달 후 다음 동작이다.

미니 팁
직렬 논리 AND는 '시퀀스 또는 압력스위치', 병렬 논리 OR는 '셔틀'로 기억한다.

34 ☑□□□□

공기탱크와 공기압회로 내의 공기압력이 규정 이상의 공기압력으로 될 때에 공기압력이 상승하지 않도록 대기와 다른 공기압회로 내로 빼내 주는 기능을 갖는 밸브는?

① 감압밸브　　② 시퀀스밸브
③ 릴리프밸브　　④ 압력스위치

해설

과압방지기능은 릴리프가 담당한다.
① 2차 측 압력유지를 담당한다.
② 순서제어를 담당한다.
④ 전기신호용이다.

미니 팁
공압에서는 안전밸브(스프링 작동)점검을 정기적으로 수행한다.

35 ☑□□□□

유압 액추에이터의 종류가 아닌 것은?

① 펌프　　② 요동모터
③ 기어모터　　④ 유압실린더

해설

액추에이터는 '동작을 내는 부품'이다. 펌프는 에너지를 공급하는 원동기다.
②, ③, ④ 각각 회전·요동·직선 구동 액추에이터이다.

미니 팁
모터·실린더 = 액추에이터, 펌프 = 공급기

정답 32 ④　33 ①　34 ③　35 ①

36 ☑☐☐☐☐
유압유의 구비조건으로 옳은 것은?

① 유동성이 낮을 것
② 방청성이 좋을 것
③ 방열성이 낮을 것
④ 온도에 대한 점도 변화가 클 것

해설
녹을 방지하는 방청성이 좋아야 하고, 적절한 점도·산화안정성·윤활성도 요구된다.
① 흐름이 나빠진다.
③ 과열 위험이 있다.
④ 온도변화에 민감해 제어성이 나빠진다.

미니 팁
점도지수(VI)가 높을수록 온도변화에 점도가 덜 변한다.

37 ☑☐☐☐☐
유압모터의 선택 시 고려사항이 아닌 것은?

① 체적효율이 우수할 것
② 모터의 외형 공간이 충분히 클 것
③ 주어진 부하에 대한 내구성이 클 것
④ 모터로 필요한 동력을 얻을 수 있을 것

해설
외형이 크다고 좋은 게 아니다. 필요한 토크·속도·효율·수명에 맞춰 작은 공간에서도 성능을 내는지가 관건이다.
①, ③, ④ 모두 타당한 고려사항이다.

미니 팁
선정식 : 출력P = 압력 × 유량,
토크T ≈ (압력 × 변위)/2π

38 ☑☐☐☐☐
유압실린더에 작용하는 힘을 산출할 때 사용되는 것은?

① 옴의 법칙
② 파스칼의 원리
③ 가속도의 법칙
④ 플레밍의 왼손법칙

해설
압력 = 힘/면적원리로, 실린더 힘 F = 압력 × 피스톤면적을 쓴다.
①, ③, ④ 전기·역학·전자기 관련 법칙이다.

미니 팁
단위 일치 주의 : Pa × m^2 = N

39 ☑☐☐☐☐
직류 전동기의 속도제어방법이 아닌 것은?

① 계자제어법   ② 저항제어법
③ 전압제어법   ④ 주파수제어법

해설
직류 전동기의 속도는 계자 자속을 바꾸거나(계자제어), 전기자회로에 저항을 더하거나(저항제어), 전압을 바꾸는 방법(전압제어)으로 조절. 주파수제어는 교류 전동기 인버터에서 사용하는 방식
①, ②, ③ DC에서 실제로 쓰는 방법

미니 팁
DC = 계자·저항·전압, AC = 주파수(V/f)

정답 36 ② 37 ② 38 ② 39 ④

40 ☑☐☐☐☐

변압기 및 전기기기의 철심으로 얇은 철판을 겹쳐서 사용하는 이유는?

① 자기 흡인력을 줄이기 위해
② 유도 기전력을 줄이기 위해
③ 맴돌이전류 손실을 줄이기 위해
④ 상호 인덕턴스를 줄이기 위해

해설

도체 덩어리 안에서는 자기장 변화로 와전류(맴돌이전류)가 생겨 열로 손실된다. 철심을 얇은 판으로 적층하면 전류가 크게 돌지 못해 손실과 발열이 줄어든다.
① 철심 설계 목적과 무관하다.
② 유도 기전력 자체를 줄이는 목적이 아니다.
④ 상호 인덕턴스는 권선 구조에 더 좌우된다.

미니 팁

'적층 = 와전류 차단 = 발열↓ 효율↑'로 기억한다.

41 ☑☐☐☐☐

저항만의 회로에서 전압에 대한 전류의 위상은?

① 90° 앞선다.   ② 60° 뒤진다.
③ 30° 앞선다.   ④ 동상이다.

해설

순저항회로에서는 전압과 전류가 동시에 변하므로 위상차가 0°이다. 즉, 두 파형은 같은 위상이다.
①, ②, ③ 유도성(L)·용량성(C) 회로에서 나타나는 위상차 개념이다.

미니 팁

'저항 = 동상, 역률 = 1'이라는 세트로 외운다.

42 ☑☐☐☐☐

다음 중 용접 시 수소의 영향으로 발생하는 결함과 가장 거리가 먼 것은?

① 기공   ② 균열
③ 은점   ④ 설퍼

해설

수소는 용접금속에 녹아들었다가 빠져나오면서 기공을 만들고, 냉각 중에는 균열을 유발하기 쉽다. 은점은 표면에 생기는 작은 반점이고, 설퍼는 유황 성분을 뜻하는 말이므로 수소 영향과 직접 연결되지 않는다.
① 기공은 수소가 녹아 있다가 응고 중 방출로 발생한다.
② 균열은 수소 취성·수소 기공과 연관이 크다.
③ 은점은 외관 결점이지만 원인이 다양하다.

미니 팁

수소 유입 줄이려면 건조된 용접봉과 충분한 예열·후열이 도움이 된다.

43 ☑☐☐☐☐

가스 중에서 최소의 밀도로 가장 가볍고 확산속도가 빠르며, 열전도가 가장 큰 가스는?

① 수소   ② 메탄
③ 프로판   ④ 부탄

해설

수소는 주어진 보기 중 가장 가벼운 기체이고 확산·열전달이 빠르다.
②, ③, ④ 분자량이 더 커서 무겁다.

미니 팁

가연성·폭발범위가 넓으므로 밀폐 공간에서 취급을 엄격히 관리한다.

정답 40 ③ 41 ④ 42 ④ 43 ①

44 ☑□□□□

팁 끝이 모재에 닿는 순간 순간적으로 팁 끝이 막혀 팁 속에서 폭발음이 나면서 불꽃이 꺼졌다가 다시 나타나는 현상은?

① 인화   ② 역화
③ 역류   ④ 선화

해설

팁 내부로 불꽃이 역으로 들어가 꺼졌다가 다시 붙는 현상을 역화라고 부른다.
① 인화는 점화되는 현상이다.
③ 역류는 가스가 반대로 흐르는 현상이다.
④ 선화는 불꽃이 길게 뻗는 상태를 말한다.

미니 팁

역화가 반복되면 팁 막힘·혼합비 이상을 의심하고 즉시 점검한다.

45 ☑□□□□

용접에 있어 모든 열적요인 중 가장 영향을 많이 주는 요소는?

① 용접입열   ② 용접재료
③ 주위온도   ④ 용접복사열

해설

용접부의 조직·경도·열영향부(HAZ) 크기·잔류응력·변형 등 대부분의 열적 결과는 용접입열(Heat Input)에 가장 크게 좌우된다. 입열이 크면 냉각이 느려 변형·잔류응력 증가, 입열이 작으면 급냉되어 경화·균열 위험이 커질 수 있다.

② 금속 성질에 영향은 있으나 "열적 요인"의 크기를 좌우하는 1차 변수는 아니다.
③ 보조 요인이며 입열에 비해 영향이 작다(필요 시 예열·후열로 보정).
④ 열전달 형태 중 하나지만, 공정 전체의 열적 영향은 총 입열이 지배한다.

미니 팁

문장에 "열적 영향/변형"이 나오면 입열이 최상위변수라고 기억하자.

46 ☑□□□□

가스용접의 후진법에 대한 설명으로 틀린 것은?

① 전진법에 비해 용접변형이 작다.
② 전진법에 비해 두꺼운 판의 용접에 적합하다.
③ 전진법에 비해 열 이용율이 좋다.
④ 전진법에 비해 산화의 정도가 심하고 용착 금속 조직이 거칠다.

해설

가스용접의 후진법(Backhand, 우진법)은 토치 불꽃을 진행방향의 뒤쪽으로 향하게 하여 용융지와 바로 뒤쪽을 불꽃이 감싸면서 이동한다. 이 방식은 불꽃이 용융지를 덮어 차폐하므로 산화가 적고 비드가 치밀해진다. 열이 뒤쪽으로 반사되어 열 이용률↑, 용입 깊이↑, 두꺼운 판에 유리하다. 동일 조건에서 변형이 작다(열이 집중되고 진행 길이가 짧음).
따라서 ④의 서술은 반대이므로 틀리다.

미니 팁

암기 : 후진 = 두껍게·덜 뒤틀림(차폐 좋음),
전진 = 얇은 판·넓고 얕은 용입

정답 44 ② 45 ① 46 ④

47 ☑☐☐☐☐
서브머지드아크용접 시 발생하는 기공의 원인이 아닌 것은?

① 직류 역극성 사용
② 용제의 건조 불량
③ 용제의 산포량 부족
④ 와이어 녹, 기름, 페인트

해설
서브머지드아크용접에서 직류 역극성 자체는 침투깊이·비드형상에 영향을 주지만 기공의 직접 원인이 아니다.
②, ③, ④ 기공의 대표적인 원인이다.

미니 팁
용제는 항상 건조 보관하고 오염·수분을 차단

48 ☑☐☐☐☐
안전 보건표지의 색채에서 지시의 용도 색채는?

① 검은색　　② 노란색
③ 빨간색　　④ 파란색

해설
안전표지에서 파란색은 지시·행동요구(착용 등)에 사용한다.
① 안전표지 색체에 해당되지 않는다.
② 경고 관련이다.
③ 금지·소화 관련이다.

미니 팁
안전표지는 색 – 의미 세트를 통째로 외운다.

49 ☑☐☐☐☐
다음 중 용접봉의 용융속도를 나타낸 것은?

① 단위시간당 용접입열의 양
② 단위시간당 소모되는 용접전류
③ 단위시간당 형성되는 비드의 길이
④ 단위시간당 소비되는 용접봉의 길이

해설
용융속도는 시간당 얼마나 길게 용접봉을 소모했는지를 뜻한다.
①, ②, ③ 정의가 다르다.

미니 팁
소모량 관리로 생산성·원가를 계산한다.

50 ☑☐☐☐☐
일명 비석법이라고도 하며, 용접길이를 짧게 나누어 간격을 두면서 용접하는 용착법은?

① 전진법　　② 후진법
③ 대칭법　　④ 스킵법

해설
스킵법은 여기저기 건너뛰며 짧게 용접해 열집중과 변형을 줄인다.
①, ② 비드 진행방향 개념이다.
③ 대칭 배치 개념이다.

미니 팁
긴 용접은 '분할·대칭·간헐'이 기본 전략이다.

정답 47 ① 48 ④ 49 ④ 50 ④

51

아세틸렌가스의 성질로 틀린 것은?

① 순수한 아세틸렌가스는 무색무취이다.
② 금, 백금, 수은 등을 포함한 모든 원소와 화합 시 산화물을 만든다.
③ 각종 액체에 잘 용해되며, 물에는 1배, 알코올에는 6배 용해된다.
④ 산소와 적당히 혼합하여 연소시키면 높은 열을 발생한다.

해설

아세틸렌(C_2H_2)은 불포화 탄화수소로, 금속과 반응하면 보통 금속 아세틸라이드를 만들기 쉽다(구리·은 등과 폭발성 화합물). 즉, "모든 원소와 화합 시 산화물을 만든다"는 서술은 틀리다.
① 순수한 아세틸렌은 무색·무취가 맞고, 우리가 맡는 특유의 냄새는 불순물(황화물 등) 때문이다.
③ 용해도는 '물 ≈ 1배, 알코올 ≈ 6배, 아세톤 ≈ 수십 배'가 일반적이다.
④ 산소와 혼합해 연소하면 고온의 불꽃(산소-아세틸렌)으로 용접·절단에 사용한다.

미니 팁
아세틸렌 + 구리·은 → 아세틸라이드(폭발성), 저장은 아세톤에 용해시켜 안전 확보

52

아크전류가 일정할 때 아크전압이 높아지면 용접봉의 용융속도가 늦어지고 낮아지면 빨라지는 특성은?

① 부저항 특성
② 절연회복 특성
③ 전압회복 특성
④ 아크길이 자기제어 특성

해설

아크길이가 스스로 일정해지려는 경향을 말한다. 길어지면 전압↑, 용융속도↓, 다시 짧아지며 안정된다.
①, ②, ③ 다른 맥락의 특성 용어다.

미니 팁
현장에서 '아크길이 일정하게' 유지하려는 습관을 만든다.

53

피복아크용접에서 모재가 녹아 들어간 깊이를 무엇이라 하는가?

① 용융지   ② 용입
③ 슬래그   ④ 용적

해설

용입은 모재 내부로 녹아 들어간 깊이를 뜻한다. 용융지는 액체 금속이 모여 있는 영역이고, 슬래그는 피복제가 녹아 생긴 찌꺼기이다.
① 액체 영역의 이름이다.
③ 불순물·보호층이다.
④ 부피 개념이다.

미니 팁
루트 용입 부족은 내부 결함의 중요한 원인이다.

54

피복아크용접에서 적절한 아크길이조절과 관련이 큰 전원 외부 특성은 무엇인가?

① 수평 특성   ② 저하(하강) 특성
③ 상승 특성   ④ 수직 특성

정답 51 ② 52 ④ 53 ② 54 ②

> **해설**

피복아크용접(SMAW)은 작업 중에 아크길이가 조금씩 변해도 전류가 크게 바뀌지 않아야 용입이 일정해진다. 이를 위해 전원은 전압이 조금만 변해도 전류 변화가 작게 나오는 '저하(하강) 특성 = 정전류(CC, Drooping)'를 쓴다.
아크길이를 길게 하면 전압이 올라가지만, 하강 특성에서는 전류가 크게 변하지 않아 손으로 아크길이를 조절하기 쉬워진다.
① 전류가 길이 변화에 크게 흔들려 SMAW에 부적합, 주로 GMAW/MIG 같은 와이어 송급 공정용이다.
③ 전압이 오를수록 전류도 커지는 형태로 일반용접 전원에서 쓰지 않는다.
④ 이상적 정전압에 가까운 표현으로, SMAW의 아크길이제어와 맞지 않는다.

> **미니 팁**

암기 : SMAW = CC(정전류) = 하강 특성, MIG/TIG = CV(정전압)

55 ☑☐☐☐

피복아크용접에서 전극의 함수가 심하면 주로 발생하기 쉬운 결함은 무엇인가?

① 언더컷   ② 기공
③ 오버랩   ④ 융합 불량

> **해설**

함수(수분 함유)가 심한 전극은 피복제가 가열될 때 수분 → 수소·수증기가 다량 발생해 용융지에 기포가 생기고 빠져나가지 못해 기공(포로시티)가 생기기 쉽다. 수분은 또한 확산수소를 증가시켜 냉각 중 수소취성(냉간균열) 위험도 높인다.
관련 이론 SMAW에서 피복수분은 수소기공의 주원인이다.

① 과대전류·긴 아크·과도한 위빙 등이 주원인이다. 함수와 직접 인과는 약하다.
③ 전류 부족·과도한 저속·각도 문제로 생기는 용착금속의 겹침이다.
④ 열입력 부족·스러그 트래핑·표면 산화막이 주원인이다. 수분과 1차 인과는 아니다.

> **미니 팁**

전극이 눅눅하면 먼저 건조로(오븐) 건조하라.
키워드 : 함수↑ → 기공↑·수소균열 위험↑

56 ☑☐☐☐

산소 – 아세틸렌가스절단에서 절단산소의 순도가 낮으면 주로 나타나는 현상은 무엇인가?

① 절단속도 증가와 면 거칠기 개선
② 산화 반응 약화로 절단 불량
③ 예열 화염이 과도하게 강해짐
④ 드래그 라인이 사라짐

> **해설**

산소 – 아세틸렌절단은 예열 뒤 절단산소가 철과 격렬히 반응(발열 산화)하며 금속을 태워내는 공정이다. 산소 순도↓면 반응열과 산화 속도가 떨어져 절단속도 저하, 슬래그 증가, 거친 면/드래그 라인 심화가 나타난다.
① 속도 증가·면 개선 순도 저하는 반대로 속도↓·면 거칠어짐을 유발한다.
③ 예열 화염 과강 예열 화염은 연료/예열 산소 혼합에 좌우된다. 절단산소 순도와 직접 인과가 아니다.
④ 오히려 드래그 라인이 심해지기 쉽다.

> **미니 팁**

절단면이 거칠고 슬래그 많아지면 ① 절단 산소 순도·압력 확인 → ② 노즐 막힘/마모점검 → ③ 속도·간격 재조정 순으로 점검한다.

정답 55 ② 56 ②

57 ☑☐☐☐☐

가스절단 시 역화(Backfire)에 대한 설명으로 옳은 것은?

① 불꽃이 팁 외부로 길게 뻗는다.
② 가스가 역류하여 실린더로 들어간다.
③ 팁 내부로 불꽃이 거꾸로 들어가 꺼졌다가 다시 붙는다.
④ 화염이 전혀 붙지 않는다.

해설
역화는 팁 내부로 화염이 들어갔다가 꺼지는 현상을 말한다.
① 선화상태이다.
② 역류이며 별도 위험이다.
④ 점화 실패다.

미니 팁
역화가 반복되면 팁 막힘·혼합비·압력 설정을 점검한다.

58 ☑☐☐☐☐

누전차단기의 사용목적이 아닌 것은?

① 단선방지
② 감전으로부터 보호
③ 누전으로 인한 화재 예방
④ 전기설비 및 전기 기기의 보호

해설
누전차단기는 전기가 새는 것을 빠르게 끊어 감전과 전기 화재를 막는 장치이다. 선이 끊어지는 것을 막아 주는 기능은 아니다.

미니 팁
감전 보호용 누전차단기는 보통 30 [mA], 0.03초 이내에 동작한다.

59 ☑☐☐☐☐

다음 중 산업안전보건법에서 규정하고 있는 안전·보건표지의 종류에 해당되지 않는 것은?

① 금지표지   ② 경고표지
③ 지시표지   ④ 위험표지

해설
법에서는 금지, 경고, 지시, 안내(안전색) 등으로 구분한다. '위험표지'라는 이름의 분류는 없다.

미니 팁
파란색 = 지시, 노란색 = 경고, 빨간색 = 금지·소방, 녹색 = 안내(비상구)를 기억한다.

60 ☑☐☐☐☐

가연성 액체나 고체의 표면에 순간적으로 화염을 접근시킬 경우, 연소시키는 데 필요한 만큼의 증기를 발생하는 최저 온도를 무엇이라고 하는가?

① 발화점   ② 폭발점
③ 연소점   ④ 인화점

해설
인화점은 불꽃을 갖다 댔을 때 '획' 하고 불이 붙기 시작하는 가장 낮은 온도를 말한다.
① 발화점은 스스로 타기 시작하는 온도다.
② 폭발점은 일반적인 정의로 쓰지 않는다.
③ 연소점은 불이 계속 타는 최저 온도다.

미니 팁
연소 위험 물질은 인화점이 낮을수록 더 위험하다고 본다.

정답 57 ③　58 ①　59 ④　60 ④

2025 제2회 CBT 복원

01 ☑☐☐☐☐

축과 허브를 결합할 때 축방향으로 미끄럼 없이 동력을 전달하기 위해 사용하는 키로서, 반달 모양으로 축에 끼워지는 키는 무엇인가?

① 평행키
② 테이퍼키
③ 반달키
④ 코터키

해설

반달키는 반달 모양으로 축의 키홈에 일부가 들어가고 나머지는 허브 키홈에 맞물린다. 축과 허브의 정렬이 약간 어긋나도 자가 정렬성이 좋다.
① 직사각형으로 양쪽 키홈에 끼워 사용한다.
② 경사가 있어 쐐기효과로 고정력이 크다.
④ 축과 핀을 쐐기처럼 고정하는 구조에서 쓴다.

미니 팁
반달키 = 우드러프키

02 ☑☐☐☐☐

두 축 사이의 약간의 위치 오차나 진동을 흡수하면서 동력을 전달하는 커플링은 무엇인가?

① 리짓커플링
② 올덤커플링
③ 플랜지커플링
④ 슬리브커플링

해설

올덤커플링은 가운데 중간원판이 양쪽 허브의 홈에 끼워져 미소 편심과 축 간 거리 변화를 흡수한다.
① 강체형이라 오차 흡수가 거의 없다.
③ 볼트체결형으로 강성이 크다.
④ 단순 원통 슬리브로 오차 흡수 능력이 작다.

미니 팁
가운데 원판이 끼어 있는 형태는 올덤커플링이다.

03 ☑☐☐☐☐

다른 체인과 비교했을 때 소음이 적고 고속에서 진동이 작은 체인은 무엇인가?

① 핀틀체인
② 사일런트체인
③ 링크체인
④ 롤러체인

해설

사일런트체인(인벌루트형 '이빨'이 있는 인버티드 톱스체인)은 스프로킷과 치형 맞물림으로 힘을 전달하므로 롤러체인보다 충격이 작고 소음·진동이 적다. 고속에서도 매쉬 충격이 낮아 부드러운 구동이 가능하다.
① 오프셋링크에서 링크판과 부시를 일체화시킨 것으로 오프셋링크와 이음핀으로 연결. 저속 중용량에 사용된다.
③ 하중 운반용으로 동력전달용이 아니다.
④ 범용이지만 고속에서는 롤러 - 치면 충격으로 소음·진동이 커지기 쉽다.

미니 팁
이빨이 있는 체인 = 사일런트체인

정답 ● 01 ③ 02 ② 03 ②

04 ☑☐☐☐☐
다음 중 체결용 기계요소가 아닌 것은?

① 핀 ② 코터
③ 체인 ④ 볼트, 너트

해설

체결용 기계요소는 부품들을 결합·고정하는 것이 목적이다. 대표적으로 볼트·너트, 핀, 코터(쐐기) 등이 여기에 속한다. 체인(Chain)은 스프로킷과 맞물려 동력을 전달하거나 운반하는 전동·이송용 요소이므로 체결 요소가 아니다.
① 부품의 위치 결정·전단 체결에 쓰는 대표 체결요소다(원주·원추·스프링핀 등).
② 축·허브 등을 쐐기력으로 조여 고정하는 체결요소다.
④ 마찰·예압으로 분해 가능한 체결을 만드는 가장 보편적 체결요소다.

미니 팁

"고정/분해/예압"이 키워드면 체결요소, "회전·이송·동력전달"이 키워드면 전동요소(기어·벨트·체인)로 분류한다.

05 ☑☐☐☐☐
윤활유의 점도 지수가 클수록 의미하는 바는 무엇인가?

① 온도 변화에 따른 점도 변화가 크다.
② 온도 변화에 따른 점도 변화가 작다.
③ 점도가 항상 크다.
④ 점도가 항상 작다.

해설

점도 지수는 온도 변화에 대한 점도의 민감도를 나타낸다. 값이 클수록 온도에 덜 민감하다.

미니 팁

점도지수↑ = 온도에 둔감

06 ☑☐☐☐☐
공기압회로에서 공기 중 수분을 제거하는 장치는 무엇인가?

① 레귤레이터 ② 에어드라이어
③ 루브리케이터 ④ 체크밸브

해설

공기압회로의 수분은 배관 부식·밸브 오작동·겨울철 동결을 일으킨다. 에어드라이어(건조기)는 냉동식·흡착식 등 방식으로 공기 중 수분을 제거해 건조한 압축공기를 만든다.
① 레귤레이터는 압력을 일정하게 한다.
③ 루브리케이터는 공기에 미량의 윤활유를 섞어 밸브·실린더 마모를 줄인다.
④ 체크밸브는 역류방지용 단방향밸브다.

미니 팁

습기 문제 대책 한 줄 : 쿨러로 식히고 → 드라이어로 건조 → 필터로 미세수분·먼지 제거

정답 04 ③ 05 ② 06 ②

07 ☑☐☐☐☐

공기압조정 유닛의 올바른 배치 순서는 무엇인가?

① 필터 → 루브리케이터 → 레귤레이터
② 루브리케이터 → 레귤레이터 → 필터
③ 필터 → 레귤레이터 → 루브리케이터
④ 레귤레이터 → 필터 → 루브리케이터

해설

먼저 이물·수분을 필터로 제거하고, 레귤레이터로 압력을 맞춘 뒤, 루브리케이터로 윤활 미스트를 공급한다.

미니 팁

F(먼저 걸러) → R(압력 맞추고) → L(기름 뿌리기)
"필 - 레 - 루"로 기억한다.

08 ☑☐☐☐☐

유압실린더에서 행정 말단의 충격을 줄이기 위한 구조는 무엇인가?

① 쿠션장치
② 블리드오프밸브
③ 리트랙밸브
④ 오리피스 플러그

해설

쿠션장치는 말단에서 유로를 좁혀 유속을 줄여 충격을 완화한다.
② 메인 라인 일부 유량을 탱크로 우회시켜 속도를 조절
③ 특정회로에서 후진(리트랙)동작을 제어밸브
④ 고정구멍(오리피스)으로 유량을 제한

미니 팁

말단 충격 완화 = 쿠션

09 ☑☐☐☐☐

압축기에서 냉각기가 설치되는 주된 목적은 무엇인가?

① 소음 감소
② 윤활유 산화방지
③ 압축열 제거
④ 진동 억제

해설

압축기에서 공기는 압축되며 온도가 크게 상승한다(기체의 압축일 → 내부에너지↑). 냉각기(애프터쿨러·인터쿨러)는 이 압축열을 빼서 토출 공기를 식히고, 효율을 높이며 수분을 응축시켜 제거하기 쉽게 만든다.
① 흡·배기 소음기, 방음커버의 역할이다.
② 간접효과는 있을 수 있으나 냉각기의 주목적이 아니다.
④ 방진 패드·앵커·밸런싱의 영역이다.

미니 팁

압축 후 뜨거움 → 냉각기로 식힌다.

10 ☑☐☐☐☐

도면선 중 숨은 선(보이지 않는 모서리)을 나타낼 때 사용하는 선은 무엇인가?

① 가는 실선
② 굵은 실선
③ 파선
④ 가는 1점 쇄선

해설

보이지 않는 모서리·구멍 등 숨은 윤곽은 '가는 파선(숨은선, Hidden Line)'으로 그린다.
① 가는 실선은 치수선이다.
② 굵은 실선은 외형선이다.
④ 가는 1점 쇄선은 중심선 표현에 쓴다.

미니 팁

숨은 것은 끊어 보이게 = 파선

정답 07 ③ 08 ① 09 ③ 10 ③

11

버니어 캘리퍼스에서 주척눈금 1 [mm]와 버니어 50분할일 때 최소눈금(최소측정값)은 얼마인가?

① 0.02 [mm]   ② 0.05 [mm]
③ 0.1 [mm]   ④ 0.5 [mm]

해설

최소눈금 = 주척눈금/버니어 분할 수(직접 버니어)
1/50 = 0.02

미니 팁

50분할 → 0.02 [mm]
20분할 → 0.05 [mm]
10분할 → 0.1 [mm]

12

다이얼게이지의 주된 용도는 무엇인가?

① 내경 직독 측정   ② 편심·진동량 측정
③ 길이 절단   ④ 각도 설정

해설

다이얼게이지는 접촉자의 미세 변위를 바늘로 확대 표시하여 동심도, 편심, 흔들림 등을 본다.
① 내경은 내측 마이크로미터가 정확하다.
③ 길이 절단은 기능이 아니다.
④ 각도는 각도기다.

미니 팁

바늘이 미세한 흔들림을 잡아내면 다이얼게이지다.

13

TPM의 6대 손실에 포함되는 항목으로 옳은 것은 무엇인가?

① 보전예방 손실   ② 품질 결함 손실
③ 설계 손실   ④ 교육 손실

해설

전사적 생산보전(TPM)의 6대 손실은 고장·셋업·공정결손·감속·기동·품질결함 등이 핵심이다.

미니 팁

고장·셋업·품질결함은 대표 손실로 기억한다.

14

OEE(설비종합효율)의 구성 요소로 옳은 것은 무엇인가?

① 가동율·성능율·양품율
② 가동율·정지율·불량율
③ 성능율·불량율·고장율
④ 가동율·고장율·양품율

해설

설비종합효율(OEE) = 가동율(Availability) × 성능율(Performance) × 양품율(Quality)로 계산한다.

- 가동율 : 계획시간 대비 실제 가동시간 비율(고장·교체 등 정지 손실 반영)
- 성능율 : 가동시간 동안의 실제 생산속도/이상적 속도(속도저하 손실 반영)
- 양품율 : 총 생산량 대비 양품 비율(불량·재작업 손실 반영)

미니 팁

OEE = '가양성'으로 외운다.

정답 11 ① 12 ② 13 ② 14 ①

15 ☑☐☐☐☐

나사의 기본 요소 중 피치의 정의로 옳은 것은 무엇인가?

① 인접한 두 산의 축방향 거리
② 1회전 당 이동 거리의 두 배
③ 나사산 높이
④ 리드와 동일한 값

해설

피치는 인접 산(또는 골) 사이의 축방향 거리이다. 단시작 나사에서는 리드 = 피치이다.

미니 팁

단시작 : 리드 = 피치
다시작 : 리드 = 피치 × 시작수

16 ☑☐☐☐☐

토크렌치 사용목적에 대한 설명으로 옳은 것은 무엇인가?

① 볼트를 더 빨리 조인다.
② 체결력을 일정하게 관리한다.
③ 나사산을 복원한다.
④ 마찰을 없앤다.

해설

토크렌치는 설정한 토크(비틀림 힘)까지 딱 맞춰 조이게 해주는 공구이다. 볼트마다 조임 힘을 균일하게 관리해 과조임(파손)이나 부족조임(풀림)을 예방한다.

미니 팁

토크 = '체결력 관리 도구'라고 기억한다.

17 ☑☐☐☐☐

공기탱크 하부 배수(드레인)를 주기적으로 실시하는 주된 이유는 무엇인가?

① 소음저감   ② 수분과 오염물 제거
③ 압력 상승   ④ 온도유지

해설

압축공기는 냉각되며 응축수(물)와 오일 미스트·녹·먼지가 탱크 바닥에 쌓인다. 배수를 주기적으로 해줘야 배관 부식·밸브 오작동·동절기 동결을 막고, 공압기기의 수명과 신뢰성을 유지할 수 있다. 드레인은 자동(플로트식/전자밸브식) 또는 수동으로 운용한다.

① 배수의 직접 목적이 아니다. 소음은 머플러·방음으로 해결한다.
③ 물을 뺀다고 압력이 오르는 것은 아니다. 다만 수분 제거로 시스템 손실이 줄어 안정운전에는 도움이 된다.
④ 배수는 온도유지 목적이 아니다. 온도는 냉각기·실내 환경에 좌우된다.

미니 팁

수분제거 = 드레인

18 ☑☐☐☐☐

유압회로에서 유량을 일정하게 유지하여 속도를 안정시키는 밸브는 무엇인가?

① 감압밸브   ② 유량제어밸브
③ 시퀀스밸브   ④ 리턴밸브

정답 15 ① 16 ② 17 ② 18 ②

해설

실린더·모터의 속도는 유량에 비례한다. 그래서 속도를 안정시키려면 유량을 일정하게 유지해야 하고, 이를 위해 유량제어밸브(특히 압력보상식 유량밸브)를 사용한다.

① 2차 측 압력을 낮춰 유지하는 밸브로, 유량 일정 기능이 아니다.
③ 설정 압력 도달 시 다음 회로를 여는 우선 동작 용도다.
④ 탱크 귀환 라인제어나 단순개폐에 쓰이며, 속도 안정 목적이 아니다.

미니 팁

속도제어 = 유량제어

19 ☑□□□□

그림 중 ㉠ ~ ㉣의 괄호에 들어갈 투상도의 명칭이 바르게 구성된 것은?

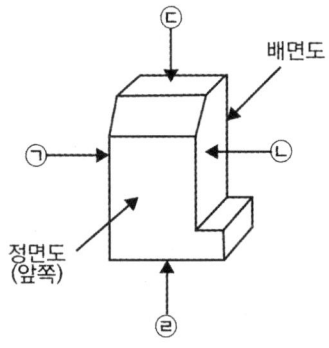

① ㉠ 우측면도 ㉡ 좌측면도
   ㉢ 저면도   ㉣ 평면도
② ㉠ 우측면도 ㉡ 좌측면도
   ㉢ 평면도   ㉣ 저면도
③ ㉠ 좌측면도 ㉡ 우측면도
   ㉢ 저면도   ㉣ 평면도
④ ㉠ 좌측면도 ㉡ 우측면도
   ㉢ 평면도   ㉣ 저면도

해설

화살표는 관찰하는 방향을 뜻한다.
왼쪽에서 바라보는 화살표 → 좌측면도
오른쪽에서 바라보는 화살표 → 우측면도
위에서 아래로 보는 화살표 → 평면도(윗면도)
아래에서 위로 보는 화살표 → 저면도

미니 팁

도면 화살표는 "어느 쪽에서 보나?"를 표시한다.
왼 → 좌측면, 오른 → 우측면, 위 → 평면, 아래 → 저면

20 ☑□□□□

유압 여과기(필터)에서 여과도 10 [μm]의 의미로 옳은 것은 무엇인가?

① 10 [μm] 크기의 입자만 통과한다.
② 10 [μm] 이상의 입자를 막는다.
③ 10 [μm] 이하의 입자를 모두 막는다.
④ 여과 성능과 무관한 숫자이다.

해설

정격 여과도는 그 이상 크기의 입자를 차단하는 기준을 말한다.

미니 팁

여과도 숫자는 차단기준 크기이다.

21 ☑□□□□

왕복동압축기의 장점으로 옳은 것은 무엇인가?

① 대유량 고속회전에 유리하다.
② 높은 압력까지 압축이 가능하다.
③ 진동이 거의 없다.
④ 송풍기보다 효율이 낮다.

해설

왕복동은 고압 형성이 용이하나 유량과 진동면에서 제약이 있다.
① 원심식(터보) 압축기가 유리하다.
③ 진동이 상대적으로 크다.
④ 효율이 낮다고 단정할 수 없다.

미니 팁
고압이 필요하면 왕복동을 떠올린다.

22 ☑□□□□
체결 부품에 로크와셔(스프링와셔)를 사용하는 주된 목적은 무엇인가?

① 강도를 높인다.　② 전기 절연을 한다.
③ 풀림을 억제한다.　④ 방수를 한다.

해설

스프링와셔는 탄성 변형으로 마찰을 높여 풀림을 줄인다.
① 구조 강도 향상효과는 제한적이다.
② 전기 절연 기능이 아니다.
④ 방수 기능이 없다.

미니 팁
풀림방지 부품은 로크와셔이다.

23 ☑□□□□
유압동력을 직선왕복 운동으로 변환하는 기구는?

① 유압모터　② 요동모터
③ 유압실린더　④ 유압펌프

해설

실린더는 압력을 힘으로 바꿔 직선 왕복운동을 만든다.
①, ③ 회전·요동장치이다.
④ 유체에 에너지를 주는 장치이다.

미니 팁
실린더 힘 = 압력 × 면적

24 ☑□□□□
입구 측 압력을 그와 거의 비례한 높은 출력 측 압력으로 변환하는 기기는?

① 축압기　② 차동기
③ 여과기　④ 증압기

해설

증압기(압력 인텐시파이어, Booster)는 피스톤 면적비를 이용해 입구의 낮은 압력을 더 높은 출력 압력으로 바꿔 준다. 따라서 입력 압력이 변하면 면적비에 비례해 출력 압력도 거의 비례하여 변한다.
① 압력을 저장/완충하는 장치이지 압력을 높이지 않는다.
② 일반적으로 차압을 감지·전달하는 장치(차동실린더 등)로 증압 용도가 아니다.
③ 유체의 오염 제거장치다.

미니 팁
"압력을 올린다"가 보이면 부스터(증압기)로 연결한다. "저장"이면 축압기, "깨끗하게"면 여과기이다.

25 ☑□□□□

금속과 반응해서 저융점 물질을 형성하여 금속 표면의 요철을 고르게 하고 미끄러지기 쉽게 하는 물질로서 그리스에 첨가하는 첨가제로 옳은 것은?

① 극압제
② 유동점 강하제
③ 부식방지제
④ 점도지수 향상제

해설

극압제(EP Additive)는 황·인·염소 성분 등을 포함하여 금속 표면과 화학 반응해 저융점의 보호막(트리보필름)을 만든다. 이 막이 요철을 메워 마찰과 마모를 줄이고 미끄러지기 쉽게 해 준다. 그래서 하중이 큰 기어·베어링의 그리스에 자주 넣는다.
② 기름이 저온에서 굳지 않게 유동점을 낮추는 첨가제다. 금속과 반응해 막을 만들지 않는다.
③ 금속을 녹·부식으로부터 보호하는 억제제다. 극압용 보호막과 목적이 다르다.
④ 온도가 바뀌어도 점도 변화를 줄이는 고분자 첨가제다. 마찰면 화학막 형성과 무관하다.

미니 팁
하중이 크다(Extreme Pressure). → EP 첨가제가 금속과 반응해 희생막을 만든다.

26 ☑□□□□

어큐뮬레이터회로 목적에 해당되지 않는 것은?

① 저속작동회로
② 압력유지회로
③ 압력완충회로
④ 보조동력원회로

해설

축압기(어큐뮬레이터)는 압축된 가스에 유체를 저장해 두었다가 유량·압력을 보충하는 장치다. 주된 용도는 압력유지(펌프 정지/리크 보상), 압력완충(맥동·수격 흡수), 보조 동력원(피크 유량·비상 구동)이다. 즉, 필요 순간에 짧게 많은 유량을 공급해 동작을 돕는 성격이 강하므로 "저속 작동회로"는 목적에 맞지 않는다. 오히려 고속·피크 유량 보조에 가깝다.

미니 팁
어큐뮬레이터 = 유량 보조·압력유지·충격 흡수 → "빠르게 보태 주는 기기"

27 ☑□□□□

윤활기의 작동 원리는?

① 파스칼의 원리
② 벤추리 원리
③ 아르키메데스의 원리
④ 보일·샤를의 원리

해설

공압용 윤활기(루브리케이터)는 유로에 벤추리(목 좁아짐)를 만들어 공기 유속을 높여 정압을 낮춘다. 이때 생긴 저압(흡입효과)로 오일이 위로 끌려 올라와 미세 입자로 분무되어 공기와 함께 흐른다. 그래서 밸브·실린더 내부에 얇은 윤활막이 형성된다.
① 밀폐된 액체의 압력 균등 전달 원리
③ 부력에 관한 법칙
④ 기체의 압력, 부피, 절대온도 사이의 관계를 나타낸 식

미니 팁
FRL 기억 : F(필터) – R(레귤레이터) – L(루브리케이터), 여기서 L은 벤추리로 오일을 빨아 올려 분무한다.

정답 ● 25 ① 26 ① 27 ②

28 ☑□□□□

일반적으로 사용되는 압력계는 대부분 어떤 것을 택하는가?

① 게이지압력 ② 절대압력
③ 평균압력   ④ 최고압력

해설

현장 계기는 대기압기준의 게이지압을 쓴다.
② 진공·열역학 용도다.

미니 팁

게이지압 = 절대압 - 대기압

29 ☑□□□□

다음과 같은 방향제어밸브의 명칭은?

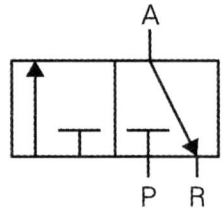

① 2포트 2위치밸브
② 3포트 2위치밸브
③ 4포트 2위치밸브
④ 5포트 2위치밸브

해설

방향제어밸브기호는 네모 칸 개수 = 위치 수, 외곽에 표시된 접속구 개수 = 포트 수다.
그림에는 칸이 2개(2-Position)이고, 접속구가 P(압력)·A(출력)·R(리턴)로 3개이므로 3포트 2위치(3/2)밸브가 맞다.

미니 팁

위치 = 칸 수, 포트 = 문자(P, A, B, R, T 등) 개수

30 ☑□□□□

그림의 기호가 나타내는 것은? (감압밸브/시퀀스/릴리프/언로딩 중)

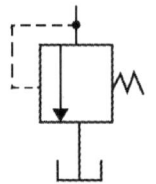

① 감압밸브(Reducing Valve)
② 시퀀스밸브(Sequence Valve)
③ 릴리프밸브(Relief Valve)
④ 무부하밸브(Unloading Valve)

해설

종류	기호
릴리프밸브 (Relief Valve)	
감압밸브 (Reducing Valve)	
시퀀스밸브 (Sequence Valve)	
무부하밸브 (Unloading Valve)	

미니 팁

압력제어 4총사 : 릴리프·감압·시퀀스·무부하밸브

정답 28 ① 29 ② 30 ③

31 ☑☐☐☐☐
공압발생장치의 구성상 필요 없는 장치는?

① 방향제어밸브 ② 에어쿨러
③ 공기압축기   ④ 에어드라이어

해설
공압발생장치는 압축공기를 만들어 내고(압축기), 식히고(에어쿨러), 건조·정화(에어드라이어)하는 계통을 말한다. 반면 방향제어밸브는 만들어진 압축공기를 액추에이터로 보내는 제어·분배용 부품이므로 발생장치 구성에는 포함되지 않는다.

미니 팁
발생계 : 압축기 → 쿨러 → 드라이어 → 탱크
제어계 : 방향제어밸브, 유량밸브 등

32 ☑☐☐☐☐
밸브의 양쪽 입구로 고압과 저압이 각각 유입될 때 고압 쪽이 출력되고 저압 쪽이 폐쇄되는 밸브는?

① OR밸브   ② 체크밸브
③ AND밸브   ④ 급속배기밸브

해설
OR(셔틀)밸브는 두 입력 중 압력이 더 높은 쪽을 자동 선택해 출력으로 보내고, 낮은 쪽은 셔틀 플러그가 막아 폐쇄된다. 그래서 두 신호 중 하나만 있어도 동작시키는 OR로직을 만든다.

② 한 방향 흐름만 허용하는 역지밸브로 고압 선택 기능이 없다.
③ 두 입력이 동시에 있어야 출력이 생기며, 서로 다른 압력일 때는 작은 압력 수준으로 출력된다.
④ 실린더 배기를 대기 중으로 빨리 빼는 밸브로 선택 기능이 아니다.

미니 팁
- OR = 셔틀(높은 압력 선택)
- AND = 2압(둘 다 들어와야, 작은 압력 출력)

33 ☑☐☐☐☐
유압모터를 선택하기 위한 고려사항이 아닌 것은?

① 체적 및 효율이 우수할 것
② 모터의 외형 공간이 충분히 클 것
③ 주어진 부하에 대한 내구성이 클 것
④ 모터로 필요한 동력을 얻을 수 있을 것

해설
외형이 크면 좋다는 의미는 없다. 공간 제약 하에 성능·효율·내구성이 중요하다.

미니 팁
정격 토크·속도, 시작토크, 누유량 등을 확인한다.

34 ☑☐☐☐☐
전동기의 전자력은 어떤 법칙으로 설명하는가?

① 플레밍의 오른손법칙
② 플레밍의 왼손법칙
③ 렌츠의 법칙
④ 비오 – 사바르의 법칙

정답 31 ① 32 ① 33 ② 34 ②

해설

전동기는 자기장 속의 도체에 전류가 흐를 때 힘(토크)이 생겨 회전한다. 플레밍의 왼손법칙은 첫째 손가락 = 자기장, 둘째 = 전류, 엄지 = 힘(운동) 방향을 알려준다. 그래서 전동기의 회전방향을 판단할 때 왼손법칙을 쓴다.
① 발전기에서 유도기전력의 방향을 정할 때 사용한다.
③ 유도전류의 방향(자속 변화에 반대)을 정하는 법칙이다.
④ 전류가 만드는 자기장의 크기·방향을 구하는 식이다.

미니 팁
암기 : 전동기 = 왼손, 발전기 = 오른손

35 ☑☐☐☐☐

변압기 및 전기기기의 철심으로 얇은 철판을 겹쳐서 사용하는 이유는?

① 자기 흡인력을 줄이기 위해
② 유도기전력을 줄이기 위해
③ 맴돌이전류손을 줄이기 위해
④ 상호 인덕턴스를 줄이기 위해

해설

교류 자속이 철심을 통과하면 철심 내부에 맴돌이전류(와전류)가 생겨 열로 손실이 난다. 철심을 얇은 규소강판으로 성층하면 전류가 흐를 통로가 잘려 와전류가 작아져 손실과 발열이 크게 줄어든다. 동시에 히스테리시스 손실도 규소강 사용으로 감소한다.

미니 팁
성층(얇게 겹침) → 전류 통로 절단 → 와전류 손실 ↓, 발열 ↓

36 ☑☐☐☐☐

농형 유도 전동기의 기동법으로 맞지 않는 것은?

① 2차 저항법
② 전전압 기동법
③ Y - △ 기동법
④ 기동 보상기법

해설

2차 저항 기동법은 회전자회로에 외부저항을 삽입해 기동전류를 줄이고 기동토크를 높이는 방식인데, 이는 권선형 유도 전동기에서만 가능하다. 농형 유도 전동기는 회전자 도체가 일체형이어서 외부 저항을 연결할 수 없다.
② 전원을 그대로 투입하는 방법
③ 기동 시 Y로 전압을 낮춰 전류를 줄인 뒤 운전 시 △로 전환하는 방법
④ 변압기로 전압을 낮춰 기동전류를 줄이는 방법

미니 팁
농형 : 전전압, Y-△, 기동보상기법
권선형 : 2차 저항법

37 ☑☐☐☐☐

직류기를 구성하는 주요 부분으로 맞지 않는 것은?

① 계자
② 전기자
③ 정류자
④ 필터

정답 ● 35 ③ 36 ① 37 ④

> **해설**

직류기(DC 발전기·모터)의 주요 구성은 계자(Field), 전기자(Armature), 정류자(Commutator), 브러시 등이다. 계자는 자계를 만들고, 전기자는 회전하면서 기전력/토크를 만든다. 정류자는 교번 전류를 직류로 정류(또는 토크방향유지)한다. 필터는 전원 잡음을 줄이거나 맥동을 평활하는 외부 회로 부품으로, DC기의 기본 기계 구성에는 포함되지 않는다.

> **미니 팁**

DC기 4총사 : 계자 – 전기자 – 정류자 – 브러시
"필터/콘덴서" 같은 전자부품은 외부회로다.

38 ☑☐☐☐☐

직류 전동기의 속도제어방법이 아닌 것은?

① 계자제어법 ② 저항제어법
③ 전압제어법 ④ 주파수제어법

> **해설**

직류 전동기 속도식 $N = K\dfrac{V - I_a R_a}{\phi}$ [rpm]

구분	제어 특성	특징
계자제어 (ϕ)	• 계자로 자속을 가감하여 속도조절 • 정출력제어, 효율 양호 • 정류 불량	직권에서 자속(ϕ)이 작으면 과속이 되므로 주의할 것
전압제어 (V)	• 단자전압을 가감하는 방법 • 정토크제어 • 고가, 광범위한 속도제어	워드 레오나드, 일그너방식
저항제어 (R_a)	• 전기자권선에 직렬로 저항을 삽입하여 속도조절 • 효율이 나쁨 • 제어 범위가 좁음	분권 및 타여자는 정속도 특성을 잃음

> **미니 팁**

직류 전동기 속도 = 전압↑, 계자자속↓, 저항↓ → 속도↑

39 ☑☐☐☐☐

전류계와 전압계를 회로에 동시에 연결할 때 접속방법으로 옳은 것은?

① 전류계 - 병렬, 전압계 - 직렬
② 전류계 - 병렬, 전압계 - 병렬
③ 전류계 - 직렬, 전압계 - 직렬
④ 전류계 - 직렬, 전압계 - 병렬

> **해설**

전류는 흐름 그 자체를 측정하므로 회로에 직렬로 넣어야 한다. 전압은 두 점 사이의 전위차를 보므로 대상 소자에 병렬로 물린다. 전류계를 병렬로 물리면 내부 저항이 낮아 단락 사고 위험이 크다.

> **미니 팁**

기본 특징 : 전류계 내 저항은 매우 낮고, 전압계 내 저항은 매우 높다.

40 ☑☐☐☐☐

서브머지드아크용접에서 사용하는 용제 중 흡습성이 가장 적은 것은?

① 용융형 ② 혼성형
③ 고온소결형 ④ 저온소결형

정답 38 ④ 39 ④ 40 ①

해설

용융형 용제는 유리처럼 녹여 급랭시켜 만들기 때문에 수분 흡수에 비교적 강하다.
②, ③, ④ 소결계로 수분 영향이 상대적으로 크다.

미니 팁

용제는 건조 보관과 예열로 수분을 항상 관리한다.

41 ☑☐☐☐☐

고주파 교류 전원을 사용하여 TIG용접을 할 때 장점으로 틀린 것은?

① 긴 아크유지가 용이하다.
② 전극봉의 수명이 길어진다.
③ 비접촉으로 오염을 방지한다.
④ 동일 전극봉 크기 사용전류 범위가 작다.

해설

TIG용접에 고주파(HF) 교류 전원을 쓸 경우
• 긴 아크길이에서도 안정유지가 쉽다.
• 비접촉(HF 스타트)으로 아크를 붙여 텅스텐과 모재 오염·접촉 손상을 줄인다.
• 전극이 달라붙는 일이 줄고 아크가 안정해 전극 수명이 길어지는 경향이 있다.

미니 팁

교류 TIG의 키워드 : 재점화 안정화·비접촉 시동·전극 보호 → 아크유지가 쉽고 오염이 줄어든다.

42 ☑☐☐☐☐

용접설계상 주의사항으로 틀린 것은?

① 용접에 적합한 설계를 할 것
② 구조상의 노치부가 생성되게 할 것
③ 결함이 생기기 쉬운 용접방법은 피할 것
④ 용접이음이 한곳으로 집중되지 않게 할 것

해설

용접설계의 기본은 응력집중을 줄이고, 결함 가능성을 낮추며, 시공성을 높이는 것이다.
노치는 응력집중을 일으켜 균열의 시발점이 되므로 만들어서는 안 된다.

미니 팁

용접설계 3원칙 : 응력집중 최소화(노치 금지)·이음 분산·시공성 확보

43 ☑☐☐☐☐

피복아크용접봉에서 피복제의 주된 역할이 아닌 것은?

① 용융금속의 용적을 미세화하여 용착효율을 높인다.
② 용착금속의 응고와 냉각속도를 빠르게 한다.
③ 스패터의 발생을 적게 하고 전기 절연작용을 한다.
④ 용착금속에 적당한 합금원소를 첨가한다.

정답 ▶ 41 ④ 42 ② 43 ②

해설
피복제(플럭스)는 아크를 안정시키고, 가스를 만들어 용융지를 보호하며, 슬래그를 형성해 비드를 매끈하게 만들고, 탈산·정련과 합금 원소 첨가도 한다. 또한 철분분말계처럼 피복에 철분을 넣어 용착 효율을 높일 수도 있다.
중요 포인트는 슬래그와 피복재는 열을 어느 정도 가두어 냉각을 "느리게" 만드는 경향이 있다는 것. 급랭이 아니라 완만한 냉각으로 균열을 줄이는 데 도움이 된다.

미니 팁
냉각은 빠르게가 아니라 대체로 느리게

44
예열의 목적 설명으로 틀린 것은?

① 수소 방출을 용이하게 하여 저온균열을 방지한다.
② 모재 HAZ와 용착금속의 연화를 방지하고 경화를 증가시킨다.
③ 기계적 성질 향상, 경화조직 석출방지에 도움 된다.
④ 온도분포 완만으로 열응력·변형·잔류응력 감소에 도움 된다.

해설
예열은 냉각속도를 늦춰 수소를 방출시키고(저온균열 방지), 온도변화를 완만하게 해서 열응력과 변형을 줄이는 목적이다. 또한 급냉을 막아 마르텐사이트 같은 경화조직 형성(과도한 경화)을 줄여 균열 위험을 낮춘다.

미니 팁
"예열 = 수소 빠짐↑, 경화조직↓, 응력↓"로 기억
※ HAZ(Heat-Affected Zone) : 용접 열영향부

45
다음 중 용접작업에 있어 가용접 시 주의해야 할 사항으로 옳은 것은?

① 본용접보다 높은 온도로 예열을 한다.
② 개선 홈 내의 가접부는 백치핑으로 완전히 제거한다.
③ 가접 위치는 주로 부품의 끝 모서리에 한다.
④ 용접봉은 본용접작업 시에 사용하는 것보다 두꺼운 것을 사용한다.

해설
가용접(태킹)은 본용접 전 위치 고정이 목적이다.
① 예열은 모재·두께·수소취성 위험에 맞춰 정하고, 가용접 때문에 더 높게 하는 게 원칙이 아니다. 오히려 가용접은 짧고 작은 열입으로 변형을 억제한다.
③ 끝·시점·종점, 응력 집중부는 가능하면 피한다. 필요시 중앙부 위주로 균등 간격 배치한다.
④ 가용접은 본용접과 같거나 더 작은 지름과 작은 전류로 짧게 한다. 두껍게 쓰면 열입 과대·변형 유발한다.

미니 팁
"두꺼운 맞대기 + 양면용접"이면 가접부 = 백치핑으로 제거라고 기억한다. 결함 씨앗을 미리 없애는 과정이다.

46
다음 중 아크절단법이 아닌 것은?

① 스카핑   ② 금속아크절단
③ 아크에어가우징 ④ 플라즈마제트

정답 44 ② 45 ② 46 ①

해설

아크절단은 전기아크의 열을 이용해 금속을 녹이거나 불어내서 절단·가공하는 방법을 말한다. 스카핑(Scarfing)은 보통 가스(산소 - 가스)화염으로 표면 결함을 넓게 깎아내는 작업이어서 아크를 쓰지 않는다.

② 피복아크(전극봉)로 아크 열을 이용해 절단하는 방법이다.
③ 탄소 전극아크로 녹인 금속을 압축공기로 불어내는 가공으로, 아크를 사용한다.
④ 이온화된 가스 제트에 아크 열원을 이용하는 대표적 아크 기반 절단이다(전원은 보통 DC).

미니 팁

문제에 "아크절단"이 나오면 전기아크가 있냐 없냐만 먼저 본다. 가스 화염만 쓰면 아크절단이 아니다.
→ 스카핑

47 ☑☐☐☐☐

다음 중 가스절단작업 시 주의사항으로 틀린 것은?

① 가스절단에 알맞은 보호구를 착용한다.
② 절단 진행 중에 시선은 절단면을 떠나서는 안 된다.
③ 호스는 흐트러지지 않도록 정해진 꼬임상태로 작업한다.
④ 가스 호스가 용융금속이나 산화물의 비산으로 인해 손상되지 않도록 한다.

해설

가스 호스는 절대로 꼬이면 안 된다. 꼬임은 가스 흐름을 막고 압력 변동·과열·파손을 부를 수 있다. 안전한 배치는 직선에 가깝고, 굴곡은 완만하게, 통행로를 피해서, 바닥에 질질 끌리지 않게가 원칙이다.

미니 팁

가스절단 호스 3원칙 : 꼬임 금지·눌림 금지·열원/날 끝 회피

48 ☑☐☐☐☐

플라즈마아크용접장치에서 아크플라즈마의 냉각가스로 쓰이는 것은?

① 아르곤과 수소의 혼합가스
② 아르곤과 산소의 혼합가스
③ 아르곤과 메탄의 혼합가스
④ 아르곤과 프로판의 혼합가스

해설

플라즈마아크용접(PAW)에서는 토치 내에 플라즈마가스(주로 아르곤)에 소량의 수소(보통 2 ~ 10 [%])를 섞어 쓴다. 수소는 열전도율이 크고 주위(외곽) 아크 기둥을 빠르게 냉각시켜 아크를 수축(컨스트릭션)시키는 효과가 있어 에너지 밀도와 침투가 증가한다. 또한 환원성 분위기를 만들어 스테인리스 등에서 산화와 기공을 줄이는 데도 유리하다.

② 산소는 산화성이 강해 텅스텐 전극 산화·오염을 유발하므로 PAW의 냉각·수축 용도로 쓰지 않는다.
③, ④ 탄화수소는 분해되어 카본 생성·아크 불안정·모재 탄소 흡수를 일으켜 부적절하다.

미니 팁

PAW가스 기억 플라즈마 : 아르곤 + 수소

정답 47 ③ 48 ①

49

산소와 아세틸렌용기의 취급상 주의사항으로 옳은 것은?

① 직사광선이 잘 드는 곳에 보관한다.
② 아세틸렌병은 눕혀서 사용한다.
③ 산소병은 40 [℃] 이하 온도에서 보관한다.
④ 산소병 내에 다른 가스를 혼합해도 된다.

해설

고압가스용기는 규정 온도 이하, 통풍 좋은 장소에 세워 보관한다.
① 고온·직사광선은 위험하다.
② 눕혀 사용 금지다.
④ 혼합 금지다.

미니 팁

운반은 캡을 씌우고 넘어뜨리지 않는다.

50

피복아크용접봉에 탄소량을 적게 하는 가장 큰 이유는?

① 스패터방지를 위하여
② 균열방지를 위하여
③ 산화방지를 위하여
④ 기밀유지를 위하여

해설

피복아크용접봉(특히 연강용)에서 탄소량을 낮추는 가장 큰 이유는 균열(특히 수소에 의한 냉간균열)을 예방하기 위해서다. 수소가 조금만 들어가도 균열 위험이 커진다. 그래서 전극 금속은 보통 저탄소·저수소계로 설계한다.

① 전류·극성·아크안정제가 더 직접적 원인이다.
③ 산화는 차폐·탈산 성분(Fe - Mn - Si 등)과 플럭스 작용이 주로 좌우한다.
④ 기밀은 주로 비드 형상·융합·결함(기공, 크랙) 유무에 달려 있으며, 탄소저감의 1차 목적은 아니다.

미니 팁

암기 : C↓ → 경화성↓ → 인성↑ → 균열↓

51

탄산가스아크용접의 장점이 아닌 것은?

① 가스아크이므로 시공이 편리하다.
② 적용 재질이 철계로 한정된다.
③ 용착 금속의 기계·금속학적 성질이 우수하다.
④ 전류 밀도가 높아 용입이 깊고 속도가 빠르다.

해설

탄산가스아크용접(MAG - CO_2)은 활성가스 차폐로 전류밀도를 크게 걸 수 있어 용입이 깊고 용접속도가 빠르며, 연강·저합금강에서 기계적 성질도 양호한 용접부를 얻기 쉽다. 또 와이어 송급 자동화로 시공이 편리하다.
반면 CO_2는 비철금속(Al, Cu 등)에는 부적합하여 주 용도가 철계 재료로 제한된다.

미니 팁

CO_2용접 키워드 : 생산성↑(깊은 용입·빠른 속도), 경제적, 비철 불가

52 ☑□□□□

산소-아세틸렌가스불꽃의 종류 중 불꽃온도가 가장 높은 것은?

① 탄화불꽃　　② 중성불꽃
③ 산화불꽃　　④ 아세틸렌불꽃

해설

산소-아세틸렌불꽃은 산소 혼합비에 따라 탄화(감쇠)불꽃, 중성불꽃, 산화불꽃으로 나눈다. 이 중 산소가 과잉인 산화불꽃이 일반적으로 가장 높은 불꽃온도를 낸다.

미니 팁

온도 높음 순서(대략) : 산화 > 중성 > 탄화

53 ☑□□□□

피복아크용접에서 아크길이를 너무 길게 하면 생기기 쉬운 현상은?

① 스패터 감소와 용입 증가
② 아크 불안정과 비드 산화
③ 융합 개선과 기공 감소
④ 슬래그 박리성 향상

해설

아크길이가 길어지면 아크전압이 올라가고, 용융풀이 공기와 더 많이 접촉한다. 그래서 아크가 불안정해지고 산소·질소가 섞여 산화·기공이 늘기 쉽다. 비드 모양도 거칠어지고 스패터·언더컷 발생 위험이 커진다.

① 스패터 감소와 용입 증가 보통 반대다. 스패터↑, 용입↓ 경향이 있다.
③ 융합 개선과 기공 감소 길면 융합 불량·기공 증가가 나오기 쉽다.
④ 슬래그 박리성 향상 아크가 불안정해지면 오히려 슬래그 박리성 악화 가능성이 있다.

미니 팁

SMAW기본 : 아크길이 ≈ 전극 지름의 1/2 정도

54 ☑□□□□

피복아크용접에서 전류가 과다할 때 주로 나타나는 결함은?

① 언더컷　　② 루트 용입 부족
③ 기공　　　④ 미세 균열

해설

피복아크용접에서 전류가 과다하면 용융지가 과도하게 유동하고 가장자리가 깎여 나가 언더컷(모재 모서리에 생긴 홈)이 생기기 쉽다. 또한 비드가 너무 넓어지고 스패터 증가·과용입(번스루) 위험도 커진다. 전류는 전극 지름·자세·모재 두께에 맞춰 규정 범위로 낮춰야 한다.
② 보통은 전류 부족·열입 부족 때 나타난다.
③ 주로 함수 전극·표면 오염·가스 차폐 불량 원인이다.
④ 급랭·수소취성·열응력 등이 주원인이다.

미니 팁

• 전류 과다 → 언더컷·스패터↑
• 전류 부족 → 용입 부족·융합 불량

55 ☑☐☐☐☐
산소 – 아세틸렌절단에서 절단 불가능한 재료는?

① 탄소강 ② 저합금강
③ 스테인리스강 ④ 연강

해설
스테인리스강은 산화막이 쉽게 용융·배출되지 않아 일반 산소절단이 곤란하다.

미니 팁
스테인리스·알루미늄은 플라즈마나 레이저절단을 고려한다.

56 ☑☐☐☐☐
가스절단 시 중성화염(Neutral Flame)의 특징으로 옳은 것은?

① 아세틸렌 과다로 탄화 경향이 있다.
② 산소 과다로 산화 경향이 강하다.
③ 1차 화염과 2차 화염의 길이가 균형을 이룬다.
④ 푸른색의 2차 화염만 길게 남는다.

해설
중성화염은 연료와 산소가 화학량론적으로 맞아 1·2차 화염이 균형을 이룬다.
① 탄화화염의 특징이다.
② 산화화염의 특징이다.
④ 과장된 표현이다.

미니 팁
절단·일반 가열에는 중성화염이 기본이다.

57 ☑☐☐☐☐
다음 중 장갑을 착용하고 작업해도 좋은 작업은?

① 선반작업 ② 밀링작업
③ 용접작업 ④ 드릴작업

해설
회전기계(선반, 밀링, 드릴)는 장갑이 말려 들어갈 수 있어 위험하다. 용접은 뜨거운 불꽃과 금속을 다루므로 가죽장갑을 착용한다.
①, ②, ④ 회전체에 손이 말려 들어갈 수 있어 장갑 금지다.

미니 팁
'회전체 + 장갑 = 위험' 공식을 기억한다.

58 ☑☐☐☐☐
다음 중 크레인의 안전장치에 속하지 않는 것은?

① 백레스트 ② 권과방지장치
③ 비상정지장치 ④ 과부하방지장치

해설
크레인 안전장치에는 대표적으로 권과방지장치(후크가 권상 끝까지 말려 들어가는 것 방지), 과부하방지장치(정격하중 초과 시 동작 차단), 비상정지장치(위험 시 즉시 정지) 등이 있다.
백레스트(Backrest)는 주로 지게차 포크 뒤 보호대를 의미하는 장치로, 크레인의 법정 안전장치 분류에 포함되지 않는다.

미니 팁
크레인 3대 필수 기억 : 권과·과부하·비상정지

정답 55 ③ 56 ③ 57 ③ 58 ①

59 ☑☐☐☐☐
안전사고 발생의 가장 큰 원인은?

① 천재지변 ② 불안전한 행동
③ 시설의 결함 ④ 불안전한 조건

해설

사람이 규칙을 어기거나 서두르는 등 불안전한 행동이 사고의 가장 큰 원인으로 알려져 있다.
통계·이론(하인리히법칙 등)에서도 사고의 대부분은 작업자의 잘못된 행동에서 시작된다고 본다.
예) 보호구 미착용, 안전절차 무시, 장난·지시 불이행, 점검 미실시 등
① 드물다.
③, ④ 원인이지만 통계적으로 행동 요인이 더 많다.

미니 팁

작업 전 점검, 보호구 착용, 절차 준수가 불안전 행동을 줄인다.

60 ☑☐☐☐☐
재해예방대책을 수립하여 실천하는 경영자의 자세로 바람직하지 않은 것은?

① 경영자는 생산성을 고려하여 재해예방활동을 탄력적으로 실시한다.
② 경영자는 안전관리를 위한 투자가 일차적인 생산투자임을 인식하여야 한다.
③ 경영자는 기업의 사회적 가치를 확보하기 위하여 재해예방활동에 노력하여야 한다.
④ 경영자는 재해를 예방하는 길이 곧 노사관계를 안정시킬 수 있는 지름길임을 인식하여야 한다.

해설

안전은 생산성에 종속되는 선택 항목이 아니라 최우선 원칙이다. "생산 상황을 봐서 안전활동을 줄였다 늘렸다"는 탄력 운용은 사고 위험을 키우고 장기적으로는 생산성·품질도 해친다. 올바른 경영자자세는 안전 우선(S) → 품질(Q) → 납기(D) → 원가(C) 순서를 지키는 것이다.

미니 팁

"생산 때문에 안전 축소" 문구가 보이면 오답신호다.

정답 ▶ 59 ② 60 ①

2025 제3회 CBT 복원

01 ☑☐☐☐☐

기어의 기초원 위에서 두 기어가 서로 미끄럼 없이 구른다고 가정할 때 일정한 속도비를 유지하는 법칙은 무엇인가?

① 피치원법칙
② 압력각법칙
③ 속도비 일정법칙(기어 치형 법칙)
④ 접촉비법칙

해설

기어 치형 법칙(= 속도비 일정법칙)은 두 기어가 맞물려 굴러갈 때 두 치면의 공통법선이 항상 선심선(두 축을 잇는 선)의 한 고정점(피치점)을 지나야 한다는 법칙이다. 이 조건이 만족되면 각속도비가 언제나 일정해져 미끄럼 없이 균일하게 전달된다.
① 피치원은 기준 원이지만 "속도비가 항상 일정해지는 조건"을 말한 법칙 이름은 아니다.
② 압력각은 힘의 작용각을 뜻하고, 값이 얼마냐의 문제이지 속도비 일정 조건 자체를 규정하지 않는다.
④ 한 치아가 물려 있는 겹침 정도(평균 동시에 물리는 이수)를 말하며, 부드러움과 관련은 있어도 속도비 일정 조건과는 다르다.

미니 팁

"공통법선이 항상 같은 점(피치점)을 지난다" → 속도비 일정

02 ☑☐☐☐☐

기어의 백래시가 너무 작을 때 주로 발생하는 문제는 무엇인가?

① 충격과 소음 증가
② 발열
③ 윤활유 누설
④ 속도비 변화 증가

해설

백래시가 너무 작으면 이가 지나치게 타이트하게 맞물려 윤활막이 깨지고 마찰·발열이 증가한다. 온도상승 시 열팽창으로 치합이 더 빡빡해져 스코어링(긁힘)·과마모·시이징(바인딩) 위험까지 커진다. 결과적으로 손실이 커져 효율이 떨어진다.
① 보통은 백래시가 과다할 때 '헛유격'으로 충격·덜걱거림이 커진다.
③ 백래시 크기와 직접적 상관이 없다(주로 씰·하우징 문제).
④ 정밀 치형에선 속도비는 기하적으로 일정하다.

미니 팁

백래시 : 너무 작다 → 끼임·발열·효율↓,
너무 크다 → 충격·소음↑

03 ☑☐☐☐☐

V벨트 구동에서 벨트 장력이 지나치게 크면 생기는 문제로 옳은 것은 무엇인가?

① 풀리 미끄럼이 증가
② 축과 베어링에 과부하
③ 전달능력 감소
④ 벨트가 늘어지며 소음이 감소

> **해설**

V벨트 장력이 과다하면 벨트가 풀리 홈을 세게 죄어 축·베어링에 큰 반력이 걸린다. 그 결과 베어링 발열·수명 저하·축 굽힘 증가가 생기고, 벨트 자체도 피로·균열이 빨라진다. 장력이 너무 크다고 해서 항상 전달능력이 좋아지는 것도 아니다. 오히려 손실과 마모가 커진다.
① 장력이 작을 때 접촉력이 부족하여 발생한다.
③ 일반적으로는 장력이 작을 때 감소한다.
④ 과다 장력이면 늘어지지 않고 오히려 소음·진동·발열이 증가하기 쉽다.

> **미니 팁**

과소 = 미끄럼, 과다 = 베어링 과부하

04 ☑□□□□

체인 구동의 장점으로 옳은 것은 무엇인가?

① 윤활이 필요 없다.
② 정확한 속도비유지가 어렵다.
③ 진동과 소음이 적다.
④ 벨트에 비해 미끄럼이 없다.

> **해설**

체인은 스프로킷 이와 맞물림(포지티브 드라이브)으로 동력을 전달하므로 미끄럼이 없고 속도비가 정확하다. 중심거리(축 간격)가 약간 변해도 슬립 없이 전달되지만 장력 조정은 필요하다.
① 체인은 마찰·마모가 있어 윤활이 필수다.
② 정확한 속도비유지가 장점이다(다만 다각형 효과로 미세 맥동은 있다).
③ 운전 시 순간속도가 불안정하고 충격, 진동, 소음이 발생한다.

> **미니 팁**

체인 한 줄 : 무슬립·정확한 속도비·큰 힘 전달
(하지만 윤활·소음·무게는 단점)

05 ☑□□□□

유압모터의 회전 속도를 높이고자 할 때 직접적으로 조정해야 하는 것은 무엇인가?

① 압력
② 유량
③ 온도
④ 유체 비중

> **해설**

유압모터 속도는 공급 유량에 정비례한다. 따라서 속도를 올리려면 유량을 직접 조정하면 된다.
① 주로 토크에 영향만 있다.
③ 점도·효율에 간접 영향만 있다.
④ 설계 파라미터에 가까워 속도제어변수가 아니다.

> **미니 팁**

속도 = 유량, 토크 = 압력으로 기억한다.

06 ☑□□□□

다음 그림과 같은 밸브의 주된 기능은 무엇인가?

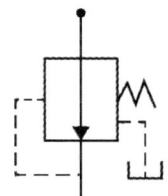

① 설정 압력 이상에서 배출한다.
② 2차 측 압력을 일정하게 낮춘다.
③ 역류를 차단한다.
④ 순서를 제어한다.

정답 04 ④ 05 ② 06 ②

해설

그림의 기호는 감압밸브(Pressure Reducing Valve)를 나타낸다. 감압밸브는 1차 측의 높은 압력을 받아 2차 측에서 일정한 낮은 압력으로 유지한다.
① 설정 압력 이상에서 배출 → 릴리프밸브 기능
③ 역류 차단 → 체크밸브 기능
④ 순서제어 → 설정 압력 도달 시 다음 회로 여는 시퀀스밸브 기능

미니 팁

압력제어기호 : 내부 수직 화살표 = 감압, 탱크로 우회 화살표 = 릴리프, 체크 표시 포함 = 시퀀스

07 ☑☐☐☐☐

유압 배관에서 호스 대신 강관을 쓰는 주된 이유로 옳은 것은 무엇인가?

① 가격이 항상 더 저렴하다.
② 고온·고압에서 강성이 크다.
③ 설치가 더 쉽다.
④ 진동 흡수에 더 유리하다.

해설

강관(스틸 파이프)은 내압·내열·강성이 커서 고압·고온 유압 라인에서도 팽창·변형이 적고 내구성이 높다. 배관 지지만 잘 해주면 압력 맥동에 의한 체적변화(컴플라이언스)가 작아 제어 안정성도 좋다.
① 설치·가공 난이도에 따라 비싸질 수 있음
③ 굴곡·배치 자유도가 낮아 호스가 설치는 더 쉬움
④ 진동·충격 흡수는 호스가 유리(유연성·댐핑)

미니 팁

- 고압·고온·정밀제어 → 강관
- 복잡 배치·진동 흡수·유연 필요 → 호스

08 ☑☐☐☐☐

유량제어에서 오리피스를 통과하는 유량이 증가하려면 필요한 조건으로 옳은 것은 무엇인가?

① 차압 감소
② 구멍 단면적 감소
③ 유체 점도 증가
④ 차압 증가

해설

오리피스는 배관 내부에 설치된, 구멍이 뚫린 얇은 칸막이로, 유체의 흐름을 제어하거나 측정하는 데 사용된다. 유체가 오리피스를 통과할 때 압력 차이가 발생하며, 이 압력 차이를 이용해 유량을 측정하거나, 유체의 흐름을 제한하거나, 압력을 낮추는 데 쓰인다.
이상 유체에서 오리피스 유량은 단면적과 차압의 제곱근에 비례한다.
① 차압이 줄면 유량이 감소한다.
② 단면적 감소는 유량 감소다.
③ 점도 증가는 유량을 줄인다.

미니 팁

오리피스는 '면적↑, 차압↑'이면 유량↑이다.

09 ☑☐☐☐☐

압축공기 라인에서 워터 트랩(수분 분리기)의 설치 위치로 적절한 것은 무엇인가?

① 압축기 바로 출구 상부 수평 배관의 낮은 지점
② 상향 구배의 가장 높은 지점
③ 기계 바로 앞의 하향 구배 끝 지점
④ 탱크 상단부

정답 07 ② 08 ④ 09 ③

해설

워터트랩(수분 분리기)은 응축수가 모이는 곳에 달아야 효과가 크다. 메인 배관은 보통 약간의 하향 기울기를 주고, 각 공구/기계 앞 끝 지점(드롭 레그 하단)에 물이 모이므로 그 자리에 워터트랩과 드레인을 설치한다. 이렇게 해야 기계에 들어가기 전 물을 확실히 빼서 밸브 오작동·부식·동결을 막을 수 있다.

미니 팁
배관 원칙 : 메인은 기울기↓ (드레인으로)

10 ☑☐☐☐☐

도면에서 중심선을 나타내는 선종은 무엇인가?

① 굵은 실선　　② 가는 파선
③ 가는 1점 쇄선　④ 굵은 2점 쇄선

해설

도면에서 중심선(Center Line)은 원·원호·대칭 형상의 중심을 표시하는 선으로 가는 1점 쇄선으로 표시한다.
① 외형선(가시 윤곽) 표기에 사용한다.
② 보이지 않는 윤곽(숨은선, Hidden Line) 표기에 사용한다.
④ 절단면의 진행방향 등 특수 표시에 쓰인다.

미니 팁
점 하나 들어간 쇄선은 중심선이다.

11 ☑☐☐☐☐

다음 그림에서 'a' 방향을 정면도로 하였을 때 'f' 방향에서 본 투상도의 명칭은?

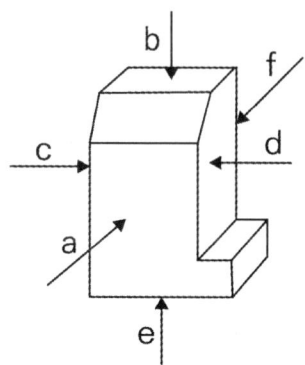

① 측면도　　② 평면도
③ 저면도　　④ 배면도

해설

문제에서 a 방향을 정면도로 정했으므로, 물체의 반대쪽(뒤)에서 본 투상도가 배면도다.
① 좌우에서 본 그림(그림의 c, d 방향에 해당)
② 위에서 본 그림(그림의 b 방향)
③ 아래에서 본 그림(그림의 e 방향)

미니 팁
정면을 바라보고 오른쪽, 왼쪽, 위, 아래, 뒤를 기억한다.

12 ☑☐☐☐☐

치수 기입에서 화살표가 닿는 선을 무엇이라 하는가?

① 치수선　　② 보조선(연장선)
③ 지시선　　④ 기준선

정답 10 ③　11 ④　12 ②

해설

보조선은 치수선을 위한 기준으로 대상 형상에서 밖으로 가늘게 뻗는 선이다. 보조선은 실제 형상(외형선)에서 치수 측정방향으로 살짝 떨어져 그려, 치수선이 무엇을 재는지 분명하게 한다.
① 치수선은 숫자와 화살표가 놓이는 선이다.
③ 지시선은 주석·표시용으로 표면거칠기, 공차, 메모 등을 지시할 때 쓰는 선이다.
④ 기준선은 치수의 기준이 되는 선·면을 말하며, 화살표가 닿는 선을 지칭하지 않는다.

미니 팁

형상에서 '빼내는' 가는 선은 보조선이다.

13 ☑□□□□

게이지 블록을 사용하여 길이를 측정할 때 주의사항으로 옳은 것은 무엇인가?

① 손으로 오래 쥐어 가열한다.
② 접촉면에 먼지가 있어도 무관하다.
③ 요동 없이 '윙글' 접촉을 확인한다.
④ 기름칠을 하지 않는다.

해설

게이지 블록은 접촉면을 깨끗이 닦고 아주 얇은 유막으로 윙글(붙임, Wringing)시킨 뒤 길이를 만든다. 윙글이 잘 되면 미끄러지면서 달라붙는 느낌이 나고 틈이 없어 정밀도가 확보된다.
① 체온에 의해 길이가 변해 오차가 커진다. 집게·장갑 사용을 사용해야 한다.
② 미세 먼지 한 알갱이도 수 [μm] 오차를 만든다. 반드시 먼지·기름을 제거해야 한다.
④ 사용 전에는 무유막 청정이 원칙이지만, 보관 시에는 방청을 위해 얇게 유분을 도포해야 한다.

미니 팁

순서 : 세척·건조 → 윙글(붙임) 확인 → 측정 → 분리·청소 → 방청 도포·보관

14 ☑□□□□

고장 발생 패턴을 설명하는 '욕조곡선'에서 초기 구간의 특징은 무엇인가?

① 우발 고장 빈도가 높다.
② 마모 고장 빈도가 높다.
③ 초기 불량으로 고장이 높다.
④ 고장이 거의 없다.

해설

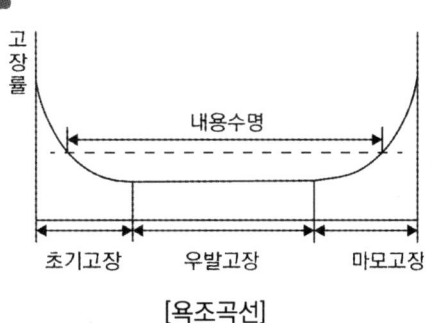

[욕조곡선]

초기(유아기)에는 제작·조립 결함이 나타나 고장이 많다가 안정기에 낮아진다.
① 안정기에 해당한다.
② 마모기에 해당한다.

미니 팁

초기 = 초기불량, 중기 = 우발, 후기 = 마모로 기억한다.

15 ☑☐☐☐☐

예방보전에서 정기보전의 특징으로 옳은 것은 무엇인가?

① 상태를 실시간 모니터링해서 필요시 보전한다.
② 고장이 나면 즉시 수리한다.
③ 일정 주기에 따라 선제적 교환·점검한다.
④ 설비 설계 단계의 활동이다.

해설

정기보전(PM, Preventive Maintenance)은 시간·사용량기준으로 미리 정한 주기에 따라 부품을 교환하고 점검·청소하는 방식이다. 고장이 나기 전에 손봐서 예방하는 것이 핵심이다.
① 상태기반보전이다.
② 사후보전이다.
④ 보전예방(MP)이다.

미니 팁

보전 3형제 기억 : 정기(PM) = 주기대로, 상태(CBM) = 상태 보고, 사후(BM) = 고장 후

16 ☑☐☐☐☐

상태기반보전(CBM)의 장점으로 옳은 것은 무엇인가?

① 부품을 항상 빨리 교환한다.
② 고장을 완전히 없앨 수 있다.
③ 실제상태에 맞춘 시점에 보전하여 효율이 높다.
④ 예비품 재고가 늘어난다.

해설

상태기반보전(CBM, Condition-Based Maintenance)은 진동·온도·전류·윤활유 분석 등으로 설비의 실제 열화상태를 보고 필요할 때만 보전한다. 그래서 과소/과대 정비를 줄이고 가동률·부품수명·정비자원 활용 효율을 높인다.
① 필요할 때만 교환한다.
② 고장 확률을 낮출 뿐, 완전 제거는 불가능하다.
④ 상태 기반으로 교체 시점 예측이 가능해 보통 재고 최적화/감소에 도움이 된다.

미니 팁

보전방식 한 줄 : 정기(PM) = 주기대로,
상태(CBM) = 상태보고, 사후(BM) = 고장 후
CBM의 키워드 = 필요할 때만, 정확한 타이밍

17 ☑☐☐☐☐

용접 흄과 관련된 안전 대책으로 옳은 것은 무엇인가?

① 통풍을 제한한다.
② 국소 배기와 호흡 보호구를 사용한다.
③ 차광을 제거한다.
④ 맨손으로 용접봉을 잡는다.

해설

용접 흄(금속 미세입자·가스)은 호흡기로 들어가면 금속열·호흡기 질환 등 건강 피해를 유발할 수 있다. 가장 기본 대책은 국소 배기장치(후드, 이동식 흄 집진기)로 발생원을 즉시 흡입해 제거하고, 부족할 때 적정 등급의 호흡 보호구(방진/방독 마스크)를 병행하는 것이다. 또한 작업장은 충분한 일반 환기를 유지해야 한다.

정답 15 ③ 16 ③ 17 ②

① 흄 농도가 더 올라가 가장 위험하다.
③ 아크광(자외선·적외선)으로 안구·피부 손상을 유발하므로 차광은 필수다(용접면, 차광막).
④ 화상·감전·화학물질 접촉 위험. 방열 장갑 등 보호장구 착용이 원칙이다.

미니 팁

용접 흄 대응 3요소 : 국소 배기 → 일반 환기 → 호흡 보호구

18 ☑☐☐☐☐

전기 저장장치인 축전지의 보관 관리로 옳은 것은 무엇인가?

① 완전 방전상태로 장기 보관한다.
② 충전상태를 주기적으로 점검한다.
③ 고온 직사광선에 둔다.
④ 전해액을 임의로 희석한다.

해설

축전지(납축전지·리튬 등)는 장기 보관 시 자연 방전이 일어난다. 방전이 깊어지면 황산염화(납축전지)나 과방전 손상(리튬계)으로 수명이 줄어든다. 따라서 보관 중에는 주기적으로 전압/비중(납축전지)을 점검하고, 기준 이하로 떨어지기 전에 보충 충전(탑업 충전)을 해주는 것이 원칙이다. 보관은 서늘하고 건조한 곳(대략 5 ~ 25 [℃])이 바람직하다.
① 최악의 보관법이다. 과방전 열화를 일으킨다.
③ 고온은 자연방전·가스 발생·전해액 증발을 가속해 수명을 단축한다.
④ 전해액 농도는 제조사 규정이어야 한다. 임의 희석은 성능 저하·부식을 유발한다(납축전지는 정격 전해액유지, 밀봉형은 보충 금지).

미니 팁

축전지 보관 3원칙 : 충전유지(정기점검)·서늘·건조 보관·단자 청결/절연

19 ☑☐☐☐☐

가스절단에서 절단산소의 순도가 낮으면 주로 어떤 문제가 생기는가?

① 절단면 품질이 향상된다.
② 절단속도가 빨라진다.
③ 산화 반응이 약해져 절단이 불량해진다.
④ 가열불꽃이 과도하게 강해진다.

해설

가스절단(산소절단)은 예열 후 절단산소의 산화 반응(철 + O_2 → 산화철 + 발열)으로 금속을 태워 내는 공정이다. 순도가 낮으면 산화 반응 에너지와 분출력이 떨어져 드래그·거칠기가 커진다.
① 순도 저하는 반대로 품질 악화를 부른다.
② 산화 반응이 약해져 속도가 느려진다.
④ 가열불꽃은 연료/예열 산소 혼합에 좌우되며, 절단산소 순도 저하와 직접적 상관이 없다.

미니 팁

절단은 '산소 순도'가 핵심이다.

20 ☑☐☐☐☐

그리스윤활법과 오일윤활법을 비교, 설명한 것으로 옳지 않은 것은?

① 이물질 여과는 오일윤활방식이 쉽다.
② 냉각작용은 오일윤활방식이 우수하다.
③ 윤활제 교환은 그리스윤활방법이 간단하다.
④ 밀봉장치 및 하우징의 구조는 그리스윤활 방법이 간단하다.

해설

그리스는 끈적해 순환이 안 된다. 오래된 그리스를 빼내려면 분해·세척이 필요해 교환이 오히려 번거롭다. 반면 오일은 배출 → 신유 주입으로 비교적 쉽게 교환한다.

① 오일윤활은 순환하면서 필터를 통과하므로 이물질 여과가 쉽다.
② 오일은 흐르면서 열을 빼내고, 필요하면 오일쿨러도 붙일 수 있어 냉각성능이 좋다.
④ 그리스는 점도가 높아 누유가 적어 밀봉·하우징 구조를 단순하게 할 수 있다.

미니 팁
먼지는 과열 위험이라고 기억한다.

21 ☑☐☐☐☐

쇠톱(핸드 해크쏘) 사용 시 톱날 이의 방향으로 옳은 것은 무엇인가?

① 밀 때 절단되도록 이가 전방을 향한다.
② 당길 때 절단되도록 이가 후방을 향한다.
③ 상관없다.
④ 교대로 바꿔가며 사용한다.

해설

쇠톱(핸드 해크쏘)은 밀 때(앞으로 보낼 때) 톱날이 금속을 깎아내도록 설계한다. 그래서 톱날의 이가 진행방향(앞쪽)을 향하도록 끼운다. 밀 때는 프레임과 팔이 곧게 펴지면서 힘을 안정적으로 줄 수 있어 날이 덜 떨리고 절단면이 고르게 나온다. 관련 이론 일반 수공 톱은 구조상 압축(밀 때) 방향에서 톱날이 곧게 펴져 직선성이 좋고 효율이 높다(당길 때는 휘어지기 쉬움).

미니 팁
해크쏘 = 밀면서 자른다.

22 ☑☐☐☐☐

나사 체결에서 풀림방지용 너트로 흔히 쓰는 것은 무엇인가?

① 육각너트   ② 슬롯너트
③ 캡너트   ④ 로크너트

해설

로크너트는 단독형(나일론 인서트형 등)이나 보조너트와 함께 쓰는 형이 있다.
① 일반너트로 풀림방지 기능이 없다(별도 와셔·접착제 필요).
② 코터핀과 세트로 쓰면 풀림방지가 되지만, "너트 단독"으로는 기능이 없다.
③ 끝단을 덮어 미관·보호 목적이다.

미니 팁
진동 환경 = 로크

23 ☑☐☐☐☐

베어링 장착에서 열박음(가열 끼움)의 주된 목적은 무엇인가?

① 축을 수축시킨다.
② 내륜을 팽창시켜 쉬운 장착을 가능케 한다.
③ 윤활유를 증발시킨다.
④ 공차를 크게 만든다.

해설

가열로 내륜을 팽창시켜 축에 손상 없이 장착한다.
① 축 수축은 냉각 장착 개념이다.
③ 윤활 증발은 부작용이다.
④ 공차 자체를 바꾸지 않는다.

미니 팁
가열 = 내륜 팽창 = 쉬운 장착이다.

정답 21 ① 22 ④ 23 ②

24 ☑□□□□

전동 연마기(그라인더) 사용 전 점검사항으로 옳은 것은 무엇인가?

① 연마석의 균열 여부를 링테스트로 확인한다.
② 보호 덮개를 제거하고 사용한다.
③ 장갑을 반드시 두꺼운 면장갑으로 착용한다.
④ 정격 회전수보다 높은 휠을 사용한다.

해설

그라인더는 고속으로 회전하므로 연마석(휠)에 균열이 있으면 폭발 파손 위험이 크다. 사용 전에는 연마석을 금속이 아닌 막대기로 가볍게 두드려 맑은 금속음이 나면 이상 없고, 탁한 소리면 균열 가능성이 있어 사용 금지한다. 이것이 링테스트다.
② 보호 덮개는 반드시 장착한다.
③ 두꺼운 면장갑은 말림 사고 위험이 있다.
④ 정격 초과는 위험하다.

미니 팁
그라인더는 '휠상태'와 '가드'가 생명이다.

25 ☑□□□□

파스칼의 원리를 이용하지 않은 것은?

① 유압펌프
② 수압기
③ 공기압축기
④ 내부확장식 제동장치

해설

파스칼의 원리는 폐쇄된 유체(액체)에 가한 압력이 손실 없이 모든 방향으로 같은 크기로 전달된다는 원리이다. 공기압축기는 압축을 만드는 장치이지, 압력 전달 원리(파스칼)를 직접 이용하는 장치는 아니다.
① 유압회로에서 압력을 만들어 파스칼의 원리로 실린더에 동일 압력을 전달해 힘을 내게 한다.
② 작은 피스톤 → 큰 피스톤으로 면적비만큼 힘을 증폭하는 전형적 파스칼 응용이다.
④ 페달의 작은 힘이 마스터실린더 압력으로 바뀌어 휠실린더 면적만큼 큰 제동력으로 전달된다(파스칼 원리 응용).

미니 팁
'액체 압력 전달 = 파스칼'로 연결해둔다.

26 ☑□□□□

유압유가 갖추어야 할 조건 중 잘못 서술한 것은 어느 것인가?

① 비압축성이고 활동부에서 시일역할을 할 것
② 온도의 변화에 따라서도 용이하게 유동할 것
③ 인화점이 낮고 부식성이 없을 것
④ 물, 공기, 먼지 등을 빨리 분리할 것

해설

유압유는 인화점·발화점이 높아야 화재 위험이 작다. 또한 유압유는 부식성이 없어야 하고, 산화안정성·윤활성·청정성도 좋아야 한다.

미니 팁
점도지수가 높을수록 온도에 덜 민감하다.

정답 24 ① 25 ③ 26 ③

27

유압펌프의 종류가 아닌 것은?

① 기어펌프　　② 실린더펌프
③ 나사펌프　　④ 피스톤펌프

해설

유압펌프의 대표 종류는 기어펌프, 베인펌프, 나사(스크루)펌프, 피스톤펌프 등이다. '실린더펌프'라는 분류는 일반적으로 존재하지 않는다. 피스톤펌프에 실린더가 들어가지만, 펌프 명칭은 피스톤으로 분류한다.
① 외·내접 기어로 유체를 이송하는 정용적 펌프
③ 스크루 회전으로 연속 유량을 만드는 펌프
④ 왕복 피스톤으로 고압을 만드는 펌프(축·레디얼형)

미니 팁

유압펌프 4형식 암기 : 기어·베인·스크루·피스톤 (기·베·스·피)

28

에너지로서의 공기압을 만드는 기계는 어느 것인가?

① 공기냉각기　　② 공기압축기
③ 공기탱크　　　④ 공기건조기

해설

공기압(압축공기 에너지)은 공기를 압축해 압력을 높여 만들어낸다. 이 일을 해서 에너지를 만들어내는 기계가 바로 공기압축기다. 압축기는 전기모터(또는 엔진)의 기계적 일을 이용해 공기의 압력에너지를 만든다.
① 압축된 공기를 식혀 주는 장치다. 에너지를 만들지 않는다.
③ 만들어진 압축공기를 저장·완충하는 용기다. 생성장치가 아니다.
④ 공기 속 수분을 제거하는 장치다. 압력에너지를 만들지 않는다.

미니 팁

발생계는 압축 → 냉각 → 저장 → 건조 순으로 본다.

29

압력제어밸브가 아닌 것은?

① 무부하밸브　　② 카운터밸런스밸브
③ 체크밸브　　　④ 릴리프밸브

해설

체크밸브는 유체를 한쪽 방향으로만 흐르게 하는 방향(유로) 제어밸브다. 압력을 일정하게 유지하거나 제한·보상하는 기능이 없으므로 압력제어밸브가 아니다.
① 설정 압력에서 펌프 토출을 탱크로 돌려 무부하운전을 만드는 압력제어밸브다.
② 하중을 지지·하강 속도제어를 위해 역압(백프레셔)를 걸어 주는 압력제어밸브다.
④ 시스템 압력이 설정값을 넘으면 탱크로 유량을 우회시켜 압력을 제한하는 압력제어밸브다.

미니 팁

체크 = 한쪽 통로, 릴리프 = 과압방지

30 ☑☐☐☐☐
공압장치 서비스 유닛의 구성품으로 맞는 것은?

① 윤활기, 필터, 감압밸브
② 윤활기, 실린더, 압축기
③ 압축기, 탱크, 필터
④ 압축기, 필터, 모터

해설

공압 서비스 유닛(FRL)은 Filter(필터) - Regulator(감압밸브) - Lubricator(윤활기)의 세트다. 압축공기에서 수분·먼지를 먼저 걸러 내고, 사용 압력을 안정된 저압으로 맞춘 뒤, 필요시 미량의 오일을 섞어 액추에이터·밸브의 마모를 줄인다.
② 실린더·압축기는 서비스 유닛 외부의 장치다.
③ 압축기·탱크는 공기 공급·저장계이고 서비스 유닛 구성품이 아니다.
④ 모터는 구동원이며 서비스 유닛 구성에 포함되지 않는다.

미니 팁

FRL 세트는 공기질 관리의 기본 장비다.

31 ☑☐☐☐☐
방향제어밸브를 기호로 표시할 때 필요하지 않은 것은?

① 작동방법
② 밸브의 기능
③ 밸브의 구조
④ 귀환방법

해설

방향제어밸브(DCV)의 기호(Symbol)에는 밸브의 위치와 포트 그리고 각 위치에서 유로가 어떻게 연결되는지(기능)를 네모칸으로 표시한다. 또한 작동방법(솔레노이드, 수동 레버, 공기·유압 파일럿 등)과 귀환방법(스프링 복귀, 솔레노이드 양측, 기계식 등)을 함께 표기한다.

미니 팁

내부 구조는 단면도나 카탈로그 사양서에서 본다.

32 ☑☐☐☐☐
밸브의 전환 조작방법을 나타내는 기호와 명칭이 바르게 연결된 것은?

① : 롤러
② : 솔레노이드
③ : 레버
④ : 페달

해설

① 막대 끝의 작은 원 → 롤러(Roller) 플런저
② 끝에 작은 원 점만 달린 수동 표기 → 레버
③ 반원(버튼) 모양 → 푸시버튼(버튼식 수동조작)
④ 작은 사각형 안 대각선 → 솔레노이드기호 ✗

미니 팁

- 원(○) 달리면 롤러, 반원은 푸시버튼
- 작은 사각 + 대각선은 솔레노이드, 사선 판 모양이 페달(발조작)이다.

정답 30 ① 31 ③ 32 ①

33 ☑□□□□

공압장치의 공압밸브 조작방식으로 사용되지 않는 것은?

① 인력 조작방식 ② 래치 조작방식
③ 파일럿 조작방식 ④ 전기 조작방식

해설

공압밸브의 조작방식은 보통 인력(레버·푸시버튼), 파일럿(공기/유압 신호), 전기(솔레노이드)처럼 밸브를 실제로 움직이는 에너지/수단을 말한다. 래치(디텐트)는 조작 후 상태를 유지시키는 보조 메커니즘일 뿐, 조작방식 자체가 아니다.
① 레버, 버튼, 풋페달 등 수동(Manual)조작으로 흔히 사용한다.
③ 공기/유압 신호로 스풀을 미는 간접조작(Pilot)방식이다.
④ 솔레노이드 코일로 구동하는 전형적 방식이다.

미니 팁
조작 = 수동·파일럿·전기, 유지 = 스프링·래치

34 ☑□□□□

사인파 교류전류에서 실횻값은 최댓값의 몇 배가 되는가?

① 0.27배 ② 0.5배
③ 0.707배 ④ 1.11배

해설

사인파에서 실횻값은 같은 열효과를 내는 직류값과 동등한 값이다.
최댓값 = $\sqrt{2}$ × 실횻값

미니 팁
최댓값이 이름처럼 가장 크다.

35 ☑□□□□

전류의 단위로 암페어[A]를 사용한다. 다음 중 1 [A]에 해당하는 것은?

① 1 [sec] 동안 1 [C]의 전기량이 이동하였다.
② 저항 1 [Ω]인 물체에 10 [V]의 전압을 인가하였다.
③ 1 [m] 높은 전위에서 1 [m] 낮은 전위로 전기량이 흘렀다.
④ 1 [C]의 전기량이 두 점 사이를 이동하여 1 [J]의 일을 하였다.

해설

전류의 정의는 단위시간당 흐르는 전기량이다.
$I = \dfrac{Q}{t}$

② 저항 1 [Ω]에 10 [V] 인가 → 옴의 법칙에 의해 10 [A]
③ 1 [m] 높은 전위에서 1 [m] 낮은 전위 → 전위차에 대한 설명
④ 1 [C]가 이동해 1 [J]의 일을 함 → 1 [V] 정의

미니 팁
1 [A] = 1 [C/s]

36 ☑□□□□

전류계와 전압계를 회로에 동시에 연결할 때 접속방법이 맞는 것은?

① 전류계 - 병렬, 전압계 - 직렬
② 전류계 - 병렬, 전압계 - 병렬
③ 전류계 - 직렬, 전압계 - 직렬
④ 전류계 - 직렬, 전압계 - 병렬

정답 33 ② 34 ③ 35 ① 36 ④

해설
전류는 직렬로 흘러야 계기가 전류를 통과시켜 측정하고, 전압은 양단에 병렬로 연결해서 측정한다.

미니 팁
직렬회로에서 전류는 모두 같고 병렬회로에서 전압은 모두 같다.

37 ☑□□□□
직류 전동기 중에서 무부하운전이나 벨트운전을 절대로 해서는 안 되는 전동기는?

① 타여자 전동기
② 복권 전동기
③ 직권 전동기
④ 분권 전동기

해설
직권 전동기는 부하가 줄면 전류와 자속이 함께 줄어 속도가 급격히 올라가 폭주할 수 있다. 따라서 무부하 또는 벨트만 걸린 상태 운전은 매우 위험하다.
① 계자를 별도 전원으로 안정적으로 걸어 무부하도 안전하게 운전 가능하다.
② 직권 + 분권 조합으로, 적절한 설계면 무부하 폭주 위험이 작다.
④ 계자전류가 거의 일정하여 무부하에서도 속도가 크게 치솟지 않는다.

미니 팁
직권 = 큰 시동토크, 무부하 금지

38 ☑□□□□
전동기의 흡입 송풍 냉각 통로가 먼지로 막혔을 때 가장 먼저 나타나는 현상은 무엇인가?

① 효율이 즉시 급상승한다.
② 온도가 상승한다.
③ 속도가 상승한다.
④ 소음이 전혀 없다.

해설
흡입·송풍 통로가 막히면 냉각 공기 유량이 먼저 줄어 권선·코어·베어링의 발열이 배출되지 못한다. 그래서 권선 온도부터 빠르게 상승하고, 계속 방치하면 절연 열화·베어링 그리스 열화 → 효율 저하·과열 트립으로 이어질 수 있다.
① 냉각 불량은 동손·철손이 축적되어 오히려 효율 저하로 간다.
③ 유도 전동기 속도는 주파수·극수로 결정된다. 냉각 막힘이 속도를 올리진 않는다.
④ 팬 막힘·베어링 가열로 이상 소음이 나타날 수 있다. 전혀 없음은 부자연스럽다.

미니 팁
전동기 이상 땐 1순위로 흡기구 먼지·필터 막힘을 점검하고, 필요시 전원차단 → 통로 청소 → 시험운전 순으로 조치한다.

39 ☑□□□□
교류회로에서 역률을 개선하기 위한 일반적 방법으로 옳은 것은?

① 부하에 리액터를 직렬로 접속한다.
② 부하에 콘덴서를 병렬로 접속한다.
③ 부하전압을 낮춘다.
④ 부하전류를 억제한다.

정답 37 ③ 38 ② 39 ②

해설

대부분의 부하는 유도성이라 전류가 뒤진다(지상 역률↓). 콘덴서를 병렬로 달아 앞서는 무효전력을 공급하면 전체 위상차가 줄어 역률이 개선된다.
① 리액터는 유도성을 더 키워 역률을 나쁘게 만든다(보통 전압 강하/고조파 억제 등 다른 용도).
③ 유효전력 요구가 같으면 역률개선과 직접 관련 없다.
④ 전류를 임의로 줄이면 출력이 모자란다.

미니 팁
역률개선 = 무효전력 보상

40 ☑☐☐☐☐

아크쏠림방지대책으로 맞는 것은?

① 직류용접기를 사용한다.
② 접지점을 용접부에서 가까이 한다.
③ 용접봉 끝을 아크쏠림 반대방향으로 기울인다.
④ 아크길이를 길게 한다.

해설

아크쏠림(Arc Blow)은 주로 직류(DC)에서 자기장 불균형으로 아크가 한쪽으로 끌리는 현상이다. 방지대책으로 다음이 있다.
- 용접전류를 낮춘다.
- 용접봉 끝을 아크쏠림 반대방향으로 기울인다.
- 교류용접을 한다.
- 용접봉 끝을 짧게 한다.
- 큰 가접부 또는 이미 용접이 끝난 용착부를 향하여 용접한다.

미니 팁
엔드탭 설치, 접지 위치 조정, 케이블 정리도 효과적이다.

41 ☑☐☐☐☐

용접이음의 종류가 아닌 것은?

① 겹치기이음
② 모서리이음
③ 라운드이음
④ T형 필릿이음

해설

표준적인 용접이음 종류는 맞대기(버트), 겹치기(랩), T형, 모서리(코너), 엣지 등이 있다. "라운드이음"은 공식 분류명이 아니다. 둥근 모양의 용접 비드(서클/원주용접)는 용접자세나 형상의 표현일 수 있지만 이음 종류 이름은 아니다.
① 두 판을 겹쳐 놓고 필릿/플러그 등으로 접합하는 표준이음이다.
② 두 판의 모서리가 만나는 곳을 잇는 표준이음이다.
④ 이음 한 판이 다른 판에 T자로 맞닿은 형태를 필릿용접으로 접합하는 표준이음이다.

미니 팁
이음은 맞대기·겹치기·T형·모서리·엣지로 큰 틀을 먼저 외운다.

42 ☑☐☐☐☐

서브머지드아크용접봉 와이어 표면에 구리 도금하는 이유는?

① 접촉 팁과의 전기 접촉을 원활히 한다.
② 용접시간이 짧고 변형을 적게 한다.
③ 슬래그 이탈성을 좋게 한다.
④ 용융금속의 이행을 촉진한다.

정답 40 ③ 41 ③ 42 ①

해설

서브머지드아크용접(SAW) 와이어에 구리 도금을 하는 주된 이유는 전기 전도성을 높여 접촉 팁(Contact Tip)과의 전기 접촉을 안정시키고, 표면 산화를 막아 급송(피딩)을 매끄럽게 하기 위해서다. 전기 접촉이 좋아지면 아크가 안정되고 팁의 마모와 발열도 줄어든다.

② 전체 공정 조건(전류·전압·속도·예열·구속)에 좌우되는 결과다.
③ 슬래그 박리성은 주로 플럭스 조성과 열사이클에 좌우된다.
④ 금속 이행 형태는 전류밀도·아크 특성·플럭스에 더 영향을 받는다.

미니 팁
전기 접촉 안정 = 아크 불안정 감소

43 ☑☐☐☐☐

기계적 접합으로 볼 수 없는 것은?

① 볼트이음　　② 리벳이음
③ 접어잇기　　④ 압접

해설

압접은 금속을 가열·가압해 분자 결합하는 '용접' 범주이다.
① 나사 체결로 잡아주는 기계적 접합이다.
② 리벳 머리로 판을 눌러 고정하는 기계적 접합이다.
③ 판을 접고 걸어 맞물리는 기계적 접합이다.

미니 팁
'압'자가 들어가도 열과 압력으로 접합하면 용접이다.

44 ☑☐☐☐☐

용접자세기호 짝짓기가 틀린 것은?

① 위보기자세 : OH　　② 수직자세 : V
③ 아래보기자세 : U　　④ 수평자세 : H

해설

용접자세기호는 F(아래보기·Flat), H(수평·Horizontal), V(수직·Vertical), O 또는 OH(위보기·Overhead)를 쓴다.

미니 팁
아래보기는 'F(Flat)' 또는 '1G/1F' 등으로 표기한다.

45 ☑☐☐☐☐

플라즈마아크용접의 특징으로 틀린 것은?

① 용접부의 기계적 성질이 좋고 변형이 적다.
② 용입이 깊고 비드 폭이 좁으며 빠르다.
③ 단층 용접이 가능해 능률적이다.
④ 설비비가 적고 무부하전압이 낮다.

해설

플라즈마아크용접(PAW)은 노즐로 아크를 수축(컨스트릭션)시켜 에너지 밀도를 크게 만든다. 그 결과 용입이 깊고 비드가 좁으며 속도가 빠르고, 열영향부가 작아 변형이 적고 기계적 성질이 양호하다. 키홀 모드로 두꺼운 재료를 단층에 가깝게 용접할 수 있어 능률적이다. 반면 토치·냉각·전원·가스계가 복잡해 설비비가 크고, 아크안정화를 위해 무부하전압도 높은 편이다.

미니 팁
PAW 한 줄 정리 : 고집중·깊은 용입·좁은 비드·단층 가능 ↔ 장비 복잡·비용↑

정답 43 ④　44 ③　45 ④

46 ☑□□□□
가용접에 대한 설명으로 틀린 것은?

① 가용접에는 본용접보다 지름이 큰 용접봉을 쓴다.
② 가용접은 본용접과 비슷한 기량의 용접사가 한다.
③ 강도상 중요한 곳과 시·종점은 가용접을 피한다.
④ 본용접 전 위치 고정을 위한 짧은 용접이다.

해설

가용접(태킹, Tack Welding)은 본용접 전에 부재의 위치를 임시 고정하려고 짧게 점착하는 용접이다. 열입력을 과도하게 주면 뒤틀림·간격 변화가 생기므로 보통 본용접보다 작은 전류·짧은 길이로 실시하고, 용접봉 지름도 본용접과 같거나 더 작은 쪽을 쓴다.

미니 팁
가용접은 '위치 고정'이 목적이다.

47 ☑□□□□
용접 자동화의 장점으로 틀린 것은?

① 생산성 증가 및 품질 향상
② 용접조건에 따른 공정을 늘릴 수 있다.
③ 일정 전류값 유지
④ 와이어 손실 감소

해설

용접 자동화의 목표는 작업을 단순화·표준화해서 공정을 줄이고, 같은 조건을 반복 정밀하게 수행하는 것이다. 공정을 '늘린다'가 아니라 표준화·단순화로 공정을 줄이고 균일화를 한다.

미니 팁
자동화의 핵심 키워드 : 표준화·반복정밀·변동감소
→ 공정은 늘리는 게 아니라 줄이는 것이 이득이다.

48 ☑□□□□
가스용접에 사용되는 가연성 가스의 종류가 아닌 것은?

① 프로판가스　　② 수소가스
③ 아세틸렌가스　　④ 산소

해설

가스용접의 가연성(연료) 가스는 불꽃을 만드는 연료로 쓰이며, 대표적으로 아세틸렌(C_2H_2), 수소(H_2), 프로판(LPG) 등이 있다. 산소(O_2)는 연소를 돕는 조연성 가스로서 연료가 아니다. 가열·절단 시에는 연료가스와 혼합되어 연소 속도와 온도를 높이는 역할을 한다.
① LPG 계열 연료로 가연성 가스가 맞다.
② 가연성이 매우 높아 연료로 사용된다.
③ 가장 흔한 가스용접·절단용 연료다(산소 – 아세틸렌).

미니 팁
암기 한 줄 : 연료 = 아세틸렌·프로판·수소
산소는 연료가 아니라 '불을 잘 타게 돕는 가스'다.

정답 46 ① 47 ② 48 ④

49

피복아크용접에서 모재가 녹은 깊이를 무엇이라 하는가?

① 용융지 ② 용입
③ 슬래그 ④ 용적

해설
용입은 모재 안쪽으로 녹아든 깊이를 뜻한다.
① 용융지는 녹아 액체가 된 영역 개념이다.
③ 슬래그는 피복제의 찌꺼기 개념이다.
④ 용적은 부피 개념이다.

미니 팁
루트 용입 부족은 결함의 대표 원인이다.

50

피복아크용접에서 전극의 지름을 크게 하면 같은 전류에서 나타나기 쉬운 경향은?

① 아크 집중도가 높아지고 깊은 용입이 나온다.
② 아크가 퍼지고 비드 폭이 넓어지기 쉽다.
③ 스패터가 줄고 고속용접이 가능하다.
④ 슬래그 발생이 거의 없어진다.

해설
전류는 같고 전극 지름만 커지면 전류밀도(전류/단면적)가 ↓된다. 전류밀도가 낮아지면 아크 집중도와 아크력이 약해져 열이 넓게 퍼지고, 결과적으로 비드가 넓어지고 용입은 얕아지는 경향이 생긴다. 따라서 같은 전류에서 굵은 전극을 쓰면 퍼지는 비드가 나오기 쉽다.

① 집중도와 용입은 대체로 낮아진다.
③ 전류가 같다면 아크력이 약해져 고속에는 불리하고, 스패터도 조건에 따라 줄지 않는다.
④ 슬래그량은 피복계열·전류조건에 좌우되며, 지름만 키웠다고 거의 없어지지 않는다(오히려 넓은 비드 + 얕은 용입으로 융합 불량/슬래그 트래핑 위험).

미니 팁
- 같은 전류라면 굵은 전극 = 전류밀도↓ → 아크 퍼짐(비드↑)·용입↓
- 깊은 용입이 필요하면 전류를 올리거나 지름을 줄여 전류밀도를 맞춰야 한다.

51

피복아크용접에서 뒤당김법(Back-Step) 또는 스킵법을 쓰는 주된 목적은?

① 용착 금속의 경화를 높인다.
② 열집중을 분산해 변형을 줄인다.
③ 아크길이를 일정하게 만든다.
④ 비드 표면을 거칠게 만든다.

해설
뒤당김법(Back-Step)은 비드 진행방향의 반대쪽(짧은 길이만큼 뒤로) 용접한 후 다시 앞쪽으로 이동해 같은 패턴을 반복하는 방법이고, 스킵법(Skip)은 떨어진 구간을 순서 건너뛰어 분산시키며 용접하는 방법이다. 둘 다 열이 한곳에 몰리지 않게 해서 잔류응력·뒤틀림·수축 변형을 줄이는 것이 주된 목적이다.

미니 팁
변형 대책 4종 세트 : 짧은 비드, 분산 순서(스킵/백스텝), 대칭용접, 구속/예열

정답 49 ② 50 ② 51 ②

52

피복아크용접에서 용접봉의 극성을 직류 정극성으로 설정했을 때의 일반적 특징은?

① 모재 용입이 깊고 스패터가 증가한다.
② 표면비드가 넓고 용입은 비교적 얕다.
③ 아크가 불안정해지기 쉽다.
④ 슬래그가 거의 생기지 않는다.

해설

피복아크용접에서 직류 정극성(DCEN : 전극 −, 모재 +)을 쓰면 일반적으로 아크력이 약하고 표면에 열이 퍼지듯 전달되어 비드가 넓고 용입은 얕아지는 경향이 있다. 반대로 직류 역극성(DCEP : 전극 +)은 아크력이 크고 열집중도가 높아 용입이 깊고 아크가 강하다.

① 용입이 깊고 스패터 증가는 일반적으로 DCEP 쪽 특징에 가깝다.
③ 아크 불안정은 극성의 일반적 특징이라기보다 전극 종류·건조상태·전류 세팅 영향이 크다.
④ 슬래그 발생은 피복제 조성에 좌우된다. 극성을 DCEN으로 했다고 거의 없어지지 않는다.

미니 팁

극성 암기 : DCEP(전+) = 아크 강·용입 깊음, DCEN(전−) = 비드 넓음·용입 얕음

53

가스절단면의 드래그 라인을 줄이기 위한 일반적 방법으로 옳지 않은 것은?

① 절단속도를 적정 범위로 조정한다.
② 절단산소 유량을 적정하게 맞춘다.
③ 팁을 모재에 더 밀착시킨다.
④ 팁상태와 구멍 막힘을 점검한다.

해설

드래그 라인(절단면의 줄무늬)은 속도 과다/부족, 절단산소 유량 불량, 팁 손상·막힘, 노즐 - 모재 간격 부적정 등에서 심해진다. 일반적으로는 적정 속도, 정상 유량·압력, 양호한 팁상태, 규정 간격유지로 줄인다. 팁을 모재에 바짝 붙이면 가스 흐름이 난류화·왜곡되어 슬래그 부착과 드래그 라인이 오히려 늘 수 있다. 규정한 팁 - 모재 간격을 유지해야 한다. 과도한 밀착은 난류·과열을 유발한다.

미니 팁

속도·유량·거리 3가지를 먼저 점검한다.

54

가스절단에서 역류(Flashback)방지장치의 주된 기능은?

① 절단선을 일정하게 유지한다.
② 화염이 호스나 용기로 역진입하는 것을 차단한다.
③ 예열 화염을 자동으로 조절한다.
④ 산소와 연료의 혼합비를 자동으로 맞춘다.

해설

역류(플래시백)는 버너 쪽에서 생긴 화염이 노즐 → 혼합기 → 호스 → 용기 쪽으로 거꾸로 들어가는 현상이다.
역류방지기는 역화가 호스를 타고 올라가 폭발로 이어지는 것을 차단한다.

미니 팁

절단장치에는 역류방지기와 체크밸브를 반드시 설치한다.

정답 52 ② 53 ③ 54 ②

55

일반적으로 공장화재의 주원인이라고 볼 수 없는 것은?

① 전기배선의 노후
② 위험물의 취급 부주의
③ 소방설비의 부족
④ 위험물의 부적합한 보관

해설
공장화재의 주 원인은 전기 문제와 위험물 취급·보관 부주의가 많다. '소방설비의 부족'은 직접원인보다는 피해 확대 요인에 가깝다.

미니 팁
전기 설비 정기점검과 위험물 관리가 기본이다.

56

안전하게 통행할 수 있는 통로의 조명은 몇 럭스 이상인가?

① 15　　② 30
③ 45　　④ 75

해설
통로 조도기준으로 75럭스 이상이 요구된다. 밝기가 충분해야 걸려 넘어지는 사고를 줄일 수 있다.

미니 팁
작업장 조도는 눈의 피로와 사고율에 직접 영향을 준다.

57

금속의 용접·용단 또는 가열에 사용되는 가스 등의 용기 취급 시 유의사항으로 틀린 것은?

① 전도의 위험이 없도록 한다.
② 충격이 가하지 않도록 한다.
③ 밸브의 개폐는 서서히 한다.
④ 용해 아세틸렌은 눕혀 놓는다.

해설
용해 아세틸렌용기는 반드시 세워서 사용·보관한다. 눕히면 용제가 흘러나오거나 폭발 위험이 있다.

미니 팁
가스용기는 세워 보관, 고정, 캡 장착, 화기·열원과 거리유지가 원칙이다.

58

중대재해가 발생할 경우 사업주가 재해발생 상황을 관할 지방고용노동관서의 장에게 전화, 팩스 등으로 보고하여야 할 시기는?

① 지체 없이　　② 24시간 이내
③ 72시간 이내　　④ 7일 이내

해설
산업안전보건법에 따르면 사업주는 중대재해가 발생한 사실을 알게 된 경우 재해 개요·피해상황·조치 등을 지체 없이 관할 지방고용노동관서장에게 전화·팩스 등으로 보고한다.

미니 팁
중대재해 보고 = 지체 없이(즉시)

정답　55 ③　56 ④　57 ④　58 ①

59 ☑☐☐☐☐
설비보전의 목적으로 가장 거리가 먼 것은?

① 작업표준의 설정
② 수리 개소의 예측
③ 계획적인 보수의 실시
④ 설비의 열화 경향 조사

해설

설비보전의 핵심 목적은 고장 예방·신뢰도 향상·가동률 확보다. 이를 위해 ② 수리 개소의 예측(예지/상태기반보전), ③ 계획보수의 실시(정기보전), ④ 열화 경향 조사(상태감시·수명관리) 같은 활동을 한다.
반면 작업표준의 설정은 주로 생산·품질관리 영역의 목적이며, 보전의 직접 목적과는 거리가 있다(물론 보전작업 표준서를 만드는 일은 수단일 뿐, 목적은 아님).

미니 팁

보전 목적 키워드 : 가동률↑·고장률↓·수명관리
표준 설정처럼 관리 수단은 목적과 구분하자.

60 ☑☐☐☐☐
고용노동부 장관이 실시하는 안전 및 보건에 관한 직무교육을 반드시 받아야 하는 대상자는?

① 사업주   ② 설계직 종사자
③ 안전관리자   ④ 생산직 종사자

해설

산업안전보건법상 안전관리자(또는 보건관리자)는 선임 후 고용노동부 장관이 실시(또는 지정)하는 직무교육을 의무적으로 이수해야 한다. 사업주·설계/생산직 종사자는 해당 법 조항에서 '필수 직무교육 대상'로 규정되지 않는다(다른 법정 교육은 있을 수 있음).

미니 팁

현장 법정관리자 3종 : 안전관리자·보건관리자·산업보건의 등은 전부 법정 직무교육 필수

정답 59 ① 60 ③

2025 제4회 CBT 복원

01 ☑☐☐☐☐

왕복운동 기계에서 가장 많이 존재하는 대표적인 위험요소는?

① 협착점   ② 물림점
③ 회전말림점   ④ 접선물림점

해설

왕복운동 기계는 직선으로 앞뒤로 움직이는 부품이 있다. 이때 움직이는 부분과 고정된 부분 사이, 또는 링크가 접히는 지점에 손이나 몸이 끼일 수 있는 협착점(끼임·눌림 위험점)이 가장 많이 생긴다. 프레스, 전단기, 슬라이더 - 크랭크장치 끝단 등이 대표 예다.
② 보통 두 개의 회전 부품 사이, 또는 회전부와 벨트·롤러 사이로 끌려 들어가는 인러닝 닙(In - Running Nip) 위험을 말한다.
③ 축·척 등 단일 회전체에 옷자락이나 장갑이 감겨 들어가는 위험을 말한다. 회전운동이 중심인 설비에서 대표적이다.
④ 칼날이나 펀치·다이 등 절단·전단 동작 자체에 의한 위험을 지칭하는 표현으로 보인다. 왕복운동 기계에서도 존재할 수는 있지만, 일반적으로 가장 흔한 대표 위험으로는 협착점이 우선된다.

미니 팁

왕복운동 = 협착점, 회전운동 = 말림점/물림점으로 먼저 구분한다. 작업 전에는 가드·양수조작·라이트커튼 등 접근방지장치가 있는지 확인한다.

02 ☑☐☐☐☐

치공구 관리의 기능 중 보전단계에 해당되지 않는 것은?

① 공구의 검사
② 공구의 분류
③ 공구의 제작 및 수리
④ 공구의 연삭

해설

치공구 관리는 보통 계획단계와 보전단계로 나눈다. 보전단계에는 현장에서 쓰는 공구를 점검·검사, 마모된 부분의 연삭, 고장 시 수리 같은 유지 활동이 들어간다. 분류는 공구 체계를 만들고 번호·보관 위치를 정하는 계획단계의 업무다.
• 계획단계 : 표준화·규격화·분류·식별체계 수립
• 보전단계 : 점검·검사·연삭·교정·수리·교체
① 사용 중인 공구의 상태를 확인하는 보전단계 업무다.
③ 파손·정밀도 저하에 대응하는 보전단계 업무다.
④ 마모된 날을 다듬어 성능을 복원하는 보전단계 업무다.

미니 팁

한 줄 암기 : 계획 = 분류·표준화, 보전 = 검사·연삭·수리

정답 01 ① 02 ②

03 ☑☐☐☐☐

코일 스프링의 제도 원칙에 대한 설명으로 틀린 것은?

① 스프링은 무하중상태로 도시한다.
② 보통 오른쪽 감기를 도시하지만 왼쪽감기인 경우 '감긴 방향 왼쪽'라고 명시한다.
③ 스프링의 종류와 모양을 도시할 때에는 재료의 중심선만 굵은 실선으로 그린다.
④ 그림 안에 기입하기 힘든 사항은 표제란에 표시한다.

해설

코일 스프링은 도면에서 무하중(자유길이) 상태로 표현하는 것이 원칙이다. 감김 방향은 기본을 우(오른나사)로 하되 왼감김이면 반드시 "감김 방향 : 좌"라고 표기한다. 형식·모양을 간단히 나타낼 때는 재료 중심선을 굵은 실선으로 그려 개략 형상을 나타내는 약식 도법을 쓴다.
② 감김 방향은 필수 표기다.
③ 스프링을 약식으로 도식할 때 사용하는 표현으로 가능한 방법이다(개략 표시).
④ 표제란은 도면번호·명칭·축척·재질 등 기본 사항을 적는 곳이다. 상세 치수·특기사항·가공 지시 등은 도면 내부의 지시선이 달린 주서, 기술요구사항란, 표 등에 적는다.

관련이론

스프링 제도 기본 표기에는 선지름 d, 평균지름 D, 유효권수 Na, 피치 P, 감김 방향이 포함되고, 도면은 원칙적으로 무하중상태 기준으로 그린다. 일반 기입 사항은 도면 내 주서·지시선 또는 표·기술요구란에 둔다.

미니 팁

스프링 도면은 무하중, 감김 방향, d·D·P·Na를 기본 세트로 적는다. 표제란은 기본 정보, 세부 지시는 도면 내부 주서로 정리한다.

04 ☑☐☐☐☐

기어 이면의 경화된 부분에서 이 끝이 금이 가는 것으로 진행성 피칭의 구멍과 구멍이 연결되어 크게 박리되는 현상은?

① 피칭   ② 이의절손
③ 스코어링   ④ 스폴링

해설

문장은 기어 치면의 경화층에서 미세균열이 생기고, 진행성 피칭으로 생긴 작은 구멍들이 서로 이어지면서 큰 조각이 한꺼번에 떨어져 나가는 박리를 묘사한다. 이것이 스폴링(Spalling)이다.
① 접촉 피로로 생기는 작은 점상 구멍 수준에 머무는 손상이다. 구멍이 커져도 대개 미세한 함몰에 가깝다.
② 굽힘 피로·과부하 등으로 치근에서 이가 통째로 부러지는 파손이다. 접촉면의 박리 현상과 다르다.
③ 윤활막 파괴로 금속이 직접 접촉하여 심한 긁힘·용착 줄무늬가 생기는 마찰 마모다. 접촉 피로에 의한 박리가 아니다.

관련이론

접촉 피로에서 헤르츠 접촉응력으로 인해 표면 바로 아래에서 전단응력이 최대가 되고 반복 하중으로 아래층 균열 → 표면까지 전파 → 큰 박리가 일어난다. 스폴링은 피칭과 달리 떨어져 나가는 면적이 크고 박리 조각이 판상인 것이 특징이다.

미니 팁

접촉피로 계열 피칭(작은 구멍) → 스폴링(큰 박리), 윤활불량 계열 스코어링(긁힘·용착), 과하중·굽힘 계열 이의절손(부러짐)으로 묶어서 외운다.

정답 ● 03 ④ 04 ④

05 ☑☐☐☐☐

다음 중 O-링 밀봉형 커넥터의 설명으로 틀린 것은?

① O-링은 접합면의 미세한 요철을 메워 유체 누설을 줄인다.
② 조임이 느슨해도 O-링이 자동으로 크게 팽창하므로 고압에서도 항상 완전 밀봉된다.
③ O-링 재질에 따라 내유성·내열성이 달라 사용 유체와 온도에 맞게 선정해야 한다.
④ 조립 시 소량의 적합한 윤활제를 쓰면 조립성이 좋아지고 O-링 손상이 줄어든다.

해설

O-링은 단면이 원형인 탄성체가 홈(Gland)에 약간 눌려서(Squeeze) 접촉 압력을 만들고, 작동 압력에 의해 추가로 밀려가며 밀봉하는 구조다. 조임이 느슨하면 초기 접촉 압력이 부족해지고, 고압에서는 보어 간극으로 압출(Extrusion)·블로우아웃이 발생하여 오히려 누설이 커진다. 자동으로 크게 팽창해 항상 완전 밀봉되는 구조가 아니다.

① O-링은 접합면의 미세 요철을 메워 유체 누설을 줄인다. 탄성 변형으로 요철을 메우는 것이 O-링의 본질적 작용이므로 옳다.
③ 재질 선택은 사용 유체·온도에 맞춘다. NBR·FKM·EPDM 등 매질/온도별 내유성·내열성이 달라서 조건에 맞게 선정하는 것이 원칙이므로 옳다.
④ 조립 시 소량의 적합한 윤활제를 쓰면 조립성이 좋아지고 손상이 줄어든다. 마모·찢김을 줄이고 초기 마찰을 낮추므로 옳다. 실리콘계 등 재질·유체와 상용성 있는 윤활제를 사용한다.

관련이론

기본설계변수는 Squeeze(압축율), Stretch(늘임율), Gland 간극, 재질 경도(보통 70~90 Shore [A])이며, 고압·큰 간극에는 백업링을 사용한다.

미니 팁

O-링은 적정 Squeeze + 간극 관리 + 재질 선택이 핵심이다. 고압·큰 간극에는 백업링을 함께 넣는다.

06 ☑☐☐☐☐

계측기장치방법 중 측정자가 계측 대상에 접근해서 직접 측정하는 직접 측정식 계측기가 아닌 것은?

① 측장기
② 버니어켈리퍼스
③ 마이크로미터
④ 수은 온도계

해설

직접 측정식은 공작물에 직접 접촉해 길이·두께 등 치수 자체를 읽는 방식이다. 버니어 캘리퍼스와 마이크로미터가 대표다. 수은 온도계는 온도라는 물리량을 팽창량으로 간접 표시하는 환경 계측기이며 치수 직접 측정기가 아니다.

① 공작물에 접촉해 길이를 직접 읽는 직접 측정기다.
② 내·외·깊이 치수를 직접 읽는 계기다.
③ 나사 이동량으로 미세 치수를 직접 읽는 계기다.
④ 치수 측정용 계기가 아니므로 직접 측정식 계측기에 해당하지 않는다.

정답 ● 05 ② 06 ④

관련이론

길이 계측은 직접식(캘리퍼스·마이크로미터)과 간접식/비교식(게이지 블록, 다이얼게이지)로 나눈다. 촉장기(접촉식 길이 측정기) 공작물에 접촉해 길이를 직접 읽는 직접 측정기다.

미니 팁

"치수 직접 측정"을 떠올리면 캘리퍼스·마이크로미터가 정답 후보이고, 온도·압력 같은 환경 계측기는 제외한다.

07 ☑☐☐☐☐

코일 스프링의 권선을 2배로 늘리면 스프링계수는 어떻게 되는가?

① 1/2 ② 1/4
③ 2   ④ 4

해설

코일 스프링의 강성 k는 유효 권수 N에 반비례한다. 권수를 2배로 늘리면 한 바퀴당 비틀림 각이 작아져 전체 강성은 절반이 된다.
(전단탄성계수 G, 선지름 d, 평균지름 D, 유효권수 N)

미니 팁

권수↑ → k↓, 선지름↑ → k↑, 코일지름↑ → k↓

08 ☑☐☐☐☐

다음 중 평행축형 기어 감속기의 종류가 아닌 것은?

① 웜기어 감속기
② 스퍼기어 감속기
③ 헬리컬기어 감속기
④ 더블헬리컬기어 감속기

해설

평행축 감속기는 축이 서로 평행인 기어로 구성한다. 스퍼·헬리컬·더블헬리컬이 이에 해당한다. 웜기어는 웜과 웜휠이 교차축(비평행)을 이루므로 평행축형이 아니다.
② 평행축 맞물림의 대표다.
③ 평행축, 부드러운 구동이 장점이다.
④ 평행축, 추력 상쇄 구조다.

관련이론

기어는 평행축(스퍼·헬리컬·더블헬리컬), 교차축(베벨·웜), 직교비평행/교차축으로 분류한다.

미니 팁

분류 먼저 평행축 = 스퍼·헬리컬·더블헬리컬, 교차축 = 베벨·웜. "웜"이 보이면 평행축에서 제외한다.

09 ☑☐☐☐☐

중하중에서 가장 큰 토크를 전달할 때 사용되는 키는?

① 평키   ② 묻힘키
③ 접선키   ④ 새들키

해설

접선키(Tangent Key)는 회전방향 접선방향으로 두 개를 마주 배치하여 키면 전단과 허브 내면의 베어링 압력을 분담한다. 큰 접촉면적과 유리한 하중방향 때문에 중·대토크 전달에 적합하다.
① 표준적이며 범용이지만 아주 큰 토크에는 한계가 있다.
② 세팅·정렬성은 좋지만 토크 용량이 크지 않다.
④ 축에 홈을 내지 않아 강도 손실이 적지만 마찰 의존이라 토크 용량이 가장 작다.

정답 ● 07 ① 08 ① 09 ③

관련이론

키 결합의 허용 토크는 전단 강도와 베어링 압력 조건으로 산정하며, 접선키는 전단면이 접선방향이라 토크에 유리한 응력상태를 만든다.

미니 팁

토크 크기 순서 : 접선키 > 묻힘키 > 평키 > 새들키 를 기억한다.

10

두 개의 마찰면이 직접 접촉하는 일이 없이 비교적 두꺼운 연속적인 유막과 그 압력에 의해서 완전히 격리된 상태의 마찰은?

① 건조마찰
② 경계마찰
③ 유체마찰
④ 고체마찰

해설

유체마찰은 두 표면 사이에 연속적·충분한 두께의 윤활막이 형성되어 금속면이 직접 닿지 않는 상태를 말한다. 전단은 유체 내에서만 일어나므로 마찰계수가 낮고 마모가 작다.
① 윤활이 거의 없어 금속면이 직접 접촉한다.
② 유막이 얇아 첨가제막·흡착막에 의존한다.
④ 유체막 없이 고체끼리 맞닿는 상태를 포괄하는 표현이다.

미니 팁

스트리벡 곡선 순서 건조/경계 → 혼합 → 유체윤활을 그림처럼 떠올린다.

11

공구관리의 기능을 계획단계와 보전단계로 구분할 때 보전단계의 기능은?

① 공구의 설계 및 표준화
② 공구의 점검
③ 공구의 연구와 시험
④ 공구의 사용계획

해설

보전단계에는 사용 중 공구의 점검·검사, 마모부의 연삭, 정확도 교정, 수리·교체 같은 유지 활동이 포함된다. 반면 분류·표준화·설계·사용계획은 체계를 만드는 계획단계 업무다.
① 설계 및 표준화 계획단계 업무다.
③ 연구와 시험 계획·개발 측면의 업무다.
④ 사용계획 수량·배치·대여 등 운영 계획으로 계획단계 업무다.

미니 팁

한 줄 정리 : 계획 = 분류·표준화·사용계획, 보전 = 점검·연삭·수리·교정

12

기어 이의 접촉 표면에 가는 균열이 생겨 접촉면의 일부가 떨어져 나가는 현상은?

① 피팅
② 리프팅
③ 백래시
④ 스코어링

해설

피팅(Pitting)은 접촉 피로로 인해 표면 바로 아래에서 생긴 균열이 표면으로 올라오며 작은 점상 구멍(피트)이 떨어져 나가는 손상이다. 반복접촉(헤르츠 응력)과 윤활·정렬 불량이 원인이 된다.

② 기어 손상 분류에 일반적으로 쓰지 않는 용어.
③ 기어 맞물림의 유격을 뜻한다. 손상이 아니라 정렬·조립 치수 항목이다.
④ 윤활막 파괴로 금속이 직접 접촉해 긁힘·용착 줄무늬가 나는 마찰 마모다(접촉 피로와 다르다).

관련이론
접촉 피로 손상은 보통 미세 피트(피팅) → 박리 확대(스폴링)의 단계로 진전한다. 하중, 윤활막 두께, 표면 경도와 잔류응력이 영향을 준다.

미니 팁
접촉 피로 피팅(작은 구멍) ↔ 스폴링(큰 박리), 윤활불량 스코어링(긁힘), 치수항목 백래시(유격)로 묶어 기억한다.

13 ☑□□□□

다음 방향제어밸브를 표시하는 ISO기준으로 틀린 것은?

① 누출라인 : 10, 12, 14 또는 X, Y, Z
② 작업라인 : 2, 4, 6 또는 A, B, C
③ 배기라인 : 3, 5, 7 또는 R, S, T
④ 공급라인 : 1 또는 P

해설
ISO(예 1219, 5599)에서 1(P) = 공급, 2·4(A·B) = 작업, 3·5(R·S) = 배기, 7(T) = 추가 배기로 쓴다. 번호 10, 12, 14와 문자 X, Y, Z는 주로 파일럿(조작) 포트로 쓰이며 누출라인 표기는 아니다.
② 2, 4 또는 A, B 표준 표기다.
③ 3, 5 또는 R, S, (추가 7/T) 표준 표기다.
④ 1 또는 P 표준 표기다.

관련이론
포트 체계 : P = 1, A = 2, B = 4, R = 3, S = 5, 추가작업 C = 6, D = 8, 추가배기 T = 7, 외부파일럿·신호 10·12·14 또는 X·Y·Z

미니 팁
숫자만 기억해도 된다 : 1 - 공급, 2/4 - 작업, 3/5 - 배기, 7 - 추가배기, 10/12/14 - 파일럿

14 ☑□□□□

그리스의 굳은 정도를 나타내는 것은?

① 점도   ② 인화점
③ 관입도   ④ 동점도

해설
그리스 굳기는 관입도(Penetration)로 평가한다. 표준 침자가 일정 하중으로 5초 동안 들어간 깊이 (1/10 [mm])로 표시하며, 값이 작을수록 단단하다.
① 유체(오일) 점착성 지표로 그리스 경도 지표가 아니다.
② 가열 시 증기가 불꽃에 점화되는 온도다.
④ 점도를 밀도로 나눈 값으로 오일의 유동성 지표다.

미니 팁
키워드 : 관입도 = 굳은 정도

15 ☑□□□□

다음 기호가 나타내는 밸브는?

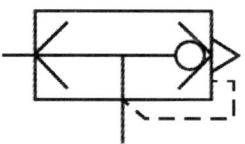

① 급속배기밸브   ② 체크밸브
③ 유량조절밸브   ④ 교축밸브

> **해설**

그림의 기호는 실린더 포트에서 대기로 바로 배기하는 구조가 표시되어 있다. 급속배기밸브는 실린더 근처에 설치하여 복귀·배기 시 공기를 직접 대기 방출해 속도를 높인다. 체크밸브는 역류만 방지하고, 속도제어/교축은 유로를 좁혀 유량을 제한한다.
② 단방향 통과·역류방지 기능만 있다.
③ 유량을 조절하지만 대기 직배기 기능이 없다.
④ 단순 오리피스로 유로를 좁혀 흐름을 제한한다.

명칭	기호
체크밸브	
유량조절밸브	
교축밸브	

> **관련이론**

속도제어는 보통 미터아웃 + 급속배기 조합이 효과적이며, 기호에서 대기 포트(배기관) 표기가 핵심이다.

> **미니 팁**

그림에서 대기로 직접 배출(짧은 배기관)이 보이면 급속배기를 우선 떠올린다.

16 ☑□□□□

예방보전의 효과를 설명한 것 중 거리가 먼 것은?

① 설비의 정확한 상태 파악
② 대수리 감소
③ 고장 원인의 정확한 파악
④ 예비품 재고량의 증가

> **해설**

예방보전은 고장을 미리 막고, 설비의 상태 파악과 고장 원인 분석을 통해 정지시간과 대수리를 줄인다. 예비품은 필요량을 산정해 적정화·감소하는 것이 원칙이다.
① 상태감시·점검으로 가능하다.
② 계획정비로 급작스런 대수리를 줄인다.
③ 데이터 기반 분석으로 가능하다.

> **관련이론**

예방·예지보전(PM/CBM)은 고장률↓, 가동률↑, 품질안정, 재고회전율 개선을 목표로 한다.

> **미니 팁**

예방보전의 키워드 : 상태 파악·원인 분석·정지/대수리 감소·적정 재고, 재고 증가는 오히려 반대다.

정답 ● 16 ④

17 ☑□□□□
치공구를 정의한 내용으로 틀린 것은?

① 치구부착구는 가공 성형 시에 적합하게 가공하여 표준화 된 제품을 얻는 것이다.
② 공구는 소재를 가공해서 희망하는 형상으로 만드는 공작작업에 사용하는 도구이다.
③ 검사구는 재료 등을 작업이 규정하는 기준에 합치되는지 조사하기 위한 공구이다.
④ 금형은 재료를 가공, 성형해서 제품을 얻는 것으로 주로 금속재료를 사용해서 만든다.

해설

치공구(지그·픽스쳐)는 가공 중 공작물을 정확히 위치결정·고정하고, 공구의 가이드를 제공하여 정확도·생산성을 높이는 보조장치이다. "표준화 된 제품을 얻는 것"은 치공구의 정의가 아니라 가공의 목적을 서술한 표현이다.
② 공구는 소재를 가공하여 원하는 형상을 만드는 도구이다. 일반적인 공구 정의로 옳다.
③ 검사구는 규정기준에 합치되는지 검사하기 위한 공구이다. 검사용 지그·게이지에 대한 옳은 설명이다.
④ 금형은 재료를 성형하여 제품을 얻는 도구이다. 금형 정의로 옳다.

관련이론

지그는 공구 안내가 있고, 픽스처는 공작물 고정에 중점을 둔다. 금형은 재료를 성형하여 제품을 직접 만드는 도구로 치공구와 구분된다.

미니 팁

분류 기억 치공구 = 가공 보조(위치·고정·가이드), 금형 = 제품 성형, 검사구 = 치수·형상 검증

18 ☑□□□□
다음 중 시퀀스밸브의 기호는?

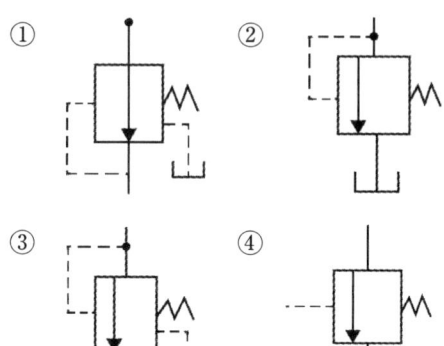

해설

시퀀스밸브는 둘 이상의 분기회로가 있는 회로 내에서 작동순서를 회로의 압력에 의해 제어하고 설정된 압력에 도달했을 때만 다른 동작을 시작한다.
① 감압밸브
② 릴리프밸브
④ 무부하밸브

미니 팁

자주 출제가 되니 혼동되지 않게 다른 밸브의 기호와 차이를 비교해서 암기한다.

19 ☑☐☐☐☐

배관제도에서 관의 끝부분이 용접식 캡의 경우를 나타내는 그림의 기호는?

① ———||

② ———⊐

③ ———◗

④ ———→

해설

관 끝부분의 표시방법
① 막힌 플랜지
② 나사박음식 캡 및 나사박음식 플러그
④ 흐름을 나타내는 기호

20 ☑☐☐☐☐

정반 위에 올려 놓고 정반면을 기준으로 하여 높이를 측정하거나 스크라이버 끝으로 금긋기 작업을 하는 데 사용하는 것은?

① 틈새게이지 ② 센터게이지
③ 하이트게이지 ④ 다이얼게이지

해설

하이트게이지는 평면기준(정반)을 바탕으로 높이·단차를 측정하고, 스크라이버 팁으로 레이아웃(긋기) 작업을 수행한다. 베이스의 평탄도와 버니어·다이얼·디지털 헤드로 읽는 구조다.

① 간극(클리어런스) 측정용 필러게이지로 높이 측정/긋기에 쓰지 않는다.
② 선반 나사 가공 시 각도 확인 등에 쓰는 게이지다.
④ 변위·진동·동심도 등의 비교 측정에 쓰는 게이지다.

관련이론

측정 원리는 정반 = 기준면 → 게이지 슬라이더 높이를 읽는 직접 측정이며, 평면도·직각도가 측정 정확도를 좌우한다.

미니 팁

"정반 위에서 높이/긋기"가 나오면 하이트게이지를 떠올린다.

21 ☑☐☐☐☐

아래 그림은 미터식 마이크로미터의 눈금을 나타낸 것이다. 최소 측정값 1/100 [mm]인 마이크로미터의 측정값은?

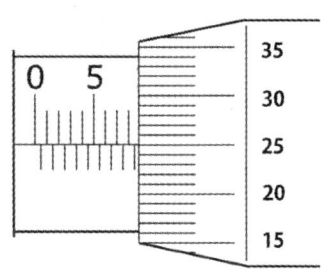

① 0.75 [mm]   ② 8.75 [mm]
③ 8.55 [mm]   ④ 8.25 [mm]

해설

마이크로미터의 눈금읽기
왼쪽 상단이 1 [mm] 단위 8칸이므로 8 [mm]
왼쪽 하단이 0.5 [mm] 단위 8 [mm]이후에 한 칸이 있으므로 0.5 [mm]
오른쪽 0.01 [mm]단위 왼쪽의 가로선과 일치하는 부분이 25이므로 0.25 [mm]
모두 합쳐서 8.75 [mm]

22 ☑□□□□

기어구동에서 이가 상대 측 이뿌리에 간섭을 일으켜 발열하고 윤활막 파괴로 금속접촉을 하는 것을 무엇이라고 하는가?

① 피칭
② 스폴링
③ 스코어링
④ 백래시(Back Lash)

해설

윤활막이 무너져 이 표면이 금속 대 금속으로 직접 미끄러지며 긁힘·용착 줄무늬가 생기는 마모를 스코어링(Scoring, Scuffing)이라고 한다. 하중 과대·윤활 부족·정렬 불량이 주요 원인이다.
① 접촉피로로 작은 점상 구멍이 생기는 현상이다.
② 큰 박리가 떨어져 나가는 접촉피로계 손상이다.
④ 기어 유격(간극)으로 손상이 아니라 치합 조건이다.

관련이론

접촉피로 손상(피팅·스폴링)과 달리 마찰·열에 의한 표면 용착이 핵심이다.

미니 팁

윤활막 파괴 = 스코어링, 점상 구멍 = 피팅, 큰 박리 = 스폴링으로 구분한다.

23 ☑□□□□

압력의 크기가 변해도 같은 유량을 유지할 수 있는 유량제어밸브는?

① 니들밸브
② 유량분류밸브
③ 압력보상 유량제어밸브
④ 스로틀 앤드 체크밸브

해설

압력보상 유량제어밸브는 오리피스 앞뒤의 차압 ⊿P를 일정하게 만드는 보상 스풀을 내장해, 공급·부하 압력이 달라도 유량 Q가 거의 일정하게 유지된다.
① 단순 개도조절이라 압력 변동에 따라 유량이 변한다.
② 유량을 두 갈래로 분배할 뿐 일정유량 기능이 아니다.
④ 행정말단 체크용 장치, 일정유량제어가 아니다.

미니 팁

문장에 "압력 변해도 유량 일정"이 보이면 압력보상식을 고른다.

24 ☑□□□□

한계게이지의 특징으로 올바른 것은?

① 1개의 치수마다 1개의 게이지가 필요하다.
② 제품 사이의 호환성이 없다.
③ 제품의 실제치수를 읽을 수 있다.
④ 고도의 측정 경험이 필요하다.

해설

한계게이지(GO/NOGO)는 합격/불합격만 판단한다. 읽는 값이 없으므로 측정 숙련이 적어도 사용 가능하지만, 치수마다 전용게이지가 필요하다.
② 한계게이지는 오히려 호환성(치수 상호교환성) 확보 수단이다.
③ 수치 판독 기능이 없다.
④ 합/부 판정이 주목적이라 숙련 요구가 낮다.

관련이론

GO게이지는 최대재료조건(MMC)에서 통과, NOGO는 반대 측 한계에서 불통과가 원칙이다.

미니 팁

키워드 : GO/NOGO = 합불 판정, 값은 못 읽음, 전용게이지 필요

25 ☑☐☐☐☐

가스용접봉 선택의 조건으로 맞지 않는 것은?

① 모재와 같은 재질일 것
② 용융 온도가 모재보다 낮을 것
③ 기계적 성질에 나쁜 영향을 주지 않을 것
④ 불순물이 포함되어 있지 않을 것

해설

가스용접(융접)용 용접봉은 모재와 성분이 거의 같고, 용융점이 모재와 거의 동일하거나 약간 낮은 수준이 적절하다. "낮을 것"만을 단정하면 너무 낮은 용융점의 재료까지 포함되어 희석·강도 저하 문제가 생긴다.
① 일반 원칙에 부합한다.
③ 기본 조건이다.
④ 청정성이 필수다.

관련이론

용접부 기계적 성질은 희석율·냉각 속도·조성에 좌우되며, 용접봉은 모재와의 조성 일치·청정성이 중요하다.

미니 팁

한 줄 정리 : 조성은 같게, 용융점은 같거나 약간 낮게, 청정성 확보

26 ☑☐☐☐☐

연강용 아크용접봉과 피복제 계통이 잘못 짝지어진 것은?

① E4316 - 저수조계
② E4311 - 고셀룰로오스계
③ E4327 - 철분저수조계
④ E4303 - 라임티탄계

해설

국내 KS·AWS 계열에서 E4316, E4326은 저수소계(4316 : 기본/저수소, 4326 : 철분저수조계) 이고 E4327은 철분산화철계
① 표기 체계가 다를 수 있으나 '16'은 저수소계 특징을 의미한다.
② 표준 대응이 맞다.
④ 표준 대응이 맞다.

관련이론

피복 계통 : 셀룰로오스계(11), 루틸계(03·13), 산성계, 저수소계(16·27) 등. 뒤의 두 자리 숫자가 계통과 용접자세를 나타낸다.

미니 팁

뒤 두 자리 기억 : …11 = 셀룰로오스, …03 = 루틸, …16/26 = 저수소

27

다음 중 용접봉의 내균열성이 가장 좋은 것은?

① 셀룰로오스계　② 티탄계
③ 일미나이트계　④ 저수소계

해설

저수소계 피복은 수소 혼입을 줄여 수소취성·균열을 억제한다. 저온 균열에 강하고 고강도강용접에 유리하다.
① 수소량이 많아 균열저항이 낮다.
② 작업성은 좋지만 균열저항은 저수소계보다 낮다.
③ 보통강 범용이며 내균열성 최상은 아니다.

관련이론

피복계와 특징 : 셀룰로오스(깊은 용입, 수소↑), 루틸(아크안정), 저수소(수소↓, 균열저항↑)

미니 팁

"균열저항"이 보이면 저수소계를 우선 떠올린다.

28

강재 표면의 홈이나 개재물, 탈탄층 등을 제거하기 위하여 될 수 있는 대로 얇게, 그리고 타원형 모양으로 표면을 깎아내는 가공법은?

① 스카핑　② 가스가우징
③ 선삭　④ 천공

해설

스카핑(Scarfing)은 산소-가스 화염으로 표면 결함을 넓게 깎아내어 결함을 제거하는 방법이다. 주로 압연 전 슬래브/빌릿 표면 결함 제거에 사용한다.
② 홈을 파거나 개구 형상을 만드는 작업에 적합하다.
③ 절삭공구로 회전가공하는 기계가공이다.
④ 구멍을 뚫는 작업이다.

관련이론

가스가우징은 홈 파기(U자형)에 적합하고, 스카핑은 넓은 표면 결함 제거에 적합하다.

미니 팁

표면 결함 넓게 제거 = 스카핑, 홈 파기 = 가우징

29

용접기의 아크발생을 8분간 하고 2분간 쉬었다면 사용률은 몇 [%]인가?

① 25　② 40
③ 60　④ 80

해설

사용률(%) = 아크시간 / (아크시간 + 휴지시간) × 100 = 8/(8 + 2) × 100 = 80 [%]

관련이론

사용률은 열적 한계와 관련되어 용접기 정격을 결정한다.

미니 팁

"시간총합 대비 아크시간 비율" 공식만 기억하면 된다.

정답 27 ④　28 ①　29 ④

30

TIG용접에 사용되는 전극봉의 재료로 가장 적합한 금속은?

① 알루미늄 ② 스테인리스
③ 텅스텐 ④ 강철

해설
TIG(GTAW)는 비소모성 텅스텐 전극과 보호가스를 사용한다. 텅스텐은 고융점·열전자 방출이 좋아 전극 소모가 거의 없다.
①, ②, ④ 모재 재질이지 전극 재질이 아니다.

관련이론
전극 팁 형태·희토류 첨가(Th, La, Ce 등)에 따라 아크안정성과 점화 특성이 달라진다.

미니 팁
"TIG = 텅스텐"으로 연결 지어 외운다.

31

혼합가스 연소에서 불꽃온도가 가장 높은 것은?

① 산소 - 아세틸렌불꽃
② 산소 - 부탄불꽃
③ 산소 - 프로판불꽃
④ 산소 - 수소불꽃

해설
산소 - 아세틸렌불꽃의 최고온도는 약 3,200 [℃] 수준으로 혼합가스 중 가장 높다.
②, ③, ④ 최고온도가 더 낮다.

관련이론
산소 - 수소 ≈ 2,800 [℃], 산소 - 프로판은 그보다 낮다.

미니 팁
"OA(Oxy - Acetylene) 최상"으로 기억한다.

32

가변압식의 팁 번호가 200일 때 10시간 동안 표준불꽃으로 용접할 경우 아세틸렌가스의 소비량은 몇 리터인가?

① 20 ② 200
③ 2,000 ④ 20,000

해설
팁 번호 200 → 표준 유량 약 200 [L/h]로 본다.
10 [h] 사용 시 200 × 10 = 2,000 [L]

관련이론
팁 번호 - 유량 대응표를 사용해 산정한다.

미니 팁
"번호 = 시간당 유량(대략)"을 기억해 시간 × 유량으로 계산한다.

33

프로판가스의 성질에 대한 설명으로 틀린 것은?

① 발열량이 높다.
② 다른 가스에 비해 안전도가 높다.
③ 물에 잘 녹는다.
④ 액화상태가 용이하고 용기에 충전이 쉽다.

해설
프로판은 물에 거의 녹지 않는다. 발열량이 크고 액화상태로 용이하게 저장·운반된다.

관련이론
LPG(프로판/부탄)는 상온에서 압축하면 쉽게 액화되어 용기에 충전된다.

미니 팁
프로판·부탄 = 저용해성, 고발열, 액화 저장

정답 30 ③ 31 ① 32 ③ 33 ③

34 ☑☐☐☐☐

용접자세를 나타내는 기호로 옳은 것은?

① 위보기자세 : V
② 수직자세 : F
③ 수평자세 : H
④ 아래보기자세 : A

해설

자세기호는 F(Flat, 아래보기), H(Horizontal, 수평), V(Vertical, 수직), O(Overhead, 천정)를 쓴다.

미니 팁

F/H/V/O 네 글자만 외워두면 된다.

35 ☑☐☐☐☐

연강용 피복금속아크용접봉에서 다음 중 피복제의 염기성이 가장 높은 것은?

① 저수소계   ② 고산화철계
③ 고셀루로스계   ④ 티탄계

해설

저수소계는 염기성 슬래그를 형성하여 수소량을 낮추고 취성·균열을 억제한다.
②, ③, ④ 염기성은 저수소계보다 낮다.

관련이론

계통별 슬래그 성질 : 셀룰로오스(산성 경향), 루틸(중성 ~ 약산성), 저수소(염기성)

미니 팁

"염기성 = 저수소"를 기억한다.

36 ☑☐☐☐☐

다음 중 플라즈마제트절단에 관한 설명으로 틀린 것은?

① 플라즈마제트절단은 플라즈마 제트 에너지를 이용한 절단법의 일종이다.
② 절단하려는 재료에 전기적 접촉이 이루어짐으로 비금속재료의 절단에는 적합하지 않다.
③ 절단장치의 전원에는 직류가 사용되지만 아크전압이 높아지면 무부하전압도 높은 것이 필요하다.
④ 작동가스로는 알루미늄 등의 경금속에 대해서는 아르곤과 수소의 혼합가스가 사용된다.

해설

플라즈마제트절단은 비금속재료의 절단에는 적합하지 않지만, 그 이유는 전기적 접촉의 필요성 때문이 아니라 플라즈마의 높은 에너지가 비금속재료를 절단할 만큼 충분하지 않기 때문이다. 비금속재료는 플라즈마에 의해 증발하거나 녹아버리기 때문에 전기적 접촉이 반드시 필요하다는 전제 조건이 틀렸다.

미니 팁

키워드 : DC정극성, 전도성 재료절단, 혼합가스 선택

정답 34 ③ 35 ① 36 ②

37 ☑☐☐☐☐
유압펌프의 종류가 아닌 것은?

① 기어펌프 ② 나사펌프
③ 실린더펌프 ④ 피스톤펌프

해설
유압펌프는 기어·베인·피스톤 등이 표준이다. "실린더펌프"는 펌프 분류에 없다.

관련이론
용량형 펌프는 체적 변위로 압력을 만든다.

미니 팁
펌프 3대장 : 기어·베인·피스톤

38 ☑☐☐☐☐
기어펌프 작동 시 오일의 일부가 기어의 맞물림에 의해 두 기어의 틈새에 갇혀서 다시 원래의 흡입 측으로 되돌려지는 현상은?

① 폐입현상 ② 맥동현상
③ 서지현상 ④ 채터링현상

해설
기어 이 사이 공간에 유체가 갇혀 압축/팽창하면서 맥동·소음을 유발하고 역류로 이어지는 현상을 폐입(Trapping)이라 한다.
② 결과현상이며 용어가 다름
③ 배관계 압력 변동현상
④ 캐비테이션 증기 기포의 붕괴로 일어나는 손상

관련이론
베인형·피스톤형도 유사한 체적 변화로 맥동이 생길 수 있다.

미니 팁
"기어 이 사이에 갇힘" = 폐입

39 ☑☐☐☐☐
두 개의 복동실린더가 직렬로 연결되어 한 개의 피스톤으로 구성된 실린더는?

① 양로드형 실린더
② 탠덤실린더
③ 텔레스코프형 실린더
④ 로드리스실린더

해설
두 실린더를 직렬로 묶어 출력 힘을 합산하는 구조를 탠덤실린더라 한다.

관련이론
동일 보어·압력기준이면 출력은 실린더 수에 비례한다.

미니 팁
힘↑가 목표면 탠덤을 떠올린다.

40 ☑☐☐☐☐
공기압축기를 작동원리에 따라 분류할 때 터보형 압축기에 해당되는 것은?

① 스크류식 ② 피스톤식
③ 베인식 ④ 원심식

해설
터보형은 임펠러로 속도 → 압력을 변환하는 방식으로 원심식·축류식이 여기에 속한다.
①, ②, ③ 모두 용적형이다.

관련이론
용적형은 피스톤·스크류·베인 등이다.

미니 팁
터보 = 원심·축류, 용적 = 피스톤·스크류·베인

정답 37 ③ 38 ① 39 ② 40 ④

41 ☑□□□□

지름이 100 [mm]일 때 유속이 3 [m/s]이면 지름이 50 [mm] 일 때 유속은?

① 6
② 12
③ 24
④ 48

해설

연속방정식에 의해 유속과 면적의 곱은 일정하다. 따라서 면적과 유속은 반비례
지름이 1/2이면 면적 1/4 → 유속 4배
3 × 4 = 12 [m/s]

관련이론

비압축 유동에서 단면적이 줄면 유속이 증가한다.

미니 팁

"지름 절반 → 유속 4배"를 암기한다.

42 ☑□□□□

그림과 같은 회로도를 무엇이라고 하는가?

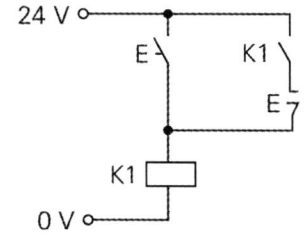

① 인터록회로
② 플립플롭회로
③ ON우선 자기유지회로
④ OFF우선 자기유지회로

해설

그림은 푸시버튼 E(시작, NO) 로 코일 K1을 여자시키고, 코일이 붙으면 K1 보조접점(NO) 이 버튼과 병렬로 붙어 전원을 계속 공급하는 자기유지(시일-인) 회로이다. 시작버튼과 K1접점이 병렬이므로, 시작과 정지(만약 정지 NC가 직렬로 앞단에 있다면)를 동시에 눌러도 시작버튼 경로가 살아 ON이 우선되는 특성을 갖는다. 따라서 ON우선 자기유지회로이다.

미니 팁

이해보다는 그림을 기억한다.

43 ☑□□□□

실내 온도가 25 [°C]이고 상대습도(RH)가 50 [%]일 때, 이 온도에서의 포화 절대습도가 23 [g/m³]라고 한다. 이때 공기의 절대습도(공기 1 [m³]에 들어 있는 수증기 질량)는 얼마인가?

① 5.8 [g/m³]
② 11.5 [g/m³]
③ 23 [g/m³]
④ 46 [g/m³]

해설

절대습도
= 포화 절대습도 × RH
= 23 × 0.5
= 11.5 [g/m³]

관련이론

RH(상대습도)
= 실제 수증기량/포화 수증기량 × 100 [%]

미니 팁

절대 = 포화 × 상대(소수)

정답 ● 41 ② 42 ③ 43 ②

44 ☑□□□□

기계제도에서 사용하는 선의 용도에 따라 사용하는 선의 종류가 틀린 것은?

① 외형선 : 가는 실선
② 피치선 : 가는 1점 쇄선
③ 중심선 : 가는 1점 쇄선
④ 숨은선 : 가는 파선

해설

외형선은 굵은 실선을 쓴다. 중심선·피치선은 가는 1점 쇄선, 숨은선은 가는 파선이다.

관련이론

선 굵기 구분은 도면의 식별성을 높이기 위한 기본 규칙이다.

미니 팁

"외형선 = 굵은 실선"만 확실히 외워 둔다.

45 ☑□□□□

다음 중 공기압탱크와 연결된 배관을 약 1 ~ 2° 기울이는 주된 이유로 옳은 것은?

① 배관 내부 압력을 높이기 위해서
② 응축수를 자연스럽게 한쪽으로 모아 드레인으로 배출하기 위해서
③ 공기 누설을 막기 위해서
④ 소음을 줄이기 위해서

해설

압축공기 시스템에서는 수분이 응축되므로 배관을 미소 경사로 설치해 드레인으로 자연 배출한다.
①, ③, ④ 경사와 직접 연관이 없다.

관련이론

응축수 제거는 수분 함유로 인한 부식/동결/장애를 예방한다.

미니 팁

배관 경사 = 드레인 배출

46 ☑□□□□

다음 중 표준 대기압 1 [atm]과 다른 값은?

① 760 [mmHg]
② 1.0332 [kgf/m²]
③ 1,013 [mbar]
④ 101.3 [kPa]

해설

- 표준 대기압 : 해수면에서 측정한 지구 대기의 평균압력
- 표준 대기압(1 [atm])의 값
  파스칼(Pa) : 101,325 [Pa]또는 101.325 [kPa]
  밀리미터 수은주(mmHg) : 760 [mmHg]
  공학기압(kgf/cm²) : 1.0332 [kgf/cm²]
  바(bar) : 1.01325 [bar]

미니 팁

단위를 꼼꼼히 확인

47 ☑□□□□

다음 중 유압모터의 종류가 아닌 것은?

① 체인형
② 기어형
③ 베인형
④ 피스톤형

해설

유압모터는 기어형·베인형·피스톤형이 표준이다. 체인형은 모터 분류에 없다.

관련이론

각 모터는 토크/속도 특성과 효율이 다르다.

미니 팁

모터 3형식 기·베·피

48 ☑□□□□

기어나 회전링을 이용하여 윤활유를 튀겨 날려서 베어링에 윤활유를 공급하는 방법으로 변속기 및 기어박스 등에 널리 사용되는 윤활유 급유방법은?

① 유욕법 ② 적하 급유법
③ 제트 급유법 ④ 비산 급유법

해설

회전부가 윤활유를 튀겨(Splash) 필요한 곳에 공급한다. 감속기·기어박스에서 흔히 쓴다.
① 압력으로 공급하는 방식이다.
② 중력으로 한 방울씩 떨어뜨린다.
③ 노즐로 분사한다.

관련이론

비산·오일포그·제트 등 다양한 급유법이 있다.

미니 팁

"Splash = 비산"으로 바로 연결한다.

49 ☑□□□□

그림의 유압기호에 관한 설명으로 옳지 않은 것은?

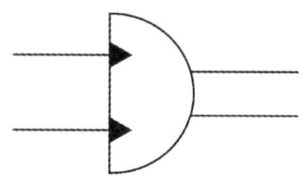

① 요동형 유압펌프이다.
② 요동형 유압 액추에이터이다.
③ 요동운동의 범위를 조절할 수 있다.
④ 2개의 오일 출입구에서 교대로 오일을 출입시킨다.

해설

요동형 유압 액추에이터는 유체를 이용하여 특정 각도 범위 내에서 회전 운동을 하는 유압장치로, 로터리실린더라고도 불린다. 베인형과 피스톤형으로 나뉘며, 피스톤형은 레일과 피니언 구조, 스크루 구조, 크랭크 구조, 요크 구조 등이 있으며 제한된 각도 내에서 큰 토크와 회전 운동을 생성한다.

미니 팁

펌프는 삼각형이 바깥으로 표시

50 ☑□□□□

다음 중 유도형 근접센서가 검출 할 수 없는 물질은?

① 알루미늄 ② 황동
③ 스테인리스 ④ 플라스틱

정답 48 ④ 49 ① 50 ④

해설

유도형 근접센서는 금속체의 유도전류 변화를 검출하므로 알루미늄·황동·스테인리스 등 금속은 검출 가능하지만 비전도성 플라스틱은 검출하지 못한다.
①, ②, ③ 모두 검출 가능(감도 차이는 존재)

관련이론
비금속은 정전용량형 센서로 검출한다.

미니 팁
유도형 = 금속 전용, 비금속은 정전용량형

해설

줄의 법칙에 따르면 열량 $Q = I^2Rt$이다. 저항 R과 시간 t가 일정하면 $Q \propto I^2$가 된다. 즉, 전류가 2배가 되면 발열량은 4배가 된다.

관련이론
- 전력 $P = I^2R$, 전기에너지 $W = Pt$
- 열로 전환되는 에너지는 전류의 제곱에 좌우된다.

미니 팁
암기 한 줄 : 줄의 법칙 $Q = I^2Rt$ → "이제알(I^2Rt)"이라고 외운다.

51

다음 중 전력을 나타내는 식으로 옳은 것은?

① $P = VI$
② $P = V^2I$
③ $P = VI^2$
④ $P = V^2I^2$

해설

전력은 단위시간당 일을 의미하며 전압과 전류의 곱으로 계산한다. 따라서 기본식은 $P = VI$이다. 교류에서 유효전력은 부하 위상차를 고려해 $P = VI\cos\varphi$로 쓴다(부하가 순저항이면 $\cos\varphi = 1$).

52

다음 중 전류와 발열량의 관계로 옳은 것은? (저항과 시간은 일정하다고 가정)

① 발열량은 전류에 비례한다.
② 발열량은 전류에 반비례한다.
③ 발열량은 전류의 제곱에 비례한다.
④ 발열량은 전류의 제곱에 반비례한다.

53

다음 중 전동기에서 사용하는 법칙으로 옳은 것은?

① 플레밍의 왼손법칙
② 플레밍의 오른손법칙
③ 옴의 법칙
④ 렌츠의 법칙

해설

전동기는 전류가 흐르는 도체가 자기장 속에서 힘(토크)을 받는 장치다. 전류의 방향(둘째 손가락), 자기장의 방향(첫째 손가락)을 정하면 힘의 방향(엄지)을 알려주는 것이 플레밍 왼손법칙이다.
② 발전기(유도 기전력) 쪽에 해당한다.
③ $V = IR$로 저항회로 관계다.
④ 유도전류의 방향을 정하는 법칙이다.

관련이론
발전기에는 오른손(유도 기전력의 방향)법칙을 쓴다.

미니 팁
암기 전동기 = 왼손, 발전기 = 오른손

정답 51 ① 52 ③ 53 ①

54 ☑☐☐☐☐

유도 전동기의 역회전 조건은?

① 전원 3선을 모두 한 칸씩 이동하여 바꿔서 결선한다.
② 전원전압과 주파수를 바꾼다.
③ 전원 3선 중 임의의 두 선을 서로 바꿔 접속한다.
④ 전원의 극성을 바꾼다.

해설

3상 유도 전동기의 회전방향은 상순서(RST의 순서)로 결정된다. 세 선 중 아무 두 선을 교차하면 상순서가 바뀌어 회전이 반대가 된다.
① 세 선을 모두 한 칸씩 이동 상순서는 그대로라 방향이 바뀌지 않는다.
② 전압·주파수 변경 속도·토크 특성은 달라져도 방향은 그대로다.
④ 전원의 극성 변경 직류모터에서는 의미가 있지만 3상 유도기에선 상순서 변경이 핵심이다.

관련이론

전압 크기·주파수를 바꾸어도 방향 자체는 상순서로만 결정된다.

미니 팁

현장 구호 "두선만 바꿔라 = 역회전"

55 ☑☐☐☐☐

주파수에 대한 설명으로 옳은 것은?

① 주파수는 1초 동안 발생한 진동회수이다.
② 주파수의 단위는 초(s)이다.
③ 파동이 한 매질에서 다른 매질로 이동하면 주파수도 매질에 따라 변한다.
④ 주파수가 클수록 파장은 길어진다.

해설

주파수 f는 1초당 진동 횟수이며 단위는 Hz다. 같은 매질에서 파동 속도 v는 일정하여 $v = f\lambda$ 관계가 성립한다.
② 주파수의 단위는 Hz(1/s)이다.
③ 매질이 바뀌어도 주파수는 변하지 않는다.
④ 주파수가 클수록 파장은 짧아진다.

관련이론

매질이 바뀌면 v, λ는 변하지만 주파수는 연속 조건으로 변하지 않는다.

미니 팁

기억고리 $v = f\lambda$, 주파수↑ → 파장↓ (같은 매질에서)

56 ☑☐☐☐☐

산업안전 실천의 효과로 적합하지 않은 것은?

① 생산재의 손실을 축소시킬 수 있다.
② 생산성을 감소시킬 수 있다.
③ 인명 피해를 예방할 수 있다.
④ 사업설비의 손실을 감소시킬 수 있다.

해설

안전 활동은 재해·불량·설비정지를 줄여 생산성·품질을 높이는 효과가 있다. 교육·점검·표준작업 등은 낭비를 줄이고 가동률을 높이는 방향으로 작동한다.
① 재해·불량 감소로 맞다.
③ 안전 실천의 핵심 목적이다.
④ 고장·화재·사고 예방으로 맞다.

관련이론

안전·품질·생산은 동일 사이클에 있으며, 재해·고장 감소 → 리드타임 단축·수율 향상으로 이어진다.

미니 팁

"안전 = 비용"이 아니라 "안전 = 생산성"이라는 관점으로 기억한다.

57
산업안전의 유지로 얻을 수 있는 이점으로 틀린 것은?

① 직장의 신뢰도를 높여준다.
② 이직률이 감소된다.
③ 기업의 투자경비가 증대된다.
④ 기술의 축적과 품질이 향상된다.

해설
안전유지로 재해·정지·보상 비용이 크게 줄어 총비용이 감소한다. 초기 투자(보호구·가드·교육 등)는 장기적으로 비용절감효과를 낸다.
① 사고 감소로 대외·대내 신뢰가 높아진다.
② 안전한 직장은 정착률을 높인다.
④ 재해감소가 학습효과를 만든다.

관련이론
재해 비용에는 직접비(의료·보상)와 간접비(가동손실·품질저하)가 있으며 간접비가 더 크다.

미니 팁
안전 투자는 초기 소액 → 장기 대절감으로 이해한다.

58
산업안전보건법의 목적은?

① 임금과 근로시간의 최저기준을 정해 근로자의 생활을 보장
② 산업안전보건에 관한 정책의 수립 및 실시
③ 산업재해를 예방하고 쾌적한 작업환경을 조성함으로써 근로자의 안전과 보건을 유지 및 증진
④ 기업 생산성 향상을 위한 안전규정의 확립

해설
법의 직접 목적은 재해예방과 작업환경 개선, 그리고 근로자 안전·보건의 유지·증진이다. 임금·근로시간은 근기법 영역이다.
① 근로기준법 사항이다.
② 정부 역할 표현이지만 법의 목적 그 자체 서술로는 부족하다.
④ 부수효과일 수 있으나 직접 목적이 아니다.

관련이론
산업안전보건법은 안전보건관리체계, 유해·위험요인 제거, 보호구, 교육 등을 규정한다.

미니 팁
키워드 : 재해예방 + 작업환경 + 근로자 안전·보건

정답 57 ③ 58 ③

59 ☑☐☐☐☐

재해예방대책을 수립하여 실천하는 경영자의 자세로 바람직하지 않은 것은?

① 생산성을 고려하여 재해예방활동을 탄력적으로 실시한다.
② 안전관리를 위한 투자가 일차적인 생산투자임을 인식해야 한다.
③ 재해를 예방하는 길이 곧 노사관계를 안정시킬 수 있는 지름길임을 인식해야 한다.
④ 사회적 가치를 확보하기 위하여 재해예방 활동에 노력해야 한다.

해설

안전은 생산성에 종속되는 선택 항목이 아니라 최우선 원칙이어야 한다. 생산 사정에 따라 줄였다 늘리는 식의 "탄력적 실시"는 바람직하지 않다.

미니 팁
오답을 기억한다.

60 ☑☐☐☐☐

다음 중 산업안전보건법에서 규정하는 안전,보건표지의 종류에 해당되지 않는 것은?

① 위험표지   ② 금지표지
③ 경고표지   ④ 지시표지

해설

법정 분류는 금지표지, 경고표지, 지시표지, 안내표지(피난·구조·구급·소방 포함)다. "위험표지"는 공식 분류명이 아니다(경고표지에 해당하는 의미로 쓰이지만 법정 용어가 아님).
②, ③, ④ 모두 법정 분류다.

관련이론

색채·형상 규정 : 빨강 = 금지·소방, 노랑 = 경고, 파랑 = 지시, 녹색 = 안내

미니 팁
금·경·지·안(내) 네 가지를 먼저 외운다.
"위험표지"라는 말이 보이면 경고표지와 혼동 주의

정답 59 ① 60 ①

설·비·보·전·기·능·사

Part 03
문답형 모의고사

제1회 모의고사

01 ☑☐☐☐☐
도면에서 보이지 않는 내부 구멍의 형태를 나타낼 때 사용하는 선의 종류로 옳은 것은?

① 굵은 실선 ② 가는 실선
③ 가는 파선 ④ 가는 1점 쇄선

해설
보이지 않는 부분의 형태는 숨은선으로 표시하며, 숨은선은 가는 파선이다.
① 굵은 실선은 보이는 외형을 표시한다.
② 가는 실선은 치수선·치수보조선 등으로 쓴다.
④ 가는 1점 쇄선은 중심선 등으로 쓴다.

미니 팁
"숨었다 → 파선"처럼 단어 연결로 기억한다.
숨은선 = 가는 파선이다.

02 ☑☐☐☐☐
제3각법에서 우측면도의 배치 위치로 옳은 것은?

① 정면도의 위   ② 정면도의 아래
③ 정면도의 왼쪽 ④ 정면도의 오른쪽

해설
제3각법에서는 정면도를 기준으로 평면도는 위, 우측면도는 오른쪽에 배치한다.
① 평면도의 위치이다.
② 저면도의 위치이다.
③ 좌측면도의 위치이다.

미니 팁
한자를 기억해서 외운다.

03 ☑☐☐☐☐
부러진 볼트를 빼낼 때 사용하는 공구로 옳은 것은?

① 짐크로
② 스패너
③ 스크류 엑스트렉터
④ 플라이어

해설
스크류 엑스트렉터는 부러지거나 헛도는 볼트를 빼낼 때 사용하는 공구이다.
① 축의 휨 교정이나 구조물 고정에 사용한다.
② 볼트·너트의 일반 체결·분해용이다.
④ 잡기·굽히기 등 범용작업용이다.

미니 팁
"엑스트렉터(Extractor) = 끄집어낸다"라고 뜻을 연결해서 기억한다.

04 ☑☐☐☐☐
버니어 캘리퍼스의 최소눈금이 0.05 [mm]일 때, 주척 1 [mm]에 버니어눈금은 몇 개가 새겨지는가?

① 10개
② 20개
③ 25개
④ 50개

해설

최소눈금은 "주척 1 [mm] ÷ 버니어눈금 개수"이다. 0.05 [mm] = 1 [mm] ÷ N이므로 N = 20이다. 버니어는 주척 1 [mm]를 일정 개수로 등분해 최소눈금을 만든다.

미니 팁

"0.05 ↔ 20등분, 0.02 ↔ 50등분"처럼 자주 쓰이는 조합을 묶어서 외운다.

05 ☑☐☐☐☐

다음 그림과 같은 스퍼기어의 특징으로 옳은 것은?

① 축이 교차한다.
② 축이 평행하고 톱니가 곧다.
③ 축이 어긋난다.
④ 나선 각이 크다.

해설

스퍼기어는 평행축 사이에서 직선형 톱니로 맞물린다.
① 베벨기어의 특징이다.
③ 스큐기어의 특징이다.
④ 헬리컬기어의 특징이다.

미니 팁

스퍼기어 = 가장 기본적인 기어

06 ☑☐☐☐☐

V벨트의 일반적 장점으로 옳은 것은?

① 정확한 동기전달
② 미끄럼이 전혀 없음
③ 충격·진동 흡수에 유리함
④ 속도비가 항상 정수임

해설

V벨트는 마찰전달방식이라 충격과 진동을 비교적 잘 완화한다.
①, ②, ④ 톱니형(타이밍) 벨트의 장점에 가깝다.

미니 팁

벨트 = 미끄러질 수 있지만 부드럽다.

07 ☑☐☐☐☐

작업장에서 너트를 정확한 토크로 조여야 할 때 주로 사용하는 공구는?

① 몽키스패너　　② 파이프렌치
③ 토크렌치　　　④ 플라이어

해설

토크렌치는 지정된 토크로 균일하게 조일 수 있는 공구이다.
①, ④ 일반 고정·잡는 용도이다.
② 원통 배관용이다.

미니 팁

"토크 = 힘의 크기 → 토크렌치"로 연결한다.

정답 05 ② 06 ③ 07 ③

08 ☑☐☐☐☐
설비보전의 주된 목적이 아닌 것은?

① 고장 복구
② 생산 효율향상
③ 설비 수명 연장
④ 개인별 작업속도 경쟁 유도

해설
설비보전의 목적은 사용 가능상태유지, 고장 복구, 효율향상, 수명 연장, 재해방지이다.

미니 팁
목적은 설비 중심으로 정리한다.

09 ☑☐☐☐☐
설비보전 유형 중 고장이 난 뒤 복구하는 방식은?

① 예방보전(PM)
② 사후보전(BM)
③ 개량보전(CM)
④ 보전예방(MP)

해설
사후보전은 고장 발생 후 복구하는 방식이다.
①은 사전점검
③은 미리 약점을 개량
④는 애초에 보전이 필요 없게 만드는 설계

미니 팁
P = 예방(Preventive), B = 고장(Breakdown), M = 보전(Maintenance), C = 개량(Corrective)

10 ☑☐☐☐☐
윤활관리 4원칙에 해당하지 않는 것은?

① 적기   ② 적유
③ 적량   ④ 적압

해설
윤활관리 4원칙은 적기·적유·적량·적법이다.

미니 팁
적법은 가장 알맞은 방법이라는 뜻이다.

11 ☑☐☐☐☐
윤활제의 주된 작용으로 옳지 않은 것은?

① 마찰 감소   ② 밀봉
③ 부식방지   ④ 동력 증폭

해설
윤활제는 동력을 증폭하지 않는다.

미니 팁
윤활제를 직역하면 '젖은 미끄러운 약제'이다.

12 ☑☐☐☐☐
윤활제의 구비조건으로 옳은 것은?

① 산화되기 쉬울 것
② 점도 변화가 매우 클 것
③ 내하중성이 클 것
④ 부식성을 가질 것

정답 08 ④ 09 ② 10 ④ 11 ④ 12 ③

해설
윤활제는 내하중성, 화학적 안정성, 적정점도, 부식방지성이 필요하다.
① , ④ 나쁜 성질이다.
② 변동이 작아야 한다.

미니 팁
윤활유는 열과 산소에 오래 노출되면 산화가 빨라진다.

해설
그리스는 기유 + 증점제로 만든 반고체로 유지성과 밀봉성이 좋다.
① 냉각효과가 크지 않다,
③ 전용은 아니다,
④ 점도지수가 높아야 한다.

미니 팁
냉각이 중요하면 유류 순환급유를 고려한다.

13 ☑□□□□
윤활유 열화방지법으로 맞는 것은?

① 아무 첨가제 없이 사용
② 고온 노출시간 최소화
③ 불용성 고형물 추가
④ 임의 혼합 사용

15 ☑□□□□
비순환 급유법의 공통 장점은?

① 설치가 단순하다.
② 윤활유 재활용이 쉽다.
③ 장시간 연속운전에 최적이다.
④ 소모량이 적다.

해설
고온 노출시간을 줄이고 산화방지제·청정분산제를 사용한다.
①, ③, ④ 오히려 열화를 촉진할 수 있다.

미니 팁
파라핀계 윤활유를 쓰면 산화 안정성이 유리하다.

해설
비순환 급유는 구조가 단순하고 설치비가 적다.
②, ③, ④ 순환급유 쪽 장점에 가깝다.

미니 팁
비순환은 관리가 쉬우나 소모가 많다.

14 ☑□□□□
그리스의 특징으로 옳은 것은?

① 고체윤활제라 냉각효과가 매우 크다.
② 반고체로 밀봉성이 좋다.
③ 고온·고속에만 적합하다.
④ 점도가 없다.

16 ☑□□□□
적하 급유법 중 바늘(니들) 급유의 특징은?

① 자동 급유에 알맞다.
② 유량조절이 불가능하다.
③ 정확한 위치 주입에 적합하다.
④ 강제 순환이 필요하다.

정답 13 ② 14 ② 15 ① 16 ③

해설
바늘 급유는 정확한 위치에 윤활유를 공급한다.
①, ② 반대로 수동급유에 유량조절이 쉽다.
④ 해당 없다.

미니 팁
가시 적하식은 유리창으로 적하상태를 볼 수 있다.

해설
회전부가 오일을 튀겨 마찰면에 공급한다.
①, ③ 핵심 특징이 아니다.
④ 방식 자체의 본질은 아니다.

미니 팁
기어박스 등에서 흔히 본다.

17 ☑□□□□
유륜식 급유법의 설명으로 옳은 것은?

① 심지로 서서히 올린다.
② 축에 낀 링이 오일을 끌어올린다.
③ 분무로 튀겨 공급한다.
④ 나사 홈을 따라 올린다.

해설
유륜식은 회전하는 오일링이 오일을 마찰면으로 운반한다.
① 심지식이다.
③ 비말식이다.
④ 나사식이다.

미니 팁
용어 그대로 '오일링'이 핵심이다.

19 ☑□□□□
그리스 급유의 단점은?

① 누설이 많다.
② 급유 간격이 짧다.
③ 냉각효과가 떨어진다.
④ 밀봉성이 나쁘다.

해설
그리스는 냉각효과가 떨어지고 균일성 문제가 생길 수 있다.
①, ④ 누설이 적으며 밀봉성이 좋다.
② 비순환 유류에 더 가깝다.

미니 팁
고온연속운전이면 유류 순환을 고려한다.

18 ☑□□□□
비산(스플래시) 급유의 특징은?

① 가열로 점도를 낮춰 사용한다.
② 회전부가 오일을 튀겨 공급한다.
③ 증발방지를 위해 밀봉한다.
④ 유량조절이 어렵다.

20 ☑□□□□
윤활의 목적 중 베어링 관련으로 옳은 것은?

① 베어링 소음 증가
② 마모 억제로 수명 연장
③ 동력손실 증가
④ 이물질 침입 촉진

정답 17 ② 18 ② 19 ③ 20 ②

> **해설**

윤활은 마찰과 마모를 줄여 수명을 늘린다.
①, ③, ④ 윤활 부족 시에 나타나는 현상이다.

> **미니 팁**

윤활은 소음·발열을 낮춘다.

21 ☑□□□□

단동(싱글)실린더의 특징으로 옳은 것은?

① 양방향 모두 공기로 구동한다.
② 복귀에 스프링을 사용한다.
③ 포트가 두 개이다.
④ 항상 더 큰 추력을 낸다.

> **해설**

단동은 한쪽만 공기로 밀고 반대는 스프링이나 중력으로 복귀한다.
①, ③ 복동실린더의 특징이다.
④ 구조와 조건에 따라 다르다.

> **미니 팁**

단(한쪽)동 = 스프링 복귀

22 ☑□□□□

공기압장치의 장점으로 옳은 것은?

① 고속회전 동작에 매우 적합하다.
② 위치제어 정밀도가 매우 높다.
③ 폭발 위험이 적고 진동에 강하다.
④ 장기 운용 시 에너지 효율이 매우 높다.

> **해설**

공기압은 구조가 단순하고 안전성이 높아 폭발 위험이 적고 진동·온도 변화에 강하다.
① 공기압은 고속회전에 불리하다.
② 압축성 때문에 정밀 위치제어가 약하다.
④ 압축 과정에서 손실이 커 에너지 효율이 높지 않다.

> **미니 팁**

공기압의 키워드 : 간단함·안전·빠른동작

23 ☑□□□□

공기압 설비의 준비계통(FRL)의 올바른 배열은 무엇인가?

① 필터 → 레귤레이터 → 루브리케이터
② 레귤레이터 → 필터 → 루브리케이터
③ 루브리케이터 → 필터 → 레귤레이터
④ 레귤레이터 → 루브리케이터 → 필터

> **해설**

먼저 걸러(필터) 압력 맞추고(레귤레이터) 필요시 윤활(루브리케이터)한다.

> **미니 팁**

"필 – 레 – 루"로 기억한다.

24 ☑□□□□

SI 단위계에서 압력의 기본 단위는 무엇인가?

① atm ② bar
③ Pa   ④ kgf/cm^2

> **해설**

SI 기본 단위는 파스칼(Pa)이다.

> **미니 팁**

Pa = 뉴턴/제곱미터

25 ☑□□□□
보일의 법칙을 가장 올바르게 표현한 것은?

① P × V = 일정 ② T ∝ V
③ P ∝ T ④ F = ma

해설
기체의 압력과 부피의 곱은 일정하다.
② T ∝ V : 샤를의 법칙이다.
③ P ∝ T : 동역학법칙이다.

미니 팁
보(일) = 압 × 부

26 ☑□□□□
공기의 흐름 단면을 줄여 속도를 조절하는 밸브는 무엇인가?

① 스로틀밸브 ② 릴리프밸브
③ 감압밸브 ④ 셔틀밸브

해설
스로틀(교축)은 단면을 좁혀 유량을 조절한다.
②, ③ 압력제어이다.
④ OR동작이다.

미니 팁
'교축 = 유량조절'이다.

27 ☑□□□□
공기탱크의 역할이 아닌 것은?

① 압력 맥동 흡수 ② 순간 대량 공급
③ 윤활유 공급 ④ 저장 기능

해설
윤활은 루브리케이터의 역할이다.

미니 팁
탱크는 '완충 + 저장'으로 묶는다.

28 ☑□□□□
솔레노이드식 방향제어밸브의 특징으로 알맞은 것은?

① 캠에 의해 작동한다.
② 공압에 의해 작동한다.
③ 전자석 구동으로 자동제어에 적합하다.
④ 사람이 손으로 조작한다.

해설
솔레노이드는 전자석으로 스풀을 이동시켜 자동화에 적합하다.
① 기계식이다.
② 공기압식이다.
④ 수동식이다.

미니 팁
'코일 통전 → 스풀 이동' 흐름을 떠올린다.

정답 25 ① 26 ① 27 ③ 28 ③

29 ☑☐☐☐☐

유지보수작업 전 기본 안전절차로 가장 먼저 해야 하는 것은?

① 드레인밸브를 연다.
② 전원을 차단한다.
③ 윤활유를 채운다.
④ 공기탱크를 교체한다.

해설

작업 전에는 반드시 전원을 차단하여 2차 사고를 예방한다.
①, ③, ④ 상황별 조치이며 최초 안전절차가 아니다.

미니 팁

'전원차단 → 압력 해제 → 작업' 순서로 기억한다.

30 ☑☐☐☐☐

소형·중소형에 흔히 쓰이며 구조가 간단하고 저소음인 회전식 압축기는 무엇인가?

① 베인식   ② 왕복식
③ 축류식   ④ 터보식

해설

베인식은 간단 구조·저소음·저압용으로 중소규모에 적합하다.
② 진동·소음이 크다.
③, ④ 터보계열로 대용량 위주이다.

미니 팁

베인(Vane) = 날개판, '간단·저소음'으로 연상한다.

31 ☑☐☐☐☐

펌프가 만드는 것은 유량이고, 압력은 주로 어떤 요인으로 형성되는가?

① 펌프 자체 구조
② 유량계 내부 마찰
③ 부하
④ 탱크 용량

해설

유압펌프는 유량을 공급하고 회로 압력은 부하에 의해 형성된다.
① 펌프 구조는 최대 가능한 압력에 간접 영향만 준다.
② 계기 마찰은 주 압력원이 아니다.
④ 탱크 용량은 압력 형성 요소가 아니다.

미니 팁

"펌프 = 유량, 압력 = 부하"로 기억한다.

32 ☑☐☐☐☐

유압동력을 직선 왕복운동으로 바꾸는 장치는 무엇인가?

① 유압모터   ② 요동모터
③ 유압실린더   ④ 유압펌프

해설

유압실린더는 직선운동을 만든다. 모터류는 회전 또는 각운동을 만든다.
①, ② 회전·요동 운동장치이다.
④ 펌프는 에너지원장치이다.

미니 팁

실린더 = 직선, 모터 = 회전

정답 ● 29 ② 30 ① 31 ③ 32 ③

33 ☑□□□□
다음 중 서로 용도가 다른 것은?

① 릴리프밸브
② 시퀀스밸브
③ 교축(스로틀)밸브
④ 언로드밸브

해설
①, ②, ④ 압력제어계열이다.
③ 유량제어(속도제어)밸브이다.

미니 팁
'교축 = 유량, 나머지 = 압력'로 구분한다.

34 ☑□□□□
오일탱크 용량 선정에 대한 설명으로 옳지 않은 것은?

① 가능한 사용 용량보다 크지 않게 선정한다.
② 발열·연속운전 등을 고려한다.
③ 냉각장치 유무를 고려한다.
④ 실린더 용적 변동을 고려한다.

해설
탱크 용량은 운전 조건을 고려해 충분히 크게 잡는다.
②, ③, ④ 실제 고려 항목이다.

미니 팁
탱크는 "여유 있게"가 기본이다.

35 ☑□□□□
스트레이너의 통상 여과 입도 범위로 가장 알맞은 것은 무엇인가?

① $0.5 \sim 1\ [\mu m]$
② $1 \sim 30\ [\mu m]$
③ $50 \sim 70\ [\mu m]$
④ $100 \sim 150\ [\mu m]$

해설
스트레이너는 흡입 측에서 큰 이물질을 거르며 $100 \sim 150\ [\mu m]$ 수준이 일반적이다.

미니 팁
스트레이너 = 거침($100\ [\mu m]$대)

36 ☑□□□□
전하량 Q의 단위로 알맞은 것은?

① A
② V
③ C
④ Ω

해설
전하량의 단위는 C이다.
① 전류의 단위이다.
② 전압의 단위이다
④ 저항의 단위이다

미니 팁
쿨롱의 C로 기억한다.

정답: 33 ③ 34 ① 35 ④ 36 ③

37 ☑☐☐☐☐
전류 I의 정의로 가장 가까운 것은?

① 단위시간당 흐른 전하량
② 도선의 길이
③ 도체의 무게
④ 자기장의 세기

해설
전류는 단위시간당 이동한 전하량이다.
미니 팁
I = Q/t로 기억한다.

38 ☑☐☐☐☐
근접센서(유도형)의 특징으로 가장 알맞은 것은?

① 금속을 비접촉으로 검출한다.
② 빛으로만 검출한다.
③ 플라스틱만 검출한다.
④ 접촉해야만 검출한다.

해설
유도형은 금속을 비접촉으로 검출한다.
② 광전식의 특징이다.
③ 비금속은 어렵다.
④ 비접촉식이다.
미니 팁
비금속은 광전식·초음파식 등을 고려한다.

39 ☑☐☐☐☐
3상 유도 전동기의 회전방향을 바꾸는 간단한 방법으로 알맞은 것은?

① 3선을 모두 바꾼다.
② 임의의 두 선을 서로 바꾼다.
③ 접지를 제거한다.
④ 퓨즈를 교체한다.

해설
3상 중 두 선을 바꾸면 회전방향이 반대로 된다.
① 효과가 없다.
③ 위험하고 부적절하다.
④ 관련이 없다.
미니 팁
L_1-L_2, L_2-L_3, L_3-L_1 중 아무 두 선을 교차한다.

40 ☑☐☐☐☐
접촉기의 주된 용도로 알맞은 것은?

① 전압을 증폭한다.
② 전동기 전원을 원격으로 개폐한다.
③ 주파수를 낮춘다.
④ 온도를 측정한다.

해설
접촉기는 전원을 안전하게 켜고 끄는 데 사용한다.
① 증폭기가 아니다.
③ 주파수변환장치가 아니다.
④ 측정기가 아니다.
미니 팁
코일전압 정격을 확인한다.

41 ☑☐☐☐☐
교류(AC)아크용접기에 대한 설명 중 옳은 것은?

① 무부하전압이 낮아 아크발생이 어렵다.
② 구조가 단순하고 자기쏠림 억제에 유리하다.
③ 극성 선택이 가능해 직류보다 아크가 안정하다.
④ 장비가 복잡하고 가격이 비싸다.

해설
AC변압기형은 구조가 단순하고 극성이 계속 바뀌어 자기쏠림(아크블로우)억제에 유리하다.
① AC도 아크형성에 적합한 전압을 갖는다.
③ 극성 선택은 DC 특징이다.
④ AC는 보통 DC보다 단순·저렴하다.

미니 팁
자기쏠림은 DC에서 더 문제되며, AC는 교번으로 완화된다.

42 ☑☐☐☐☐
작업 종료 시 스위치 차단 순서로 옳은 것은?

① 메인스위치 → 용접기스위치
② 용접기스위치 → 메인스위치
③ 아무 순서나 상관없다.
④ 누전차단기만 끄면 된다.

해설
작업이 끝나면 먼저 용접기스위치를 끄고, 그 다음 메인스위치를 끈다.

미니 팁
"기계 먼저, 메인은 나중"으로 기억한다.

43 ☑☐☐☐☐
용접작업 중 '아크아이(안염·각막염)'의 주된 원인은 무엇인가?

① 용접 흄가스
② 아크에서 나오는 강한 자외선
③ 전격 재해
④ 보호가스 누출

해설
아크의 자외선이 눈의 각막·결막을 손상시켜 안염을 일으킨다.
① 흄은 호흡계 영향이 크다.
③ 감전과 별개이다.
④ 보호가스는 주 원인이 아니다.

미니 팁
"아크 빛 = 자외선 = 눈 보호구 필수"라고 기억한다.

44 ☑☐☐☐☐
다음 중 피복아크용접용 '기구'에 해당하지 않는 것은?

① 용접케이블   ② 전극(용접봉)홀더
③ 접지(어스)클램프 ④ 주행대차(캐리지)

해설
주행대차는 토치·건을 태워 이동시키는 기계화장치로, 피복아크용접의 기본 기구 범주가 아니다.
①, ②, ③ SMAW 기본 구성품이다.

미니 팁
SMAW 기본셋은 케이블 – 홀더 – 접지로 기억한다.

정답 41 ② 42 ② 43 ② 44 ④

45
연강용 피복아크용접봉 표기 E4326에서 '43'이 의미하는 것은?

① 피복계열
② 용착금속 최소 인장강도 등급
③ 사용전류 종류
④ 용접자세

해설
앞 두 자리 숫자는 최소 인장강도 등급을 뜻하며, 43은 430 [MPa]급을 의미한다.
①, ④ 뒤 두 자리와 기호 표가 관련된다.
③ 표의 전류열 참고 사항이다.

미니 팁
"E – 강도 – 자세/피복" 순서로 읽는다.

46
아크용접의 열원으로 옳은 것은?

① 저항열　　② 마찰열
③ 아크방전　④ 초음파 진동

해설
아크용접은 공기가 이온화되어 형성된 아크방전의 열로 모재와 용가재를 용융하여 접합한다.
①, ②, ④ 각각 저항용접, 마찰용접, 초음파용접의 열원이다.

미니 팁
'아크 = 전기불꽃'로 기억한다.

47
다음 중 용접의 일반적 장점으로 옳은 것은?

① 분해가 쉽다.
② 잔류응력이 없다.
③ 가벼운 구조가 가능하다.
④ 현장 품질관리 영향이 적다.

해설
리벳·볼트에 비해 재료 절감이 가능하여 구조 중량을 줄일 수 있다.
① 분해는 곤란하다.
② 잔류응력과 변형이 생길 수 있다.
④ 기상·자세 등 현장 영향이 크다.

미니 팁
'경량·일체화'는 용접의 대표 장점이다.

48
가용접 시 권장되는 가접 길이와 간격으로 가장 가까운 것은?

① 10 ~ 20 [mm], 100 ~ 200 [mm]
② 20 ~ 50 [mm], 300 ~ 500 [mm]
③ 50 ~ 80 [mm], 600 ~ 800 [mm]
④ 80 ~ 100 [mm], 1,000 ~ 1,200 [mm]

해설
일반적으로 가접 길이 20 ~ 50 [mm], 간격 300 ~ 500 [mm] 정도가 권장된다.

미니 팁
'2 ~ 5 [cm], 30 ~ 50 [cm]'처럼 간단히 외운다.

정답　45 ②　46 ③　47 ③　48 ②

49 ☑☐☐☐☐
피복아크용접봉에서 아크길이와 아크전압의 설명으로 틀린 것은?

① 아크길이가 너무 길면 불안정하다.
② 양호한 용접을 하려면 짧은 아크를 사용한다.
③ 아크전압은 아크길이에 반비례한다.
④ 아크길이가 적당할 때 정상적인 작은 입자의 스패터가 생긴다.

해설
아크길이가 길어지면 아크기둥이 길어져 전압이 함께 올라간다. 즉, 아크전압은 아크길이에 대체로 비례한다.

미니 팁
아크길이↑ → 아크전압↑

50 ☑☐☐☐☐
수직(3G) 자세에 대한 설명으로 옳지 않은 것은?

① 상진과 하진 모두 사용한다
② 상진 시 전극 각도는 80 ~ 90° 정도이다
③ 작업 부위는 평면·바닥면이 일반적이다
④ 하진은 비교적 빠르게 진행한다

해설
평면·바닥면은 1G(아래보기)에 해당한다. 수직은 기둥·철골 등 수직면 작업이다.
①, ②, ④ 수직자세의 일반적 특징에 해당한다.

미니 팁
1G = 바닥, 3G = 벽으로 기억한다.

51 ☑☐☐☐☐
산소 – 아세틸렌가스용접에서 중성불꽃의 혼합비로 가장 알맞은 것은?

① O_2가 더 많다.
② C_2H_2가 더 많다.
③ $O_2 : C_2H_2 = 1 : 1$
④ $O_2 : C_2H_2 = 2 : 1$

해설
중성불꽃은 산화나 탄화가 거의 일어나지 않는 불꽃이다. 산소와 아세틸렌의 혼합비는 약 1 : 1 이다.
①, ④ 산화불꽃 쪽 비율이다.
② 탄화(환원)불꽃 성향이다.

미니 팁
불꽃심·속불꽃·겉불꽃의 온도와 역할도 함께 기억한다.

52 ☑☐☐☐☐
산소용기 표시에서 최고 충전 압력을 뜻하는 각인은 무엇인가?

① TP   ② FP
③ WP   ④ LP

해설
산소용기 어깨부 각인에서 FP는 최고 충전 압력을 뜻한다. TP는 내압시험압력이다.

미니 팁
산소는 고압이라 기름과 접촉하면 위험하다.

53 ☑☐☐☐☐

아세틸렌용기의 취급으로 옳은 것은?

① 눕혀서 안정되게 사용한다.
② 40 [℃] 이상에서 보관한다.
③ 세워서 사용·보관한다.
④ 산소와 혼합 저장한다.

해설
아세틸렌통은 아세톤과 다공질 충전재 구조라 반드시 세워서 사용한다. 고온·충격·불꽃을 피한다.
① 아세톤 누출 위험이다.
② 분해·폭발 위험이다.
④ 혼합 저장 금지이다.

미니 팁
아세틸렌통은 적색이다. 산소통은 청색이다.

54 ☑☐☐☐☐

가스절단에서 보통작업 시 조정기의 산소 압력 범위로 가장 가까운 것은?

① 0.1 ~ 0.3 [kgf/cm^2]
② 1 ~ 2 [kgf/cm^2]
③ 3 ~ 4 [kgf/cm^2]
④ 6 ~ 8 [kgf/cm^2]

해설
일반절단에서 산소는 대략 2 ~ 5 [kgf/cm2]를 사용한다. 보기 중 3 ~ 4가 가장 근접하다.

미니 팁
아세틸렌은 1.5 [kgf/cm^2] 이상 사용을 금지한다.

55 ☑☐☐☐☐

가스절단 시 예열불꽃이 약하면 나타나기 쉬운 현상으로 옳은 것은?

① 절단면이 더 매끈해진다
② 절단이 중단되기 쉽다
③ 반드시 역화가 없다
④ 드래그가 감소한다

해설
예열이 부족하면 절단 시작·유지가 어렵고 속도 저하·중단·드래그 증가를 유발한다.
①, ④ 반대로 거칠어지고 드래그가 늘 수 있다.
③ 오히려 역화 위험이 커질 수 있다.

미니 팁
예열은 공작물을 적색(약 900 ~ 1,000 [℃])까지 한다.

56 ☑☐☐☐☐

연삭작업 시 숫돌과 작업대(받침대) 사이의 간격으로 옳은 것은?

① 1 [mm] 이하   ② 3 [mm] 이하
③ 5 [mm] 이하   ④ 8 [mm] 이하

해설
연삭숫돌과 작업대간격은 약 3 [mm](1/8 [inch]) 이내가 안전기준이다. 간격이 커지면 공작물이 끼어들 수 있다.
① 과도하게 좁아 실제작업성이 떨어진다.
③, ④ 기준치보다 넓어 끼임 위험이 커진다.

미니 팁
작업 전 숫돌 높이 조정과 간격 확인을 습관화한다.

정답 ● 53 ③ 54 ③ 55 ② 56 ②

57

프레스작업에서 대표적인 위험요소로 가장 알맞은 것은?

① 협착점　　② 접선 물림점
③ 회전 말림점　④ 비산점

해설

프레스는 손 협착 재해 위험이 매우 높다. 양수조작, 비상정지장치로 예방한다.
②, ③, ④ 일반적 위험요소이지만 프레스의 대표적 위험은 협착이다.

미니 팁

금형청소는 반드시 전원차단 후 실시한다.

58

산소통 취급 시 안전수칙으로 옳지 않은 것은?

① 직사광선·열기차단
② 기름류와의 접촉 금지
③ 약 150 [kgf/cm²] 이하 압력관리
④ 눕혀서 보관

해설

가스용기는 세워서 고정보관한다. 산소통은 고온·오염·유분 접촉을 피한다.

미니 팁

이동 시 보호캡 장착과 전용 운반카 사용이 기본이다.

59

전기작업 전 안전 조치 순서로 알맞은 것은?

① 접지확인 → 검전 → 전원차단 → 보호구착용
② 전원차단 → 검전 → 접지확인 → 보호구착용
③ 전원차단 → 접지확인 → 검전 → 보호구착용
④ 보호구착용 → 전원차단 → 접지확인 → 검전

해설

전원차단 → 검전으로 무전확인 → 접지확인 → 보호구착용 순서이다.

미니 팁

차 – 검 – 접 – 보(차단·검전·접지·보호구)로 외운다.

60

통로 최소 조도기준으로 알맞은 값은?

① 30 [lx]　　② 50 [lx]
③ 75 [lx]　　④ 100 [lx]

해설

통로 조명은 75 [lx] 이상이 기준이다.

미니 팁

작업면조도는 작업 난이도에 따라 더 높게 설계한다.

정답 57 ①　58 ④　59 ②　60 ③

제2회 모의고사

01 ☑☐☐☐☐
마이크로미터의 보통 최소눈금으로 가장 알맞은 것은?

① 0.1 [mm]　　② 0.05 [mm]
③ 0.01 [mm]　　④ 0.5 [mm]

해설
표준 마이크로미터는 0.01 [mm] 단위로 읽는 것이 일반적이다.
①, ② 버니어나 거친 눈금 수준
④ 너무 거칠다.

미니 팁
"마이크로 = 0.01 [mm]"를 기본값으로 잡는다.

02 ☑☐☐☐☐
버니어 캘리퍼스에서 내측 치수를 잴 때 사용하는 것은?

① 외측 죠　　② 내측 죠
③ 깊이 막대　　④ 스텝 측정면

해설
내측 죠는 구멍 같은 내부 치수를 잰다.
① 바깥지름 측정용이다.
③ 깊이 측정용이다.
④ 단차(스텝) 측정용이다.

미니 팁
"내측 죠 = 구멍, 외측 죠 = 봉/바깥"으로 구분한다.

03 ☑☐☐☐☐
키 결합의 주된 목적은?

① 축과 휠의 마찰 감소
② 축과 휠의 회전력 전달
③ 축의 처짐방지
④ 축의 길이 보정

해설
키는 축과 허브 사이의 회전력을 미끄럼 없이 전달한다.
①, ③, ④ 키의 직접 목적이 아니다.

미니 팁
"키 = 힘 전달의 '쐐기'"라고 외운다.

04 ☑☐☐☐☐
헬리컬기어가 스퍼기어보다 조용한 이유로 옳은 것은?

① 축이 교차해서
② 접촉이 순간적으로 이루어져서
③ 톱니가 사선이라 맞물림이 점진적이라서
④ 백래시가 없어서

해설
헬리컬기어는 사선 톱니로 맞물림이 점진적이어서 소음·충격이 작다.
① 교차는 베벨기어의 특징이다.
② 스퍼기어의 특징이다.
④ 백래시는 모든 기어에 필요하다.

미니 팁
"헬리컬 = 사선 = 부드럽다"로 연결한다.

정답 ● 01 ③　02 ②　03 ②　04 ③

05 ☑☐☐☐☐
롤러체인의 장점으로 옳은 것은?

① 윤활이 필요 없다.
② 정확한 속도비 전달이 가능하다.
③ 장거리 전달에 가장 유리하다.
④ 저소음이 가장 큰 특징이다.

해설

체인은 링크 간 기계적 맞물림이라 속도비가 정확하다.
① 윤활이 필요하다.
③ 장거리는 벨트가 유리하다.
④ 소음은 벨트가 더 유리하다.

미니 팁

"체인 = 정확, 벨트 = 부드러움"으로 대비한다.

06 ☑☐☐☐☐
리짓(고정) 커플링의 특징으로 알맞은 것은?

① 축 정렬 오차를 잘 흡수한다.
② 탄성체가 들어 있어 진동 흡수에 좋다.
③ 두 축을 강체처럼 연결한다.
④ 토크 전달이 불안정하다

해설

리짓커플링은 오차 흡수보다 강체 결합과 토크 전달에 초점을 둔다.
①, ② 탄성커플링의 특징이다.
④ 틀린 설명이다.

미니 팁

"리짓 = Rigid = 딱딱하게 하나처럼"으로 암기한다.

07 ☑☐☐☐☐
베벨기어의 사용 용도에 가장 알맞은 것은?

① 평행축 동력전달
② 교차축(보통 직각) 동력전달
③ 축이 어긋난 경우
④ 원통과 래크의 조합

해설

베벨기어는 보통 90°로 교차하는 축 사이의 동력을 전달한다.
① 스퍼/헬리컬
③ 스큐/웜
④ 래크 & 피니언

미니 팁

"베벨 = 사다리꼴 원뿔 톱니 = 직각축"으로 연상한다.

08 ☑☐☐☐☐
나사의 리드(Lead)에 대한 설명으로 옳은 것은?

① 나사산의 높이다.
② 나사산 간 거리이다.
③ 1회전 전진거리이다.
④ 나사산의 각도이다.

해설

리드는 한 바퀴 회전할 때 전진하는 거리이다.
①, ②, ④ 각각 높이·피치·각도 설명이다.

미니 팁

리드 = 줄 수 × 피치이다.

09

볼나사의 장점으로 옳은 것은?

① 백래시가 늘어난다.
② 백래시가 줄어든다.
③ 마찰이 커진다.
④ 윤활이 불필요하다.

해설
볼나사는 볼 순환으로 백래시가 줄어든다.
①, ③ 반대이다.
④ 윤활이 필요하다.

미니 팁
정밀 이송에 유리하다.

10

볼트와 너트의 이완방지방법이 아닌 것은?

① 로크너트 사용
② 분할핀 사용
③ 평와셔 사용
④ 윤활유로 미끄럼 증가

해설
이완방지는 고정력을 높이는 조치가 필요하다.

미니 팁
접착제(로크타이트)도 사용한다.

11

고착방지를 위해 바람직한 조치는?

① 유성페인트 혼합 페인트 도포
② 나사산 손상 방치
③ 건식 조립 고집
④ 과도한 토크로 체결

해설
유성페인트 등을 도포해 고착을 줄인다.
②, ③, ④ 오히려 문제를 키운다.

미니 팁
조립 전 나사산상태를 확인한다.

12

부러진 볼트를 분해할 때 적합한 공구는?

① 스크류 엑스트랙터
② 센터펀치
③ 스패너
④ 바이스플라이어

해설
엑스트랙터로 잔여 볼트를 뽑아낸다.
②, ③, ④ 준비·보조 도구에 가깝다.

미니 팁
왼나사 타입 엑스트랙터를 사용한다.

정답 09 ② 10 ④ 11 ① 12 ①

13 ☑☐☐☐☐
새들키의 특징으로 옳은 것은?

① 축과 보스 모두에 홈 가공
② 보스에만 홈, 마찰로 전달
③ 회전과 동시에 축방향 이동
④ 큰 토크용

해설
새들키는 보스에만 홈을 파고 마찰력으로 전달한다.
① 성크키에 가깝다.
③ 미끄럼키에 가깝다.
④ 접선키에 가깝다.

미니 팁
작은 동력 전달에 쓴다.

14 ☑☐☐☐☐
성크(묻힘)키의 특징은?

① 보스만 홈 가공
② 축과 보스 모두 홈 가공
③ 반달 형태
④ 접선 2조 사용

해설
성크키는 축과 보스 양쪽에 홈을 판다.
① 새들키이다.
③ 반달키이다.
④ 접선키이다.

미니 팁
가장 널리 사용하는 표준키이다.

15 ☑☐☐☐☐
미끄럼키의 기능은?

① 축방향 이동을 허용한다.
② 큰 토크만 전달한다.
③ 회전은 불가하다.
④ 보스에만 고정된다.

해설
미끄럼키는 회전 전달과 함께 축방향 이동이 가능하다.

미니 팁
풀리 위치 조정에 유리하다.

16 ☑☐☐☐☐
테이퍼핀의 표준 테이퍼비는?

① 1/10   ② 1/50
③ 1/100   ④ 1/500

해설
테이퍼핀은 1/50로 가공한다.

미니 팁
분해는 핀 머리나사로 뽑는다.

17 ☑☐☐☐☐
축의 분류 중 전동축에 해당하는 설명은?

① 바퀴지지축
② 회전으로 동력을 전달하는 축
③ 왕복 → 회전변환축
④ 회전하지 않는 정지축

정답 13 ② 14 ② 15 ① 16 ② 17 ②

해설

전동축은 회전으로 동력을 전달한다.
①, ④ 차축이다.
③ 크랭크축이다.

미니 팁

전동축은 동력 전달이 핵심이다.

18 ☑□□□□

회전축 설계에서 동시에 고려할 하중 조합은?

① 인장 + 전단
② 비틀림 + 굽힘
③ 압축 + 전단
④ 인장 + 압축

해설

회전축에는 비틀림 하중(토크)과 굽힘 하중(벨트 장력, 기어 힘 등)이 동시에 작용하는 경우가 대부분이다. 그래서 축을 설계할 때는 비틀림과 굽힘 모멘트를 함께 고려해서 직경을 결정한다.

미니 팁

키홈은 굽힘 강도에 영향이 있다.

19 ☑□□□□

짐 크로(Jim Crow)의 용도는?

① 열처리 경도 측정
② 휘어진 축 수정
③ 베어링 탈착
④ 키홈 가공

해설

짐 크로는 휘어진 축을 교정하는 공구이다.
① 경도계(브리넬, 로크웰 등)가 하는 일이다.
③ 풀러(Puller)를 사용한다.
④ 브로칭머신, 밀링머신 등으로 가공한다.

미니 팁

현장에서는 0.1 ~ 0.2 [mm] 정도 수정 가능하다.

20 ☑□□□□

축의 운전 불량과 관련이 적은 것은?

① 미스얼라인먼스
② 언밸런스
③ 풀림
④ 윤활유 점도 상승으로 발열 감소

해설

점도 상승은 일반적으로 발열을 줄이지 않는다.

미니 팁

- 미스얼라인먼스 = 축과 축이 비뚤어진 상태
- 언밸런스 = 회전체의 무게 중심이 한쪽으로 쏠린 상태

21 ☑□□□□

체크밸브의 기본 기능은 무엇인가?

① 압력을 일정하게 유지한다.
② 한쪽 방향 흐름만 허용한다.
③ 두 경로 중 높은 압력만 선택한다.
④ 빠르게 배기한다.

해설

체크밸브는 역류를 막고 한 방향만 흐르게 한다.
① 감압밸브/레귤레이터의 기능이다.
③ 셔틀밸브의 기능이다.
④ 급속배기밸브의 기능이다.

미니 팁

체크 = 역류방지

정답 18 ② 19 ② 20 ④ 21 ②

22 ☑☐☐☐☐
상대습도의 의미로 옳은 것은?

① 건조공기 질량에 대한 수증기 질량의 비
② 포화상태에 대한 현재 수증기량의 비
③ 공기 중 절대 수증기량
④ 공기 온도의 변화율

해설
상대습도는 현재 수증기 상태가 포화상태에 비해 어느 정도인지 나타낸다.

미니 팁
상대 = 포화와 비교

23 ☑☐☐☐☐
공기압 AND밸브의 논리동작은?

① A 또는 B
② A와 B가 동시에 있어야 출력
③ 항상 출력
④ 입력이 없을 때만 출력

해설
두 입력 포트의 압력이 모두 기준 이상일 때만 출력이 나오는 구조다.
① OR(셔틀)밸브이다.
④ NOT회로에 대한 설명이다.

미니 팁
AND밸브 = 2압밸브

24 ☑☐☐☐☐
예지보전(PdM)의 핵심과 거리가 먼 것은?

① 상시상태 모니터링
② 정기적 분해정비 위주
③ 진동·온도·오일분석 활용
④ 고장징후 기반 정비시점 결정

해설
예지보전은 상태데이터를 기반으로 '필요할 때만' 정비하여 비용과 시간을 줄인다. 정기 분해정비 위주(시간기반)는 불필요한 분해와 초기 고장 유발 가능성을 높일 수 있다.

미니 팁
예지 = 데이터 기반의 예측

25 ☑☐☐☐☐
두 축이 교차할 때 쓰는 기어는?

① 스퍼기어
② 스파이럴베벨기어
③ 웜기어
④ 스큐기어

해설
교차축에는 베벨 계열을 쓴다.
①은 평행축기어이다.
③, ④는 축이 만나지 않는 경우가 많다.

미니 팁
크라운기어도 교차축 계열이다.

정답 22 ② 23 ② 24 ② 25 ②

26 ☑☐☐☐☐

일반적인 공기압장치 배열 순서로 옳은 것은?

① 압축기 → 탱크 → 드라이어 → 공기압조정 유닛(FRL)
② 압축기 → 드라이어 → FRL → 탱크
③ 탱크 → 압축기 → FRL → 드라이어
④ FRL → 압축기 → 탱크 → 드라이어

해설
생성(압축기) → 완충(탱크) → 수분 제거(드라이어) → 정화·압력·윤활(FRL) 순서가 일반적이다.

미니 팁
'생성 → 완충 → 건조 → 조정' 흐름을 외운다.

27 ☑☐☐☐☐

체크 기능이 있는 속도제어밸브의 특징으로 옳은 것은?

① 양방향 모두 유량을 제한한다.
② 한쪽 방향만 제어하고 반대는 자유 흐름이다.
③ 압력을 일정하게 유지한다.
④ 과압 시 배출한다.

해설
체크가 닫히는 방향만 유량을 제한하고 반대는 자유 유동이다.
① 일반 스로틀 기능이다.
③ 감압 기능이다.
④ 릴리프 기능이다.

미니 팁
'체크 + 스로틀 = 편방향제어'로 기억한다.

28 ☑☐☐☐☐

압력 이상 상승 시 자동으로 개방되어 공기를 배출하는 안전장치는 무엇인가?

① 감압밸브 ② 시퀀스밸브
③ 안전밸브 ④ 속도제어밸브

해설
안전밸브는 과압 시 자동 개방으로 사고를 예방한다.
① 2차 압력유지
② 정해진 압력에서 다음 회로 개방
④ 유량(속도) 제어이다.

미니 팁
'과압 → 자동배출'이면 안전밸브를 우선 떠올린다.

29 ☑☐☐☐☐

두 입력 중 더 높은 압력만 출력으로 전달하는 공압 로직 요소는 무엇인가?

① 셔틀밸브(OR밸브)
② AND밸브
③ 체크밸브
④ 레귤레이터

해설
셔틀밸브는 OR동작을 수행한다.
② 둘 다 있어야 통과
③ 역류방지
④ 압력유지

미니 팁
셔틀 = 왼·오른쪽 중 한쪽 선택

정답 26 ① 27 ② 28 ③ 29 ①

30 ☑☐☐☐☐

방향제어밸브 구성 중 스풀의 역할은 무엇인가?

① 압력 표시이다.
② 공기누설방지이다.
③ 내부에서 이동하며 흐름을 전환한다.
④ 소음을 저감한다.

해설

스풀(Spool)은 방향제어밸브 안에 들어 있는 막대 모양 부품이다. 이 스풀이 좌우로 움직이면서 어느 포트에서 어느 포트로 공기가 흐를 지, 막힐지를 결정한다. 그래서 스풀의 역할은 공기의 흐름 방향을 바꿔 주는 것이다.
① 게이지 기능이다.
② 패킹 기능이다.
④ 소음기 기능이다.

미니 팁

'스풀 = 슬라이드로 연결 변경'으로 기억한다.

31 ☑☐☐☐☐

유량과 관련된 성능식으로 옳은 것은?

① Q = P × V
② Q = A × V
③ Q = A / V
④ Q = P / A

해설

유량은 단면적 × 속도이다.

미니 팁

"유량 = 면적 × 속도"는 유체 기본식이다.

32 ☑☐☐☐☐

실린더 로드표면을 깨끗이 유지해 내부오염을 막는 부품은 무엇인가?

① 쿠션
② 슬리브
③ 로드 와이퍼 시일
④ 행정 제한기

해설

로드 와이퍼 시일(Rod Wiper Seal)은 실린더 로드가 밖으로 나왔다 들어갈 때 로드 표면에 묻은 먼지, 물, 이물질을 긁어서 제거하는 부품이다.
① 충격을 완화하는 장치이다.
② 축이나 핀 등을 감싸는 부품을 말한다.
④ 실린더의 왕복거리를 제한하는 장치이다.

미니 팁

"와이퍼 = 닦는다"로 연결한다.

33 ☑☐☐☐☐

압력보상 유량제어밸브의 주된 장점은 무엇인가?

① 부하 변화와 무관하게 일정 유량유지
② 역류 완전 차단
③ 무부하운전 실현
④ 순서제어 기능

해설

내부 보상장치로 입·출력 압력 변화에도 일정 유량을 유지한다.
② 체크밸브 기능이다.
③ 언로드 기능이다.
④ 시퀀스밸브 기능이다.

미니 팁

보상이 붙으면 "속도 일정"을 떠올린다.

정답 30 ③ 31 ② 32 ③ 33 ①

34 ☑☐☐☐☐
어큐뮬레이터 설치 시 주의사항으로 틀린 것은?

① 펌프 사이 역류방지밸브 설치
② 펌프 토출 측 설치(맥동방지용)
③ 수직 설치
④ 수평 설치

해설
어큐뮬레이터(축압기)는 보통 위쪽에 가스, 아래쪽에 오일이 들어가는 구조이다. 그래서 수직으로 세워서 설치하는 것이 원칙이다. 수평 설치를 하면 가스와 오일 분리가 제대로 안 되고, 성능이 나빠지거나 고장이 나기 쉽다.

미니 팁
"질소가 위"가 되도록 세워 단다.

35 ☑☐☐☐☐
유압유의 주요 기능이 아닌 것은?

① 동력 전달   ② 응축수 배출
③ 윤활   ④ 냉각

해설
응축수 배출은 이건 압축공기(공기압) 쪽에서 물을 빼내는 역할이고, 드레인밸브 같은 장치가 한다.

미니 팁
유압유 = 전달·윤활·냉각·밀봉·방청

36 ☑☐☐☐☐
옴의 법칙으로 옳은 식을 고르시오.

① I = VR   ② V = IR
③ R = VI   ④ V = I/R

해설
옴의 법칙은 전압 = 전류 × 저항이다.
$I = \dfrac{V}{R}$ [A], $V = IR$ [V], $R = \dfrac{V}{I}$ [Ω]

미니 팁
브이 = 아이알로 외운다.

37 ☑☐☐☐☐
저항 2개(각 10 [Ω])를 직렬 연결했다. 합성저항은 무엇인가?

① 5 [Ω]   ② 10 [Ω]
③ 20 [Ω]   ④ 0 [Ω]

해설
직렬은 값이 더해져 20 [Ω]이다.
① 병렬일 때의 값이다.
② 개별값과 같다.
④ 물리적으로 0이 되지 않는다.

미니 팁
저항은 '직렬 = 합, 병렬 = 곱/합'이다.

38 ☑☐☐☐☐

광전센서에서 투광부와 수광부가 한 하우징에 있고 반사판을 사용하는 형식은 무엇인가?

① 투과형 ② 확산반사형
③ 미러반사형 ④ 직접접촉형

해설

미러반사형은 본체 + 반사판 구성이 특징이다.
① 발신·수신이 마주보는 형식이다.
② 투광부와 수광부가 한 하우징에 있지만 별도의 반사판을 쓰지 않는다.
④ 센서가 아니다.

미니 팁
미러반사 = 본체와 반사판 한 쌍이다.

39 ☑☐☐☐☐

과부하계전기의 주된 기능으로 알맞은 것은?

① 속도제어
② 전류 과부하로부터 보호
③ 전압변환
④ 조명 밝기조절

해설

과부하 시 회로를 열어 모터를 보호한다.
① 기능과 다르다.
③ 변압기의 역할이다.
④ 디머의 역할이다.

미니 팁
열동형은 모터의 과열을 막는다.

40 ☑☐☐☐☐

인버터(가변속 드라이브)의 기본 기능으로 알맞은 것은?

① 주파수를 바꿔 속도를 제어한다.
② 전류를 증폭한다.
③ 온도를 낮춘다.
④ 자석을 강하게 만든다.

해설

인버터는 주파수를 바꿔 유도 전동기의 속도를 제어한다. 유도 전동기 속도는 전원 주파수에 비례한다.

미니 팁
주파수↑ → 속도↑로 기억한다.

41 ☑☐☐☐☐

CO_2가스아크용접에서 아크전압을 올렸을 때 일반적으로 나타나는 현상은?

① 비드 폭이 좁아진다.
② 비드가 더 볼록해진다.
③ 용입이 반드시 깊어진다.
④ 비드 폭이 넓고 평평해진다.

해설

전압이 증가하면 아크길이와 아크콘이 넓어져 비드가 넓고 평평해지는 경향이 있다.
①, ② 반대 경향이다.
③ 전류·속도 등 변수와 함께 봐야 한다.

미니 팁
전압은 "비드 폭·평탄도"에 큰 영향을 준다.

정답 38 ③ 39 ② 40 ① 41 ④

42 ☑☐☐☐☐

용접기 설치 시 접지는 몇 [Ω] 이하가 바람직한가?

① 1 [Ω]
② 5 [Ω]
③ 10 [Ω]
④ 100 [Ω]

해설

설치 주의에서 접지는 10 [Ω] 이하로 관리한다.

미니 팁

"손가락 10개를 접는다" 로 기억한다.

43 ☑☐☐☐☐

모재에 직접 물려 회로를 완성하는 장치는 무엇인가?

① 전극(용접봉)홀더
② 케이블 커넥터
③ 접지(어스)클램프
④ 케이블 러그

해설

접지클램프를 모재에 고정해 전류가 돌아오는 회로를 만든다.
① 전극 고정이다.
② 연결 보조다.
④ 단자 끝단이다.

미니 팁

"모재에 무는 건 접지클램프"라고 기억한다.

44 ☑☐☐☐☐

전격방지기의 핵심 목적은 무엇인가?

① 효율향상
② 역률개선
③ 감전(전격) 재해예방
④ 과열방지

해설

무부하 시 전압을 낮춰 감전을 예방하고, 아크발생 시 즉시 정상전압으로 전환한다.

미니 팁

'전격 = 감전' 바로 연결해서 생각하면 된다.

45 ☑☐☐☐☐

저수소계 용접봉의 일반적 재건조 조건으로 옳은 것은?

① 70 ~ 100 [℃], 30 ~ 60분
② 100 ~ 150 [℃], 1 ~ 2시간
③ 300 ~ 350 [℃], 1 ~ 2시간
④ 350 ~ 400 [℃], 10분 이내

해설

저수소계는 보통 300 ~ 350 [℃]에서 1 ~ 2시간 재건조한다.
① 일반 루틸계·산화철계 범주이다.
② 보온 조건에 가깝다.
④ 시간·온도 모두 부적절하다.

미니 팁

"저수소 = 고온·충분시간"으로 기억한다.

정답 ● 42 ③ 43 ③ 44 ③ 45 ③

46 ☑□□□□
'용융용접'에 속하는 공정은 무엇인가?

① 스폿용접 ② 마찰용접
③ 아크용접 ④ 단접

해설
금속을 녹여 접합하는 용융용접에는 아크용접, 가스용접 등이 있다.
① 전류와 압력을 함께 사용해 붙이는 압접이다.
② 마찰열 + 압력으로 붙이는 압접이다.
④ 가열 후 망치나 압력으로 두드려 붙이는 압접이다.

미니 팁
'녹여 붙이면 용융'으로 분류한다.

47 ☑□□□□
피복아크용접의 피복재 주된 역할로 옳은 것은?

① 용접물 냉각 촉진
② 보호가스·슬래그 형성
③ 전극 강도 증가
④ 개선각 확대

해설
피복재는 보호가스와 슬래그를 만들어 용융지와 비드를 보호한다.
① 피복재는 천천히 식게 도와주는 쪽이다.
③ 피복재의 목적은 기계적 강도 증가가 아니라, 아크안정, 보호가스·슬래그 형성, 탈산·합금 작용 등이다.
④ 피복재의 직접 기능이 아니다.

미니 팁
'피복 = 가스 + 슬래그 + 아크안정'으로 기억한다.

48 ☑□□□□
서브머지드아크용접의 장점으로 보기 어려운 것은?

① 깊은 용입
② 빠른 용착속도
③ 아름다운 비드 외관
④ 개선각을 크게 해야 패스 수가 줄어듦

해설
개선각을 크게 하면 그루브 부피가 커져 패스 수가 늘어날 수 있다.

미니 팁
'좁은 그루브 = 시간·패스 절감'이다.

49 ☑□□□□
가용접 시 올바른 작업으로 옳은 것은?

① 본용접보다 높은 온도로 예열한다.
② 개선 홈 내 가접부는 본용접 전 백치핑으로 제거한다.
③ 끝 모서리 부에 가접을 집중한다.
④ 본용접보다 굵은 전극을 사용한다.

해설
개선부 내부 가접은 균열·슬래그 혼입을 막기 위해 제거한다.
① 과도 예열은 변형 위험이 있다.
③ 모서리는 응력 집중부라 피한다.
④ 대개 동일 또는 더 가는 전극을 쓴다.

미니 팁
'가접은 위치·제거·대칭'을 점검한다.

정답 46 ③ 47 ② 48 ④ 49 ②

50 ☑☐☐☐☐
직류용접 중 아크쏠림방지로 부적절한 것은?

① 엔드 탭 사용
② 후퇴용접법 활용
③ 전극 각도 조정
④ 용접기 용량을 크게 변경

해설
아크쏠림은 자기장의 불균형에 의한 현상으로 단순 용량 증대는 해결책이 아니다.
① 모재 끝에 탭을 붙여서 아크가 끝부분에서 휘는 것을 줄여준다.
② 자기장 영향을 분산시켜서 아크쏠림을 줄이는 데 도움이 된다.
③ 아크가 쏠리는 쪽과 반대로 전극 각도를 약간 바꿔서 아크가 한쪽으로 몰리지 않게 조절한다.

미니 팁
아크쏠림방지 = 엔드탭, 백스텝, 전극 각도 조정

51 ☑☐☐☐☐
산소 - 아세틸렌 혼합에서 폭발 위험이 가장 큰 조합은 무엇인가?

① 40 : 60   ② 15 : 85
③ 60 : 40   ④ 85 : 15

해설
$O_2 : C_2H_2 = 85 : 15$ 영역이 가장 위험하다. 취급과 환기는 매우 중요하다.
①, ②, ③ 상대적으로 위험도가 낮다.

미니 팁
점화 전 누설은 비눗물로 점검한다. 불꽃사용은 금지한다.

52 ☑☐☐☐☐
토치 혼합방식 중 전혼합식의 특징으로 옳은 것은?

① 노즐 끝에서 혼합한다.
② 불꽃 안정성이 높다.
③ 항상 역화 위험이 없다.
④ 정밀작업에 부적합하다.

해설
전혼합식은 토치 내부에서 미리 혼합되어 불꽃 안정성이 높고 정밀작업에 적합하다. 역화방지기의 필요성이 크다.
① 후혼합식이다.
③ 잘못이다.
④ 반대이다.

미니 팁
안전을 우선할 때는 후혼합식도 널리 사용한다.

53 ☑☐☐☐☐
가스절단의 기본 원리로 옳은 것은?

① 금속을 직접 증발시켜 절단한다.
② 산화철을 녹여 날리며 절단한다.
③ 질소와 반응해 질화물로 절단한다.
④ 냉각수로 금속을 깨뜨린다.

해설
예열 후 고압 산소 제트로 철을 산화시켜 생성된 산화철을 분사하여 절단한다.

미니 팁
산소 순도는 절단속도와 품질에 큰 영향을 준다.

정답 50 ④ 51 ④ 52 ② 53 ②

54 ☑☐☐☐☐
프로판절단의 산소 : 프로판 혼합비로 현장 세팅에서 알맞은 값은 무엇인가?

① 2.0 : 1   ② 3.0 : 1
③ 3.5 : 1   ④ 4.5 : 1

해설
화학량론적으로 약 4.3 : 1이며 현장에서는 약 4.5 : 1 전후를 사용한다.
①, ②, ③ 산소가 부족하여 예열이 불안정해질 수 있다.

미니 팁
프로판은 경제성이 좋아 절단·가열에 널리 사용한다.

55 ☑☐☐☐☐
점검방법으로 옳은 것은?

① 산소계 연결부를 라이터불꽃으로 점검한다.
② 기름천으로 조정기를 닦는다.
③ 비눗물로 누설을 확인한다.
④ 레귤레이터 핸들은 항상 조여 둔다.

해설
가스누설은 비눗물 기포로 확인한다. 산소계에는 기름 사용을 금지한다. 작업 후에는 압력을 완전히 배출한다.
① 폭발 위험이다.
② 화재 위험이다.
④ 부품 손상 위험이다.

미니 팁
사용을 마치면 핸들은 반드시 풀어 둔다.

56 ☑☐☐☐☐
선반작업의 안전수칙으로 옳지 않은 것은?

① 긴 장갑·헐렁한 복장 금지
② 회전 중 공작물 측정 금지
③ 칩 제거는 브러시 사용
④ 절삭유 분사구 막힘은 손가락으로 뚫음

해설
칩 제거에 맨손사용은 금지이다. 공구나 브러시를 사용한다.

미니 팁
회전부에는 '손·장갑·옷'이 가까이 가지 않도록 한다.

57 ☑☐☐☐☐
가스용접 시 역화(백파이어)예방과 관계가 가장 적은 것은?

① 팁 이물질 제거
② 팁 과열방지
③ 팁과 모재의 접촉방지
④ 용접봉 예열온도 관리

해설
역화원인은 팁막힘, 과열, 접촉, 압력부적정 등이다. 용접봉 예열온도는 직접원인이 아니다.

미니 팁
역류방지장치(체크장치)설치와 가스압력균형도 중요하다.

58 ☑☐☐☐☐
누전차단기(RCD)의 감전 보호 성능기준으로 가장 알맞은 것은?

① 동작감도전류 15 [mA], 동작시간 0.05 [s]
② 동작감도전류 30 [mA], 동작시간 0.03 [s]
③ 동작감도전류 50 [mA], 동작시간 0.1 [s]
④ 동작감도전류 60 [mA], 동작시간 0.03 [s]

해설
감전방지용은 30 [mA] 이하, 0.03초 이내가 기준이다.

미니 팁
작업장 분전반 RCD시험 버튼으로 정기점검한다.

59 ☑☐☐☐☐
이동식 사다리에 대한 기준으로 옳은 것은?

① 폭 25 [cm] 이상
② 폭 30 [cm] 이상
③ 기둥 각도는 수평과 80° 이상
④ 발판 간격은 제각각 설치

해설
사다리폭은 30 [cm] 이상, 각도는 수평과 75° 이하, 발판 간격은 동일해야 한다.

미니 팁
"폭30·각75·간격동일"로 기억한다.

60 ☑☐☐☐☐
안전난간의 강도기준으로 알맞은 설명은?

① 수직하중 50 [kg]만 견디면 된다.
② 임의점·임의방향 100 [kg] 이상 견딜 수 있어야 한다.
③ 수평하중 150 [kg]만 견디면 된다.
④ 상부레일만 100 [kg] 이상 견딜 수 있으면 된다.

해설
안전 난간은 어느 점, 어느 방향의 하중에도 100 [kg] 이상 견뎌야 한다.

미니 팁
난간기둥·보·고정부를 함께 점검한다.

정답 ● 58 ② 59 ② 60 ②

제3회 모의고사

01 ☑☐☐☐☐
파일(줄)의 사용목적에 가장 가까운 것은?

① 타격 ② 고정
③ 절삭·마무리 ④ 구멍 뚫기

해설
줄은 금속 표면을 갈아 치수를 맞추거나 거칠기를 낮춘다.
① 햄머의 용도이다.
② 바이스의 용도이다.
④ 드릴의 용도이다.

미니 팁
"파일 = 다듬기"로 기억한다.

02 ☑☐☐☐☐
센터펀치를 사용하는 주된 이유는?

① 구멍을 직접 내기 위해서
② 드릴이 미끄러지지 않게 중심을 표시하기 위해서
③ 재료를 절단하기 위해서
④ 나사를 풀기 위해서

해설
센터펀치는 드릴 시작점에 홈을 만들어 미끄럼을 방지한다.

미니 팁
"드릴 시작 = 센터펀치"로 연결한다.

03 ☑☐☐☐☐
체결 시 풀림방지용으로 사용하는 부품은?

① 평와셔 ② 스프링와셔
③ 평키 ④ 스플라인

해설
스프링와셔는 탄성으로 풀림을 억제한다.
① 지지·분산용이다.
③, ④ 회전력 전달용이다.

미니 팁
"스프링(탄성) → 풀림 억제"로 기억한다.

04 ☑☐☐☐☐
밴드브레이크에 대한 설명으로 옳은 것은?

① 회전하는 드럼에 고정된 블록을 눌러서 제동하는 장치이다.
② 드럼을 금속밴드로 감싸고 이를 조여서 제동하는 장치이다.
③ 디스크 양쪽을 패드로 눌러서 제동하는 장치이다.
④ 하중과 상관없이 항상 같은 힘으로 작동하는 브레이크이다.

해설
① 블록브레이크 설명이다.
③ 디스크브레이크 설명이다.

미니 팁
밴드브레이크 : 드럼 + 밴드로 감싸고 조여 제동

정답 ● 01 ③ 02 ② 03 ② 04 ②

05 ☑□□□□
웜과 웜휠의 주요 장점은?

① 매우 높은 효율
② 역구동이 쉬움
③ 큰 감속비를 쉽게 얻음
④ 소음이 매우 큼

해설
웜기어는 큰 감속비를 간단히 얻을 수 있다.
① 효율은 낮을 수 있다.
② 역구동은 어렵다.
④ 소음은 설계·윤활에 좌우된다.

미니 팁
"웜 = 한 번에 '확' 줄인다(큰 감속)"로 기억한다.

06 ☑□□□□
베어링에서 '클리어런스'의 의미로 가장 알맞은 것은?

① 윤활유 점도
② 회전 속도
③ 회전부와 고정부 사이의 틈새
④ 하중의 크기

해설
베어링에서 클리어런스(Clearance)는 샤프트(회전하는 부분)와 베어링 하우징(고정된 부분) 사이의 틈새(여유 간격)를 말한다. 이 틈이 너무 작으면 끼어서 열이 나며 마모가 심해지고, 너무 크면 유격이 커져서 진동·소음이 커진다.

미니 팁
"클리어런스 = 깨끗한 '틈'"으로 외운다.

07 ☑□□□□
사각키(평키)의 기본 기능은?

① 위치 고정
② 회전력 전달
③ 축 길이조절
④ 윤활 보강

해설
평키는 축과 허브 사이의 회전력을 전달한다.

미니 팁
"키 = 토크 전달의 쐐기"를 반복해서 기억한다.

08 ☑□□□□
구름베어링의 장점이 아닌 것은?

① 동력손실이 적다.
② 윤활이 편리하다.
③ 충격에 강하다.
④ 소형화에 유리하다.

해설
구름베어링은 충격하중에 약하다.
①, ②, ④ 장점에 해당한다.

미니 팁
충격이 크면 미끄럼 베어링을 검토한다.

09 ☑□□□□
베어링 열박음 장착의 적정 가열온도는?

① 50 ~ 60 [℃]
② 80 ~ 100 [℃]
③ 130 ~ 150 [℃]
④ 상온

해설
일반적으로 80 ~ 100 [℃]로 가열하여 끼운다.

미니 팁
130 [℃]를 넘기지 않는다.

정답 05 ③ 06 ③ 07 ② 08 ③ 09 ②

10 ☑☐☐☐☐
열박음에서 130 [℃] 초과 가열이 위험한 이유는?

① 산화로 색 변함
② 금속 입자구조 변화로 경도 저하
③ 윤활제 증발
④ 치수 증가

> **해설**
> 과열하면 조직 변화로 경도가 내려간다.
> ①, ③, ④ 부수현상이나 핵심 이유가 아니다.
>
> **미니 팁**
> 과열방지로 온도계를 사용한다.

11 ☑☐☐☐☐
일반적인 끼워맞춤에서 내륜-축, 외륜-하우징의 조합은?

① 내륜 헐거움, 외륜 억지
② 내륜 억지, 외륜 헐거움
③ 둘 다 헐거움
④ 둘 다 억지

> **해설**
> 보통 내륜은 축에 단단히 끼워서 미끄러지지 않게 하고 외륜은 하우징에 고정하지만, 필요할 때 빼고 끼우기 편해야 해서 약간 여유 있게 한다.
>
> **미니 팁**
> '헐거외, 억지내' 로 외운다.

12 ☑☐☐☐☐
베어링의 주된 역할이 아닌 것은?

① 축지지   ② 회전유지
③ 마찰 저항 감소   ④ 윤활유 냉각

> **해설**
> 냉각은 윤활계의 역할이지 베어링 자체의 역할이 아니다.
>
> **미니 팁**
> 베어링은 하중을 지지한다.

13 ☑☐☐☐☐
백래시(Back Lash)에 대한 설명으로 옳지 않은 것은?

① 맞물림장치의 의도된 틈이다
② 너무 크면 정밀도가 떨어진다
③ 너무 작으면 윤활 불량이 생길 수 있다
④ 항상 0으로 만드는 것이 좋다

> **해설**
> 백래시를 0으로 만들면 오히려 끼이거나, 마모·소음·파손이 생길 수 있다.
>
> **미니 팁**
> 볼나사는 백래시가 작다.

14 ☑☐☐☐☐
웜기어의 특징으로 옳지 않은 것은?

① 역회전방지   ② 큰 감속비
③ 높은 효율   ④ 소음이 적음

정답 ● 10 ② 11 ② 12 ④ 13 ④ 14 ③

해설

웜기어는 미끄럼이 커서 효율이 낮다.
①, ②, ④ 장점이다.

미니 팁

윤활이 매우 중요하다.

15 ☑☐☐☐☐

기어 손상 중 스코어링은 무엇을 말하는가?

① 치면 미세균열로 박리 시작
② 줄무늬 융착 손상
③ 치면 일반적 마모
④ 이빨 파손

해설

스코어링은 과열·윤활막 파괴로 줄무늬 융착 손상이다.
① 피팅 시작이다.   ③ 일반 마모다.
④ 이의절손이다.

미니 팁

- 피팅 : 작은 구멍 느낌
- 스코어링 : 길게 '줄로 긁힌' 융착 마모

16 ☑☐☐☐☐

타이밍벨트의 장점은?

① 동기 전달 가능   ② 슬립이 큼
③ 저소음은 불리   ④ 장력 관리 불필요

해설

타이밍벨트는 치형으로 미끄럼 없이 동기 전달이 가능하다.

미니 팁

정확한 각속비가 필요할 때 쓴다.

17 ☑☐☐☐☐

V벨트 사용 시 주의로 옳지 않은 것은?

① 2줄 이상은 균등 장력
② 홈 마모 확인
③ 한 줄만 노후되면 그 줄만 교체
④ 장기 보관 시 열화 주의

해설

멀티벨트는 동시에 교체한다.

미니 팁

설계 단계에서 벨트 걸이 구조를 고려한다.

18 ☑☐☐☐☐

체인 중 고속·저소음·내구성에 유리한 것은?

① 롤러체인   ② 사일런트체인
③ 부시체인   ④ 핀틀체인

해설

사일런트체인은 이빨 모양(톱니 모양) 링크가 스프로킷과 정확히 맞물려서 돌아간다. 그래서 고속 운전에 적합하고 소음이 적고, 내구성(수명)도 좋은 체인이다.

미니 팁

사일런트(Silent) = 조용한

19 ☑☐☐☐☐

벨트·체인·기어 비교에서 슬립이 가장 많은 것은?

① 벨트   ② 체인
③ 기어   ④ 모두 같다.

정답 15 ② 16 ① 17 ③ 18 ② 19 ①

해설

벨트 구동은 풀리와 벨트가 마찰력으로만 힘을 전달한다. 그래서 하중이 커지거나, 장력이 약하거나, 표면이 미끄럽다면 벨트가 헛도는 슬립이 가장 잘 생긴다.

미니 팁
- 슬립 가장 많음 → 벨트
- 슬립 거의 없음 → 체인
- 슬립 없음(속도비 가장 정확) → 기어

20 ☑□□□□

기어와 벨트 비교로 옳은 것은?

① 벨트가 효율이 가장 좋다.
② 기어가 구조가 가장 단순하다.
③ 기어는 근거리 동력전달에 유리하다.
④ 벨트는 슬립이 없다.

해설

기어는 근거리·정밀 동력전달에 유리하다.
① 일반적으로 기어가 벨트보다 효율이 더 좋다.
② 벨트 구동이 구조가 더 단순하다.
④ 벨트는 마찰 전달 방식이라 슬립이 생긴다.

미니 팁
장거리는 벨트가 유리하다.

21 ☑□□□□

공기 공급계에서 에어탱크의 주된 역할은 무엇인가?

① 압축   ② 저장
③ 윤활   ④ 건조

해설

저장과 완충으로 흐름을 안정화한다.
① 콤프레서의 역할
③ 루브리케이터의 역할
④ 드라이어·필터의 역할

미니 팁
탱크 = 완충·저장

22 ☑□□□□

누설점검의 간단한 방법으로 흔한 것은?

① 열화상 촬영만 사용한다.
② 비눗물 검사 또는 초음파 감지기를 사용한다.
③ 육안으로만 확인한다.
④ 배관을 두들겨 소리를 듣는다.

해설

거품 발생이나 초음파로 누설을 찾는다.

미니 팁
거품은 누설의 흔적

23 ☑□□□□

레귤레이터의 기본 역할은 무엇인가?

① 공기 정화   ② 유량 미세조절
③ 설정 압력유지   ④ 윤활유 공급

해설

레귤레이터는 2차 측 압력을 일정하게 유지한다.
① 필터의 기능이다.
② 유량조절밸브의 기능이다.
④ 루브리케이터의 기능이다.

미니 팁
레귤 = 레벨(압력) 유지

정답 20 ③ 21 ② 22 ② 23 ③

24 ☑□□□□
머플러(소음기)의 목적은 무엇인가?

① 압력 상승　　② 배기 소음저감
③ 유량분배　　④ 온도제어

해설
배기 시 발생하는 소음을 줄인다.

미니 팁
머플러 = 조용하게

25 ☑□□□□
공기압 시스템의 기본 구성요소가 아닌 것은?

① 콤프레서　　② 에어탱크
③ 루브리케이터　　④ 변압기

해설
변압기는 전기설비 구성요소이다.

미니 팁
공기압 = 공기기 다루는 장치만

26 ☑□□□□
단동실린더의 복귀방식으로 알맞은 것은?

① 공기압으로 복귀한다.
② 스프링이나 하중으로 복귀한다.
③ 전자석으로 복귀한다.
④ 유압으로 복귀한다.

해설
단동은 한쪽은 공기, 반대쪽은 스프링/하중으로 동작한다. 복동은 양쪽 모두 공기로 동작한다.

미니 팁
- 단동 = 한쪽은 공기압, 복귀는 스프링/하중
- 복동 = 왕복 모두 공기압

27 ☑□□□□
회로 압력이 설정값 이상이 되면 외부로 공기를 방출하는 밸브는 무엇인가?

① 레귤레이터　　② 릴리프밸브
③ 스로틀밸브　　④ 체크밸브

해설
릴리프밸브는 과압 보호용이다.
① 감압기능　　③ 유량조절
④ 역류방지

미니 팁
릴리프(Release) = 방출로 기억한다.

28 ☑□□□□
시험운전을 실시해야 하는 적절한 시점은 언제인가?

① 설치 전　　② 정비 후
③ 평상시　　④ 비상정지 시

해설
정비 후 정상 동작과 누설·이상 유무 확인을 위해 시험운전을 한다.

미니 팁
'정비 후 검증 = 시험운전'이다.

정답 24 ② 25 ④ 26 ② 27 ② 28 ②

29 ☑☐☐☐☐

출력기준 중형 압축기의 범위로 옳은 것은?

① 0.2 ~ 12 [kW]　② 15 ~ 75 [kW]
③ 76 ~ 150 [kW]　④ 150 [kW] 이상

해설

소형 0.2 ~ 12, 중형 15 ~ 75, 대형 76 ~ 150, 초대형 150 이상이다.
①은 소형 범위이다.
③은 대형 범위이다.
④는 초대형 범위이다.

미니 팁

15 / 75 / 150 기준을 외워 두면 구간이 정리된다.

30 ☑☐☐☐☐

좁은 공간에서 긴 스트로크를 구현하기 좋은 실린더는 무엇인가?

① 로드리스실린더　② 양로드형 실린더
③ 텔레스코프실린더　④ 충격실린더

해설

로드리스는 내부 피스톤과 외부 슬라이더로 길이를 효율화한다.
② 균형성을 가진다.
③ 다단 로드지만 외형 길이가 늘 수 있다.
④ 타격용이다.

미니 팁

'로드 없음 = 공간 절약'이다.

31 ☑☐☐☐☐

릴리프밸브의 기본 역할로 옳은 것은?

① 압력증가
② 방향전환
③ 설정압유지 및 과압방지
④ 부분회로 감압

해설

설정값 이상 시 탱크로 우회시켜 과압을 방지하고 압력을 유지한다.
① 증압기는 다른 장치이다.
② 방향제어밸브 기능이다.
④ 감압밸브 기능이다.

미니 팁

릴리프 = "넘치면 뺀다"로 기억한다.

32 ☑☐☐☐☐

4/3밸브를 쓰는 대표 목적은 무엇인가?

① 단순개폐
② 단동실린더제어
③ 복동실린더 중간정지
④ 급속 배기

해설

중립(센터) 위치가 있어 중간 정지가 가능하다.
① 2/2가 적합하다.
② 3/2가 일반적이다.
④ 보조밸브 기능이다.

미니 팁

"4/3 = 중립 있음"으로 외운다.

정답 29 ② 30 ① 31 ③ 32 ③

33 ☑☐☐☐☐
탠덤실린더의 주목적은 무엇인가?

① 스트로크 연장 ② 추력 증가
③ 자중 복귀 ④ 급속 이송

해설
탠덤은 피스톤 2개를 직렬로 결합하여 추력을 키운다.
① 텔레스코프형이다.
③ 단동형 복귀 개념이다.
④ 회로 설계에 따른다.

미니 팁
탠덤 = "힘 합치기"로 기억한다.

34 ☑☐☐☐☐
베인펌프의 일반적 특징으로 옳은 것은?

① 고압 · 고효율 ② 저압 · 저효율
③ 중압 · 소음 적음 ④ 초저압 · 대유량

해설
베인펌프는 중압용이며 소음이 비교적 적다.
① 피스톤펌프 성향이다.
② 기어펌프에 가깝다.
④ 일반 특성에 부합하지 않는다.

미니 팁
기어(저압) – 베인(중압) – 피스톤(고압)으로 비교한다.

35 ☑☐☐☐☐
압력제어밸브 중 '설정압력 도달 시 다음 동작을 시작' 하도록 하는 밸브는 무엇인가?

① 릴리프밸브 ② 감압밸브
③ 시퀀스밸브 ④ 언로드밸브

해설
시퀀스밸브는 압력에 의한 순서제어에 사용한다.
① 전체 압력 제한이다.
② 부분회로 감압이다.
④ 무부하운전 전환이다.

미니 팁
다음 동작을 시키는 시퀀스로 기억한다.

36 ☑☐☐☐☐
저항 2개(각 10 [Ω])를 병렬 연결했다. 합성저항은 얼마인가?

① 5 [Ω] ② 10 [Ω]
③ 20 [Ω] ④ 0 [Ω]

해설
병렬은 $\frac{1}{R} = \frac{1}{10} + \frac{1}{10} = \frac{1}{5}$, 따라서 $R = 5[\Omega]$이다.

빠른 풀이로는 병렬일 때 $R = \frac{10 \times 10}{10 + 10} = 5[\Omega]$ 으로 계산한다.

미니 팁
- 병렬 = 곱/합
- 직렬 = 합

정답 33 ② 34 ③ 35 ③ 36 ①

37 ☑☐☐☐☐

전압 V의 단위로 알맞은 것은?

① A　　　　② V
③ Ω　　　　④ W

해설

전압 단위는 V이다.
① 전류 단위이다.
③ 저항 단위이다.
④ 전력 단위이다.

미니 팁

Voltage의 V로 기억한다.

38 ☑☐☐☐☐

NTC 온도센서의 일반적 특성으로 알맞은 것은?

① 온도가 올라가면 저항이 올라간다.
② 온도가 올라가면 저항이 내려간다.
③ 온도와 무관하다
④ 전류만 측정한다.

해설

NTC(Negative Temperature Coefficient)는 온도↑ 시 저항↓이다.
① PTC(Positive Temperature Coefficient)는 온도↑ 시 저항↑이다.

미니 팁

- NTC의 N은 Negative, '부정'을 의미한다.
- PTC의 P는 Positive, '긍정'을 의미한다.

39 ☑☐☐☐☐

정지버튼을 누른 뒤에도 회로가 꺼진 상태로 유지되게 하는 회로를 무엇이라 하는가?

① 래칭(자기유지)회로
② 정류회로
③ 여자회로
④ 교류정합회로

해설

자기유지접점을 끊어 멈춤상태가 유지된다.
② 전원정류회로이다.
③ 자기회로 용어이다.
④ 관련이 없다.

미니 팁

시작은 유지접점 ON, 정지는 유지접점 OFF이다.

40 ☑☐☐☐☐

단상 유도 전동기의 기동을 돕기 위해 흔히 사용하는 것은?

① 기동 콘덴서　　② 퓨즈
③ 접지선　　　　④ 히터

해설

기동 콘덴서로 위상차를 만들어 기동을 돕는다.
② 보호 소자이다.
③ 안전 접속이다.
④ 가열장치이다.

미니 팁

기동 후에는 분리되는 형식도 있다.

정답 37 ② 38 ② 39 ① 40 ①

41

전격방지기 무부하 전압의 안전 수준으로 알맞은 것은?

① 약 5 ~ 10 [V]
② 약 20 ~ 25 [V]
③ 약 40 ~ 50 [V]
④ 약 60 ~ 80 [V]

해설

무아크상태에서 20 ~ 25 [V] 수준으로 떨어뜨려 안전을 확보한다.

미니 팁

"무아크 20대, 용접 60 ~ 80대"로 구분한다.

42

용접봉 재건조 후 장시간 방치 시 문제가 되는 주된 이유는?

① 피복 두께가 증가한다.
② 재흡습으로 기공이 생기기 쉽다.
③ 인장강도가 과도하게 올라간다.
④ 전류가 자동으로 감소한다.

해설

재흡습되면 가스 혼입으로 기공, 균열 가능성이 커진다.

미니 팁

"재건조 후에는 바로 사용" 원칙을 지킨다.

43

용접포지셔너의 올바른 활용 예는?

① 대형 원통을 바퀴로 굴려 자동용접
② 소형 브라켓 다면 필릿을 아래보기자세로 유지
③ 탱크 본체 외주를 터닝롤러로 회전
④ 대구경 파이프를 롤러로 느리게 회전

해설

포지셔너는 공작물을 회전·틸트해 작업자가 쉬운 자세(아래보기 등)를 유지하게 한다.
①, ③, ④는 터닝롤러 사례이다.

미니 팁

"작은 것 각도잡기 = 포지셔너,
큰 원통 굴리기 = 롤러"로 구분한다.

44

다음 중 용접기제어부 구성으로 옳은 것은?

① 전류조정기
② 접지클램프
③ 출력단자
④ 용접케이블

해설

전류조정기는 제어부에 속한다.
②, ③, ④ 출력·배선 관련 부품이다.

미니 팁

"수치 바꾸는 것은 제어부"로 기억한다.

정답 41 ② 42 ② 43 ② 44 ①

45 ☑□□□□
피복아크용접에서 아크길이와 전압 관계로 맞는 것은?

① 아크길이가 길수록 전압은 낮아진다.
② 아크길이가 짧을수록 전압은 높아진다.
③ 아크길이가 길수록 전압은 높아진다.
④ 두 값은 관계가 없다.

해설
아크길이가 길면 간격이 커져 전압도 커지는 경향이 있다.

미니 팁
"길 – 전↑, 짧 – 전↓"로 외운다.

46 ☑□□□□
용접의 정의로 옳은 것은?

① 금속을 못으로 고정하는 공정이다.
② 금속을 가열하거나 가압하여 일체화하는 공정이다.
③ 플라스틱을 접착하는 공정이다.
④ 볼트 체결을 통해 분해 가능한 결합을 만드는 공정이다.

해설
용접은 가열 또는 가압으로 금속을 영구적으로 접합한다.

미니 팁
'가열/가압 + 영구결합'이 핵심이다.

47 ☑□□□□
다음 중 용접의 단점으로 옳은 것은?

① 진동·소음 감소
② 열변형과 잔류응력 발생
③ 재료 절약
④ 복잡 형상 제작용이

해설
용접 후 열영향으로 변형과 잔류응력이 발생할 수 있다.

미니 팁
'장점 많지만 변형·응력 주의'라고 기억한다.

48 ☑□□□□
측정기와 용도 연결이 옳은 것은?

① 버니어 캘리퍼스 – 비드 높이 전용
② 용접게이지 – 언더컷 깊이 측정
③ 열전대 온도계 – 이음 간격 측정
④ 전극검사기 – 비드 폭 측정

해설
용접게이지는 비드 높이, 언더컷 깊이, 루트 간격 등을 재는 전용 도구이다.
① 버니어는 일반 치수 측정이다.
③ 온도계는 예열·후열 온도 측정이다.
④ 전극검사기는 피복상태점검이다.

미니 팁
'게이지 = 용접부 전용 치수'로 외운다.

정답 45 ③ 46 ② 47 ② 48 ②

49 ☑☐☐☐☐
아래보기(1G) 자세의 일반적 특징은 무엇인가?

① 난이도가 가장 높다.
② 용융금속이 떨어지기 쉬워 낮은 전류가 필수이다.
③ 초보자에게 적합하다.
④ 주로 천장작업에 사용된다.

해설
1G는 기본자세로 작업 안정성이 높아 초보자에게 유리하다.
① 난이도 최고는 4G에 가깝다.
② 1G는 비교적 전류 운용이 자유롭다.
④ 천장작업은 4G이다.

미니 팁
'1G = 바닥·기본'으로 기억한다.

50 ☑☐☐☐☐
모서리용접에서 내측모서리의 주의점으로 옳은 것은?

① 외관을 위해 전류를 크게 한다.
② 응력 집중이 적다.
③ 충분한 용입이 필요하다.
④ 루트 간격은 불필요하다.

해설
내측은 응력 집중이 커서 용입 부족 시 강도 저하가 크므로 충분한 용입이 필요하다.
① 과전류는 언더컷 위험이 있다.
② 응력 집중이 크다.
④ 루트 관리가 중요하다.

미니 팁
'내측 = 강도, 외측 = 외관' 포인트를 구분한다.

51 ☑☐☐☐☐
산화불꽃사용이 알맞은 재료는 무엇인가?

① 황동   ② 알루미늄
③ 스테인리스강   ④ 모넬메탈

해설
산화불꽃은 황동용접 등에 사용한다. 알루미늄·스테인리스·모넬은 중성 또는 약환원불꽃이 적합하다.

미니 팁
중성불꽃은 기본 세팅으로 많이 사용한다.

52 ☑☐☐☐☐
탄화(환원)불꽃 설명으로 틀린 것은?

① 제3불꽃(황백색 탄화환)이 보인다
② 아세틸렌 과잉이다
③ 표준불꽃이다
④ 금속 표면에 탄소가 스며들 수 있다

해설
표준불꽃은 중성불꽃이다. 환원불꽃은 아세틸렌이 과잉이며 탄화환이 나타난다.

미니 팁
알루미늄·고속도강 등에는 환원불꽃을 적용한다.

정답 49 ③ 50 ③ 51 ① 52 ③

53 ☑☐☐☐☐

레귤레이터의 고압 측 압력계가 주로 알려주는 것은?

① 토치로 공급되는 작업 압력
② 용기 내부 잔량(충전 압력)
③ 가스 유량
④ 산소 순도

해설

고압계는 용기 내부 압력(잔량)을, 저압계는 토치로 가는 작업 압력을 보여 준다.
① 저압계의 기능이다.
③, ④ 직접 표시하지 않는다.

미니 팁
산소는 보통 150 ~ 200 [kgf/cm²]로 충전된다.

54 ☑☐☐☐☐

가스절단 면이 거칠고 드래그 홈이 심하면 우선 의심할 사항으로 가장 알맞은 것은?

① 이동속도가 너무 빠름
② 이동속도가 너무 느림
③ 산소 압력이 과다
④ 예열이 과다

해설

이동속도가 과도하게 빠르면 절단면이 거칠어지고 드래그가 심해진다.
② 과열·산화층 증가 쪽이 나타난다.
③, ④만으로는 위 증상을 바로 설명하기 어렵다.

미니 팁
토치 이동·각도·압력을 함께 점검한다.

55 ☑☐☐☐☐

가스용접토치 팁의 능력 표시로 옳은 것은?

① 시간당 아세틸렌 소비량
② 시간당 산소 소비량
③ 분당 아세틸렌 소비량
④ 분당 산소 소비량

해설

가변압식 토치에서는 팁의 용량을 시간당 아세틸렌 소비량으로 규정한다.

미니 팁
팁 크기가 커지면 더 많은 가스를 사용한다.

56 ☑☐☐☐☐

밀링머신작업 전 수칙으로 가장 알맞은 것은?

① 공작물 교체에 관계없이 공작물을 바이스에 완전히 고정한다.
② 작업시간을 줄이려고 테이블 위에 공구를 여러 개 올려둔다.
③ 냉각효과를 높이기 위해 절삭유탱크의 필터를 생략해도 된다.
④ 공구교환 시 스핀들을 저속으로 회전시킨다.

해설

공구교환 전에는 반드시 전원을 차단한다. 고정장치는 확실히 체결한다.
② 테이블 위에는 불필요한 물건을 올리지 않는다.
③ 절삭유필터는 반드시 유지해야 한다.
④ 공구교환·점검 시 스핀들은 완전히 정지한다.

미니 팁
공작물 공구는 단단히 고정, 스핀들은 정지

정답 53 ② 54 ① 55 ① 56 ①

57 ☑☐☐☐☐
연삭숫돌 교체 시 실시하는 기본점검은?

① 유전테스트　② 탭핑테스트
③ 인장테스트　④ 압축테스트

해설
숫돌 균열 확인을 위한 가볍게 두드리는 탭핑테스트를 실시한다.

미니 팁
균열이 의심되면 즉시 폐기한다.

58 ☑☐☐☐☐
아세틸렌통의 관리기준으로 알맞은 것은?

① 눕혀서 보관
② 40 [℃] 이상 장소 보관
③ 약 13 [kgf/cm^2] 이하 압력관리
④ 기름칠 후 보관

해설
아세틸렌통은 세워서 보관하며, 40 [℃] 이상의 장소를 피하고, 압력은 약 13 [kgf/cm^2] 이하로 관리한다.
①, ②, ④ 모두 금지사항이다.

미니 팁
넘어짐방지를 위한 체인고정 등 추가조치를 한다.

59 ☑☐☐☐☐
감전 사고의 주요 원인이 아닌 것은?

① 전원차단 미실시
② 전선 피복 손상
③ 절연장비 미착용
④ 작업장 통풍 불량

해설
통풍은 주로 유해가스·분진에 관한 항목이다. 감전의 직접원인은 전원·절연·접지 문제이다.

미니 팁
검전·접지·절연보호구 3가지를 항상 점검한다.

60 ☑☐☐☐☐
산업 현장의 상해 종류가 아닌 것은?

① 골절　② 타박상
③ 동상　④ 추락

해설
상해는 '몸이 어떻게 다쳤는가'로 분류한다(골절, 타박상, 동상 등). 추락은 '사고형태'이다.
①, ②, ③ 상해유형이다.

미니 팁
'사고형태'와 '상해종류'를 구분한다.

정답 57 ② 58 ③ 59 ④ 60 ④

제4회 모의고사

01 ☑□□□□
리머의 올바른 사용목적은?

① 구멍을 새로 뚫는다.
② 기존 구멍을 정확한 치수로 다듬는다.
③ 외경을 깎는다.
④ 나사를 만든다.

해설

리머는 이미 뚫린 구멍을 매끈하고 정확하게 가공한다.
① 드릴의 용도이다.
③ 선반·밀링의 용도이다.
④ 탭의 용도이다.

미니 팁
"드릴 → 리머 순서"를 떠올린다.

02 ☑□□□□
탭작업 전 '탭 드릴'이 필요한 이유는?

① 탭이 부러지지 않게 여유를 두기 위해
② 나사산 가공 전에 적정 직경의 밑구멍을 만들기 위해
③ 표면을 다듬기 위해
④ 버어를 제거하기 위해

해설

탭 드릴은 나사산 두께를 고려한 밑구멍을 만든다.

미니 팁
"탭 = 밑구멍 먼저"가 기본 순서이다.

03 ☑□□□□
베어링 하우징에 베어링을 끼울 때 가장 기본적인 주의는?

① 망치로 직접 때린다.
② 롤러에 충격을 준다.
③ 삽입면을 깨끗이 하고 수직으로 눌러 끼운다.
④ 방향에 상관없이 비스듬히 끼운다.

해설

이물 제거와 수직 삽입이 기본이며 베어링은 정밀부품이라 직접 타격금지이다.

미니 팁
"깨끗·수직·균일 압입" 세 단어를 기억한다.

04 ☑□□□□
플렉시블(탄성) 커플링의 장점으로 옳은 것은?

① 큰 정렬 오차 흡수
② 토크 전달 불가
③ 진동 확대
④ 백래시가 아주 큼

해설

탄성체가 있어 약간의 정렬 오차와 진동을 흡수한다.

미니 팁
"탄성 = 완충·오차흡수"로 연결한다.

정답 01 ② 02 ② 03 ③ 04 ①

05

체인 전동에서 피치의 의미는?

① 롤러 직경 ② 링크 간 중심거리
③ 스프로킷 이빨 수 ④ 체인 폭

해설
피치는 인접한 링크 중심 간 거리이다.

미니 팁
"피치 = 중심 ↔ 중심 거리"로 외운다.

06

웜 감속기의 일반적 단점은?

① 감속비가 작다.
② 효율이 낮을 수 있다.
③ 소형화가 어렵다.
④ 역구동이 너무 쉽다.

해설
마찰이 커서 효율이 낮아질 수 있다.
① 오히려 크다.
③ 소형화 용이하다.
④ 역구동은 어려운 편이다.

미니 팁
"웜 = 큰 감속, 낮은 효율 경향"으로 묶는다.

07

유막윤활이 잘 형성되기 위한 조건으로 옳은 것은?

① 점도가 낮은 윤활유를 사용하고, 축 속도를 가능한 한 낮춘다.
② 접촉면을 매끄럽게 가공하고, 적정점도의 윤활유를 사용해 충분한 속도로 회전시킨다.
③ 하중을 크게 걸고, 윤활유공급은 최소한으로 줄인다.
④ 점도가 매우 높은 윤활유를 사용해 축이 거의 돌지 않게 한다.

해설
적정점도는 유막을 형성·유지하는 핵심 조건이다.

미니 팁
유막 = 점도 선택이 절반

08

밴드클러치의 특징으로 옳은 것은?

① 이빨이 맞물려 전달
② 드럼 외주를 밴드로 조여 전달
③ 유체로 미끄럼 전달
④ 전자석으로 흡착

해설
밴드클러치는 밴드가 드럼을 조여 마찰로 전달한다.
① 맞물림클러치
③ 유체클러치
④ 전자클러치

미니 팁
드럼브레이크와 구조가 유사하다.

정답 05 ② 06 ② 07 ② 08 ②

09 ☑□□□□

맞물림(긍정식) 클러치의 장점은?

① 완전 미끄럼 전달
② 정확한 동기 결합
③ 과부하 시 자동으로 미끄러져 충격흡수
④ 윤활 불필요

해설

이빨이 맞물려 미끄럼이 거의 없어서 회전 위치를 정확히 맞춘 상태로 결합할 수 있다.
① 마찰식 특징이다.
③ 마찰식 클러치의 장점이다.
④ 치형 마모와 충격을 줄이기 위해 보통 윤활이 유리하다.

미니 팁

정지상태에서 결합하는 경우가 많다.

10 ☑□□□□

관이음쇠 중에서 4방향을 연결하는 것은?

① 엘보   ② 티
③ 크로스   ④ 커플링

해설

크로스(Cross)는 관(파이프)을 4방향으로 연결하는 이음쇠이다.
① 관을 굽혀서 방향을 바꾸는 이음쇠이다.
② 관을 3방향으로 연결할 때 쓰는 이음쇠이다.
④ 일직선으로 2개의 관을 연결할 때 쓰는 짧은 소켓형 이음쇠이다.

미니 팁

- T자 = 티(3방향)
- 십자 = 크로스(4방향)

11 ☑□□□□

디스크브레이크의 장점은?

① 열발산이 불리하다.
② 젖은 상태에서도 제동력이 일정하다.
③ 구조가 복잡해 정비가 어렵다.
④ 항상 소음이 크다.

해설

디스크브레이크는 바깥으로 노출된 디스크를 패드가 양쪽에서 눌러 잡는 구조이다.
① 열발산이 좋다.
③ 드럼브레이크보다는 구조가 단순하고 정비가 쉬운 편이다.
④ 패드의 상태에 따라 달라진다.

미니 팁

패드 마모와 두께를 관리한다.

12 ☑□□□□

관이음에서 대구경·고압·정비 구간에 적합한 방식은?

① 플랜지이음   ② 나사이음
③ 용접이음   ④ 소켓이음

해설

플랜지이음은 볼트로 체결하고 분해가 쉬워서 대구경(큰 관) + 고압 + 나중에 분해·정비가 필요한 구간에 가장 잘 맞는다.
②, ④ 소구경·저압에 적합하다.
③ 정비, 분해가 어렵다.

미니 팁

고압은 용접이나 플랜지를 주로 사용한다.

13 ☑☐☐☐☐
그루브이음의 특징은?

① 본드로 접착
② 파이프 홈과 클램프 체결
③ 삽입식 직선 연결
④ 나사 없이 직접용접

해설
그루브이음은 관에 홈을 내고 클램프로 체결한다.
① PVC배관 등에서 쓰는 방식이다.
③ 소켓이음이다.
④ 용접이음이다.

미니 팁
그루브이음 = 홈 파고, 클램프 조인다.

14 ☑☐☐☐☐
관이음쇠 중 90° 방향전환 부품은?

① 티   ② 니플
③ 엘보   ④ 크로스

해설
엘보는 45°, 90° 전환용이다.
① 분기
② 짧은 연결
④ 4방향

미니 팁
배관방향표시를 도면에서 확인한다.

15 ☑☐☐☐☐
부싱의 기능은?

① 큰 → 작은 나사변환
② 작은 → 큰 나사변환
③ 막음
④ 직선 연결

해설
부싱은 큰 관에서 작은 관으로 바꾸는 부품이다.
② 리듀서의 기능
③ 캡의 기능
④ 커플링, 유니언의 기능

미니 팁
리듀서는 큰 → 작, 작 → 큰 모두 가능

16 ☑☐☐☐☐
니플의 용도는?

① 관 막음
② 4방향 분기
③ 짧은 관으로 두 부품 연결
④ 방향전환

해설
니플은 짧은 관으로 연결한다.
① 캡
② 크로스
④ 엘보

미니 팁
현장에서는 길이로 구분한다.

17 ☑☐☐☐☐
밸브 정비 시 첫 번째로 해야 할 일은?

① 패킹 교체 ② 도장 복원
③ 전후단 압력 제거 ④ 누설 시험

해설
압력 제거가 가장 먼저이다.
미니 팁
안전밸브를 임의로 막지 않는다.

18 ☑☐☐☐☐
패킹부 누설의 일반적 조치는?

① 글랜드너트 조임 또는 교체
② 임의로 실리콘 도포
③ 밸브 시트 연마
④ 핸들 교체

해설
패킹부는 글랜드너트로 조정하거나 교체한다.
미니 팁
패킹 경화 여부를 점검한다.

19 ☑☐☐☐☐
전자클러치점검에서 우선 확인할 사항은?

① 전류계통 확인 ② 패드 두께 확인
③ 오일 레벨 확인 ④ 밸브 패킹 확인

해설
전자클러치는 전기 계통 이상 여부를 먼저 본다.
미니 팁
접점 손상과 배선을 확인한다.

20 ☑☐☐☐☐
밴드브레이크의 구조적 위험은?

① 항상 과냉각 ② 밴드 라이닝 마모
③ 오일 누출 ④ 전자석 과열

해설
밴드 라이닝이 마모되면 제동력이 떨어진다.
① 브레이크는 보통 과열이 문제이다.
③ 유압브레이크 시스템에서 주로 나오는 문제이다.
④ 전자석 브레이크에 해당하는 내용이다.
미니 팁
드럼 표면상태도 함께 본다.

21 ☑☐☐☐☐
타임딜레이밸브의 쓰임새는 무엇인가?

① 압력 상승 억제
② 유로 전환 속도 증가
③ 신호를 지연시켜 순서를 맞춤
④ 윤활 관리

해설
일정시간 후에 신호를 보내 동작 순서를 조절한다.
① 릴리프/감압밸브의 기능이다.
② 급속배기 등의 기능이다.
④ 루브리케이터의 기능이다.
미니 팁
딜레이 = 타이밍조절

정답 17 ③ 18 ① 19 ① 20 ② 21 ③

22 ☑☐☐☐☐
복동실린더의 특징은 무엇인가?

① 스프링 복귀
② 한 방향만 구동
③ 양방향 공기 구동
④ 항상 양로드 구조

해설
두 포트를 번갈아 압력 인가해 양방향으로 움직인다.
① 단동의 특징이다.
② 단동의 특징이다.
④ 항상 그런 것은 아니다.

미니 팁
복(두 번) = 양방향

23 ☑☐☐☐☐
방향제어밸브의 주요 역할은 무엇인가?

① 압력 제한
② 유량분배
③ 유체 흐름의 경로 전환
④ 온도유지

해설
실린더에 어느 쪽으로 공기를 보낼지 결정한다.
① 압력제어밸브의 기능이다.
② 유량제어밸브의 역할이다.
④ 열교환기·히터·서모밸브 등의 영역이다.

미니 팁
Direction = 방향전환

24 ☑☐☐☐☐
공기압실린더 구성요소가 아닌 것은?

① 피스톤
② 커버(헤드/캡)
③ 타이로드
④ 볼베어링

해설
실린더에는 회전체 지지용 베어링이 기본 부품은 아니다.
① 실린더 안에서 왕복운동하면서 힘을 내는 핵심 부품이다.
② 실린더 양 끝을 막는 뚜껑 부분이다.
③ 실린더 튜브와 앞·뒤 커버를 길게 묶어 주는 봉이다.
④ 회전축을 부드럽게 돌리려고 쓰는 부품이다.

미니 팁
실린더는 직선운동 부품 위주

25 ☑☐☐☐☐
AND밸브의 논리 기능은 무엇인가?

① 어느 한쪽 입력만 있어도 출력
② 두 입력이 모두 있어야 출력
③ 입력이 없으면 자동 배기
④ 높은 압력만 선택

해설
두 신호가 동시에 들어와야 공기가 통과한다.
① OR(셔틀)의 기능이다.
③ 배기는 별도 회로나 밸브가 담당한다.
④ 셔틀의 고압 우선 동작이다.

미니 팁
AND = 동시에 눌러야 작동

정답 22 ③ 23 ③ 24 ④ 25 ②

26

단계적으로 출력(추력)을 키울 수 있는 실린더는 무엇인가?

① 텐덤실린더
② 양로드형 실린더
③ 충격실린더
④ 베인형 실린더

해설

텐덤은 실린더를 앞뒤로 2개 이상 이어 붙인 구조이다. 같은 압력이라도 피스톤 면적이 여러 개가 되어 한 개씩 사용하면 출력(추력)을 단계적으로 키울 수 있다.

미니 팁

텐덤(Tandem) = 둘 이상을 '연결'한다.

27

공기압축기 설치장소 조건으로 옳지 않은 것은?

① 통풍이 잘되어야 한다.
② 햇볕이 잘 드는 장소를 권장한다.
③ 진동을 억제할 수 있어야 한다.
④ 점검공간을 확보해야 한다.

해설

습기·먼지가 많은 장소는 피해야 한다.

미니 팁

'건조·청결·통풍'이 3대 기본이다.

28

설정 압력 도달 시 전기신호를 발생시켜 압축기 ON/OFF를 제어하는 기기는 무엇인가?

① 프레셔스위치
② 체크밸브
③ 레귤레이터
④ 소음기

해설

프레셔스위치는 설정해 둔 압력에 도달하면 전기신호를 ON/OFF로 바꿔 주는 스위치이다. 그래서 이 신호로 압축기(콤프레서)를 켜고 끄는 제어를 한다.
② 역류방지
③ 압력유지
④ 소음저감

미니 팁

'압력 → 스위치' 연결을 떠올린다.

29

베인형 회전실린더의 일반적 특징으로 옳은 것은?

① 구조가 매우 복잡하다.
② 토크가 크고 고하중에 적합하다.
③ 단순 구조이며 소형화가 쉽다.
④ 선형 왕복운동만 한다.

해설

베인형은 단순하고 소형화가 용이하나 토크는 상대적으로 작다.
① 구조가 단순한 편이다.
② 래크·피니언이 유리하다.
④ 회전형이므로 부적절하다.

미니 팁

'베인 = 간단·소형'으로 기억한다.

정답 26 ① 27 ② 28 ① 29 ③

30 ☑☐☐☐☐
공기압축기의 정의로 가장 알맞은 것은?

① 공기를 냉각하여 수분을 제거하는 장치이다.
② 공기나 가스를 높은 압력으로 압축하여 저장하거나 사용하는 장치이다.
③ 공기 중의 먼지를 제거하는 장치이다.
④ 공기 흐름을 전환하는 장치이다.

해설
압축기는 공기나 가스를 압축하여 압력을 높이는 장치이다.
① 공기냉각기에 해당한다.
③ 필터에 해당한다.
④ 방향제어밸브에 해당한다.

미니 팁
'압축(압력↑)' 키워드를 보면 압축기를 떠올리면 된다.

31 ☑☐☐☐☐
압력보상형 유량제어밸브가 필요한 상황은 무엇인가?

① 부하가 항상 일정할 때
② 부하가 변해도 속도를 일정히 유지할 때
③ 역류를 막을 때
④ 무부하운전을 할 때

해설
보상형은 입출력 압력 변화에도 일정 유량을 유지
① 관련이 없는 내용이다.
③ 체크·브레이크 계열이다.
④ 언로드밸브 기능이다.

미니 팁
'보상 = 속도 일정' 공식으로 외운다.

32 ☑☐☐☐☐
파일럿 체크밸브를 실린더 중간 정지회로에 쓰는 주된 이유는?

① 실 자체 누설 제거
② 실린더 내 압력 평형유지
③ 무부하유지
④ 펌프 보호

해설
역류를 차단해 양실의 유체를 가두어 처짐을 막고 중간 위치를 유지한다.
① 밸브가 실 누설을 제거하는 것은 아니다.
③ 언로드밸브, 바이패스회로 등으로 만든다.
④ 릴리프밸브, 언로드밸브 등이 맡는 역할이다.

미니 팁
파일럿 체크 = "되돌림 금지 + 붙잡기"로 기억한다.

33 ☑☐☐☐☐
오일탱크 부품 중 공기의 출입을 조절하고 필터 역할을 겸하는 것은?

① 바플 플레이트   ② 오일게이지
③ 통기구(브리더) ④ 드레인 플러그

해설
브리더가 외기와의 통기 및 1차 여과 역할을 한다.
① 흐름 안정이다.
② 잔량 확인이다.
④ 배출용이다.

미니 팁
브리더는 숨구멍으로 기억한다.

정답 30 ② 31 ② 32 ② 33 ③

34

다음 중 어큐뮬레이터의 '용도'가 아닌 것은?

① 압력 증폭
② 맥동 제거
③ 충격 완충
④ 에너지 축적

해설
압력 증폭은 보통 인텐시파이어가 담당한다.
②, ③, ④ 축압기의 전형적 용도이다.
미니 팁
축압 = 저장·완충·맥동저감으로 정리한다.

35

4/2밸브가 4/3밸브와 다른점으로 옳은 것은?

① 포트 수가 다르다.
② 4/2는 중립 위치가 없다.
③ 4/2는 단동용이다.
④ 4/3은 단순 ON/OFF이다.

해설
4/2는 두 위치만 있어 중립이 없고, 4/3은 중립이 있다.
① 둘 다 4포트이다.
③ 중립이 없는 복동용이다.
④ 단순 ON/OFF 는 2/2이다.
미니 팁
'/2 = 두 위치, /3 = 중립 포함'으로 정리한다.

36

전력 P의 기본 식으로 옳은 것은?

① P = VI
② P = V/I
③ P = I/R
④ P = V + I

해설
단상에서 전력은 전압 × 전류이다.
② 식이 다르다.
③ 식이 다르다.
④ 덧셈이 아니다.
미니 팁
P = VI를 먼저 기억한다.

37

교류 사인파에서 최댓값은 실횻값의 약 몇 배 인가?

① 0.5배
② 0.707배
③ 1배
④ 1.41배

해설
사인파 최댓값은 실횻값의 $\sqrt{2}$ 배이다.
미니 팁
'최고실형평'을 기억하자.

38 ☑☐☐☐☐
홀센서가 주로 검출하는 물리량으로 알맞은 것은?

① 자기장　② 수분
③ 기압　　④ 빛

해설
홀센서(Hall Sensor)는 자석이나 자기장을 검출하여 전기신호로 바꿔 주는 센서이다.
② 습도센서의 영역이다.
③ 압력센서의 영역이다.
④ 광센서의 영역이다.

미니 팁
자석 근처 회전속도 검출에 많이 쓴다.

39 ☑☐☐☐☐
Y-△ 기동을 사용하는 주된 이유로 알맞은 것은?

① 효율을 낮추기 위해서이다.
② 기동전류를 줄이기 위해서이다.
③ 회전을 멈추기 위해서이다.
④ 소음을 만들기 위해서이다.

해설
기동순간전류를 줄여 설비를 보호한다.
① 목적과 반대이다.
③ 기능과 다르다.
④ 무관하다.

미니 팁
대용량 3상 유도기에 자주 쓴다.

40 ☑☐☐☐☐
DC모터 속도를 간단히 제어하는 방법으로 알맞은 것은?

① PWM으로 전압의 평균값을 조절한다.
② 주파수를 바꾼다.
③ 극수를 바꾼다.
④ 기계적으로만 조절한다.

해설
DC모터 속도는 기본적으로 인가전압이 높을수록 빨라지고, 낮을수록 느려진다. PWM(펄스 폭 변조)으로 인가전압의 평균값을 바꿔 속도를 제어한다.
②, ③ 교류기에 해당한다.
④ 비효율적이다.

미니 팁
DC모터 속도제어 = 전압조절

41 ☑☐☐☐☐
용접기 설치 시 배선에 대한 주의로 옳지 않은 것은?

① 고온·기계 접촉을 피한다.
② 용접케이블은 가능한 짧게 한다.
③ 전선 손상 없도록 고정한다.
④ 케이블을 길게 늘여 열 방출을 돕는다.

해설
케이블은 가능한 짧고 손상 없이 고정해야 전압강하·발열을 줄인다.

미니 팁
"짧게·단단히·뜨겁지 않게"를 기억한다.

42 ☑□□□□
용접 전 일반 준비사항이 아닌 것은?

① 재료 확인·작업 검토
② 용접전류·용접순서 설정
③ 이음부 불순물 제거
④ 항상 예열·후열처리 수행

해설
예열·후열은 재질·두께·조건에 따라 필요한 경우에만 한다.

미니 팁
"예·후열은 조건부절차"라는 점을 기억한다.

43 ☑□□□□
보호구로 기본적으로 맞지 않는 것은?

① 용접면(자동차광식)
② 가죽장갑
③ 앞치마
④ 슬리퍼

해설
안전화로 발을 보호해야 하며 슬리퍼는 위험하다.

미니 팁
"발은 안전화로 보호"가 기본이다.

44 ☑□□□□
냉각팬의 주된 역할은?

① 역률개선
② 과열방지
③ 아크안정화
④ 접지 보강

해설
팬은 용접기 내부 발열을 식혀 과열을 방지한다.

미니 팁
팬 = "열 식히는 조력자"라고 기억한다.

45 ☑□□□□
SMAW회로의 올바른 연결 순서는?

① 용접기 → 전극케이블 → 홀더 → 피복봉 → 아크 → 모재 → 접지케이블
② 용접기 → 홀더 → 전극케이블 → 모재 → 아크 → 피복봉 → 접지케이블
③ 용접기 → 피복봉 → 아크 → 모재 → 접지케이블 → 전극케이블 → 홀더
④ 용접기 → 전극케이블 → 접지케이블 → 홀더 → 피복봉 → 아크 → 모재

해설
피복아크용접에서 전류가 흐르는 길을 순서대로 쓰면 이렇게 된다.
전원 → 전극선 → 홀더 → 봉 → 아크 → 모재 → 접지선의 순으로 회로가 완성된다.

미니 팁
"전–홀–봉–아–모–접" 리듬으로 기억한다.

정답 42 ④ 43 ④ 44 ② 45 ①

46 ☑☐☐☐☐
고상용접의 특징으로 옳은 것은?

① 금속을 녹여 접합한다.
② 열과 압력을 동시에 사용한다.
③ 변형과 열 영향이 적다.
④ 슬래그가 많이 생성된다.

해설
고상용접은 모재를 녹이지 않고 접합하여 열영향·변형이 상대적으로 적다.
①, ④ 용융용접 특징이다.
② 압접용접의 핵심 표현이다.

미니 팁
'안 녹여서 변형↓'로 기억한다.

47 ☑☐☐☐☐
직류아크용접의 장점으로 옳은 것은?

① 장비가 저렴하다.
② 아크가 안정적이다.
③ 얇은 판에 부적합하다.
④ 아크쏠림이 없다.

해설
직류는 연속전류로 아크안정성이 높아 박판·특수강에도 유리하다.
① 교류 쪽이 단순·저렴이다.
③ 박판에도 적합하다.
④ 아크쏠림은 DC에서 문제될 수 있다.

미니 팁
DC = 안정·정밀, AC = 단순·경제

48 ☑☐☐☐☐
핫 스타트(Hot Start)의 기능 설명으로 옳은 것은?

① 아크 종료 시 전류를 낮춘다.
② 아크 점화 순간전류를 일시적으로 높인다.
③ 전격(감전) 방지장치이다.
④ 고주파 발생기로 아크를 유지한다

해설
초기 점화를 쉽게 하고 붙음(스틱킹)을 방지하기 위해 순간전류를 높인다.
① 크레이터제어와 혼동하기 쉽다.
③ 전격방지기이다.
④ TIG 등에서 쓰는 고주파 점화 개념이다.

미니 팁
'시동 도움 = 핫 스타트'로 외운다.

49 ☑☐☐☐☐
수평(2G) 자세에서 적절한 전극 각도는?

① 45° ± 5°
② 60 ~ 70°
③ 80 ~ 90°(약간 위쪽 지향)
④ 90 ~ 100°

해설
수평은 용융금속 처짐을 억제하기 위해 전극을 약간 위로 향하게 80 ~ 90° 정도로 유지한다.
① 필릿/모서리 각도기준이다.
②, ④ 일반적 권장범위를 벗어난다.

미니 팁
'수평 = 위로 살짝'이다.

정답 46 ③ 47 ② 48 ② 49 ③

50 ☑☐☐☐☐
T형 필릿용접의 결함과 원인 연결이 옳은 것은?

① 언더컷 - 전류 부족
② 오버랩 - 전류 과다·빠른 진행
③ 용입부족 - 루트 간격 부족·전류 부족
④ 슬래그 혼입 - 각 층 용접 전 청소 양호

해설
루트 간격이 좁거나 전류가 낮으면 용입 부족이 생기기 쉽다.
① 언더컷은 전류 과다·빠른 진행이다.
② 오버랩은 전류 부족·느린 진행이다.
④ 슬래그 혼입은 청소 불량 때문이다.

미니 팁
'언더컷 = 세게 빠름, 오버랩 = 약하게 느림'으로 외운다.

51 ☑☐☐☐☐
산소용기 취급 요령으로 틀린 것은?

① 마른 천으로 닦는다.
② 충격을 피한다.
③ 밸브는 천천히 연다.
④ 그리스로 나사부를 윤활한다.

해설
산소계에는 기름·그리스를 절대 사용하면 안 된다. 발화·폭발 위험이 크다.

미니 팁
누설점검은 비눗물로 한다. 화기 사용은 금지한다.

52 ☑☐☐☐☐
전진법(앞진법) 특징으로 옳은 것은?

① 용입이 깊다.
② 두꺼운 판에 적합하다.
③ 속도가 빠르다.
④ 용가재 소모가 많다.

해설
전진법은 열이 앞쪽에 집중되어 진행 속도가 빠르고 얇은 판에 적합하다.
②, ④ 후진법 특징에 가깝다.

미니 팁
3 [mm] 이하 박판에 전진법을 주로 사용한다.

53 ☑☐☐☐☐
플라즈마절단의 열원 온도로 가장 알맞은 범위는 무엇인가?

① 약 2,000 [℃]
② 약 5,000 [℃]
③ 약 10,000 ~ 20,000 [℃]
④ 약 3,000 [℃]

해설
플라즈마아크는 매우 고온(대략 1 ~ 2만 [℃])이다.
①, ②, ④ 가스불꽃 수준이거나 과소 추정이다.

미니 팁
플라즈마는 대부분 전도성 금속절단이 가능하다.

정답 50 ③ 51 ④ 52 ③ 53 ③

54 ☑☐☐☐☐
플라즈마 비전이형 아크절단의 설명으로 옳은 것은?

① 공작물과 전기적 접촉이 필요하다.
② 비금속절단은 불가하다.
③ 전극 - 노즐 사이에서 아크가 발생한다.
④ 텅스텐 전극을 사용하지 않는다.

해설
비전이형은 전극과 노즐 사이에서 아크가 형성되고 플라즈마 제트만 공작물에 닿는다. 비금속에도 적용 가능하다.
①, ② 전이형 설명과 혼동이다.
④ 일반적 설명과 다르다.

미니 팁
알루미늄에는 아르곤 + 수소 혼합가스를 쓰는 경우가 있다.

55 ☑☐☐☐☐
레이저 가공의 적용으로 부적절한 것은?

① 박판 정밀 절단
② 전자·자동차 부품
③ 비드 표면 기공 제거 전용
④ 우주통신·계측 분야 응용

해설
비드 기공 제거 전용은 레이저 세정·표면처리 계열 설명에 가깝다. 절단·용접·정밀가공이 일반적이다.

미니 팁
레이저는 비접촉·고정밀이 장점이다.

56 ☑☐☐☐☐
LOTO(전원차단) 실시의 핵심 목적은?

① 작업속도향상
② 전원·압력의 완전 차단
③ 생산성평가
④ 공구 수명 연장

해설
LOTO는 작업 전 에너지원을 격리·잠금하여 예기치 않은 기동을 방지한다.

미니 팁
잠금장치와 태그는 작업자별로 관리한다.

57 ☑☐☐☐☐
가연성 물질 관리로 옳지 않은 것은?

① 용접반경 10 [m] 이내 제거
② 소화기 비치
③ 절단불꽃방향에 가연물배치
④ 환기·배기 설비 가동

해설
불꽃이 향하는 방향에는 가연물을 두지 않는다. 반경 10 [m] 이내는 정리·격리한다.
①, ②, ④ 모두 필수조치이다.

미니 팁
작업 전 '핫워크 체크리스트'를 활용한다.

정답 54 ③ 55 ③ 56 ② 57 ③

58 ☑□□□□

전기 보호구 중 용도 연결이 옳은 것은?

① 절연장갑 - 발 보호
② 절연매트 - 손 보호
③ 절연공구 - 손잡이절연
④ 검전기 - 접지 저항 측정

해설

절연공구는 손잡이가 절연된 공구이다.
① 절연장갑은 손 보호
② 절연매트는 발 보호
④ 검전기는 무전확인용도이다.

미니 팁

절연장갑·매트는 균열·오염을 작업 전 점검한다.

59 ☑□□□□

안전대(풀 하네스) 착용이 특히 필요한 작업 높이 기준은?

① 1 [m] 이상
② 1.5 [m] 이상
③ 2 [m] 이상
④ 3 [m] 이상

해설

2 [m] 이상 고소작업에서 추락방지를 위해 풀 하네스를 사용한다.

미니 팁

연결고리 위치와 부착지점의 강도를 항상 확인한다.

60 ☑□□□□

산업안전보건법의 목적과 거리가 먼 것은?

① 산업재해예방
② 쾌적한 작업환경 조성
③ 안전·보건기준확립
④ 재해 발생 시 형사처벌 강화 자체

해설

법의 기본 목적은 예방과 기준확립이다. 벌칙은 수단이지 목적이 아니다.

미니 팁

목적 – 원칙 – 교육 – 시설기준을 함께 이해한다.

제5회 모의고사

01 ☑☐☐☐☐
조립도에서 부품의 재료와 수량을 정리한 표는?

① 치수표　　② 기호표
③ 부품표　　④ 공차표

해설
부품표는 재료, 수량, 번호 등을 정리한 목록이다.
① 길이·각도 같은 치수를 모아둔 것
② 도면에 쓰인 기호의 뜻을 모아둔 것
④ 허용 오차(정밀도)값을 모아둔 것

미니 팁
"부품 정보 = 부품표"로 단순화한다.

02 ☑☐☐☐☐
치수기입에서 치수선과 평행하게 기입하는 숫자의 읽는 방향으로 적절한 것은?

① 치수선의 위쪽, 왼쪽 방향
② 치수선의 아래쪽, 오른쪽 방향
③ 치수선의 위쪽, 오른쪽 방향
④ 치수선의 아래쪽, 왼쪽 방향

해설
정렬식(Aligned) 치수기입에서는 치수 숫자를 치수선과 평행하게 쓰고 도면을 아래쪽이나 오른쪽에서 읽을 수 있도록 적는다.

미니 팁
치수선과 평행하게 = 정렬식

03 ☑☐☐☐☐
축과 허브 사이의 위치만 정확히 고정하고 회전력 전달 목적이 적은 결합은?

① 평키　　② 스플라인
③ 핀　　　④ 사제키

해설
핀은 위치 고정 역할이 크다.
①, ②, ④ 토크 전달 목적이 강하다.

미니 팁
"핀 = 위치 고정"으로 기억한다.

04 ☑☐☐☐☐
백래시의 뜻으로 옳은 것은?

① 기어 톱니의 간섭
② 톱니 간 필요한 유격
③ 기어의 치면 파손
④ 윤활유의 끈끈함

해설
백래시는 윤활과 열팽창을 고려한 기어가 맞물릴 때 톱니와 톱니 사이에 일부러 남겨 두는 작은 틈(유격)을 말한다.

미니 팁
"유격 = 필요한 빈틈"으로 이해

정답 ● 01 ③　02 ③　03 ③　04 ②

05 ☑☐☐☐☐

베어링의 기본 하중방향에 따른 분류에서 축방향 하중을 주로 받는 것은?

① 심볼 베어링
② 스러스트 베어링
③ 니들 베어링
④ 자석 베어링

해설

스러스트 베어링은 축방향 하중용이다.
①, ③ 주로 방사하중용이다.
④ 일반 분류가 아니다.

미니 팁

"스러스트 = 추력 = 축방향"으로 암기한다.

06 ☑☐☐☐☐

체인 전동에서 장력 조정이 필요한 이유는?

① 스프로킷 마모 촉진
② 피치 불균일 유발
③ 늘어남을 보정해 맞물림을 유지
④ 소음 증가 목적

해설

사용 중 늘어남을 보정해 정확한 맞물림을 유지한다.
①, ②, ④는 결과적 문제이지 목적이 아니다.

미니 팁

"장력 = 맞물림 품질유지"로 기억한다.

07 ☑☐☐☐☐

커플링 선택 시 가장 먼저 고려할 항목으로 알맞은 것은?

① 축 재질과 열처리방법
② 토크와 축 정렬 오차
③ 설치공간과 축 끝 형상(플랜지, 테이퍼 등)
④ 사용온도와 주변환경(습기, 분진 등)

해설

전달 토크·속도, 정렬 오차, 진동 등이 핵심 선정 기준이다. 추후에 ③, ④, ① 순으로 고려해야할 요소이다.

미니 팁

"성능(토크·오차)를 가장 먼저"이다.

08 ☑☐☐☐☐

펌프점검에서 모터전류가 비정상으로 높을 때 먼저 확인할 항목은?

① 도장상태
② 앵커볼트 풀림
③ 전원과 배선상태
④ 드레인 배출

해설

전기 계측기로 전원·배선 이상을 확인한다.
① 전류와 무관
② 진동·소음 원인
④ 배관·설비유지 항목

미니 팁

모터 과열·소음도 함께 본다.

정답 05 ② 06 ③ 07 ② 08 ③

09 ☑☐☐☐☐
펌프축정렬점검에 적합한 도구는?

① 다이얼게이지
② 줄자
③ 수평기
④ 온도계

해설
축정렬은 레이저 정렬기나 다이얼게이지를 사용한다.
② [mm] 단위까지 확인
③ 장비의 수평 확인용
④ 베어링·커플링 과열 확인용

미니 팁
정렬은 진동과 베어링 수명에 큰 영향이 있다.

10 ☑☐☐☐☐
임펠러점검에서 발견되는 대표 이상은?

① 누설
② 마모·이물 막힘·손상
③ 전압 불균형
④ 팬 역회전

해설
임펠러에서 흔히 발견되는 이상은 마모(침식·부식), 이물에 의한 막힘, 블레이드 파손·변형이다. 이들은 유량·양정 저하, 진동·소음 증가로 바로 이어진다.

미니 팁
이물 제거 후 균형을 확인한다.

11 ☑☐☐☐☐
송풍기 정비 전 기본 안전조치는?

① 팬 청소 시작
② 전원차단과 회전체 완전 정지 확인
③ 댐퍼 전개
④ 벨트 장력 증가

해설
전원을 끄고 완전 정지 확인이 우선이다.
①, ③, ④는 후속 조치이다.

미니 팁
항상 전원차단이 최우선이다.

12 ☑☐☐☐☐
송풍기 이상 진동의 흔한 원인이 아닌 것은?

① 임펠러 불균형 ② 축정렬 불량
③ 베어링 문제   ④ 팬 날개 과도한 냉각

해설
과도한 냉각은 진동 원인과 거리가 멀다.

미니 팁
먼지 부착도 불균형을 만든다.

13 ☑☐☐☐☐
압축기점검에서 '압력스위치'의 기능은?

① 압력을 초과할 시 배출
② 설정압 도달 시 전기신호로 변환
③ 유량의 분배
④ 무부하운전으로 전환

정답 09 ① 10 ② 11 ② 12 ④ 13 ②

> **해설**

압력스위치는 설정 압력에서 접점이 전환된다.
① 릴리프밸브이다.
③ 분배밸브이다.
④ 언로드밸브이다.

> **미니 팁**

압축기 + 설정압 + 전기 ON/OFF → 압력스위치

14 ☑☐☐☐☐

압축기 정비 전 반드시 해야 할 두 가지는?

① 잔압 완전 제거
② 오일 충전과 도장
③ 벨트 교체와 세척
④ 냉각수 보충과 가동

> **해설**

감전·폭발을 막기 위해 전원차단과 잔압 제거가 필수이다.
②, ③, ④ 후속작업이다.

> **미니 팁**

전원차단 + 잔압제거가 기본

15 ☑☐☐☐☐

감속기점검에서 오일 누유가 보일 때 1차 조치는?

① 팬 교체　　② 씰·패킹점검·교체
③ 기어 교체　　④ 모터 교체

> **해설**

누유는 씰·패킹 문제일 가능성이 높다.

> **미니 팁**

오일 레벨도 함께 확인한다.

16 ☑☐☐☐☐

감속기 정비 직후 수행할 사항은?

① 즉시 정격 장시간 운전
② 시험운전으로 소음·진동 확인
③ 오일을 빼고 건식 운전
④ 기어에 윤활제 제거

> **해설**

시험운전으로 이상 유무를 확인한다.

> **미니 팁**

온도상승도 함께 확인한다.

17 ☑☐☐☐☐

전동기점검에서 절연저항이 낮을 때 조치는?

① 베어링 교체
② 모터 건조 또는 재권선
③ 앵커볼트 조임
④ 팬 교체

> **해설**

절연저항이 낮다는 것은 권선(코일)이나 내부가 젖었거나 오염·열화되었다는 뜻. 따라서 절연저항이 낮으면 건조·재권선을 고려한다.
① 소음·진동 문제 대응
③ 체결 문제
④ 냉각 성능 이슈

> **미니 팁**

절연저항계(메거)로 측정한다.

정답 14 ①　15 ②　16 ②　17 ②

18 ☑☐☐☐☐
전동기 회전방향 확인방법으로 적절한 것은?

① 무부하에서 육안 확인
② 정격부하 걸고 확인
③ 팬 분해 후 확인
④ 커플링 분리 금지

해설
무부하상태에서 간단히 확인한다.
미니 팁
부하분리, 운전, 눈으로 확인, 부하연결 순이다.

19 ☑☐☐☐☐
전동기 과열이 발견될 때 우선 확인할 항목은?

① 주위 도장 색상
② 통풍구 막힘과 부하상태
③ 볼트 규격
④ 기초 콘크리트 강도

해설
통풍·부하·전압전류를 우선 확인한다.
미니 팁
과부하는 베어링 수명도 줄인다.

20 ☑☐☐☐☐
전동기 정비 시 안전 수칙으로 옳은 것은?

① 전원차단과 잔류전하 방전
② 회전체에 손을 대어 확인
③ 헐렁한 옷 착용
④ 임의 규격 부품 사용

해설
전원차단·방전은 기본 안전 수칙이다.
②, ③, ④ 매우 위험하다.
미니 팁
교체 부품은 동일 규격을 사용한다.

21 ☑☐☐☐☐
유압의 장점으로 옳은 것은?

① 큰 장치가 큰 힘을 낸다.
② 큰 부하에서 출발이 어렵다.
③ 연속적이고 부드러운 운동이 가능하다.
④ 제어성이 낮다.

해설
유압은 큰 힘과 부드러운 제어가 장점이다.
① 소형으로도 큰 힘을 낸다.
② 큰 부하에서도 기동이 가능하다.
④ 유압은 제어성이 우수하다.
미니 팁
유압 = 힘·제어·부드러움

22 ☑☐☐☐☐
단동식 유압실린더의 특징은 무엇인가?

① 양방향 힘 발생
② 복귀는 스프링/중력
③ 항상 양로드 구조
④ 모터 회전을 만든다.

정답 18 ① 19 ② 20 ① 21 ③ 22 ②

해설

한쪽만 압력으로 밀고 반대는 스프링이나 중력으로 돌아온다.
① 복동의 특징이다.   ③ 형태는 다양하다.
④ 모터는 회전 구동기이다.

미니 팁

단동 = 한쪽 압력 + 스프링

23 ☑☐☐☐☐

파스칼의 원리를 수식으로 옳게 나타낸 것은?

① P = F/A   ② P = V × T
③ F = P × V   ④ A = F × V

해설

파스칼의 원리 : 압력 = 힘/면적

미니 팁

압 = 힘/면

24 ☑☐☐☐☐

유압 시스템에서 펌프의 역할은 무엇인가?

① 유체를 저장한다.
② 유체를 압력상태로 만들어 공급한다.
③ 유체 온도를 조절한다.
④ 이물질을 제거한다.

해설

펌프가 동력원을 만들어 회로로 보낸다.
① 탱크의 기능이다.   ③ 냉각기의 기능이다.
④ 필터의 기능이다.

미니 팁

펌프 = 압력 공급원

25 ☑☐☐☐☐

연속방정식의 의미로 옳은 것은?

① A × V = 일정   ② P × V = 일정
③ T ∝ V   ④ F = ma

해설

단면적 × 유속이 일정하여 유량이 보존된다.
② P × V = 일정 : 보일의 법칙이다.
③ T ∝ V : 샤를의 법칙이다.
④ F = ma : 역학법칙이다.

미니 팁

유량 = AV

26 ☑☐☐☐☐

공기건조기의 주된 목적은 무엇인가?

① 배기 소음 감소이다.
② 압축공기 속 수분 제거이다.
③ 역류방지이다.
④ 과압배출이다.

해설

냉동식·흡착식 등으로 수분을 제거하여 부식을 방지한다.
① 소음기
③ 체크밸브
④ 릴리프밸브

미니 팁

드라이어(건조) = 수분 제거를 의미한다.

27 ☑☐☐☐☐
포트 개수로 존재할 수 없는 값은 무엇인가?

① 1 ② 2
③ 3 ④ 4

해설
최소 입·출구가 있어야 하므로 1포트는 성립하지 않는다.

미니 팁
밸브 = '최소 두 구멍'이다.

28 ☑☐☐☐☐
급가압으로 피스톤을 고속 이동시켜 타격하는 데 사용하는 실린더는 무엇인가?

① 서보실린더
② 충격실린더
③ 텔레스코프실린더
④ 로드리스실린더

해설
충격실린더는 속도 에너지를 활용한 타격작업에 쓰인다.
① 정밀제어 구조이다.
③ 다단 로드 구조이다.
④ 외부 캐리지 이동 구조이다.

미니 팁
'충격 = 타격'으로 연결한다.

29 ☑☐☐☐☐
과압으로부터 장비를 보호하기 위한 회로에 필수적으로 포함되는 것은?

① 릴리프밸브 ② 스로틀밸브
③ 체크밸브   ④ 셔틀밸브

해설
릴리프밸브는 설정값 초과 시 배출하여 보호한다.
② 유량
③ 역류
④ OR동작

미니 팁
보호 = 릴리프라는 공식으로 묶는다.

30 ☑☐☐☐☐
레귤레이터 설치 위치로 알맞은 것은?

① 필터 바로 뒤이다.
② 루브리케이터 뒤이다.
③ 공기탱크 뒤가 아니다.
④ 소음기 뒤이다.

해설
일반적으로 순서는 필터 → 레귤레이터 → 루브리케이터(F - R - L)이다.

미니 팁
FRL 순서를 통으로 외운다.

31

유압 작동유의 점도지수에 대한 설명으로 옳은 것은?

① 점도지수가 클수록 온도에 따른 점도 변화가 크다.
② 점도지수가 작으면 저온 예열시간이 짧다.
③ 점도지수가 작으면 고온 누유가 줄어든다.
④ 점도지수가 크면 운전 안정성이 좋다.

해설

점도지수가 클수록 온도 변화에 점도 변화가 작아 운전 안정성이 좋다.
① 반대이다.
② 저온 점도 상승으로 오히려 길어진다.
③ 고온 점도 저하로 누유가 늘 수 있다.

미니 팁
"VI↑ ⇒ 안정성↑"로 기억한다.

32

라인필터의 일반 여과도 범주로 가장 가까운 것은?

① 100 ~ 150 [μm]
② 10 ~ 30 [μm]
③ 3 ~ 10 [μm]
④ 0.5 ~ 1 [μm]

해설

라인필터는 정밀회로 보호용으로 3 ~ 10 [μm] 수준이 일반적이다.
① 스트레이너 수준이다.
② 리턴필터 수준이다.
④ 초정밀 영역이다.

미니 팁
흡입(거침) → 리턴(중간) → 라인(정밀) 순서로 기억한다.

33

무부하(언로드)밸브의 설명으로 가장 알맞은 것은?

① 항상 열려 있다.
② 설정 압력 도달 시 펌프를 무부하로 우회시킨다.
③ 일부 회로를 감압한다.
④ 순서를 제어한다.

해설

설정압에서 탱크로 우회시켜 펌프 부하를 줄이고 발열을 억제한다.
① 평상시 닫힘 계열이다.
③ 감압은 감압밸브이다.
④ 순서는 시퀀스밸브이다.

미니 팁
언로드 = "힘 빼기"로 기억한다.

34

텔레스코프형 실린더의 주용도는 무엇인가?

① 추력 증대
② 긴 스트로크 확보
③ 저가 설계
④ 흔들림방지

해설

다단 구조로 수축 길이는 짧게 유지하면서 긴 스트로크를 낸다.
① 탠덤이 적합하다.
③, ④ 고유 목적이 아니다.

미니 팁
텔레스코프 = "쭉 뻗기"로 기억한다.

정답 31 ④ 32 ③ 33 ② 34 ②

35 ☑□□□□
다음 중 유량일정유지를 '보조하는' 통합형 밸브로, 한쪽은 제어, 반대 쪽은 자유유동을 허용하는 것은?

① 체크밸브
② 체크일체형 유량제어밸브
③ 카운터밸런스밸브
④ 브레이크밸브

해설
한 방향 속도제어, 반대방향 자유유동을 허용한다.
① 단순 역류방지이다.
③, ④ 과속·하강 제동용이다.

미니 팁
'바이패스 체크 + 스로틀' 그림을 떠올린다.

36 ☑□□□□
3상 교류의 상간 위상차로 옳은 것은?

① 60° ② 90°
③ 120° ④ 180°

해설
대칭 3상은 120°씩 차이가 난다.

미니 팁
삼상 = 세 갈래 120°이다.

37 ☑□□□□
역률의 정의에 가장 가까운 것은?

① 유효전력/피상전력
② 무효전력/유효전력
③ 전류/전압
④ 전압/전류

해설
역률은 유효전력 ÷ 피상전력이다.
② 무효율이다.
③ 컨덕턴스이다.
④ 저항이다.

미니 팁
코사인세타로 표현한다.

38 ☑□□□□
초음파센서의 주된 용도로 알맞은 것은?

① 거리나 수준을 비접촉으로 측정한다.
② 금속만 검출한다.
③ 온도를 재는 데 쓴다.
④ 전류를 증폭한다.

해설
초음파 반사 시간을 이용해 거리를 잰다.
② 유도형 근접센서의 특징이다.
③ 온도센서가 담당한다.
④ 센서 기능이 아니다.

미니 팁
액체탱크의 레벨 측정에 자주 사용한다.

정답 35 ② 36 ③ 37 ① 38 ①

39 ☑□□□□
정역회전회로에서 필요한 안전장치로 알맞은 것은?

① 퓨즈
② 상호 인터록
③ 히터
④ 접지봉

해설
동시 투입을 막는 전기·기계 인터록이 필요하다.
① 과전류 보호 소자지만 핵심은 아니다.
③ 과부하 보호 소자이다.
④ 접지 기자재이다.

미니 팁
전기적 + 기계적 인터록을 함께 사용하는 경우가 많다.

40 ☑□□□□
역상 보호 계전기의 주된 역할로 알맞은 것은?

① 전압을 높인다.
② 상순서가 바뀌었을 때 정지시킨다.
③ 주파수를 바꾼다.
④ 온도를 낮춘다.

해설
상순서가 바뀌면 역회전이 생기므로 정지시켜 보호한다.
① 기능과 다르다.
③ 인버터의 역할이다.
④ 냉각과 무관하다.

미니 팁
펌프나 컨베이어의 역회전을 예방한다.

41 ☑□□□□
피복아크용접봉 피복제의 주요 기능으로 가장 거리가 먼 것은?

① 아크안정화
② 용착금속 보호(슬래그 형성)
③ 합금 성분 제공
④ 냉각속도 급격 증가

해설
피복제는 보통 급랭을 방지하고 결함을 줄인다.
①, ②, ③ 피복제 핵심 역할이다.

미니 팁
"피복 = 보호·안정·정련"으로 이해한다.

42 ☑□□□□
피복제 성분 중 아크안정에 직접 기여하는 것은?

① 붕사
② 페로망간
③ 니켈
④ 산화티탄

해설
루틸계의 산화티탄은 피복아크용접봉 피복제에서 아크를 안정시키고, 재점화(다시 붙이기)를 좋게 만드는 성분이다.
① 슬래그 형성, 탈산 등
② 탈산, 강도 향상 등
③ 저온인성 향상, 균열방지 등

미니 팁
"루틸 = TiO_2(이산화티타늄) = 아크안정"으로 연결한다.

정답 39 ② 40 ② 41 ④ 42 ④

43 ☑□□□□
다음 중 고산화티탄계 용접봉 표기는?

① E4301 ② E4303
③ E4311 ④ E4313

해설
E4313이 고산화티탄계이다.
① 일루미나이트계
② 라임티타니아계
③ 고셀룰로오스계

미니 팁
"01 / 03 / 11 / 13 / 16 → 일라고고저"로 기억

44 ☑□□□□
언더컷과 가장 관련이 적은 원인은?

① 전류 과대
② 아크길이 과다
③ 너무 빠른 진행
④ 루트 간격이 좁음

해설
언더컷 : 보통 전류·아크길이·진행속도·각도 등의 영향이 크고 루트 간격은 상대적 영향이 작다.
① 용융 풀이 너무 묽어지고, 모재 모서리 쪽이 깎여 나가면서 언더컷이 생기기 쉽다.
② 열이 퍼지면서 모재 모서리만 깎아 먹고, 금속이 제대로 차오르지 않아 언더컷이 발생한다.
③ 용융 금속이 충분히 모서리를 메우기 전에 앞으로 가버려서, 모서리 부분이 움푹 파인 언더컷이 생긴다.

미니 팁
"언더컷 = 과도(전류·속도·길이)"를 기억한다.

45 ☑□□□□
용접입열에 대한 설명으로 옳은 것은?

① 전류가 커지면 입열이 감소한다.
② 입열이 커지면 모재가 덜 녹는다.
③ 모재 흡수열은 항상 10 [%]로 일정하다.
④ 속도가 빠르면 입열은 감소한다.

해설
입열은 대략 전압 × 전류/용접속도에 비례한다. 속도가 빠르면 동일한 전압·전류라도 입열은 줄어든다.
① 전류가 커지면 입열은 증가한다.
② 입열이 커지면 모재가 더 많이 녹고, 용입도 깊어지는 쪽이다.
③ 흡수되는 열 비율은 공정, 조건에 따라 달라지며 일정하지 않다.

미니 팁
"빠르면 덜 데운다"로 이해한다.

46 ☑□□□□
다음 중 '압접용접'에 속하는 것은?

① TIG ② MIG
③ 스폿용접 ④ 가스용접

해설
스폿·시임·단접 등은 가열 후 압력을 가해 접합하는 압접용접이다.
①, ②, ④는 용융용접이다.

미니 팁
'스폿 = 눌러 붙임'이라고 기억한다.

정답 43 ④ 44 ④ 45 ④ 46 ③

47 ☑☐☐☐☐
아크용접의 단점으로 가장 알맞은 것은?

① 고가의 특수장비와 복잡한 설치가 필요해 초기비용이 매우 크다.
② 바람에 매우 민감하여 야외작업에는 거의 사용할 수 없다.
③ 스패터와 유해가스가 많이 발생한다.
④ 아크가 육안으로 거의 보이지 않아 용융상태를 확인하기 어렵다.

해설
아크용접은 스패터와 유해가스가 발생한다.
① 비교적 저렴하다
② 야외작업에 강한 공정이다.
④ 육안으로 확인이 가능하다.

미니 팁
안전보호구 착용은 기본이다.

48 ☑☐☐☐☐
가용접의 주된 목적은 무엇인가?

① 비드 외관 향상
② 열영향부 축소
③ 변형방지와 위치 고정
④ 용입 증대

해설
본용접 전에 부재를 정확한 위치에 고정하고 변형을 줄이기 위해 가용접을 한다.
①, ②, ④ 결과적으로 영향을 줄 수 있으나 주목적은 아니다.

미니 팁
'가접 = 고정·변형 억제'이다.

49 ☑☐☐☐☐
위로보기자세의 안전·품질상 적절한 방법은?

① 긴 아크와 높은 전류 사용
② 짧은 아크와 낮은 전류 사용
③ 수평보다 더 빠른 진행
④ 전극을 아래로 강하게 눕힘

해설
용융금속이 떨어지기 쉬우므로 짧은 아크·낮은 전류로 제어한다.
①, ③, ④ 처짐·비산을 키운다.

미니 팁
'천장 = 짧고 약하게'가 안전하다.

50 ☑☐☐☐☐
모서리용접에서 외측모서리의 일반적 특징은?

① 강도보다 외관이 중시되는 경우가 많다.
② 응력 집중이 심하여 용입을 최대화한다.
③ 루트 간격이 필요 없다.
④ 반드시 상진법만 사용한다.

해설
외측모서리는 탱크·용기 등에서 외관과 밀폐성이 중시되는 경우가 많다.
② 내측모서리 설명이다.
③ 루트 관리가 필요하다.
④ 작업 조건에 따라 다양하다.

미니 팁
'외측 = 외관', '내측 = 강도'로 구분한다.

정답 47 ③ 48 ③ 49 ② 50 ①

51 ☑☐☐☐☐
특수가스절단 중 수소절단의 특징인 것은?

① 예열이 느리고 경제성만 높다.
② 산화생성이 적고 깨끗한 절단면을 얻기 쉽다.
③ 비철 절단 불가이다.
④ 두꺼운 강판만 가능하다.

해설
수소절단은 산화물이 적어 깨끗한 절단면을 얻는데 유리하며 스테인리스·알루미늄 절단에도 활용한다.

미니 팁
프로판절단은 경제성이 좋고, 메탄은 고온 예열에 유리하다.

52 ☑☐☐☐☐
분말절단의 설명으로 옳은 것은?

① 산소 제트에 철분말 등을 주입해 절단을 돕는다.
② 모래를 뿌려 절단 표면을 매끄럽게 한다.
③ 저탄소강에만 가능하다.
④ 비용이 낮다.

해설
산소와 함께 금속 분말을 분사해 발열을 크게 하여 절단이 어려운 재료도 절단한다. 소모품 비용이 크다.
② 모래는 절단용 분말이 아니다.
③ 주철·스테인리스에도 사용가능하다.
④ 분말을 추가로 사용하므로 비용이 증가한다.

미니 팁
주철·스테인리스 등에도 적용한다.

53 ☑☐☐☐☐
수중절단에서 수중 투입 전 보조 팁 점화를 위해 적합한 연료가스는 무엇인가?

① 질소
② 아세틸렌
③ 수소
④ 이산화탄소

해설
아세틸렌은 고압 수중에서 불안정하여 위험하므로 산소-수소불꽃을 사용한다.

미니 팁
수중 환경은 냉각효과로 열변형이 적다. 장비는 복잡하다.

54 ☑☐☐☐☐
산소창(랜스)절단의 주된 용도로 옳은 것은?

① 박판 정밀 절단
② 고철·두꺼운 강괴 절단
③ 알루미늄 박판 홀 가공
④ 전자부품 미세가공

해설
산소창은 철 파이프 자체를 태우며 초고온으로 두꺼운 재료를 파괴·절단한다. 정밀도는 낮다.
③, ④ 레이저나 플라즈마 등 정밀 공정에 가깝다.

미니 팁
콘크리트 파괴에도 사용한다.

정답 51 ② 52 ① 53 ③ 54 ②

55 ☑□□□□
아크절단에 속하지 않는 것은?

① 탄소아크절단
② 금속아크절단
③ 플라즈마아크절단
④ 수중절단

해설
수중절단은 환경을 의미한다. 아크절단은 공정 종류를 가리킨다.
②, ③ 모두 아크절단의 종류이다.

미니 팁
수중에서는 산소 – 아크·피복아크 등 다양한 공정을 적용한다.

56 ☑□□□□
산업재해 보고 의무로 가장 알맞은 것은?

① 사망사고는 지체 없이 즉시 보고한다.
② 중대한 사고는 24시간 이내에 보고한다.
③ 경미한 찰과상은 7일 이내 보고한다.
④ 보고의무는 근로자에게 있다.

해설
사망사고는 지체 없이 고용노동부에 즉시 보고한다.
② 중대한 사고는 지체 없이 즉시 보고한다.
③ 경미재해는 보고대상이 아니다.
④ 보고의무는 사업주에게 있다.

미니 팁
재해기록은 3년간 보존한다.

57 ☑□□□□
중대재해에 해당하지 않는 것은?

① 사망 1명 발생
② 3개월 이상 요양 부상자 2명 동시
③ 직업성 질병자 10명 동시
④ 직업성 질병자 5명 동시

해설
중대재해는 사망 1명 이상, 3개월 이상 요양부상자 2명 이상 동시, 부상자 또는 직업성 질병자 10명 이상 동시발생이다.

미니 팁
숫자기준(1·2·10)을 암기한다.

58 ☑□□□□
산업안전보건 교육 중 '특별교육'의 대상은?

① 일반사무직
② 신규 채용자
③ 프레스·용접기 등 유해기계작업자
④ 관리감독자

해설
특별교육은 유해·위험 기계작업자에게 기계별 맞춤으로 실시한다.
① 정기교육대상이 해당한다.
② 채용 시 교육이 해당한다.
④ 정기안전보건교육(연 16시간)이 해당한다.

미니 팁
교육종류·대상·시기를 함께 묶어서 외운다.

정답: 55 ④ 56 ① 57 ④ 58 ③

59 ☑☐☐☐☐

안전모 착용에 대한 설명으로 옳지 않은 것은?

① 낙하물·충돌로부터 머리를 보호한다.
② 턱끈은 선택사항이다.
③ 외부충격손상 시 즉시 교체한다.
④ 건설현장·기계실·고소작업 시 착용한다.

해설

안전모는 턱끈 필수착용이 원칙이다.

미니 팁

내피(완충재)상태도 정기점검한다.

60 ☑☐☐☐☐

귀 보호구 선택으로 알맞은 것은?

① 80 [dB]에서는 필수
② 85 [dB] 이상에서 착용
③ 귀덮개는 이동작업에 적합
④ 귀마개는 고정작업에 적합

해설

85 [dB] 이상 소음환경에서 청력보호구를 착용한다. 이동이 많으면 귀마개, 고정작업은 귀덮개가 적합하다.

미니 팁

- 이동 많음/헬멧 같이 착용 → 귀마개
- 소음 크고, 장시간/한 위치에서 작업 → 귀덮개

정답 59 ② 60 ②

제6회 모의고사

01 ☑☐☐☐☐
볼 베어링의 장점으로 옳은 것은?

① 큰 충격에 가장 강하다.
② 마찰이 작고 회전이 부드럽다.
③ 정밀도가 낮다.
④ 윤활이 불필요하다.

해설
볼 접촉은 점 접촉이라 마찰이 비교적 작다.
① 충격에는 롤러형이 유리하다.
③ 정밀도가 높다.
④ 윤활 필요하다.

미니 팁
"볼 = 부드럽다"로 기억한다.

02 ☑☐☐☐☐
V벨트 풀리의 홈 모양이 사다리꼴인 이유는?

① 제작이 쉬워서
② 장식 목적
③ 마찰력을 크게 하여 미끄럼을 줄이려 해서
④ 소음을 줄이려 해서

해설
쐐기 작용으로 마찰을 키워 동력 전달을 안정화한다.

미니 팁
"V자 = 쐐기 = 마찰↑"로 외운다.

03 ☑☐☐☐☐
타이밍벨트의 톱니와 맞물리는 부품 명칭은?

① 스프로킷   ② 풀리
③ 래크   ④ 캠

해설
타이밍벨트는 '타이밍 풀리'와 맞물린다.
① 체인과 맞물리는 부품
③ 기어 - 래크에서 쓰이며 벨트와는 무관
④ 회전을 왕복운동 등으로 바꾸는 부품

미니 팁
"벨트 ↔ 풀리, 체인 ↔ 스프로킷"을 쌍으로 외운다.

04 ☑☐☐☐☐
스플라인 결합의 장점으로 알맞은 것은?

① 조립이 매우 불안정함
② 큰 토크를 미끄럼 없이 전달
③ 위치 결정이 힘듦
④ 허용 편심이 매우 큼

해설
스플라인은 축과 허브의 홈(이빨)로 맞물려 큰 토크를 미끄럼 없이 전달하고, 위치 재현성과 동심도가 좋다. 경우에 따라 축방향 미끄럼(슬라이딩)도 허용할 수 있다.

미니 팁
"스플라인 = 다치형 키 = 큰 토크"로 기억한다.

정답 01 ② 02 ③ 03 ② 04 ②

05 ☑☐☐☐☐
동력 전달에서 벨트 전동의 단점은?

① 축 간 거리 자유도가 낮다.
② 미끄럼 가능성이 있다.
③ 속도비가 항상 정수이다.
④ 충격 흡수가 어렵다.

해설
마찰전달이므로 하중·상태에 따라 미끄럼이 생긴다.
① 오히려 자유로운 편이다.
③ 정수일 필요 없다.
④ 충격 흡수는 유리하다.

미니 팁
"벨트 = 부드럽다 but 미끄러질 수 있다"로 정리한다.

06 ☑☐☐☐☐
두 풀리 직경이 같을 때 벨트 전동의 속도비는?

① 1 : 2   ② 2 : 1
③ 1 : 1   ④ 1 : 3

해설
동일 직경이면 회전수도 같아 속도비 1 : 1이다.

미니 팁
"같은 크기 = 같이 돈다"로 이해한다.

07 ☑☐☐☐☐
베어링 손상의 흔한 원인이 아닌 것은?

① 불량윤활   ② 과도한 하중
③ 오염물 침입   ④ 동력의 부족

해설
모터출력이 부족한 문제는 설비 전체의 성능 문제이지 베어링 손상의 직접적인 대표 원인이라고 보지는 않는다.

미니 팁
"윤활·청결·정렬 = 베어링 3대 기본"을 기억한다.

08 ☑☐☐☐☐
기어의 종류 중 두 축이 평행일 때 쓰는 기어가 아닌 것은?

① 스퍼기어   ② 헬리컬기어
③ 더블헬리컬기어   ④ 베벨기어

해설
베벨기어는 교차축용이다.

미니 팁
래크와 내접기어도 평행축 계열이다.

09 ☑☐☐☐☐
두 축이 교차할 때 쓰는 기어는?

① 스퍼기어   ② 스파이럴베벨기어
③ 웜기어   ④ 스큐기어

정답 05 ② 06 ③ 07 ④ 08 ④ 09 ②

> 해설

교차축에는 베벨 계열을 쓴다.
① 평행축이다.
③, ④ 축이 만나지 않는 경우가 많다.

> 미니 팁

크라운기어도 교차축 계열이다.

10 ☑☐☐☐☐

웜기어의 단점은?

① 역회전방지   ② 큰 감속비
③ 효율 저하   ④ 저소음

> 해설

미끄럼이 커서 효율이 낮다.
①, ②, ④ 장점이다.

> 미니 팁

윤활유 선택이 중요하다.

11 ☑☐☐☐☐

기어 손상 중 '피팅(Pitting)'의 설명은?

① 윤활막 파괴로 줄무늬 융착
② 초기 미세 박리
③ 이빨 파손
④ 이뿌리 간섭

> 해설

피팅은 초기 미세 박리현상이다.
① 스코어링이다.   ③ 이의절손이다.
④ 간섭이다.

> 미니 팁

스폴링은 피팅이 연결되어 더 커진 상태이다.

12 ☑☐☐☐☐

스폴링(Spalling)의 설명은?

① 피팅이 서로 연결되어 심화된 박리
② 일반 치면 마모
③ 간섭으로 열 발생
④ 정상적인 맞물림

> 해설

스폴링은 피팅의 진행으로 더 심해진 손상이다.

> 미니 팁

진동·소음 증가로 이어질 수 있다.

13 ☑☐☐☐☐

기어의 백래시가 과도하게 작을 때의 위험은?

① 정밀도 저하
② 윤활 불량으로 마모 증가
③ 항상 고효율
④ 소음 감소만 발생

> 해설

너무 작으면 윤활막 형성이 어렵고 마모가 늘어난다.

> 미니 팁

백래시는 알맞게 조정한다.

정답 ● 10 ③ 11 ② 12 ① 13 ②

14 ☑☐☐☐☐
헬리컬기어의 일반적 특징은?

① 치형이 직선
② 치형이 비스듬히 경사
③ 항상 소음이 큼
④ 축이 교차

해설
헬리컬은 치형이 비스듬하다.
미니 팁
더블헬리컬은 V자 배열이다.

15 ☑☐☐☐☐
타이밍벨트와 체인의 공통 장점은?

① 슬립이 없다.
② 윤활이 불필요하다.
③ 항상 저소음이다.
④ 고무 재질이다.

해설
- 둘 다 치형·링크 맞물림으로 슬립이 없다.
- 체인은 윤활이 필요하며 소음이 발생되고 금속 재질이다.

미니 팁
체인은 윤활이 필요하다.

16 ☑☐☐☐☐
롤러체인의 주 용도는?

① 자전거·오토바이 구동
② 엘리베이터 고속 구동
③ 정밀 시계용
④ 고무 컨베이어 연결

해설
롤러체인은 스프로킷과 맞물려 미끄럼 없이 동력 전달을 하는 대표 체인으로, 자전거·오토바이 및 일반 산업용 동력 전달에 많이 쓴다.
② 와이어로프나 특수체인을 사용한다.
③ 아주 작은 기어를 사용한다.
④ 컨베이어벨트 이음재나 조인트가 따로 있고, 롤러체인을 직접 연결부로 쓰지는 않는다.

미니 팁
컨베이어 구동에도 많이 쓴다.

17 ☑☐☐☐☐
부시체인의 특징은?

① 롤러가 없다.
② 소음이 매우 크다.
③ 고속 대출력 전용이다.
④ 윤활이 필요 없다.

해설
부시체인은 롤러 없이 부시만 있다.
② 매우 크지는 않다.
③ 롤러체인, 사일런트체인이 더 적합하다.
④ 윤활은 당연히 필요하다.

미니 팁
소형·정밀 기계에 사용한다.

정답 14 ② 15 ① 16 ① 17 ①

18 ☑☐☐☐☐
클러치점검요령과 거리가 먼 것은?

① 전자클러치 전류계통 확인
② 유욕급유면 유지
③ 회전축 운동상태 확인
④ 패킹 경화점검

해설
패킹은 밸브 쪽 점검항목이다.
미니 팁
전기 연결과 이상 소음을 확인한다.

19 ☑☐☐☐☐
브레이크의 기본 역할은?

① 운동에너지 흡수
② 운동속도 증가
③ 운동부 마찰 감소
④ 회전력 증폭

해설
브레이크는 운동에너지를 흡수하여 감속·정지한다.
②, ③, ④ 반대 의미이다.
미니 팁
마찰을 이용해 제동한다.

20 ☑☐☐☐☐
밴드브레이크와 밴드클러치의 공통 요소는?

① 전자석을 이용한다.
② 밴드가 드럼을 감싼다.
③ 디스크 패드가 존재한다.
④ 유체 결합 원리가 이용된다.

해설
둘 다 밴드가 드럼을 감싼 구조이다.
- 밴드브레이크 : 드럼을 잡아 속도를 줄이거나 정지시킨다.
- 밴드클러치 : 드럼과 축을 결합해 동력 전달한다.
① 전자식 브레이크/클러치
③ 디스크브레이크 구조이다.
④ 유체클러치, 토크컨버터 쪽 이야기이다.
미니 팁
밴드로 드럼을 감싼다.

21 ☑☐☐☐☐
유압탱크의 기본 기능으로 옳지 않은 것은?

① 유압유 저장
② 이물질 침전
③ 냉각 보조
④ 압력 발생

해설
압력 발생은 펌프의 역할이다. 탱크는 저장·침전·냉각을 돕는다.
미니 팁
탱크 = 저장·침전·냉각

22 ☑☐☐☐☐
유압유의 적정 온도 범위로 보통 제시되는 것은?

① 0 ~ 20 [℃]   ② 10 ~ 30 [℃]
③ 30 ~ 60 [℃] ④ 70 ~ 90 [℃]

해설
30 ~ 60 [℃] 범위에서 점도·윤활·내구가 균형을 이룬다. 70 [℃] 이상은 산화·점도 저하 우려가 있다.

미니 팁
삼육(30 ~ 60)

23 ☑☐☐☐☐
흡입필터의 주된 목적은 무엇인가?

① 리턴 라인 오염 제거
② 펌프 흡입 측 오염방지
③ 압력 라인 미세여과
④ 탱크 유면 확인

해설
펌프 보호를 위해 흡입 측에서 큰 오염을 막는다.
① 리턴필터의 기능이다.
③ 라인필터의 기능이다.
④ 유면계의 기능이다.

미니 팁
흡입 = 펌프 보호

24 ☑☐☐☐☐
유압유 관리에서 교환 주기로 일반적으로 권장되는 것은?

① 매월   ② 1 ~ 2년
③ 5년 이상   ④ 교환 불필요

해설
일반적으로 1 ~ 2년 주기로 교환한다(현장 조건에 따라 달라질 수 있음).

미니 팁
연(年) 단위 관리

25 ☑☐☐☐☐
어큐뮬레이터(축압기)의 쓰임새로 적절한 것은?

① 유량 미세조절
② 압력 저장 및 순간 보조
③ 오일 온도상승
④ 공기 제거

해설
압력을 저장해 순간적인 요구에 대응한다.
① 유량조절밸브의 기능이다.
③ 바람직하지 않다.
④ 에어벤트 등의 기능이다.

미니 팁
축(저장)압 = 순간 대응

정답 22 ③ 23 ② 24 ② 25 ②

26

압축공기의 압력 에너지를 기계적 운동 에너지로 바꾸는 장치는 무엇인가?

① 필터
② 액추에이터
③ 레귤레이터
④ 소음기

해설
액추에이터는 직선 또는 회전 운동을 만든다.
①, ③, ④ 처리·조정·소음 기능이다.

미니 팁
'Act(동작) + uator(장치)'로 기억한다.

27

실린더 속도 안정화를 위해 속도제어밸브를 주로 설치하는 위치는 어디인가?

① 공급 측(입구 측)
② 배기 측(출구 측)
③ 탱크 상부
④ 압축기 흡입부

해설
배기 측 제어가 압축성의 영향을 줄여 속도를 안정시킨다.
① 부하 변화에 민감할 수 있다.
③, ④ 해당 사항이 아니다.

미니 팁
'배기제어가 더 안정'이라고 외운다.

28

1차 압력 변동과 무관하게 2차 압력을 일정하게 유지하는 밸브는 무엇인가?

① 감압밸브
② 릴리프밸브
③ 시퀀스밸브
④ 셔틀밸브

해설
감압밸브는 다운스트림 압력을 설정값으로 유지한다.
② 과압배출
③ 순서제어
④ OR동작

미니 팁
'감압 = 내리는 압력유지'로 외운다.

29

회로 내에서 '특정 압력 도달 후' 다음 동작을 시작하게 만드는 밸브는 무엇인가?

① 시퀀스밸브
② 셔틀밸브
③ 급속배기밸브
④ 소음기

해설
시퀀스밸브는 압력을 조건으로 순서를 제어한다.
② OR
③ 배기 가속
④ 소음저감

미니 팁
시퀀스는 순서라는 뜻이다.

정답 26 ② 27 ② 28 ① 29 ①

30 ☑☐☐☐☐
루브리케이터 사용 시 주의로 적절한 것은?

① 식품·제약 분야에서도 항상 사용한다.
② 과도한 윤활은 오염을 유발할 수 있다.
③ 압력을 일정하게 유지한다.
④ 수분을 응축시킨다.

해설
과윤활은 오염·품질 문제를 일으킬 수 있다.
① 오히려 사용을 피하는 경우가 있다.
③ 레귤레이터이다.
④ 냉동식 드라이어 등이다.

미니 팁
'윤활 = 필요 최소'가 원칙이다.

31 ☑☐☐☐☐
다음 중 난연성이 우수해 화재 위험 지역에 적합한 작동유는 무엇인가?

① 광유계
② 식물유계
③ 난연성 작동유
④ 동물유계

해설
인산에스테르계, 수-글리콜계 등 난연성 유체가 적합하다.
①, ②, ④ 일반적으로 가연성이다.

미니 팁
"불 조심 = 난연유"로 기억한다.

32 ☑☐☐☐☐
시퀀스밸브의 기능 설명으로 옳은 것은?

① 전체 압력 제한
② 부분회로 감압
③ 압력으로 순서제어
④ 무부하운전

해설
설정 압력 도달 시 다음 동작을 시작한다.
① 릴리프 기능이다.
② 감압 기능이다.
④ 언로드 기능이다.

미니 팁
'압력 = 신호'로 생각한다.

33 ☑☐☐☐☐
다음 중 펌프수력[kW]계산식으로 옳은 것은?

① 수력 = 압력 × 유량 ÷ 612
② 수력 = 압력 × 유량 × 612
③ 수력 = 압력 ÷ 유량 × 612
④ 수력 = 유량 ÷ 압력 ÷ 612

해설
수력 = 압력[kgf/cm^2] × 유량[ℓ/min] ÷ 612

미니 팁
암기: "압 × 유/612"

정답 ▶ 30 ② 31 ③ 32 ③ 33 ①

34 ☑☐☐☐☐
베인형 유압모터의 특징으로 가장 알맞은 것은?

① 소음이 적고 회전이 부드럽다.
② 초고토크용이다.
③ 구조가 가장 단순하다.
④ 효율이 가장 높다.

해설
베인형은 중속·중토크에 적합하고 소음이 비교적 적다.
②, ④ 피스톤형이 유리하다.
③ 기어형이 단순하다.

미니 팁
베인 = 저소음·부드러움으로 기억한다.

35 ☑☐☐☐☐
실린더 중 로드 없이 외부로 동력을 전달하는 형식은 무엇인가?

① 단동　　　　② 로드리스
③ 탠덤　　　　④ 텔레스코핑

해설
슬롯 또는 자기 결합으로 캐리지를 구동한다.
①, ③, ④ 모두 로드를 이용한다.

미니 팁
이름 자체가 답이다. '로드 – 리스'

36 ☑☐☐☐☐
임피던스의 기호로 알맞은 것은?

① R　　　　② X
③ Z　　　　④ Y

해설
임피던스는 Z로 표기한다.
① 저항이다.
② 리액턴스이다.
④ 어드미턴스이다.

미니 팁
임피던스는 복합 저항(크기와 위상)이다.

37 ☑☐☐☐☐
키르히호프의 전류법칙(KCL)의 내용으로 알맞은 것은?

① 폐회로전압의 합은 0이다.
② 한 접점으로 들어오는 전류의 합은 나가는 전류의 합이다.
③ 전력의 합은 0이다.
④ 저항의 합은 일정하다.

해설
KCL은 접점전류의 합이 같다는 법칙이다.
① KVL의 내용이다.
③ 성립하지 않는다.
④ 정의가 아니다.

미니 팁
'들어온 전류 = 나간 전류'로 외운다.

정답 34 ①　35 ②　36 ③　37 ②

38 ☑☐☐☐☐
리미트스위치의 특징으로 알맞은 것은?

① 비접촉식이다.
② 접촉식으로 동작한다.
③ 빛으로만 동작한다.
④ 온도를 측정한다.

해설
리미트스위치는 물체가 스위치를 건드렸을 때(기계적으로 접촉했을 때) ON/OFF 되는 접촉식 스위치이다.
예 실린더 끝 위치, 문이 닫혔는지/열렸는지 감지할 때 등
① 접촉식이다.
③ 포토센서(광센서)의 특징이다.
④ 온도센서의 기능이다.

미니 팁
리미트스위치 = 끝(Limit) 위치를 '툭' 건드려서 알려주는 접촉식 스위치

39 ☑☐☐☐☐
메거의 용도에 가장 가까운 것은?

① 절연저항 측정   ② 주파수 측정
③ 전력량 측정   ④ 온도 측정

해설
메거(Megger)는 절연저항계라고 부르는 계기이다. 전선이나 모터 코일, 케이블, 기기 내부가 얼마나 잘 절연되어 있는지(누설되지 않는지)를 측정하는 데 사용한다.

미니 팁
메거 = 메가옴, 측정기 = 절연저항계

40 ☑☐☐☐☐
동기속도 Ns의 식으로 알맞은 것은?

① $N_s = \dfrac{60f}{P}$ ② $N_s = \dfrac{120f}{P}$

③ $N_s = \dfrac{P}{120f}$ ④ $N_s = \dfrac{P}{60f}$

해설
동기속도는 Ns = 120f/P [rpm]이다.

미니 팁
'피분의 백이십 에프'로 외운다.

41 ☑☐☐☐☐
아래보기자세 기본 포인트로 알맞은 것은?

① 비드를 넓게 하기 위해 큰 위빙을 사용하고, 진행속도는 수시로 바꾼다.
② 전류를 약간 높이고 아크길이를 짧게 유지하며, 일정한 속도로 진행한다.
③ 열집중을 줄이기 위해 긴 아크를 유지하며, 가능한 한 빠르게 진행한다.
④ 언더컷방지를 위해 전류를 매우 낮춰 용융풀이 거의 생기지 않게 한다.

해설
아래보기는 기본자세로 전류·속도 안정이 핵심이다.
① 오히려 비드가 불량할 수 있다.
③ 용입부족이 발생할 수 있다.
④ 지나치게 낮은 전류는 언더컷을 유발한다.

미니 팁
"Flat = 안정·균일"을 기억한다.

정답 ● 38 ② 39 ① 40 ② 41 ②

42 ☑☐☐☐☐
박판·루트/이면 비드 형성에 적합한 운봉은?

① 직선 비드 ② 원형 비드
③ 반달형 비드 ④ 삼각형 비드

해설
직선 비드는 좁고 곧은 비드 형성에 유리하다.
②, ③, ④ 폭을 넓히는 위빙에 해당한다.

미니 팁
"얇으면 직선"으로 선택한다.

43 ☑☐☐☐☐
기공 발생 원인으로 틀린 것은?

① 용접부에 수소나 일산화탄소가 과잉으로 존재한다.
② 급속응고로 가스가 밖으로 빠져나가지 못한다.
③ 용접금속에 탈산작용이 충분하여 산소가 잘 제거된다.
④ 과대전류와 빠른 진행으로 용융 풀에 가스가 많이 머문다.

해설
용접금속에서 산소를 잘 빼줘서 기공이 줄어드는 조건이다.

미니 팁
"가스 많고 빨리 식으면 기공↑"로 기억한다.

44 ☑☐☐☐☐
냉각이 빠르거나 모재 재질 불량 시 잘 생기는 결함은?

① 용입 불량 ② 언더컷
③ 오버랩 ④ 선상조직

해설
빠른 냉각·재질 불량 시 선 모양 취약 조직이 생길 수 있다.
① 열입열 부족·개선 불량 등이 주원인
② 과전류·빠른 이송속도 등 작업 조건 문제
③ 낮은 전류·느린 이송속도 등으로 용착금속이 겹쳐 흐르는 현상

미니 팁
"빠른 냉각 = 선상조직 주의"를 기억한다.

45 ☑☐☐☐☐
전류 설정의 간단기준으로 알맞은 것은?

① 전극 지름 1 [mm]당 10 ~ 15 [A]
② 전극 지름 1 [mm]당 20 ~ 25 [A]
③ 전극 지름 1 [mm]당 30 ~ 40 [A]
④ 전극 지름 1 [mm]당 50 ~ 60 [A]

해설
실무기준으로 1 [mm]당 30 ~ 40 [A] 정도를 잡아 시작한다(조건에 따라 조정).

미니 팁
"1 [mm] ≈ 30 ~ 40 [A]"로 외운다.

정답 42 ① 43 ③ 44 ④ 45 ③

46 ☑☐☐☐☐

피복아크용접봉의 사용목적과 가장 거리가 먼 것은?

① 보호가스 형성   ② 슬래그 형성
③ 모재 냉각 촉진 ④ 아크안정화

해설

피복과 슬래그는 오히려 금속이 너무 빨리 식지 않도록 덮어 주는 역할도 한다. 너무 급냉되면 균열위험이 커진다.

미니 팁

'피복 = 보슬안(보호·슬래그·안정)'로 외운다.

47 ☑☐☐☐☐

버니어 캘리퍼스로 주로 측정하는 것은?

① 비드 높이 전용   ② 루트 간격
③ 온도   ④ 전극 피복상태

해설

버니어는 일반 치수 측정 도구로 이음 간격 등도 측정 가능하다.
① 비드 높이는 용접게이지가 전용이다.
③ 온도는 열전대 온도계가 적절하다.
④ 피복상태는 전극검사기로 점검한다.

미니 팁

'버니어 = 범용 치수'로 기억한다.

48 ☑☐☐☐☐

교류아크용접기의 일반적 단점은?

① 가격이 비싸다.
② 얇은 판에 부적합할 수 있다.
③ 고장이 잦다.
④ 아크가 과도하게 안정적이다.

해설

교류는 아크가 소호와 점호를 반복하여 박판·정밀에는 불리할 수 있다.
① 교류는 비교적 저렴하다.
③ 구조가 단순하여 고장이 적다.
④ '과도한 안정'은 직류의 장점이다.

미니 팁

박판·정밀은 직류를 우선 고려한다.

49 ☑☐☐☐☐

수직자세 하진(위 → 아래) 진행의 특징으로 옳은 것은?

① 진행이 느리다.
② 진행이 빠르다.
③ 전류를 크게 한다.
④ 전극 각도 90° 유지가 원칙이다.

해설

하진은 비교적 빠르게 진행하여 용융금속 처짐을 제어한다.
① 느리면 처짐이 커진다.
③ 과전류는 결함을 유발할 수 있다.
④ 각도는 70 ~ 80° 정도가 일반적이다.

미니 팁

'하진 = 빠름, 상진 = 천천히'로 구분한다.

정답 46 ③ 47 ② 48 ② 49 ②

50

T형 필릿용접에서 전극 각도의 권장값은?

① 30° ± 5°   ② 45° ± 5°
③ 60° ± 5°   ④ 90°

해설
필릿비드를 안정적으로 형성하기 위해 전극 각도 45° 부근을 유지한다.

미니 팁
T = Tri(삼각) → 45°라고 연상한다.

51

가스가우징과 비교한 아크에어가우징의 장점으로 옳은 것은?

① 작업 능률이 낮다.
② 소음이 훨씬 크다.
③ 대부분 금속에 적용 가능하다.
④ 가스가 필요 없다.

해설
아크에어가우징은 탄소강·스테인리스·비철 등 대부분 금속에 적용하며 작업 능률이 높다.
① 반대이다.
② 소음이 적다가 맞다.
④ 압축공기가 필요하다.

미니 팁
탄소 전극 + 아크 + 압축공기 조합이다.

52

스카핑의 주된 목적은 무엇인가?

① 두꺼운 강재 절단
② 표면 결함 제거
③ 박판의 미세 홀 가공
④ 열처리 경화

해설
산소절단 원리로 표면을 얇게 깎아 홈·탈탄층 등 결함을 제거한다.
① 산소창·절단 쪽이다.
③ 레이저·기계가공 쪽이다.
④ 무관하다.

미니 팁
넓은 불꽃의 전용 토치를 사용한다.

53

산소절단에서 산소순도의 영향으로 옳은 것은?

① 절단속도와 품질에 영향이 거의 없다.
② 순도 1 [%] 저하로 속도 감소가 거의 없다.
③ 순도가 높을수록 품질과 속도가 향상한다.
④ 순도는 드래그에만 영향한다.

해설
산소 순도는 절단속도와 품질에 크게 영향을 준다. 높은 순도를 권장한다.

미니 팁
현장에서는 99.5 [%] 이상 산소를 권장한다.

54 ☑□□□□
레귤레이터 취급으로 옳지 않은 것은?

① 산소용·아세틸렌용을 구분 사용한다.
② 역화방지기를 부착한다.
③ 사용 후 압력을 완전 배출한다.
④ 핸들은 조여 둔 채 보관한다.

해설
사용 후에는 압력을 배출하고 핸들을 풀어 둔다. 구분 사용과 역화방지기 부착은 필수이다.

미니 팁
핸들의 시계·반시계방향 기능을 기억한다.

55 ☑□□□□
토치 구조 요소가 아닌 것은?

① 몸체   ② 팁
③ 밸브   ④ 용접케이블

해설
토치는 몸체·팁·밸브·노즐 등으로 이루어진다. 용접케이블은 피복아크용접, 반자동용접 같은 전기아크용접에서 전류를 보내는 선이다.

미니 팁
토치 구성 기본 세트
= 몸체(핸들) + 밸브 + 혼합부 + 팁

56 ☑□□□□
작업복 선정 시 유의사항으로 옳지 않은 것은?

① 몸에 맞고 동작이 편해야 한다.
② 작업환경의 온도가 높은 경우 체온유지를 위해 손발이 많이 노출되면 좋다.
③ 스타일은 작업 특성·착용자 특성 고려
④ 단추·바지자락이 말릴 위험이 없도록 한다.

해설
노출은 최대한 피한다. 헐렁함·끈·장식은 말림 위험이 있다.

미니 팁
소매는 조임 처리하고 장식은 제거한다.

57 ☑□□□□
공구 교환·점검 전 기본 원칙은?

① 전원차단
② 공구 날상태 무시
③ 비상정지버튼 고정해제 금지
④ 회전 중 교환

해설
모든 점검·교환전에는 전원차단이 기본이다.
② 날상태점검은 필수
③ 비상정지는 점검대상
④ 회전 중 교환은 금지이다.

미니 팁
LOTO로 2중안전을 확보한다.

정답 ● 54 ④ 55 ④ 56 ② 57 ①

58 ☑☐☐☐☐
가스용기 이동 시 옳은 방법은?

① 손으로 굴려 이동
② 보호캡 제거 후 이동
③ 전용 운반카 사용
④ 밸브를 잡고 들기

해설
보호캡 장착 후 전용 운반카로 세워서 이동한다.

미니 팁
사로 이동 시 잡아주는 보조자를 둔다.

59 ☑☐☐☐☐
산업안전보건법 '보호구지급 및 착용에 관한 법령'의 핵심은?

① 보호구는 유상지급
② 보호구는 무상 지급·착용 지도
③ 보호구 선택은 근로자 자유
④ 보호구는 신청자에 한해 지급

해설
사업주는 유해·위험작업에 필요한 보호구를 무상지급하고 착용을 지도·감독한다.

미니 팁
불량보호구는 즉시 교체한다.

60 ☑☐☐☐☐
추락 재해예방 대책으로 가장 거리가 먼 것은?

① 작업높이가 2 [m] 이상인 경우 안전대를 반드시 착용하고, 안전대 걸이 설비(라이프라인 등)를 설치한다.
② 개구부나 바닥 단부에 안전난간 또는 덮개를 설치한다.
③ 비계·작업발판의 강도와 폭, 고정상태를 점검하여 발판이 흔들리지 않게 한다.
④ 소음노출을 줄이고 청력보호를 위해 귀마개를 착용한다.

해설
구조물·난간·망을 설치하고 보호구를 착용해야 한다. 귀마개는 소음 재해(청력보호)예방에는 중요하지만, 추락을 직접적으로 막는 대책과는 거리가 있다.

미니 팁
- 법 기준 : 2 [m] 이상은 "의무" 수준
- 실제 안전 : 2 [m] 미만이라도 위험하다고 느껴지면 높이에 상관없이 안전대 쓰는 게 맞다.

정답 58 ③ 59 ② 60 ④

제7회 모의고사

01 ☑☐☐☐☐
플라이어의 주 용도는?

① 정밀 토크 조임
② 잡고 구부리고 자르는 범용작업
③ 나사 가공
④ 구멍 가공

해설
플라이어는 잡기·굽히기·절단의 범용 공구이다.
① 토크렌치 용도이다. ③ 탭 용도이다.
④ 드릴·리머 용도이다.

미니 팁
"플라이어는 잡고, 꺾고, 자른다."

02 ☑☐☐☐☐
파이프렌치가 몽키스패너와 다른 점은?

① 작은 너트 전용
② 파이프 외주를 물어 돌림
③ 측정 기능 포함
④ 충격 타격용

해설
파이프렌치는 톱니로 원통 배관을 물어 돌린다.
① 몽키는 평면너트이다.
③ 없다.
④ 햄머 용도이다.

미니 팁
"파이프 → 파이프렌치" 이름 그대로 기억한다.

03 ☑☐☐☐☐
래크와 피니언의 조합이 만들어내는 운동은?

① 회전 ↔ 회전
② 직선 ↔ 직선
③ 회전 ↔ 직선 상호변환
④ 진동

해설
피니언(원기어)의 회전을 래크의 직선운동으로 바꾸거나 반대로 한다.

미니 팁
"래크 = 직선 톱니 → 회전·직선변환"으로 기억한다.

04 ☑☐☐☐☐
체인 전동에서 스프로킷의 역할은?

① 벨트를 잡아주는 바퀴
② 체인의 링크와 맞물리는 톱니바퀴
③ 윤활유를 공급하는 펌프
④ 체인을 안내하는 가드

해설
스프로킷은 체인링크와 직접 맞물려 동력을 전달한다.
① 벨트용 풀리 설명이다.
③, ④ 보조장치이다.

미니 팁
"체인 ↔ 스프로킷" 쌍으로 기억

정답 01 ② 02 ② 03 ③ 04 ②

05 ☑☐☐☐☐

베어링 보호를 위해 먼지와 이물의 유입을 막는 부품은?

① 오일실/실링　　② 키
③ 핀　　　　　　 ④ 커플링

해설

오일실·실링은 외부 오염 차단과 윤활유 누설방지 역할을 한다.
② 축과 허브를 묶어 토크 전달
③ 부품 고정/위치 결정
④ 두 축을 연결하여 동력 전달

미니 팁

실 = Seal = 막아 준다.

06 ☑☐☐☐☐

베벨기어 사용 시 각도가 달라지면 무엇이 변하는가?

① 축 교차 각　　 ② 베어링 규격
③ 윤활유 색　　　④ 도면 축척

해설

베벨기어는 축 교차 각(보통 90°)에 맞춰 설계한다.

미니 팁

"베벨 = 교차 각 기어"

07 ☑☐☐☐☐

탄성커플링을 선택해야 할 대표 상황은?

① 완전 강체 결합 필요
② 약간의 편심·편각이 있어 진동이 걱정될 때
③ 속도비가 정수여야 할 때
④ 체인 전동이 필요할 때

해설

탄성커플링은 오차·진동을 흡수해 장치를 보호한다.
① 리짓커플링
③ 타이밍벨트나 기어
④ 전동방식 자체가 다름

미니 팁

"오차·진동 = 탄성커플링"

08 ☑☐☐☐☐

밸브점검표에서 '밸브시트' 점검 목적은?

① 윤활유 보충
② 완전 밀폐 확인(누설점검)
③ 전동기 소음 측정
④ 배관방향전환

해설

밸브시트(Valve Seat)는 밸브디스크(플러그)가 딱 닿아서 흐름을 막는 면이다. 밸브가 닫힐 때 누설이 없는지 확인한다.

미니 팁

필요시 시트 연마 또는 교체를 한다.

정답 ● 05 ①　06 ①　07 ②　08 ②

09 ☑☐☐☐☐
밸브 패킹 정비의 기본은?

① 패킹이 경화되거나 손상되었는지 확인하고 필요시 새 패킹으로 교체한다.
② 누설이 보이면 글랜드너트를 끝까지 세게 조여 최대한 압축한다.
③ 패킹에서 새면 겉면에 그리스나 실리콘을 두껍게 발라 임시로 막는다.
④ 오래된 패킹 위에 새 패킹을 덧대어 여러 겹으로 넣어 사용한다.

해설
패킹이 경화·마모되면 교체가 기본이다.
미니 팁
글랜드 조금 조여 보고 안 되면 패킹 교체

10 ☑☐☐☐☐
펌프 기초 고정상태 점검항목은?

① 앵커 볼트 풀림 여부
② 전압·전류
③ 유량·압력
④ 임펠러 마모

해설
펌프의 기초 고정상태를 확인할 때는 바닥(베이스)에 펌프를 잡아주는 앵커 볼트가 풀렸는지가 핵심점검항목이다. 앵커 볼트가 풀리면 진동·소음이 커지고 축 정렬이 틀어져 다른 고장으로 이어질 수 있다.
미니 팁
베이스 플레이트 흔들림을 점검한다.

11 ☑☐☐☐☐
펌프의 씰 누수 발생 시 일반 조치는?

① 씰 교체 또는 압력 조정
② 팬 교체
③ 모터 권선 교체
④ 오일 교환

해설
기계식 씰·패킹 문제는 교체·조정한다.
미니 팁
누수량과 온도를 함께 확인한다.

12 ☑☐☐☐☐
송풍기 흡입구 막힘이 지속되면 나타나는 현상은?

① 유량 감소와 소음 변화
② 절연저항 증가
③ 전압 상승
④ 팬 속도 증가

해설
흡입 저항이 크면 유량이 줄고 소음·진동이 변함
② 전동기권선상태와 관련된 내용이다.
③ 공급전압은 계통에서 정해지는 값이다.
④ 막힌다고 눈에 띄게 속도가 증가하지 않는다.
미니 팁
흡입구 막힘 = 유량감소 + 소음변화

정답 ▶ 09 ① 10 ① 11 ① 12 ①

13 ☑☐☐☐☐
베어링 스폴링(Spalling)에 대한 설명으로 옳은 것은?

① 부식에 의한 산화 박리
② 반복 접촉응력으로 인한 피로 박리
③ 윤활 과다로 생기는 기포
④ 고온에서만 생기는 산화 스케일

해설
스폴링은 롤링접촉부에 반복하중이 작용하면서 표면 또는 표면 아래에서 미세균열이 발생하고, 그 균열이 진행되어 작은 조각(박편)형태로 떨어져 나가는 피로 손상이다.

미니 팁
멀티벨트는 세트 교체

14 ☑☐☐☐☐
그리스윤활이 불리할 수 있는 조건은?

① 저속·저온
② 고속·고온
③ 분진이 많은 환경
④ 밀봉이 필요한 환경

해설
그리스는 점도와 전단저항이 커서 고속·고온에서 발열과 산화가 빨라질 수 있다.

미니 팁
고속, 고온에서는 저점도 오일이 적합

15 ☑☐☐☐☐
급속배기(Quick Exhaust)밸브의 주 목적은?

① 공기 압축
② 실린더 배기 단축으로 속도 향상
③ 유량 안정화
④ 압력 일정 유지

해설
실린더 챔버의 배기를 가까운 곳에서 대기로 내보내 배기 경로를 짧게 만들어 속도가 향상된다.

미니 팁
밸브 위치를 실린더 포트에 가깝게 설치

16 ☑☐☐☐☐
버니어 캘리퍼스(최소눈금 0.02 [mm])로 8.00 [mm]에서 보조눈금 9칸이 일치할 때 길이는?

① 8.00 [mm] ② 8.09 [mm]
③ 8.18 [mm] ④ 8.32 [mm]

해설
$8 + (9 \times 0.02) = 8.18$ [mm]

미니 팁
마이크로미터 사용법과 같이 기억하자.

17 ☑☐☐☐☐
공기 필터 등급 선택의 주된 이유는?

① 요구 청정도 맞춤 ② 무게
③ 유량 감소   ④ 드라이어 대체

해설

사용장치가 요구하는 청정도(입자 크기, 오일 미스트, 냄새)를 만족해야 고장이 줄고 수명이 늘어난다.

미니 팁

차압게이지로 막힘 정도를 확인한다.

18 ☑☐☐☐☐

전동기 '소음·진동'이 상승할 때 1차 의심은?

① 베어링상태와 정렬
② 절연저항 증가
③ 팬 청소
④ 앵커볼트 규격

해설

베어링·정렬 불량은 대표 원인이다.

미니 팁

진동계로 수치를 관리한다.

19 ☑☐☐☐☐

전동기 '접지상태' 점검 목적은?

① 회전수 증가 ② 감전·화재 예방
③ 효율향상   ④ 전압 강하 감소

해설

접지는 감전·화재 예방의 기본이다.

미니 팁

접지저항은 규정값 이내로 유지한다.

20 ☑☐☐☐☐

누설점검과 거리가 먼 것은?

① 비눗물
② 게이지 추이
③ 청음
④ 윤활유 점도 측정

해설

통풍구 막힘 제거가 가장 기본이다.

미니 팁

누설 점검 3종 세트 = 눈으로(비눗방울) + 귀로(청음) + 계기로(게이지 압력)

21 ☑☐☐☐☐

보조기기기호 중 '압력스위치'가 하는 일은 무엇인가?

① 공압을 전기신호로 바꾼다.
② 유량을 전기신호로 바꾼다.
③ 온도를 전기신호로 바꾼다.
④ 위치를 전기신호로 바꾼다.

해설

설정 압력 도달 시 접점 ON/OFF로 전기신호를 낸다.
② 유량계의 역할이다.
③ 온도계/온도스위치의 역할이다.
④ 리미트스위치의 역할이다.

미니 팁

압력 → 전기

정답 18 ① 19 ② 20 ④ 21 ①

22 ☑□□□□
'양기능 페달'의 조작 특성은 무엇인가?

① 1방향　　② 2방향
③ 자동　　　④ 전기식

해설
페달을 앞·뒤로 밟아 두 방향을 조작한다.
미니 팁
발로 앞·뒤

23 ☑□□□□
'특정시간 공기 빼기' 접속기호의 의미는 무엇인가?

① 연속 배기
② 일시적으로만 배기
③ 체크기구로만 배기
④ 접속구 없음

해설
어느 시점에만 공기를 빼고 나머지 시간은 닫아 둔다.
미니 팁
키워드 : 시간

24 ☑□□□□
다음 중 '푸시버튼' 조작기호의 특징은 무엇인가?

① 2방향 조작　　② 1방향 조작
③ 발로 조작　　　④ 스프링 복귀

해설
푸시버튼은 눌러서 한 방향으로만 동작한다.
① 레버/양기능 페달의 설명
③ 페달 조작의 설명
④ 스프링 조작의 복귀 설명
미니 팁
버튼 = 한쪽

25 ☑□□□□
에너지용기기호 중 '보조가스용기'는 주로 어디와 조합하는가?

① 유량조절밸브　　② 어큐뮬레이터
③ 레귤레이터　　　④ 체크밸브

해설
보조가스용기는 어큐뮬레이터와 함께 사용된다.
미니 팁
가스용기 = 축압 보조

26 ☑□□□□
단동실린더제어에 주로 사용하는 방향제어밸브는 무엇인가?

① 2포트 2위치　　② 3포트 2위치
③ 5포트 2위치　　④ 5포트 3위치

해설
3/2밸브는 단동실린더의 급기·배기를 전환한다.
① 단순개폐에 적합하다.
③, ④ 복동제어에 적합하다.
미니 팁
3/2 ↔ 단동, 5/2·5/3 ↔ 복동 세트 암기한다.

정답 22 ②　23 ②　24 ②　25 ②　26 ②

27 ☑☐☐☐☐
래크 앤 피니언형 회전 액추에이터의 강점으로 옳은 것은?

① 고정밀 토크제어가 어렵다.
② 강한 토크와 정밀제어가 가능하다.
③ 90°만 회전한다.
④ 윤활이 불필요하다.

해설

래크의 직선운동을 기어로 변환하여 큰 토크와 정밀위치를 얻는다.
① 반대이다.
③ 45 ~ 720° 등 다양하다,
④ 일반적으로 윤활이 필요하다.

미니 팁
'기어 = 토크·정밀'이다.

28 ☑☐☐☐☐
전·후진에서 같은 속도와 힘으로 일하기 유리한 실린더는 무엇인가?

① 양로드형 실린더   ② 텐덤실린더
③ 다위치실린더   ④ 충격실린더

해설

양로드는 양측 유효 면적이 비슷하여 힘·속도가 균형적이다.
② 추력 증대용이다.
③ 위치 단계 확장이다.
④ 타격용이다.

미니 팁
로드가 양쪽이면 '균형'이라고 떠올린다.

29 ☑☐☐☐☐
스위블 조인트의 기능으로 옳은 것은?

① 공기압을 감압한다.
② 호스 연결부를 회전 가능하게 하여 꼬임을 방지한다.
③ 배기 소음을 줄인다.
④ 공기를 저장한다.

해설

스위블 조인트는 회전 관절로 케이블·호스 꼬임을 줄인다.
①, ③, ④ 각각 레귤레이터·소음기·탱크 기능

미니 팁
스위블(Swivel) = 회전을 뜻한다.

30 ☑☐☐☐☐
자동 배수장치의 주된 목적은 무엇인가?

① 압력 조정이다.
② 응축수와 오일 성분을 자동 배출한다.
③ 윤활유를 공급한다.
④ 유량을 일정하게 한다.

해설

자동 배수는 드레인 배출을 자동화하여 관리성을 높인다.
①, ③, ④ 각각 레귤레이터·루브리케이터·유량제어에 해당한다.

미니 팁
'드레인 = 배수'로 연결한다.

정답 27 ② 28 ① 29 ② 30 ②

31 ☑□□□□
다음 중 기어펌프의 일반적 특징은 무엇인가?

① 고압·고효율
② 구조 단순·저압용
③ 중압·저소음
④ 고압·고가

해설
기어펌프는 구조가 단순하고 주로 저압용이다.
①, ④ 피스톤펌프 성향이다.
③ 베인펌프 성향이다.

미니 팁
기어 = 저압·튼튼·저가로 연상한다.

32 ☑□□□□
다음 중 오일탱크 내부 흐름 안정에 기여해 기포·열을 분산시키는 부품은 무엇인가?

① 바플 플레이트
② 필러캡
③ 드레인 플러그
④ 오일게이지

해설
바플이 흐름을 차단·분산해 안정화한다.
② 오일 주입용 뚜껑
③ 오일 빼는 마개
④ 오일 수위 확인용 지시계

미니 팁
바플 = 흐름 길막이로 기억한다.

33 ☑□□□□
브레이크밸브의 주용도는 무엇인가?

① 무부하운전
② 과속방지·역류제어
③ 순서제어
④ 감압

해설
모터/실린더의 과속을 억제하고 역류를 제어한다.
①, ④ 다른 압력제어계열이다.
③ 시퀀스 기능이다.

미니 팁
브레이크 = 속도억제로 기억한다.

34 ☑□□□□
다음 중 유압유의 성질로서 운전 중 기포발생 정도를 의미하는 것은?

① 점도지수   ② 발포성
③ 산화안정성   ④ 유성

해설
발포성은 기포 발생 경향을 뜻한다.
① 온도 민감도이다.
③ 산화 저항이다.
④ 윤활 성분이다.

미니 팁
'발포 = 거품'으로 연상한다.

정답 31 ② 32 ① 33 ② 34 ②

35

다음 중 방향제어밸브의 분류기준에 해당하지 않는 것은?

① 기능별　　　② 작동방식
③ 구조방식　　④ 윤활방식

해설

방향제어밸브는 기능·작동·구조방식으로 분류한다. 윤활방식 분류는 없다.

미니 팁

기능·작동·구조의 3축을 기억한다.

36

다음 회로에서 G에 흐르는 전류가 0일 때 관계식으로 맞는 것은?

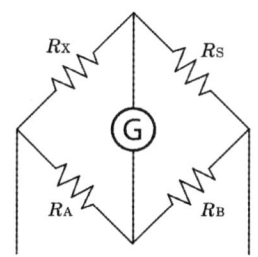

① $R_X \times R_B = R_S \times R_A$
② $R_X \times R_A = R_S \times R_B$
③ $R_X + R_B = R_S + R_A$
④ $R_X + R_A = R_S + R_B$

해설

휘스톤 브릿지의 평형조건
- 검류계 G에 흐르는 전류가 0일 것
- 대각선 저항의 곱이 같을 것

미니 팁

회로의 형태를 잘 기억하자.

37

직류에서 에너지의 단위로 흔히 쓰는 것은?

① Wh　　　② Hz
③ dB　　　④ A

해설

에너지(전력량) 단위로 Wh를 쓴다.
② 주파수 단위이다.
③ 레벨 단위이다.
④ 전류 단위이다.

미니 팁

1 [kWh] = 1,000 [W]가 1시간 소비한 에너지이다.

38

습도센서의 주된 용도로 알맞은 것은?

① 전압변환
② 공기 중 수분량 측정
③ 자기장 검출
④ 거리 측정

해설

습도센서는 공기 중 수분량을 측정한다.
① 기능과 다르다.
③ 홀센서의 영역이다.
④ 초음파센서의 영역이다.

미니 팁

HVAC(공조)와 저장 환경 관리에 사용한다.

정답 35 ④　36 ①　37 ①　38 ②

39 ☑□□□□

슬립 s = 1일 때 유도 전동기의 상태로 알맞은 것은?

① 동기속운전 ② 정지
③ 과속   ④ 역회전

해설

s = 1이면 회전자 속도가 0이 되어 정지상태이다.
- s < 0이면 발전기
- 0 < s < 1이면 전동기
- 1 < s이면 제동기

미니 팁
s = 0 동기속도, s = 1 정지로 기억한다.

40 ☑□□□□

상손(한 상 단선) 발생 시 모터에 나타날 수 있는 현상으로 알맞은 것은?

① 정상운전유지
② 과열·진동·토크 저하
③ 속도 증가
④ 소음 감소

해설

상손은 과열과 토크 저하 등 이상을 만든다.
① 아니다.
③ 일반적으로 아니다.
④ 일반적으로 아니다.

미니 팁
보호계전기로 차단한다.

41 ☑□□□□

환기 대책으로 가장 직접적이고 효과적인 방법은?

① 송풍기 없이 자연대류만 사용
② 국소배기장치(후드) 설치
③ 환기팬을 이용한 전체 공기순환
④ 마스크 착용강화

해설

후드로 발생 지점에서 오염원을 포집하는 것이 효과적이다.
①, ③ 자연배기는 효과가 약한 편이다.
④ 마스크보다 근본적인 대책이 필요하다.

미니 팁
"발생원 가까이서 빨아낸다"가 핵심이다.

42 ☑□□□□

오존(O_3)의 건강 영향으로 알맞은 것은?

① 신경계 마비
② 호흡기 자극
③ 간 기능 저하
④ 혈액 산소 운반 방해

해설

오존은 호흡기를 자극한다.
④ 주로 일산화탄소의 영향이다.

미니 팁
O_3 = "코·폐 따갑다"로 기억한다.

정답 39 ② 40 ② 41 ② 42 ②

43 ☑☐☐☐☐
전격방지기 설치에 관한 설명으로 옳은 것은?

① 의무가 아니다.
② 교류아크용접기에 설치 의무가 있다.
③ 직류용접기에만 설치한다.
④ 용접봉 교체 시 전압을 자동 상승한다.

해설
산업안전기준상 AC아크용접기에 전격방지기 설치 의무가 있다.
①, ③ 틀리다.
④ 무부하 시는 저하한다.

미니 팁
"AC + 전격방지기 = 기본 세트"를 기억한다.

44 ☑☐☐☐☐
용접기 구비조건으로 가장 적절한 것은?

① 무부하전압을 최소화해 전격 위험을 줄인다.
② 단락 시 대전류가 흘러야 한다.
③ 온도상승이 클수록 좋다.
④ 소비전력이 클수록 역률이 좋다.

해설
안전을 위해 무부하전압을 낮추는 것이 바람직하다.

미니 팁
"안전·안정·보호"가 구비조건이다.

45 ☑☐☐☐☐
용접기 출력부 부품이 아닌 것은?

① 출력단자   ② 용접케이블
③ 전류계   ④ 접지클램프

해설
전류계는 제어·계측부이며, 나머지는 출력·배선 관련이다.
①, ②, ④ 출력부에 해당한다.

미니 팁
"계기는 제어부"라고 구분한다.

46 ☑☐☐☐☐
다음 중 '용접이음'의 공식 분류가 아닌 것은?

① 겹치기이음   ② 모서리이음
③ 라운드이음   ④ T형 필릿이음

해설
라운드이음은 공식 분류로 취급하지 않는다.

미니 팁
교과서 표준 분류 위주로 암기한다.

정답 43 ② 44 ① 45 ③ 46 ③

47 ☑□□□□
모서리용접의 다층 용접 일반 순서로 옳은 것은?

① 커버 → 필러 → 루트
② 루트 → 필러 → 커버
③ 필러 → 루트 → 커버
④ 커버 → 루트 → 필러

해설
두꺼운 모재는 루트패스로 기초 용입을 확보하고, 필러 → 커버 순으로 마무리한다.

미니 팁
뿌리를 채우고 커버를 씌운다.

48 ☑□□□□
언더컷 결함을 줄이는 데 가장 직접적인 조치는?

① 전류를 더 키우고 속도를 높인다.
② 전류를 낮추고 적정 속도를 유지한다.
③ 아크를 더 길게 유지한다.
④ 루트 간격을 없앤다.

해설
언더컷은 보통 전류 과다·빠른 진행에서 발생하므로 전류를 낮추고 적정 속도로 개선한다.
①, ③, ④ 언더컷을 악화시킬 수 있다.

미니 팁
'언더컷 = 세게·빨라서 생김'이다.

49 ☑□□□□
슬래그 혼입의 주된 예방책은?

① 각 층 용접 전 슬래그 완전 제거한다.
② 전류를 무조건 크게 한다.
③ 아크를 길게 유지한다.
④ 루트 간격을 0으로 한다.

해설
층간 청소 불량은 슬래그 혼입의 대표 원인이다.
②, ③, ④ 본질적 해결책이 아니며 다른 결함을 초래할 수 있다.

미니 팁
'층마다 청소'는 기본 습관이다.

50 ☑□□□□
수평자세에서 용융금속이 아래로 흐르려는 경향을 억제하는 방법은?

① 전극을 아래로 향하게 한다.
② 전극을 약간 위로 향하게 한다.
③ 아크를 길게 한다.
④ 전류를 과도하게 높인다.

해설
전극을 약간 위로 향해 80 ~ 90°로 유지하면 처짐 억제에 유리하다.
①, ③, ④ 처짐·결함 위험을 키운다.

미니 팁
'수평 = 위로 살짝' 재확인

정답 ● 47 ② 48 ② 49 ① 50 ②

51 ☑☐☐☐☐
프로판가스에 대한 설명으로 틀린 것은?

① 액화가 쉽다.
② 상온에서 무색 기체이다.
③ 폭발한계가 넓고 물에 잘 녹는다.
④ 절단·가열에 주로 사용한다.

해설

프로판은 액화가 쉬우며 절단·가열에 널리 사용한다. 또한 물에는 거의 녹지 않는다.

미니 팁

예열에는 아세틸렌·프로판 등을 사용한다.

52 ☑☐☐☐☐
가스절단작업절차의 올바른 순서는 무엇인가?

① 점화·화염 조정 → 예열 → 절단산소 개방
② 점화·화염 조정 → 절단산소 개방 → 예열
③ 예열 → 점화·화염 조정 → 절단산소 개방
④ 예열 → 절단산소 개방 → 점화·화염 조정

해설

열로 적색상태를 만든 후 절단산소 제트를 가해 진행하고 마무리한다.

미니 팁

불 맞추고 → 데우고 → 산소로 자른다.

53 ☑☐☐☐☐
절단면의 슬래그가 많이 달라붙고 산화층이 두꺼워졌다면 우선 의심할 사항으로 가장 알맞은 것은?

① 이동속도가 너무 느림
② 이동속도가 너무 빠름
③ 산소 순도가 과다
④ 예열이 과다

해설

너무 느리면 과열·산화층 증가·슬래그 부착이 늘어난다.
② 거칠고 드래그 증가 쪽이다.

미니 팁

속도·압력·각도를 함께 조정한다.

54 ☑☐☐☐☐
금속아크절단 설명으로 틀린 것은?

① 전원은 직류 정극성이 적합하다.
② 절단면은 가스절단보다 거칠다.
③ 절단봉 피복은 발열 크고 탄화성 낮다.
④ 비철금속절단 전용이다.

해설

금속아크절단은 주로 철강에 쓰이며 비철 전용이 아니다.

미니 팁

절단부가 경화되면 기계가공이 곤란할 수 있다.

정답 • 51 ③ 52 ① 53 ① 54 ④

55
가스 호스의 표준 색상 구분으로 옳은 것은?

① 산소 – 빨강, 아세틸렌 – 파랑
② 산소 – 파랑, 아세틸렌 – 빨강
③ 둘 다 초록
④ 무색

해설
일반적으로 산소는 파랑, 아세틸렌은 빨강으로 구분한다.

미니 팁
연결·보관 시 색상 혼동을 피한다.

56
검전기의 올바른 용도는?

① 접지저항측정
② 무전(전원차단) 확인
③ 절연저항측정
④ 누설전류 측정

해설
검전기는 회로에 전압이 존재하는지 간단히 확인하는 도구이다.
① 어스테스터기로 측정한다.
③ 메거를 사용한다.
④ 누설전류계(클램프미터)를 사용한다.

미니 팁
검전 전에도 먼저 차단기 OFF를 확인한다.

57
방향제어와 무관하게 '역류방지'만을 목적으로 하는 장치는?

① 체크밸브
② 셔틀밸브
③ 급속배기밸브
④ 릴리프밸브

해설
체크밸브는 한쪽 방향으로만 흐르게 하여 역류를 막는다.
② 두 입력 중 높은 압력 쪽을 선택
③ 실린더 공기를 빠르게 대기로 배출
④ 설정 압력 초과 시 과압을 방출(압력 보호)

미니 팁
용접·가스계에서는 역류방지장치를 별도 설치한다.

58
연삭기 사용 시 금지 사항은?

① 숫돌커버 제거
② 규정 속도 준수
③ 받침대간격 3 [mm] 이내
④ 탭핑테스트 실시

해설
안전덮개(커버)는 반드시 설치해야 한다.

미니 팁
커버 볼트 풀림 여부를 주기적으로 점검한다.

정답 55 ② 56 ② 57 ① 58 ①

59 ☑☐☐☐☐

전기감전방지를 위한 누전차단기 선택기준과 가장 관련이 깊은 항목은?

① 동작감도전류 30 [mA]
② 동작전압 380 [V]
③ 차단용량 50 [kA]
④ 동작주파수 400 [Hz]

해설

감전방지용은 30 [mA], 0.03 [s] 이내가 핵심기준이다.

미니 팁

시험버튼으로 동작을 월 1회 이상 확인한다.

60 ☑☐☐☐☐

운반·충돌 재해예방책으로 보기 어려운 것은?

① 운행경로에 보행자 출입통제
② 경광등·경보음 장착
③ 후진 시 신호수 배치
④ 안전보호구 착용

해설

운반·충돌 재해예방법의 핵심은 차량(지게차, 운반차)과 사람·설비가 부딪히지 않게 하는 것이다. 안전보호구 착용 등은 사고가 났을 때 피해를 줄이는 역할에 가깝다.

미니 팁

문제의 의미를 잘 파악하자.

정답 59 ① 60 ④

제8회 모의고사

01 ☑☐☐☐☐
드리프트핀(드리프트펀치)의 주 용도는?

① 타공
② 나사 절삭
③ 구멍·핀의 위치 정렬
④ 표면 연마

해설
드리프트핀은 구멍을 맞추거나 핀을 유도해 정렬한다.
① 타공 : 드릴이나 펀치 사용
② 나사 절삭 : 탭·다이스 사용
④ 표면 연마 : 줄·사포·그라인더 사용

미니 팁
"드리프트 = 맞춘다(정렬)"

02 ☑☐☐☐☐
체결 후 볼트가 풀리기 쉬운 조건은?

① 부식환경　② 과열
③ 반복진동　④ 오염윤활

해설
과열·부식·윤활상태 불량도 문제는 되지만, 반복진동이 풀림의 대표적인 원인이 된다.

미니 팁
"진동 + 대책 없음 = 풀림"

03 ☑☐☐☐☐
동력전달에서 기어가 벨트보다 유리한 점은?

① 충격 흡수　② 정밀 속도비
③ 진동 감쇠　④ 큰 축 간 거리

해설
기어는 맞물림으로 정확한 속도비를 얻는다.
①, ③ 벨트가 유리하다
④ 벨트가 더 자유롭다.

미니 팁
"정밀 = 기어, 완충 = 벨트"

04 ☑☐☐☐☐
스프로킷의 이빨 수가 너무 적을 때 생길 수 있는 문제는?

① 체인이 수축된다.
② 마모가 줄어든다.
③ 체인의 굽힘이 커져 마모가 빨라진다.
④ 속도비가 정확하지 않다.

해설
작은 이수는 체인의 굽힘이 커지고 마모가 빨라질 수 있다.

미니 팁
"너무 작은 이수 = 굽힘↑ = 마모↑"

정답 01 ③　02 ③　03 ②　04 ③

05 ☑□□□□
래크 & 피니언에서 래크의 톱니방향은?

① 방사형 ② 원뿔형
③ 직선방향 ④ 나선방향

해설
래크는 직선에 톱니가 나 있는 부품이다.
① 스퍼기어
② 베벨기어
④ 헬리컬기어

미니 팁
"래크 = 직선 톱니"

06 ☑□□□□
V벨트 장력 조정이 너무 약하면 생길 수 있는 현상은?

① 베어링 과열 ② 미끄럼
③ 속도비 과대 ④ 소음 감소

해설
장력이 약하면 미끄럼이 커져 전달력이 떨어진다.
① 과장력 시 문제이다.
② 실제 속도비가 작아지는 쪽 문제가 생긴다.
④ 소음, 진동이 더 생길 수 있다.

미니 팁
"약장력 = 미끄럼"

07 ☑□□□□
기어윤활의 주된 목적이 아닌 것은?

① 마찰 감소 ② 냉각
③ 부식방지 ④ 절연

해설
윤활은 마찰·마모 감소, 냉각, 부식방지에 도움을 준다.

미니 팁
"윤활 = 마찰↓·열↓·녹방지"

08 ☑□□□□
비순환 급유 중 '가시 적하식'의 장점은?

① 유량이 자동으로 증가한다.
② 유리창으로 적하상태를 볼 수 있다.
③ 강제펌프가 필요하다.
④ 윤활유가 증발하지 않는다.

해설
적하 상황을 눈으로 확인하여 유량을 조절한다.
① 보통 조절 나사로 사람이 맞춰 주는 방식이다.
③ 비순환, 적하식은 중력으로 떨어지는 방식이라 강제펌프를 쓰지 않는 경우가 많다.
④ 증발 여부는 온도와 윤활유 종류 문제이다.

미니 팁
가시(可視) = 눈으로 볼 수 있다.

정답 05 ③ 06 ② 07 ④ 08 ②

09 ☑☐☐☐☐
순환 급유 중 '유욕(오일 배스)'방식은?

① 분무로 뿌린다.
② 마찰면을 기름 속에 담근다.
③ 심지로 올린다.
④ 나사 홈으로 올린다.

해설

기어, 베어링 등의 마찰 부위를 오일 속에 일부 담가 놓고 회전하면서 윤활하는 방식이다.

미니 팁

유욕 = 기름 + 욕조

10 ☑☐☐☐☐
순환 급유 중 '나사식'의 특징은?

① 원심력을 이용한다.
② 나사 홈을 따라 오일을 올린다.
③ 링으로 끌어올린다.
④ 분배관으로 중력을 공급한다.

해설

나사 홈을 경로로 급유한다.
① 원심식이다.
③ 유륜식이다.
④ 중력순환식이다.

미니 팁

나사방향과 회전방향의 관계를 고려한다.

11 ☑☐☐☐☐
순환 급유 중 '강제 순환'의 특징은?

① 사이펀 이용
② 펌프로 밀어 공급
③ 유리관에 기포 발생
④ 드레인만 사용

해설

펌프로 강제 공급한다.
① 자연 순환 개념에 가깝다.
③ 상태 확인현상일 뿐 특징이 아니다.
④ 회수 배출에 해당한다.

미니 팁

대형 설비의 연속운전에 적합하다.

12 ☑☐☐☐☐
나사의 표시 항목이 아닌 것은?

① 나사 종류   ② 감긴 방향
③ 나사산 줄 수   ④ 머리 형상 색상코드

해설

머리형상은 일반 표시 항목이 아니다.
② 보통은 오른나사(우나사)라 생략하고 왼나사(좌나사)일 때만 따로 표시한다.
③ 1줄이면 생략하는 경우가 많지만 2줄·3줄 다시작 나사는 표시한다.

미니 팁

나사 "표시"는 나사산 정보(종류, 지름, 피치, 방향, 줄 수) 위주로 한다.

정답 09 ② 10 ② 11 ② 12 ④

13 ☑☐☐☐☐
접선키의 특징은?

① 한 조만 사용
② 두 개를 한 조로 하고 2조를 한 쌍으로
③ 반달 형태
④ 보스 홈만 가공

해설
접선키는 축 둘레에 접선방향으로 키홈을 가공하여 큰 토크를 전달한다. 1/40 ~ 1/45 기울기의 두 개를 한 조로 하며 2조를 한 쌍으로 쓴다.
① 양방향 토크에는 부족하다.
③ 반달키(우드러프키)의 특징이다.
④ 새들키의 특징이다.

미니 팁
큰 토크 전달용이다.

14 ☑☐☐☐☐
차축(Axle Shaft)에 대한 설명은?

① 항상 회전하지 않는다.
② 동력 전달만 한다.
③ 항상 회전한다.
④ 왕복운동변환에 쓰인다.

해설
차축은 바퀴 지지용으로 정지축일 수 있다.
② 차종에 따라 하중 지지 역할도 겸할 수 있다(반부동 등).
③ 차축은 구동 시 회전한다.
④ 왕복운동변환용 부품이 아니다.

미니 팁
자동차 바퀴축은 회전할 수도 있다.

15 ☑☐☐☐☐
베어링 용어에서 '하우징'은 무엇을 의미하는가?

① 축 외경
② 외륜을 잡는 본체 구조물
③ 윤활유 통로
④ 패킹 홈

해설
하우징은 외륜을 고정하는 기계 본체 쪽 구조물이다.

미니 팁
내륜은 축에 고정되어 회전한다.

16 ☑☐☐☐☐
기어 손상 중 '어브레이젼'은 무엇인가?

① 이뿌리 간섭
② 이물질로 사포처럼 마모
③ 융착 줄무늬 손상
④ 이빨 파손

해설
어브레이젼은 이물질로 표면이 갈리는 마모이다.
① 간섭이다.
③ 스코어링이다.
④ 이의절손이다.

미니 팁
필터 관리로 이물질을 줄인다.

정답 13 ② 14 ① 15 ② 16 ②

17 ☑□□□□
벨트·체인·기어 비교에서 구조가 가장 단순한 것은?

① 기어 ② 벨트
③ 체인 ④ 모두 동일

해설
벨트 전동이 구조가 가장 단순하다.
① 벨트보다 부품이 많고 구조가 복잡하다.
③ 정밀 가공이 필요해 구조·제작이 가장 복잡한 편이다.

미니 팁
효율은 기어가 가장 좋다.

18 ☑□□□□
사일런트체인의 장점으로 옳은 것은?

① 고속·저소음·내구성 우수
② 항상 윤활 불필요
③ 저속 전용
④ 슬립이 크다

해설
사일런트체인은 고속·저소음·내구성에서 유리하다.
② 금속체인은 기본적으로 윤활이 필요하다.
③ 오히려 고속 구동에 유리한 체인이다.
④ 체인·기어의 특징은 슬립이 거의 없다.

미니 팁
사이런트 = 조용한

19 ☑□□□□
블록브레이크의 점검항목으로 적절하지 않은 것은?

① 드럼 표면 마모
② 블록 마찰면 마모
③ 전류계통접점 소손
④ 작동 간격 조정

해설
전류계통은 전자클러치 항목이다.

미니 팁
전류, 접점, 전기 소손 → 전기계통점검

20 ☑□□□□
관이음방법 중 '압착이음'은 어디에 적합한가?

① 동관 등 수리 ② 대구경 고압
③ 플라스틱 본드 ④ 용접 전용

해설
압착 링·너트를 조여 밀착하는 방식으로 수리에 적합하다.
② 고압·대구경은 보통 플랜지이음, 용접이음을 쓴다.
③ 접착이음에 가까운 이야기이다.
④ 압착이음은 용접을 안 하고 기계적으로 눌러서 고정하는 방식이다.

미니 팁
압착이음 = 동관·소구경관, 간편 수리용

정답 17 ② 18 ① 19 ③ 20 ①

21 ☑☐☐☐☐
카운터바란스밸브의 주된 쓰임새는?

① 양방향 과압방지
② 하중을 지지하며 급강하방지
③ 압력을 전기신호로 변환
④ 공기를 건조

해설
하중이 있는 실린더의 낙하를 제어하고 안정적으로 내린다.
① 양방향 릴리프와 다르다.
③ 압력스위치의 기능
④ 드라이어의 기능

미니 팁
카운터는 거꾸로 받쳐 준다.

22 ☑☐☐☐☐
시퀀스밸브의 용도는 무엇인가?

① 과압방지
② 다음 동작을 개시
③ 유량분배
④ 온도제어

해설
설정 압력에 도달하면 다음 액추에이터가 작동
① 릴리프의 기능
③ 분류/집류밸브의 기능
④ 온도기기의 역할

미니 팁
시퀀스 = 순서 제어

23 ☑☐☐☐☐
감압밸브의 역할은 무엇인가?

① 상시 우회 배출
② 2차 측 압력을 일정값으로 낮춰 유지
③ 순간 압력 보조
④ 역류방지

해설
감압밸브는 하류 압력을 설정값으로 유지한다.
① 릴리프 동작과 혼동했다.
③ 어큐뮬레이터의 기능이다.
④ 체크밸브의 기능이다.

미니 팁
감(줄일 감) + 압

24 ☑☐☐☐☐
릴리프밸브의 기본 기능은 무엇인가?

① 설정 압력 이상에서 우회 방출
② 항상 압력 감소유지
③ 두 회로의 압력 균등화
④ 배압 형성

해설
과압을 방지하기 위해 일정 압력 이상이면 유체를 탱크 등으로 우회시킨다.
② 감압밸브의 기능이다.
③ 분류/집류와 다른 개념이다.
④ 별도 회로에서 형성한다.

미니 팁
릴리프 = 넘치면 빼기

정답 21 ② 22 ② 23 ② 24 ①

25

언로드밸브의 주된 목적은 무엇인가?

① 역류방지
② 펌프를 무부하상태로 전환
③ 배압 형성
④ 압력 상승

해설

필요 없을 때 펌프를 무부하로 돌려 에너지 낭비를 줄인다.
① 체크밸브의 기능이다.
③ 카운터바란스·브레이크회로 등에서 다룬다.
④ 목적과 반대이다.

미니 팁
언로드 = 짐 내리기(무부하)

26

실린더의 끝단 충격을 줄이기 위해 캡 부분에 설치하는 것은?

① 완충장치
② 프레셔스위치
③ 루브리케이터
④ 셔틀밸브

해설

캡 내부의 쿠션 구조로 종단 충격을 흡수한다.
② 압력 도달 여부를 전기신호로 바꾸는 스위치
③ 소량의 오일을 섞어 윤활해 주는 장치
④ 두 압력 중 하나를 선택해 출력으로 보내는 밸브

미니 팁
'끝단 = 쿠션'으로 짝지어 기억한다.

27

복동실린더제어에 널리 쓰이는 밸브 구성은 무엇인가?

① 3포트 2위치
② 4포트 2위치
③ 5포트 2위치
④ 2포트 2위치

해설

5/2밸브는 A·B포트와 두 배기 포트를 가져 복동제어에 적합하다.
① 보통 단동실린더용이나 간단한 ON/OFF 용도에 쓰는 구성이다.
② 4/2도 가능하지만 일반적으로 5/2 또는 5/3이 널리 쓰인다.
④ 밸브 하나 열고 닫는 단순 ON/OFF용이다.

미니 팁
복동 = '5포트'가 기본이라고 기억한다.

28

대용량 연속운전에 적합하며 임펠러 회전에 의해 압축하는 형식은 무엇인가?

① 왕복식
② 베인식
③ 원심식
④ 스크류식

해설

원심식은 임펠러의 원심력으로 대량의 공기를 연속 압축한다.
① 피스톤 왕복
② 슬라이드 베인
④ 로터 맞물림방식

미니 팁
'대용량·임펠러·연속' 세 단어가 보이면 원심식이다.

정답 25 ② 26 ① 27 ③ 28 ③

29

배기 유량을 크게 하여 실린더 속도를 높이는 데 사용하는 밸브는 무엇인가?

① 급속배기밸브 ② 시퀀스밸브
③ 레귤레이터   ④ 소음기

해설

배기 경로를 대기로 빠르게 개방하여 스트로크 시간을 줄인다.
② 설정 압력 도달 시 다음 동작을 여는 밸브
③ 압력을 일정하게 유지
④ 배기 소음을 줄이는 부품(유량 증가 목적이 아님)

미니 팁

'배기 빨리 = 속도↑'로 연결한다.

30

다이어프램실린더의 장점으로 옳은 것은?

① 고압 사용이 용이하다.
② 마찰이 적어 정밀한 힘제어가 가능하다.
③ 윤활이 반드시 필요하다.
④ 로드가 항상 두 개이다.

해설

다이어프램은 마찰이 적고 정밀제어에 유리하나 고압에는 부적합하다.
① 저·중압에서 소형, 정밀제어용에 많이 쓰인다.
③ 윤활이 거의 필요 없거나, 적게 필요하다.
④ 양로드형 실린더 특징이다.

미니 팁

'막(다이어프램) = 저마찰'로 외운다.

31

다음 중 실린더 중간 정지를 위해 중립 위치가 필요한 밸브는 무엇인가?

① 2/2   ② 3/2
③ 4/2   ④ 4/3

해설

4/3 밸브는 센터 위치가 있어 중간 정지가 가능하다.
① 단순 ON/OFF이다.
② 단동용이다.
③ 중립이 없다.

미니 팁

"/3 = 중립 있음"으로 기억한다.

32

다음 중 축압기 설치 시 가스주입에 관한 올바른 지침은 무엇인가?

① 산소 사용   ② 공기 사용
③ 질소 사용   ④ 아르곤 사용

해설

질소는 불활성 가스라서 잘 안 타고, 화학반응도 적고, 유압유와 섞여도 폭발·화재 위험이 적기 때문에 가스 주입은 반드시 질소(N_2)를 사용한다.
①, ② 산화·폭발 위험이 있다.
④ 일반 지침이 아니다.

미니 팁

축압기 = 질소 고정으로 기억한다.

정답 29 ① 30 ② 31 ④ 32 ③

33 ☑☐☐☐☐
라인필터 옆에 함께 두어 철분을 보조적으로 제거하는 장치는 무엇인가?

① 디스크필터 ② 카트리지필터
③ 마그네틱필터 ④ 리턴필터

> **해설**
> 자석으로 금속분진을 보조 제거한다.
> ①, ②, ④ 기본 여과 소자 형태이다.
>
> **미니 팁**
> 철분 = 자석으로 연상한다.

34 ☑☐☐☐☐
다음 중 유량일정유지와 직접 관련이 적은 것은?

① 압력보상 유량제어밸브
② 체크 일체형 유량제어밸브
③ 유체퓨즈
④ 스로틀밸브

> **해설**
> 유체퓨즈는 과유량 시 차단하는 안전장치이며 속도 일정화 목적은 아니다.
> ① 압력이 변해도 유량을 거의 일정하게 유지하도록 만든 밸브이다.
> ② 한쪽 방향은 스로틀(유량조절), 반대 방향은 체크(자유통과)로 구성되어 주로 왕복실린더 한쪽 속도조절에 쓰인다.
> ④ 구멍을 조여 유량 크기를 정하는 밸브이다.
>
> **미니 팁**
> 퓨즈 = 차단 안전장치로 기억한다.

35 ☑☐☐☐☐
다음 중 '부분회로의 압력을 주회로보다 낮게' 유지하는 밸브는 무엇인가?

① 릴리프밸브 ② 감압밸브
③ 시퀀스밸브 ④ 언로드밸브

> **해설**
> 감압밸브는 일부 회로의 압력을 낮게 제어한다.
> ① 전체 제한이다.
> ③ 순서제어이다.
> ④ 무부하 전환이다.
>
> **미니 팁**
> 감압 = "부분 낮춤"으로 기억한다.

36 ☑☐☐☐☐
주파수의 단위로 알맞은 것은?

① s ② Hz
③ N ④ Pa

> **해설**
> 주파수는 초당 진동수로 Hz이다.
> ① 시간 단위이다.
> ③ 힘 단위이다.
> ④ 압력 단위이다.
>
> **미니 팁**
> 60 [Hz]는 1초에 60번 진동한다는 뜻이다.

정답 33 ③ 34 ③ 35 ② 36 ②

37 ☑□□□□
직렬회로에서 전류의 크기는 각 소자에서 어떻게 되는가?

① 모두 같다.
② 큰 저항에서 더 크다.
③ 작은 저항에서 더 크다.
④ 임의로 달라진다.

해설
- 직렬회로에서는 같은 전류가 흐른다.
- 병렬회로에서는 전류분배법칙이 적용되어 저항이 다르면 각 도선에 흐르는 전류도 달라진다.

미니 팁
직렬 = 같은 전류, 병렬 = 같은 전압이다.

38 ☑□□□□
압력센서의 출력으로 흔한 형태는 무엇인가?

① 전류나 전압 신호   ② 빛
③ 자기장   ④ 온도

해설
압력에 비례한 전류나 전압으로 출력한다.
② 광센서 출력이다.
③ 홀센서 출력이다.
④ 온도센서 출력이다

미니 팁
4-20 [mA] 전류 루프를 자주 사용한다.

39 ☑□□□□
소프트스타터의 주된 목적은 무엇인가?

① 속도를 높인다.
② 기동전류와 충격을 줄인다.
③ 역상 보호를 한다.
④ 전력량을 늘린다.

해설
소프트스타터는 점진적으로 전압을 올려 기동 충격을 줄인다.
① 기능과 다르다.
③ 다른 보호기이다.
④ 목적이 아니다.

미니 팁
소프트 = 부드럽게, 스타터 = 시작

40 ☑□□□□
접촉기의 보조접점 'a접점'의 평상시 상태로 알맞은 것은?

① 평상시 열림   ② 평상시 닫힘
③ 항상 용접됨   ④ 상시 펄스

해설
a접점은 평상시 열림, 동작 시 닫힘이다.
② b접점의 상태이다.

미니 팁
a열림, b닫힘 : "아! 열바닫"으로 외운다.

정답 37 ① 38 ① 39 ② 40 ①

41 ☑☐☐☐☐
다음 중 '전원부'에 해당하지 않는 것은?

① 변압기　　② 정류기
③ 발전기　　④ 전극홀더

해설

전극홀더는 출력 측 장치이고, ①, ②, ③은 전원부 구성이다.

미니 팁

"홀더 = 출력, 변·정·발 = 전원"으로 기억한다.

42 ☑☐☐☐☐
용접기 과전류로부터 장비를 보호하는 장치는?

① 전류조정기
② 과전류 차단기
③ 접지클램프
④ 환기구

해설

과전류 시 회로를 차단해 장비를 보호한다.
① 조정
③ 회로 완성
④ 냉각/통풍

미니 팁

"과전류 = 차단기로 끊는다"로 이해한다.

43 ☑☐☐☐☐
용접봉 건조기 사용 시 주의로 옳은 것은?

① 재건조 횟수 제한이 없다.
② 저온 건조가 바람직하다.
③ 건조 후 보온기를 이용하여 보관한다.
④ 건조된 용접봉은 상온에서 보관한다.

해설

재흡습방지 위해 100 ~ 150[℃] 보온기 보관을 권장한다.
① 반복건조는 피복 손상 우려가 크다.
② 너무 낮은 온도는 건조효과 부족이다.
④ 상온에 두면 다시 습기를 먹어서 기공·균열 원인이 된다.

미니 팁

"건조 → 보온 → 즉시 사용" 순서를 따른다.

44 ☑☐☐☐☐
피복아크용접 설비 구성 중 '보조 설비'에 속하지 않는 것은?

① 전격방지기　　② 용접봉건조기
③ 용접포지셔너　　④ 접지클램프

해설

접지클램프는 기본 회로 구성품이며, ①, ②, ③은 보조 설비 범주이다.

미니 팁

접지는 안전을 위한 필수요소이다.

45 ☑☐☐☐☐

루틸계·산화철계 일반용접봉의 재건조 조건으로 알맞은 것은?

① 70 ~ 100 [℃], 30 ~ 60분
② 300 ~ 350 [℃], 1 ~ 2시간
③ 350 ~ 400 [℃], 1 ~ 2시간
④ 재건조 금지

해설

일반 계열은 사용 전 가볍게 재건조한다.
② 일반구조용 저수소계의 조건이다.
③ 고장력강용 저수소계의 조건이다.
④ 셀룰로오스계 원칙이다.

미니 팁

"일반 = 저온·짧게"를 기억한다.

46 ☑☐☐☐☐

아크용접에서 전원장치와 함께 반드시 필요한 기본 구성품이 아닌 것은?

① 용접봉홀더
② 어스 클램프
③ 용접 케이블
④ 산소·아세틸렌 레귤레이터

해설

④ 가스용접·절단에 사용하는 장치이다.
①, ②, ③ 피복아크용접 기본 구성품이다.

미니 팁

공정별 장비를 구분한다.

47 ☑☐☐☐☐

직류 극성 선택에 대한 일반적 설명으로 옳은 것은?

① 정극성(DCEN)은 얕은 용입에 유리하다.
② 역극성(DCEP)은 얕은 용입에 유리하다.
③ 정극성과 역극성은 모두 용입에 동일하다.
④ 극성은 비드 색상만 달라진다.

해설

정극성은 비교적 얕은 용입으로 박판작업에 유리하며, 역극성은 침투력이 크다.
② 반대 설명이다.
③, ④ 사실과 다르다.

미니 팁

'정 = 얕음, 역 = 깊음'으로 외운다.

48 ☑☐☐☐☐

아래보기(1G)에서 전극 각도의 일반적 범위는?

① 45° ± 5°   ② 60 ~ 70°
③ 70 ~ 80°   ④ 100 ~ 110°

해설

1G는 전극을 진행방향으로 약간 기울여 70 ~ 80° 정도를 유지한다.
① 필릿·모서리기준이다.
②, ④ 일반 범위를 벗어난다.

미니 팁

'아래보기 = 70 ~ 80°' 숫자 암기

정답 45 ① 46 ④ 47 ① 48 ③

49 ☑□□□□

모재와 용가재를 완전 관통 없이 삼각 단면 비드로 메우는 용접은?

① 맞대기용접 ② 필릿용접
③ 단접   ④ 시임용접

해설

필릿용접은 T자 접합부를 삼각형 단면(필릿비드)으로 메우는 방식이다.
① 완전 관통이 목적이다.
③, ④ 압접용접이다.

미니 팁

'필릿 = 삼각 비드'로 연상한다.

50 ☑□□□□

외측모서리용접에서 전류 선택 시 유의점으로 옳은 것은?

① 과입방지를 위해 전류를 매우 낮춘다.
② 외관을 고려하되 적정전류를 유지한다.
③ 항상 최대전류를 사용한다.
④ 전류는 품질에 영향이 없다.

해설

외측은 외관이 중요하지만, 적정전류로 결함 없이 비드를 형성해야 한다.
① 과도 저전류는 용입 부족·오버랩을 초래한다.
③ 과전류는 언더컷 위험이 있다.
④ 전류는 품질 핵심변수이다.

미니 팁

'외관 + 적정전류' 두 마리 토끼를 잡는다.

51 ☑□□□□

불꽃 구성 중 가장 높은 온도를 보이는 부분은 무엇인가?

① 불꽃심   ② 속불꽃
③ 겉불꽃   ④ 탄화환

해설

속불꽃은 약 3,200 ~ 3,500 [℃]로 가장 고온이다. 불꽃심은 약 1,500 [℃], 겉불꽃은 약 2,000 [℃]이다.
④ 환원불꽃의 형태 표시이다.

미니 팁

속불꽃(최고) > 겉불꽃 > 불꽃심

52 ☑□□□□

토치 혼합이 노즐 끝단에서 이루어져 안전성이 높은 방식은 무엇인가?

① 전혼합식   ② 후혼합식
③ 혼합식이 아님 ④ 산소창식

해설

후혼합식은 노즐 끝단에서 혼합되어 안전성이 높고 일반절단에 적합하다.
① 내부 혼합으로 역화 위험이 큰 편이다.

미니 팁

역화방지기는 항상 부착한다.

정답 49 ② 50 ② 51 ② 52 ②

53 ☑☐☐☐☐
레이저절단의 장점으로 옳지 않은 것은?

① 고정밀·비접촉
② 후가공 거의 불필요
③ 두꺼운 강괴 파괴에 최적
④ 자동화 용이

해설
두꺼운 강괴 파괴는 산소창절단이 적합하다. 레이저는 박판·정밀 가공에 강하다.

미니 팁
레이저 장비는 고가이다.

54 ☑☐☐☐☐
수중절단의 특징으로 옳은 것은?

① 열변형이 늘어난다.
② 장비가 단순하다.
③ 냉각효과로 열변형이 적다.
④ 산소가 불필요하다.

해설
물의 냉각효과로 열영향부와 변형이 상대적으로 적다. 다만 장비는 복잡하다.

미니 팁
보조 점화에는 수소를 사용한다.

55 ☑☐☐☐☐
아크에어가우징 설명으로 틀린 것은?

① 탄소 전극과 아크를 사용한다.
② 압축공기로 용융금속을 불어낸다.
③ 비철금속은 사용할 수 없다.
④ 결함 제거·홈 가공에 쓴다.

해설
아크에어가우징은 대부분의 도전성 금속에 적용 가능하다. 스테인리스·구리·알루미늄 등에도 가능하다.

미니 팁
가스가우징보다 작업 능률이 높다.

56 ☑☐☐☐☐
보안경 선택이 필요한 작업이 아닌 것은?

① 연삭·절단   ② 용접
③ 화학약품 취급   ④ 운반

해설
비래물·파편·연기위험이 있는 작업에서 보안경을 착용한다. 단순 운반작업은 기본적으로 눈으로 뭔가 튀어 들어가는 위험이 상대적으로 적다.

미니 팁
보안경 = 파편, 빛, 액체로부터 눈을 보호

정답 53 ③ 54 ③ 55 ③ 56 ④

57 ☑☐☐☐☐
방진마스크 사용 시 가장 중요한 포인트는?

① 작업 전 겉모양(외관)만 간단히 확인한다.
② 착용 후 얼굴에 틈이 없이 최대한 밀착되었는지 확인한다.
③ 사용시간과 관계없이 필터는 오래 쓸수록 경제적이다.
④ 숨쉬기 편하도록 코 부분을 느슨하게 벌려둔다.

해설
마스크는 얼굴에 밀착되어야 성능이 나온다. 이물질 제거 후 착용한다.

미니 팁
작업 종류에 맞는 등급(KF등)을 선택한다.

58 ☑☐☐☐☐
안전관리에서 '직접원인'이 아닌 것은?

① 물체결함
② 방호장치 결함
③ 불충분한경보시스템
④ 안전 지식 부족

해설
안전지식 부족은 간접원인(배경요인)이다. 직접원인은 설비·환경의 결함이다.
①, ②, ③ 직접원인에 해당한다.

미니 팁
• 눈에 보이는 설비·환경·행동 문제 → 직접원인
• 교육, 규정, 관리, 지식 부족 → 간접원인

59 ☑☐☐☐☐
조립작업장 조명에 대한 바람직한 조건은?

① 강한 그림자 형성
② 가급적 자연광을 이용
③ 작업부 주변 밝기 차이 작게
④ 통로 조도 50 [lx]

해설
작업부와 주변의 밝기 차이가 적어야 눈의 피로와 오판을 줄인다.
① 작업부가 안 보이거나 헷갈려서 좋지 않다.
② 시간·날씨에 따라 밝기와 방향이 크게 변한다.
④ 통로는 75 [lx]이상이다.

미니 팁
눈부심(글레어)도 최소화한다.

60 ☑☐☐☐☐
산업안전보건 교육 중 관리감독자 교육의 일반 기준은?

① 연 8시간 이상
② 연 12시간 이상
③ 연 16시간 이상
④ 의무 없음

해설
관리감독자 정기안전보건교육은 연간 16시간 이상 실시한다.

미니 팁
일정표로 연간 교육 이수를 관리한다.

정답 57 ② 58 ④ 59 ③ 60 ③

제9회 모의고사

01 ☑☐☐☐☐
기어의 모듈이 커지면 일반적으로 어떻게 되는가?

① 톱니가 조밀해진다.
② 톱니가 굵어진다.
③ 속도비가 변한다.
④ 윤활이 불필요해진다.

해설
모듈은 톱니 크기기준으로, 커지면 톱니가 굵어진다.
① 반대이다.
③ 속도비는 이수 비로 결정한다.
④ 윤활은 필요하다.

미니 팁
"모듈↑ = 톱니 굵음"

02 ☑☐☐☐☐
헬리컬기어 사용 시 축방향 힘(스러스트)이 생기는 이유는?

① 톱니가 직선이라서
② 톱니가 사선이라서
③ 윤활이 부족해서
④ 백래시가 없어서

해설
헬리컬기어는 톱니가 사선(비스듬)으로 깎여 있어 맞물릴 때 힘이 회전방향 성분 + 축방향 성분(스러스트)으로 나뉜다. 이 축방향 힘 때문에 베어링에 스러스트 하중을 견딜 구조가 필요
① 직선(스퍼기어)은 축방향 힘이 거의 없음
③, ④ 스러스트 발생의 직접원인이 아님

미니 팁
"사선 → 축방향 힘"

03 ☑☐☐☐☐
스퍼기어의 가장 큰 장점 중 하나는?

① 매우 조용함
② 제작이 쉽고 효율이 좋음
③ 축 교차 허용
④ 윤활 불필요

해설
스퍼기어는 구조가 단순해 제작·효율 면에서 유리하다.
① 헬리컬이 유리
③ 베벨
④ 윤활 필요

미니 팁
"스퍼 = 단순·효율"

정답 01 ② 02 ② 03 ②

04 ☑☐☐☐☐
키홈을 가공할 때 사용하는 기계로 적절한 것은?

① 선반
② 밀링머신
③ 연삭기
④ 드릴프레스

해설
밀링으로 키홈(홈 파기)을 정확히 가공한다.
① 회전 대칭 가공
③ 연마용
④ 주로 구멍 가공

미니 팁
"홈 파기 = 밀링"

05 ☑☐☐☐☐
체인의 장단점 비교에서 틀린 것은?

① 정확한 속도비 전달 가능
② 윤활이 필요 없음
③ 큰 하중 전달 가능
④ 신뢰성 높은 편

해설
체인도 윤활이 필요하다. 오히려 벨트는 마찰력을 이용해야 하므로 윤활이 필요없다.

미니 팁
"정확·강한 = 체인, 윤활 필요!"

06 ☑☐☐☐☐
롤러 베어링의 장점으로 옳은 것은?

① 점 접촉으로 마찰 매우 작음
② 선 접촉으로 큰 하중에 유리함
③ 윤활 불필요
④ 고속회전에만 적합

해설
롤러는 선 접촉이라 큰 하중에 유리하다.
① 점 접촉은 볼 베어링의 특징
③ 윤활은 필수
④ 고속 전용이 아니라, 형식에 따라 고속성은 볼 베어링이 유리한 경우 다수

미니 팁
"롤러 = 선접촉, 볼 = 점접촉"

07 ☑☐☐☐☐
커플링이 필요한 이유 중 옳지 않은 것은?

① 두 축의 미세한 정렬 오차 보정
② 충격 완화
③ 토크 전달
④ 속도비 정수 확보

해설
속도비는 전동방식(기어, 벨트) 문제이지 커플링 목적이 아니다.

미니 팁
"커플링 = 연결·완충·보정"

정답 04 ② 05 ② 06 ② 07 ④

08

다음 중 회전체나 회전축의 흔들림 점검, 공작물의 평행도 및 평면상태의 측정에 사용하는 공구는?

① 필러게이지 ② 다이얼게이지
③ 피치게이지 ④ 마이크로미터

해설

다이얼게이지는 끝에 작은 핀이 있고 그 핀이 움직이면 앞에 있는 다이얼이 돌아가면서 아주 작은 변화를 눈금으로 보여주는 공구이다.
① 틈새(간격) 크기를 재는 공구이다.
③ 나사산의 피치(간격)를 확인하는 공구이다.
④ 직경, 두께 같은 치수를 측정하는 공구이다.

미니 팁

흔들림, 진동, 높이 변화 → 다이얼게이지

09

압축기 '압력·온도상태'가 기준치를 넘을 때 조치는?

① 원인 분석 후 조치
② 즉시 오일 교환으로 해결
③ 전선 용량 증가
④ 벨트 교체로 해결

해설

기압력·온도가 기준치를 넘으면 우선 부하 감소·정지 후 원인 진단을 한다. 냉각 불량, 드레인 막힘, 밸브·씰 손상, 오일 부족·열화, 센서 이상, 흡입필터 막힘 등이 원인일 수 있다.

미니 팁

냉각, 밸브, 누설 등 복합 원인을 본다.

10

기어 손상의 분류 중 피칭과 관련이 있는 것은?

① 마모   ② 용착
③ 소성항복 ④ 표면피로

해설

피칭(Pitting)은 기어 이의 표면에 쪼그만 점·구멍처럼 패이는 현상이다.
① 서서히 갈려나가는 것
② 높은 압력과 열로 금속끼리 붙어버렸다가 뜯기는 손상
③ 너무 큰 힘을 받아서 금속이 영구적으로 휘거나 눌려버리는 것

미니 팁

작은 점·구멍 = 피칭 = 표면피로

11

강관보다 무겁고 약하지만 내식성이 강하고 가격이 저렴하여 주로 매설관으로 많이 사용하는 것은?

① 강관   ② 구리관
③ 주철관   ④ 염화비닐관

해설

강관보다 무겁고, 인장강도는 낮다. 하지만 녹에 강하고(내식성 좋고) 대량 생산 시 가격이 비교적 싸다.
① 강하고 튼튼하지만 녹이 잘 슨다.
② 내식성 좋지만 값이 비싸다.
④ 가볍다.

미니 팁

상수도관, 하수도관, 매설관 = 주철관

정답 08 ② 09 ① 10 ④ 11 ③

12 ☑☐☐☐☐
기계 윤활에서 윤활작용이 아닌 것은?

① 알파작용　　② 감마작용
③ 세정작용　　④ 응력분산작용

해설

② 마찰을 줄이고, 마모를 줄이고, 기계를 부드럽게 움직이게 한다.
③ 윤활유가 이물·찌꺼기(슬러지)를 씻어내는 역할을 한다.
④ 유막이 완충재처럼 작용해서 충격·하중을 분산시키는 역할을 한다.

미니 팁

알파, 베타, 감마의 감마가 아니다.

13 ☑☐☐☐☐
윤활유가 수분과 혼합하여 유화액을 만들어 윤활유가 열화되는 현상은?

① 유화　　② 탄화
③ 산화　　④ 희석

해설

유화란 윤활유(기름) 안에 물(수분)이 섞여서 뿌옇게 우유처럼 변하는 현상을 말한다.
② 열을 많이 받아 기름이 타서 까맣게 되는 현상이다.
③ 공기(산소)와 반응해서 점도 증가, 산가 증가, 찌꺼기 증가 같은 열화를 말한다.
④ 연료나 다른 가벼운 액체가 섞여 기름이 묽어지는 현상이다.

미니 팁

기름 + 물 → 뿌연 우유처럼 됨 = 유화

14 ☑☐☐☐☐
감속기축 정렬이 틀어졌을 때 예상되는 현상은?

① 진동·소음 증가　　② 전압 강하
③ 용접부 크랙　　　④ 전선 가열

해설

감속기와 모터·피동축 사이의 축 정렬이 틀어지면 커플링 편심·각도 오차로 인해 진동과 소음이 증가한다. 이어서 베어링 과열·수명 저하, 씰 누유, 커플링 파손, 치형 편마모로 진행될 수 있다.

미니 팁

커플링 정렬을 재조정한다.

15 ☑☐☐☐☐
전동기 '전압·전류'의 상별 불균형 시 나타날 수 있는 문제는?

① 효율 상승　　　② 과열 및 토크 저하
③ 소음 감소　　　④ 절연저항 증가

해설

상별 전압·전류가 불균형이면 회전자에 비대칭 자속이 생겨 무효전류와 손실이 증가하고 과열된다. 또한 유효토크 생성이 불안정해 토크가 저하되고 진동·소음이 커질 수 있다. 장시간 방치 시 권선 절연 열화로 고장으로 이어질 수 있다.
① 손실이 늘어 효율은 떨어지는 경향이 있다.
③ 불균형은 보통 진동·소음을 증가시킨다.
④ 과열로 절연저항은 오히려 감소하기 쉽다.

미니 팁

전원·배선을 점검한다.

정답 ● 12 ① 13 ① 14 ① 15 ②

16
전동기 '접지'가 불량할 때 위험은?

① 진동 증가 ② 화재 위험 증가
③ 냉각 불량 ④ 소음 증가

해설
전동기 접지가 불량하면 누설전류가 기계 외함으로 흐를 수 있어 감전 위험이 커지고, 접촉불량·지락 시 과열·아크로 화재 위험이 증가한다. 보호장치(누전차단기 등)의 정상 동작도 지연될 수 있다.
①, ③, ④ 접지와 관련이 없다.

미니 팁
접지불량 = 감전 + 화재위험

17
전동기 '팬'이 파손되면 나타날 수 있는 현상은?

① 과냉각 ② 과열
③ 회전수 증가 ④ 진동 0

해설
전동기 팬이 파손되면 강제 공냉이 사라져 권선·철심의 온도가 상승한다. 계속 운전 시 절연 열화, 베어링 그리스 열화, 과열 트립으로 이어질 수 있다.
① 냉각 성능이 떨어지므로 과열이 발생한다.
③ 부하 변동에 따라 전류·토크가 변할 수는 있으나 속도 증가는 일반적 결과가 아니다.
④ 팬 불균형이나 잔여 파편으로 진동이 오히려 증가하기 쉽다.

미니 팁
팬 = 냉각기능

18
밸브 정비 시 '전동/공압밸브'의 공통 주의는?

① 전원차단 ② 윤활유 제거
③ 도장 제거 ④ 핸들 강제 회전

해설
전동밸브와 공압밸브 모두 정비 전에는 에너지 격리(LOTO)가 기본 원칙이다. 전원을 차단하고 (전동기·컨트롤러), 공압의 경우에는 추가로 공기 공급 차단 및 배압 해제를 시행한다. 공통 주의로서 가장 먼저 이루어져야 하는 조치는 전원차단이다.

미니 팁
압력도 완전히 제거한다.

19
일반적으로 회전 중에 변속조작이 가능한 것은?

① 무단변속기 ② 헬리컬기어감속기
③ 웜감속기 ④ 베벨기어감속기

해설
무단변속기(CVT)는 말 그대로 회전 중에도 기어비(속도비)를 연속적으로 바꿀 수 있는 장치이다. ②, ③, ④ 전부 기어비가 고정된 감속기이다. 운전 중에 "변속 조작"을 하는 개념이 아니라 설치할 때 기어비를 정해 놓고 사용하는 감속기이다.

미니 팁
무단변속 = 기어 없이 변속가능

정답 16 ② 17 ② 18 ① 19 ①

20 ☑☐☐☐☐
송풍기 임펠러에 먼지가 많이 부착되면?

① 베어링의 하중이 감소
② 불균형으로 진동 증가
③ 유량 증가
④ 속도저하

해설

임펠러에 먼지가 비대칭으로 부착되면 질량 불균형이 커져 진동·소음이 증가하고 베어링 하중이 상승한다. 효율 저하로 유량·정압도 떨어지는 경향이 있다.
① 불균형으로 하중이 오히려 증가한다.
③ 오염·거칠기 증가로 유량이 감소하는 편이다.
④ 정속운전의 유도 전동기에서는 부하 변화로 회전수가 크게 떨어지지 않으며, 문제의 본질은 속도보다 불균형·진동이다.

미니 팁
청소 후 밸런싱을 확인한다.

21 ☑☐☐☐☐
가변 교축(스로틀)밸브의 직접적 효과는 무엇인가?

① 압력일정   ② 유량 변화
③ 온도상승   ④ 윤활 향상

해설

가변 교축(스로틀) 밸브는 통로 면적을 조절하여 흐름에 저항(압력강하)을 만들어 유량을 직접적으로 변화시킨다. 그 결과 실린더·모터의 속도제어에 사용된다.
① 감압·레귤레이터의 기능이다.
③ 부수효과일 수 있으나 본질이 아니다.

미니 팁
교축 = 목 조르기 → 유량 변화

22 ☑☐☐☐☐
분류/집류밸브의 역할 조합으로 옳은 것은?

① 분류 : 한 줄 → 여러 줄
   집류 : 여러 줄 → 한 줄
② 분류 : 고속 → 저속
   집류 : 저속 → 고속
③ 분류 : 여러 줄 → 한 줄
   집류 : 한 줄 → 여러 줄
④ 분류 : 저속 → 고속
   집류 : 고속 → 저속

해설

- 분류밸브는 한 계통의 유체를 여러 라인으로 나누어 보내는 역할을 한다.
- 집류밸브(매니폴드)는 여러 라인의 유체를 한 라인으로 모으는 역할을 한다.

미니 팁
분(나눔)·집(모음)

23 ☑☐☐☐☐
공기압 조정 유니트(FRL) 중 루브리케이터의 역할은 무엇인가?

① 압력 조정　　② 수분 제거
③ 윤활유 공급　④ 유량분배

해설
FRL에서 루브리케이터는 압축공기 흐름에 미세한 윤활유 미스트를 섞어 밸브·실린더 등 내부 마찰부의 마모를 줄이고 수명을 늘리는 역할을 한다.
① 압력 조정 : 레귤레이터의 기능이다.
② 수분 제거 : 필터/드레인의 기능이다.
④ 유량분배 : 분류밸브의 기능이다.

미니 팁
루브 = 마모 감소

24 ☑☐☐☐☐
공기드라이어의 목적은 무엇인가?

① 오일 분리　　② 수분 제거
③ 입자 여과　　④ 윤활유 공급

해설
압축공기 내 수분을 제거해 부식·결빙을 예방한다.
① 오일 분리기는 별도장치이다.
③ 필터의 기능이다.
④ 루브리케이터의 기능이다.

미니 팁
드라이 = 물 제거

25 ☑☐☐☐☐
유량제어밸브의 주된 목적은 무엇인가?

① 급가속　　② 속도제어
③ 역류방지　④ 온도제어

해설
실린더나 모터의 속도 = 유량에 비례한다.
더 많이 보내면 빨라지고 덜 보내면 느려진다.
① 유량을 갑자기 확 늘리는 위험한 동작이다.
③ 체크밸브의 기능이다.
④ 냉각기의 역할이다.

미니 팁
유량 = 속도

26 ☑☐☐☐☐
압축된 공기를 냉각해 수분 제거에 도움을 주는 장치는 무엇인가?

① 공기냉각기　② 루브리케이터
③ 레귤레이터　④ 체크밸브

해설
공기냉각기는 온도를 낮추어 응축을 유도하고 수분 제거에 유리하다.
② 윤활기능이다.
③ 압력조정기능이다.
④ 역류방지기능이다.

미니 팁
'냉각 = 수분 응축' 흐름을 떠올린다.

정답 23 ③　24 ②　25 ②　26 ①

27 ☑☐☐☐☐

단동실린더로 사용하기 어려운 것은?

① 피스톤실린더(스프링 복귀형)
② 격판(다이어프램)실린더
③ 벨로즈실린더
④ 로드리스실린더

해설
로드리스는 대개 복동 구조로 운용한다.
①, ②, ③ 단동 운용이 가능하다.

미니 팁
'로드가 없다 = 캐리지 이동 = 복동 운용'로 떠올린다.

28 ☑☐☐☐☐

왕복식·대형 스크류식에 많이 쓰이며 윤활유를 펌프로 빨아 올려 필터·냉각기를 거친 뒤 다시 윤활 지점으로 보내는 방식은 무엇인가?

① 분무식   ② 순환식
③ 자연식   ④ 충전식

해설
순환식은 오일펌프로 윤활유를 순환 공급한다.
① 공기와 함께 미스트로 분사하는 방식이다.
③ 중력이나 자연유하로 흘리는 단순한 방식이다.
④ 한 번 채워 넣고 거의 순환 없이 쓰다가 교환하는 방식이다.

미니 팁
'펌프 = 순환식'으로 연결한다.

29 ☑☐☐☐☐

압축공기를 저장하여 맥동을 흡수하고 순간 대량 공급을 돕는 것은?

① 공기탱크   ② 레귤레이터
③ 루브리케이터   ④ 에어드라이어

해설
공기탱크는 저장과 맥동 흡수로 공급 안정에 기여한다.
② 압력일정화
③ 윤활
④ 수분 제거

미니 팁
탱크 = 저장·완충 개념으로 묶는다.

30 ☑☐☐☐☐

공냉식 냉각장치의 특징으로 적절한 것은?

① 냉각수 관리가 필요하다.
② 팬으로 외부 공기를 이용한다.
③ 대형 연속운전에만 적합하다.
④ 설치 면적이 크게 필요하다.

해설
공냉식은 팬으로 외부 공기를 이용하여 비교적 간단하다.
① 수냉식 특징이다.
③ 소형부터 중형까지 널리 쓰이며 대형 연속운전에만 한정되지 않는다.
④ 같은 용량에서 수냉식보다 보통 면적 요구가 작거나 단순한 편이다

미니 팁
'공냉 = 팬, 수냉 = 물'로 정리한다.

정답 ▶ 27 ④ 28 ② 29 ① 30 ②

31 ☑□□□□

다음 중 피스톤펌프의 일반적 특징으로 옳은 것은?

① 저압 · 저효율   ② 고압 · 고효율
③ 중압 · 저소음   ④ 초저압 · 대유량

해설

피스톤펌프는 고압 · 고효율이나 구조가 복잡하고 고가이다.
① 기어펌프 성향이다.
③ 베인펌프 성향이다.

미니 팁

'피스톤 = 힘 세고 비싸다'로 기억한다.

32 ☑□□□□

다음 중 실린더 하강 시 과속을 방지하기 위해 주로 쓰는 밸브는 무엇인가?

① 카운터밸런스밸브   ② 릴리프밸브
③ 언로드밸브   ④ 감압밸브

해설

하강방향에 부하가 끌어내리는 오버런(런어웨이) 상황에서 카운터밸런스밸브가 배출 유로를 제한하여 적정 압력(백프레셔)을 유지함으로써 실린더가 과속하지 않도록 제어한다. 흔히 로드실린더 하강제어에 사용한다.
② 설정 압력 초과 시 시스템 과압을 방출하는 보호용
③ 특정 조건에서 펌프 토출을 탱크로 우회(무부하 순환)시키는 밸브
④ 2차 측 압력을 일정하게 낮추는 밸브

미니 팁

카운터 = "하강 잡아줌"으로 기억한다.

33 ☑□□□□

다음 중 축압기의 용도가 아닌 것은?

① 유압 에너지 저장   ② 충격 완충
③ 맥동 제거   ④ 압력 증폭

해설

축압기(어큐뮬레이터)는 유압 회로에서 충격을 완화하는 비상탱크 역할을 한다. 압력증폭은 증압기 기능이다.

미니 팁

저장 · 완충 · 맥동저감만 기억한다.

34 ☑□□□□

다음 중 유압복동실린더제어에 '가장 일반적'으로 쓰이는 밸브형식은 무엇인가?

① 4/2   ② 4/3
③ 3/2   ④ 2/2

해설

4포트 3위치가 복동실린더에 가장 보편적으로 사용된다.
① 4포트 2위치로도 구동은 가능하나 중립 위치가 없어 일반적인 설비에서의 범용성 · 안전성이 떨어진다.
③ 보통 단동실린더용
④ 단순 온/오프밸브

미니 팁

- 공압복동실린더 → 5/2, 5/3
- 유압복동실린더 → 4/3

정답 31 ② 32 ① 33 ④ 34 ②

35 ☑☐☐☐☐

다음 중 유압유의 주요성질과 설명의 연결이 올바른 것은?

① 유성 – 부식방지
② 산화안정성 – 산화저항
③ 발포성 – 점도변화율
④ 방청성 – 윤활성능

해설

산화안정성은 산화에 대한 저항력이다. 방청성은 부식방지, 유성은 윤활성능에 관련된다.
①, ④ 항목 연결이 뒤바뀌었다.
③ 발포성은 기포 경향이다.

미니 팁

유 = 윤활, 산 = 산화저항, 발 = 거품, 방 = 녹방지로 정리한다.

36 ☑☐☐☐☐

병렬회로에서 각 가지의 전압은 어떻게 되는가?

① 모두 같다.
② 큰 저항에서 더 크다.
③ 작은 저항에서 더 크다.
④ 임의로 달라진다.

해설

- 병렬에서는 각 가지의 전압이 같다.
- 직렬에서는 전압분배법칙을 적용해서 달라진다.

미니 팁

직렬 = 같은 전류, 병렬 = 같은 전압이다.

37 ☑☐☐☐☐

사인파 교류에서 유효값과 최댓값의 관계로 옳은 것은?

① $V_{\mathrm{rms}} = V_{\mathrm{max}}$
② $V_{\mathrm{rms}} = V_{\mathrm{max}} \div \sqrt{2}$
③ $V_{\mathrm{rms}} = V_{\mathrm{max}} \times \sqrt{2}$
④ $V_{\mathrm{rms}} = 0$

해설

사인파에서 실횻값은 최댓값의 $\dfrac{1}{\sqrt{2}}$이다.

미니 팁

rms(실횻값) = Root Mean Square

38 ☑☐☐☐☐

포토인터럽터의 기본 동작으로 알맞은 것은?

① 빛에 반응한다.
② 자기장에 반응한다.
③ 온도에 반응한다.
④ 수압에 반응한다.

해설

포토인터럽터는 LED(빛 쏘는 쪽) + 포토트랜지스터(빛 받는 쪽) 구조이다. 가운데 슬릿(틈) 사이로 빛이 지나가다가 물체가 끼어들어 빛을 가리면 출력신호가 ON/OFF로 변한다.
② 홀센서 영역이다.
③ 온도센서 영역이다.
④ 압력센서 영역이다

미니 팁

광전센서 유형 중 투과형의 일종이다.

정답 35 ② 36 ① 37 ② 38 ①

39 ☑☐☐☐☐

정지 후 재기동을 방지하기 위한 기능으로 알맞은 것은?

① 자기유지회로 해제
② 역상 보호
③ 과전압 보호
④ 온도 보상

해설

자기유지회로는 한 번 ON하면 스위치를 떼도 자기 자신 접점으로 계속 전원을 유지하는 회로이다. 그런데 전원이 잠깐 나갔다가(정전 등) 다시 들어올 때 자기유지가 그대로 살아 있으면 기계가 혼자 다시 켜져 버릴 수 있다. 이것이 재기동 사고이다.

미니 팁

정지 후 재기동방지 = 자기유지 끊기

40 ☑☐☐☐☐

조그(Jog) 운전의 용도로 알맞은 것은?

① 길게 연속운전   ② 짧게 위치 맞추기
③ 속도 증가   ④ 온도제어

해설

조그(Jog) 운전은 버튼을 누르는 동안만 아주 짧게 구동하여 위치 미세 조정이나 기동방향 확인을 하는 기능이다.

미니 팁

프레스·포장기에 많이 쓴다.

41 ☑☐☐☐☐

E4311의 계열과 자세로 옳은 것은?

① 루틸계, F/H
② 고셀룰로오스계, F/V/O/H
③ 저수소계, F/H
④ 철분저수소계, F/V/O/H

해설

E4311은 고셀룰로오스계로 모든 자세에 적용
① E4313 루틸계 F/V/O/H
③ E4316 저수소계 F/V/O/H
④ E4326 철분저수소계 F/H

미니 팁

"11 = 셀룰로오스, 전자세"로 기억한다.

42 ☑☐☐☐☐

E4316의 전류 조건으로 알맞은 것은?

① AC 또는 DC(±)
② DC(-) 전용
③ AC 또는 DC(+)
④ DC(+) 전용

해설

E4316은 저수소계(16계열) 피복봉으로 교류(AC)와 직류 정극성(DC+)에서 사용하도록 규정된 형식이다. E4326 철분저소소계도 전류조건이 동일하다.

미니 팁

"16 = AC/DC(+), 저수소"를 기억한다.

정답 39 ① 40 ② 41 ② 42 ③

43 ☑□□□□

E4324의 용접자세로 알맞은 것은?

① F/V/O/H ② F/H
③ V/O ④ O 전용

해설

E4324는 '2'가 들어가므로 평면(Flat)과 수평 필릿(Horizontal Fillet)용 전극이다. '4'는 철분계 티타니아(고용착) 타입이라 비드가 두껍고 진행이 빠르지만, 수직·천정(V/O)에는 부적합하다.

미니 팁

3번째 숫자가 2이면 2가지 자세(F/H) 가능

44 ☑□□□□

E4327의 전류 조건으로 가장 가까운 것은?

① F에서는 AC 또는 DC(±), H에서는 AC 또는 DC(-)
② F/H 공통 AC 전용
③ F/H 공통 DC(+) 전용
④ F에서는 DC(-), H에서는 DC(+)

해설

표에 따르면 E4327은 철분산화철계로 용접자세는 F/H이고 전류조건은 자세별로 극성이 다르다.

미니 팁

"27 = 자세별 극성 주의"를 기억한다.

45 ☑□□□□

주철·비철용과 가장 관련 깊은 표기는?

① E ② RB 또는 NS
③ D ④ 43

해설

주철·비철재료는 브레이징(납땜)을 많이 사용하므로 해당 용가재 표기인 RB(브레이징 로드) 또는 NS(소프트 솔더/납땜재 계열 표기)가 직접 관련이 있다.
① 피복아크용 강재용 전극 표기
③ 재질 구분표기가 아님
④ 인장강도 등급을 나타내는 숫자

미니 팁

"특수 = RB/NS"로 구분한다.

46 ☑□□□□

가용접 간격을 너무 좁게 잡았을 때 우려되는 문제는?

① 변형 증가
② 용입 과다
③ 작업 시간 증가 없이 품질 향상
④ 슬래그 혼입 감소

해설

가접이 과도하면 구속이 커져 용접 중 변형·잔류응력이 커질 수 있다.
② 전류·각도 문제이다.
③ 근거가 없다.
④ 청소 품질과 관련이 크다.

미니 팁

가접은 '적정 길이·간격'이 핵심이다.

정답 43 ② 44 ① 45 ② 46 ①

47 ☑☐☐☐☐
아크쏠림현상과 직접 관련이 가장 큰 요인은?

① 전극 피복 두께
② 자기장의 불균형
③ 그루브 각도
④ 용접봉 길이의 절댓값

해설
직류용접에서 자기장 불균형이 아크쏠림의 주된 원인이다.
①, ③, ④ 보조 요인일 수 있으나 본질 원인은 아니다.

미니 팁
'아크쏠림 = 자기장 문제'로 기억한다.

48 ☑☐☐☐☐
수직 상진(아래 → 위) 진행 시 일반적 권장 사항은?

① 빠르게 진행한다.
② 전극 각도 80 ~ 90°로 비교적 천천히 진행한다.
③ 전극 각도 60°로 눕혀 빠르게 진행한다.
④ 매우 낮은 전류로 진행한다.

해설
상진은 충분한 용입과 형상을 위해 80 ~ 90° 각도로 비교적 천천히 진행한다.
①, ③ 처짐·형상 불량을 유발한다.
④ 과도 저전류는 결함을 낳는다.

미니 팁
'상진 = 90° 근처·천천히'이다.

49 ☑☐☐☐☐
필릿용접의 강도를 좌우하는 가장 중요한 치수는?

① 비드 폭   ② 목두께(Throat)
③ 각장(Leg Length) ④ 루트면 폭

해설
필릿의 설계 강도는 목두께에 좌우된다.
①, ③ 보조 치수이다.
④ 일반적 설계치가 아니다.

미니 팁
'목이 힘이다'라고 외운다.

50 ☑☐☐☐☐
다음 중 슬래그 혼입을 가장 유발하기 쉬운 작업 습관은?

① 짧은 아크·빠른 진행
② 긴 아크·느린 진행
③ 과대 전류·과도한 위빙
④ 루트면 거칠고 비드 시작부 멈칫거림

해설
긴 아크와 느린 진행이면 용융금속 뒤로 슬래그가 끌려 들어가면서 굳어 비드 안쪽에 슬래그가 갇히기 쉬운 조건이다.
① 용입 부족, 미용입
③ 언더컷, 과비드 발생
④ 기공, 균열 발생

미니 팁
아크는 '짧고 일정하게' 유지한다.

정답 47 ② 48 ② 49 ② 50 ②

51 ☑☐☐☐☐

다음 중 가스절단의 적용재료로 가장 일반적인 것은?

① 저탄소강 ② 알루미늄
③ 구리   ④ 주석

해설

산소절단은 철을 산화시키는 원리로 철강류에 적합하다. 알루미늄과 구리는 산화 메커니즘이 달라 일반 산소절단이 어렵다.
② 표면에 치밀한 산화막이 있어 산소절단이 잘되지 않는다.
③ 산화 특성이 달라 일반 산소절단에 부적합하다.
④ 연하고 점융성 재료라 산소절단 대상이 아니다.

미니 팁
특수가스·분말절단 등으로 대체한다.

52 ☑☐☐☐☐

예열 단계의 목표상태로 옳은 것은?

① 청색으로 변할 때
② 적색일 때
③ 백색 발광까지
④ 색 변화 없이 바로 절단

해설

산소절단은 모재를 절단온도(점화온도)까지 예열해 철이 산소와 빠르게 반응하도록 만든 뒤, 절단산소를 불어 절단한다. 일반 탄소강은 예열 시 적색 정도(대략 900 ~ 1,000 [℃] 범위)가 되면 절단이 원활해진다.

미니 팁
예열불꽃이 약하면 절단이 중단되기 쉽다.

53 ☑☐☐☐☐

토치밸브의 역할로 옳지 않은 것은?

① 가스 흐름을 조절한다.
② 불꽃 크기를 조절한다.
③ 혼합 비율을 조절한다.
④ 가스의 종류를 결정한다.

해설

토치의 밸브는 연료가스·산소의 유량을 조절하여 불꽃 크기와 혼합 비율(중성/산화/환원불꽃)을 맞추는 역할을 한다. 가스의 종류는 설비선택단계에서 정해진다.

미니 팁
팁·노즐 청결은 역화방지에 도움을 준다.

54 ☑☐☐☐☐

피복아크용접에 비해 산소 – 아세틸렌가스용접의 일반적 단점으로 옳은 것은?

① 열 집중이 낮아 두꺼운 재료에 비효율적이다.
② 전원 설비가 필요하다.
③ 유해광선이 많다.
④ 속도가 매우 빠르다.

해설

가스용접은 아크 공정에 비해 열 집중이 낮고 속도가 느리다.
② 전원이 없어도 가능하다.
③ 아크공정보다 적다.
④ 일반적으로 느리다.

미니 팁
야외·전원 없는 현장에서 장점이 있다.

정답 51 ① 52 ② 53 ④ 54 ①

55 ☑☐☐☐☐
레귤레이터의 핸들을 시계방향으로 돌리면 주로 어떻게 되는가?

① 압력 하강
② 압력 상승
③ 가스 차단
④ 유량 0 고정

해설
시계방향은 스프링을 눌러 다이어프램을 밀며 설정 압력을 높인다.
① 반시계방향은 압력을 낮춘다.
③, ④ 반시계방향 또는 정지 상황에 해당한다.

미니 팁
작업 후에는 압력 완전 배출과 핸들 풀기가 필요하다.

56 ☑☐☐☐☐
프레스작업의 안전 조치로 가장 우선할 것은?

① 양수조작 미사용
② 비상정지 미점검
③ 금형청소 시 전원차단
④ 가드 제거

해설
금형청소는 반드시 전원차단 후 실시한다. 양수조작·비상정지점검·가드는 필수이다.
①, ②, ④ 모두 위험행위이다.

미니 팁
점검표로 작업 전 확인한다.

57 ☑☐☐☐☐
전기작업에서 접지선(PE선)의 역할은?

① 전류공급
② 누설전류의 우회 경로 제공
③ 절연파괴유발
④ 전원주파수변환

해설
접지선(PE선)은 누전이나 절연 파괴 시 고장전류를 안전하게 대지로 흘려 보내 인체 감전과 화재를 예방하고 차단기·누전차단기가 신속히 동작하도록 돕는다.
① 접지선은 공급선이 아니다.
③ 접지는 안전 확보가 목적이다.
④ 접지는 주파수변환 기능이 없다.

미니 팁
접지단선·풀림 여부를 자주 점검한다.

58 ☑☐☐☐☐
안전화의 특징으로 옳지 않은 것은?

① 앞부분 토캡 내장
② 바닥 미끄럼방지 패턴
③ 감전보호 가능
④ 끈은 완전결박 후 절단으로 해제

해설
안전화는 현장에서 발을 보호하기 위한 보호구이다. 토캡(압궤 보호), 미끄럼방지 밑창, 찌름방지 중창, 그리고 형식에 따라 감전 보호(절연형) 또는 대전 기능 등을 갖춘다.

미니 팁
용도에 따라 절연·내열·내절단 등 등급을 확인한다.

정답 55 ② 56 ③ 57 ② 58 ④

59

가스작업 시 점화절차로 옳은 것은?

① 토치에 불 먼저 붙인 뒤 가스를 열기
② 토치에서 가스를 먼저 흘린 후 점화
③ 산소만 흘리고 점화
④ 연료가스만 흘리고 점화금지

해설

점화절차의 요지는 연료가스(예 아세틸렌)를 소량 개방 → 점화기(스파크 라이터)로 점화 → 산소를 서서히 열어 화염을 조정하는 순서이다. 먼저 연료가스만 소량 흘려 점화하고, 이후 산소를 추가해 중성/산화/환원불꽃으로 맞춘다.
① 불가능하며 위험하다.
③ 산소만으로 점화되지 않으며 매우 위험하다.
④ 표준절차는 연료가스를 소량 개방 후 점화가 맞다.

미니 팁
역류·역화방지장치를 반드시 사용한다.

60

산업안전보건법상 재해 기록 보존 기간으로 알맞은 것은?

① 1년   ② 2년
③ 3년   ④ 5년

해설

재해 발생 기록은 3년간 보존한다.

미니 팁
양식·증빙을 함께 보관한다.

정답: 59 ② 60 ③

제10회 모의고사

01 ☑☐☐☐☐
조립 시 '프레스 핏(압입)'이 필요한 이유는?

① 분해를 쉽게 하려고
② 미끄럼을 허용하려고
③ 유격 없이 단단히 고정하려고
④ 윤활을 줄이려고

해설
프레스 핏(압입)은 축과 보스(또는 베어링 외륜 등) 사이에 음의 간섭(끼워맞춤)을 주어 미끄럼·유격 없이 강하게 결합하려는 목적에서 사용한다. 큰 토크 전달, 위치 재현성, 진동 하에서 이탈 방지에 유리하다.

미니 팁
"압입 = 꽉 끼워 고정"

02 ☑☐☐☐☐
키가 파손되는 주된 원인 중 하나는?

① 과도한 토크   ② 윤활 부족
③ 과도한 냉각   ④ 외관 불량

해설
키 결합은 축과 허브 사이에서 토크를 전달하는 부품이므로, 설계 허용치를 넘는 과도한 토크·충격 하중이 걸리면 키 이면 압력(베어링 스트레스)과 전단 응력이 커져 전단 파손·면압 눌림(프레팅, 뒤틀림)이 발생한다. 축·키홈의 정렬 불량, 유격 과다, 반복 피로 하중도 파손을 가속한다.

미니 팁
"키 = 토크 과부하 주의"

03 ☑☐☐☐☐
기어의 중심 거리 설정에서 가장 기본이 되는 값은?

① 모듈과 이수   ② 윤활유 점도
③ 베어링 형식   ④ 도면 축척

해설
원칙적으로 모듈과 톱니수로 피치원 지름이 정해지고 중심 거리가 결정된다.

미니 팁
"중심거리 = 모듈(톱니의 크기) × 톱니 수 기반"

04 ☑☐☐☐☐
베어링에 그리스윤활을 적용하는 장점으로 옳은 것은?

① 고속 대형 설비에서 항상 최적
② 밀봉이 쉬워 오염방지에 유리함
③ 열 제거 능력이 뛰어남
④ 보수가 매우 복잡함

해설
그리스는 점도가 높아 씰링성이 좋고 누유가 적어 먼지·수분 유입을 막기 쉽다. 따라서 중소형 베어링, 간헐·중속운전, 구조 단순화가 필요한 설비에서 관리성이 좋다. 급유 설비가 필요 없어서 유지보수가 간편한 장점도 있다.
①, ③ 오일 순환이 유리하다.
④ 일반적으로 간편하다.

미니 팁
"그리스 = 밀봉·누설 적음"

정답 ● 01 ③ 02 ① 03 ① 04 ②

05

두 풀리의 회전방향이 반대가 되도록 하는 벨트 배열은?

① 개방식　　② 교차식
③ 타이밍식　④ 유성식

해설
두 풀리 사이의 벨트를 교차시켜 걸면 벨트의 진행방향이 반대가 되어 두 풀리의 회전방향이 서로 반대가 된다. 개방식은 서로 같은 방향으로 회전한다.

미니 팁
"교차 = X = 반대방향"

06

체인 장력 조정장치(아이들러 등)의 주된 위치 선정기준은?

① 보기 좋은 곳
② 윤활 닿기 어려운 곳
③ 느슨한 변의 처짐을 보정하기 쉬운 곳
④ 가장 가까운 벽면

해설
체인 장력 조정장치(아이들러, 텐셔너)는 보통 느슨한 변(Slack Side)에 배치하여 처짐을 보정하고 체인 맞물림을 안정화한다.

미니 팁
"느슨한 변 = 장력장치"

07

커플링 볼트 체결 시 대각선 순서로 조이는 이유는?

① 보기 좋게 하려고
② 도면 규격 때문
③ 면이 균등하게 밀착되도록 하려고
④ 시간 절약

해설
대각선 순서는 면압을 고르게 해 편마모·변형을 줄인다.

미니 팁
"대각선 = 균일 밀착"

08

전동기점검표에서 '온도' 항목을 점검하는 이유는?

① 외함 색상 확인
② 과열 여부와 냉각 불량점검
③ 접지저항 측정
④ 회전방향 확인

해설
전동기 온도는 과부하·베어링 이상·권선 절연 열화·팬 파손·통풍 불량 등을 조기에 알려주는 핵심 지표이다. 온도가 기준치를 넘으면 즉시 부하·냉각상태를 점검하고 원인을 제거해야 한다

미니 팁
온도 = 냉각 또는 과열

09 ☑☐☐☐☐

전동기 '회전방향'이 원하는 방향과 다를 때 조치는?

① 상 두 가닥을 교체
② 팬을 반대로 달기
③ 커플링 제거
④ 앵커볼트 풀기

해설

3상 유도 전동기의 회전방향은 세 상 중 임의의 두 선을 교차(상전환)하면 반대로 바뀐다. 제어반에서 L_1-L_2, L_2-L_3, L_3-L_1 중 두 가닥을 바꿔 연결하면 된다.

미니 팁
무부하에서 확인한다.

10 ☑☐☐☐☐

전동기 정비에서 '동일 사양·규격' 부품 사용 이유는?

① 재고 소진
② 성능과 안전 확보
③ 가격 인하
④ 색상 통일

해설

전동기 정비 시에는 제조사에서 지정한 동일 사양·규격의 부품을 써야 정격 성능, 전기·기계적 적합성, 절연·열 특성, 내구성이 보장된다.

미니 팁
베어링·패드 등은 규격 준수가 중요하다.

11 ☑☐☐☐☐

감속기 '오일상태·레벨' 점검의 목적은?

① 색상 확인
② 냉각의 정상유지
③ 회전수 증가
④ 진동 증가

해설

감속기의 오일상태(오염·점도·변색·금속분)와 레벨을 점검하는 목적은 기어·베어링의 윤활 확보와 작동 중 발생 열의 냉각유지에 있다.

미니 팁
규격 오일로 교체한다.

12 ☑☐☐☐☐

압축기 '흡입필터' 점검 이유는?

① 유량 저하 확인
② 전압 상승 확인
③ 벨트 폭 확인
④ 도장 벗겨짐 확인

해설

흡입필터가 막히면 흡입 저항이 증가하여 압축기 유량 저하, 흡입·토출 온도상승, 전류 변화, 소음 변화 등이 발생한다.
②, ③, ④ 직접 목적이 아니다.

미니 팁
필터를 청소·교체한다.

정답 09 ① 10 ② 11 ② 12 ①

13 ☑☐☐☐☐
압축기 '언로드밸브'의 역할은?

① 무부하운전 전환 ② 과압배출
③ 전기신호 출력   ④ 유량분배

해설

언로드밸브는 압축기의 흡입을 열거나 토출을 바이패스하여 압축 일을 거의 하지 않는 상태(무부하)로 전환·유지한다. 이를 통해 기동·정지 빈도를 줄이고 에너지와 기계적 스트레스를 줄인다.
② 릴리프밸브
③ 압력스위치
④ 시퀀스밸브

미니 팁

기동·정지 시 부하를 줄인다.

14 ☑☐☐☐☐
압축기 '릴리프밸브'의 역할은?

① 전기신호 출력 ② 유량분배
③ 과압 시 배출   ④ 무부하운전

해설

릴리프밸브는 설정 압력을 초과하면 자동으로 열려 과압을 대기로 배출하여 설비를 보호한다. 압력 상승 원인이 해소되면 닫혀 시스템 압력을 정상 범위로 유지한다.
① 압력스위치·센서의 역할이다.
② 시퀀스밸브의 기능이다.
④ 언로드밸브의 역할이다.

미니 팁

설정압을 규정에 맞게 유지한다.

15 ☑☐☐☐☐
펌프 '공회전테스트'의 목적은?

① 정격부하 확인
② 누설·진동·소음 등 이상 확인
③ 온도상승방지
④ 오일 교환

해설

공회전(무부하) 테스트는 유체 부하를 최소화한 상태에서 누설, 비정상 진동·소음, 축 정렬·커플링상태, 회전방향, 전류 변동 등을 안전하게 확인하려는 절차이다.

미니 팁

이상 시 즉시 정지한다.

16 ☑☐☐☐☐
송풍기 '커플링 클리어런스' 점검 이유는?

① 회전수 올리기
② 정렬상태와 전달 효율 확보
③ 팬 청소 대체
④ 소음 제거 대체

해설

커플링 클리어런스는 축 정렬 오차 흡수와 열팽창 여유를 확보하는 값이다. 적정 클리어런스를 유지해야 진동·소음 증가, 베어링 과하중, 씰 손상을 막고 동력 전달 효율을 안정적으로 확보한다. 과소하면 간섭·발열이 생기고, 과대하면 헛돌음·편마모가 생긴다.

미니 팁

허용치를 자료로 확인한다.

정답 13 ① 14 ③ 15 ② 16 ②

17 ☑☐☐☐☐
밸브 '구동부' 점검항목이 아닌 것은?

① 기어오일·전기 연결·이상 소음/진동
② 관경 측정
③ 부속품의 정상 작동 여부
④ 외관상태 확인

해설
밸브 구동부 점검항목에는 외관상태 확인(부식, 손상 등), 작동 유연성 및 성능, 밀봉 부위 누설 여부, 연결부의 느슨함, 전원 및 공기 공급상태(전동/공압밸브의 경우), 압력계/스위치 등 부속품의 정상 작동 여부가 있다. 관경 측정은 설계·시공 단계의 사양 확인에 가까워 구동부 점검항목이 아니다.

미니 팁
액추에이터 동작도 확인한다.

18 ☑☐☐☐☐
관이음쇠 '캡'의 기능은?

① 직선 연결
② 관 끝단 마감
③ 관경 변화
④ 4방향 연결

해설
캡(Cap)은 암나사형 마개로 관의 끝단을 막아 마감하거나 임시로 밀봉할 때 사용한다. 시험 압력 유지, 이물 유입방지, 미사용 포트 차단 목적에 적합하다.
① 니플·커플링(소켓)의 기능
③ 리듀서(이경소켓/니플)의 기능
④ 크로스(십자이음)의 기능

미니 팁
누설이 없는지 시험한다.

19 ☑☐☐☐☐
관이음 '용접이음'의 특징은?

① 분해가 아주 쉽다
② 고압 배관에 적합하다.
③ 저압 전용이다.
④ 플랜지가 필요하다

해설
용접이음은 이음부가 일체화되어 강도와 기밀성이 높아 고압·고온 배관에 적합하다. 다만 영구 결합이므로 분해·재조립이 어렵다.
① 용접이음은 영구 결합이라 분해가 어렵다.
③ 저압 전용이 아니며 고압에도 널리 사용한다.
④ 플랜지 없이도 직접용접하여 연결한다.

미니 팁
용접은 완전결합이다.

20 ☑☐☐☐☐
체인·기어·벨트 비교에서 유지보수가 상대적으로 가장 적은 것은?

① 기어
② 벨트
③ 체인
④ 모두 동일

해설
일반적으로 벨트가 유지보수가 상대적으로 적다.
①, ③ 윤활·정렬 관리가 더 필요하다.

미니 팁
효율은 기어가 우수하다.

정답 17 ② 18 ② 19 ② 20 ②

21 ☑☐☐☐☐
다음 기호의 명칭으로 옳은 것은?

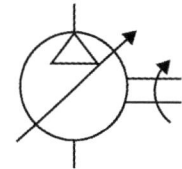

① 정용량형 공기압모터
② 정용량형 공기압축기
③ 가변용량형 공기압모터
④ 가변용량형 공기압축기

해설

원(회전) + 사선(가변) + 화살표(압축기 작용) 조합이다.
- 원(○) : 회전기계요소를 의미
- 대각선의 사선(/) : 용량조절(가변용량)을 나타냄
- 화살표(→) : 공기(압축기 작용)흐름을 표시

미니 팁

사선 = 가변, 화살 = 압축

22 ☑☐☐☐☐
고압 우선형 셔틀밸브의 동작으로 옳은 것은?

① 저압 쪽과 연결
② 두 입력 모두 차단
③ 더 높은 압력의 입력과 자동 연결
④ 항상 배기

해설

고압 우선형 셔틀밸브(셔틀밸브)는 두 입력 라인 중 압력이 더 높은 쪽을 자동으로 선택하여 출구와 연결한다. 내부의 셔틀(스풀/볼)이 고압에 밀려 저압 측 포트를 막고, 고압 측 포트를 연다. 한쪽 압력이 떨어지면 자동으로 다른 쪽으로 전환된다.

미니 팁

셔틀 = 고압 우선

23 ☑☐☐☐☐
다음 기호의 명칭으로 옳은 것은?

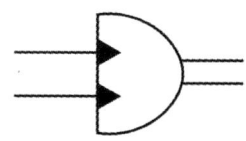

① 요동형 공기압 액추에이터
② 요동형 유압 액추에이터
③ 유압모터
④ 공기압모터

해설

요동형(왕복 회전) 액추에이터의 유압용 기호이다.

미니 팁

액추에이터 = 출력요소, 모터와 구분

정답 21 ④ 22 ③ 23 ②

24 ☑☐☐☐☐
공·유압회로도를 보고 알 수 없는 것은?

① 관로 길이
② 사용 기기 종류
③ 흐름 순서
④ 흐름방향

해설
공·유압회로도는 기기 종류와 기호, 흐름방향(화살표), 동작·흐름 순서(라인 연결·밸브상태)를 표현하는 개념도이다. 실제 배치, 배관의 물리적 길이·높낮이·지름 등은 회로도만으로 알 수 없다.

미니 팁
회로도 = 원리, 배관도 = 실물

25 ☑☐☐☐☐
압력스위치가 회로에 제공하는 신호는 무엇인가?

① 유압신호
② 공압신호
③ 전기신호
④ 기계적 링크

해설
압력스위치는 설정 압력에 따라 내부접점이 열림/닫힘으로 바뀌어 전기신호를 출력한다. 이 신호로 모터 기동/정지, 밸브 솔레노이드제어, 경보 등을 수행한다(전자식/아날로그형은 전압·전류 출력이 가능하지만, 기본 원리는 접점 신호이다).

미니 팁
압력 → 전기로 변환

26 ☑☐☐☐☐
방향제어밸브 설명으로 옳은 것은?

① 압력만 조정한다.
② 유로를 전환한다..
③ 유량만 조정한다.
④ 소음을 줄인다.

해설
방향제어밸브는 공기의 흐름 경로를 전환한다.
① 압력제어
③ 유량제어
④ 소음기 기능

미니 팁
'방향 = 전진/후진스위치'로 이해한다.

27 ☑☐☐☐☐
3포트 2위치밸브의 대표적 용도는 무엇인가?

① 복동실린더제어
② 단동실린더제어
③ 유량 일정화
④ 과압배출

해설
3/2 밸브는 단동실린더의 급·배기를 전환한다.
① 4/2 또는 4/3
③ 유량제어
④ 릴리프 기능

미니 팁
'3/2 = 단동, 4/3 = 복동'으로 매칭한다.

정답 24 ① 25 ③ 26 ② 27 ②

28 ☑☐☐☐☐
공기압축기를 작동 원리로 분류했을 때 옳은 것은?

① 용적식과 터보식이다.
② 왕복식과 냉동식이다.
③ 회전식과 냉각식이다.
④ 축류식과 필터식이다.

해설
작동 원리기준으로 용적식(왕복·스크류·베인 등)과 터보식(원심·축류)으로 나눈다.

미니 팁
'용적식 = 부피 줄여 압축, 터보식 = 회전력으로 가속'으로 기억한다.

29 ☑☐☐☐☐
압축공기에서 윤활유를 분리하는 구성품은 무엇인가?

① 오일 세퍼레이터   ② 흡입필터
③ 라인필터   ④ 소음기

해설
오일주입식 압축기에서는 압축공기 속에 섞여 나온 윤활유를 분리하기 위해 오일 세퍼레이터(Separator)를 사용한다. 세퍼레이터에서 대부분의 오일을 회수해 탱크로 복귀시키고, 잔류 미스트는 라인필터로 마무리 제거한다.
② 흡입 먼지 제거
③ 배관 이물 제거
④ 소음저감

미니 팁
'세퍼레이터 = 분리' 뜻을 기억한다.

30 ☑☐☐☐☐
필터의 주된 기능으로 옳은 것은?

① 압력유지를 한다.
② 수분·먼지·이물질을 제거한다.
③ 윤활유를 분사한다.
④ 소음을 저감한다.

해설
필터의 본래 목적은 유체(공기·오일 등)에서 수분, 먼지, 미스트, 금속분 같은 오염물을 걸러 장치 보호와 신뢰성을 확보하는 데 있다.
① 레귤레이터
③ 루브리케이터
④ 소음기 기능

미니 팁
'F(필터) = 먼지 제거'이다.

31 ☑☐☐☐☐
다음 조건에서 펌프 수력[kW]을 가장 가깝게 구한 것은? (압력 140 [kgf/cm^2], 유량 60 [ℓ/min])

① 9.5 [kW]   ② 13.7 [kW]
③ 22.9 [kW]   ④ 34.7 [kW]

해설
수력 = 압 × 유/612 = 140 × 60/612 ≈ 13.7 [kW]이다.

미니 팁
600으로 나눠 대략 값을 빠르게 추정한다.

정답 28 ① 29 ① 30 ② 31 ②

32 ☑☐☐☐☐
다음 중 유압모터 선택 시 고려사항이 아닌 것은?

① 효율 및 체적효율
② 필요한 동력 확보
③ 설치공간은 작을수록 유리
④ 외형을 크게 할 것

해설

유압모터 선정에서는 필요 토크·속도(=동력), 정격압력/유량, 효율(체적·기계), 내구성과 냉각, 소음, 설치공간과 형식(축·플랜지·포트방향) 등을 종합적으로 고려한다. "외형을 크게 할 것"은 일반적 원칙이 아니며, 오히려 필요 성능을 만족하는 최소·적정 크기가 바람직하다.

미니 팁
큰 것보다 '맞는 것'이 우선이다.

33 ☑☐☐☐☐
다음 중 방향제어밸브의 포트·위치수표기가 올바른 것은?

① 3/3 = 3포트 3위치
② 4/1 = 4포트 1위치
③ 2/3 = 2포트 3위치
④ 4/3 = 4포트 3위치

해설

표기는 '포트 수/위치 수'이다. 2포트에 3위치는 일반적이지 않다.
① 가능하나 보편 예시는 4/3이 대표적이다.
② 1위치는 실질 제어가 어렵다.
③ 흔치 않다.

미니 팁
포트 수가 위치 수보다 많은 것을 선택(1위치는 제외)

34 ☑☐☐☐☐
다음 중 캐비테이션 발생 원인과 가장 직접 관련이 있는 선택은 무엇인가?

① 필터 막힘 경고계 미설치
② 너무 미세한 여과도 적용
③ 드레인밸브 고장
④ 온도계 미부착

해설

캐비테이션은 펌프 빨아들이는 쪽(흡입 측) 압력이 너무 떨어져 물 안에 기포가 생겼다가 터지면서 펌프를 해치는 현상이다.
흡입 라인에 너무 촘촘한 필터를 쓰면 물이 통과하기 어려워져 압력이 더 떨어지고, 그래서 기포가 쉽게 생겨 캐비테이션이 일어난다.

미니 팁
흡입계는 "막힘 주의"로 점검한다.

정답 32 ④ 33 ④ 34 ②

35 ☑□□□□
다음 중 4/2밸브의 특징으로 가장 알맞은 것은?

① 중립 위치 있음
② 두 위치만 존재
③ 단동실린더 전용
④ 유로 차단 불가

해설
4/2는 두 위치만 있어 즉시 전환형으로 쓰인다. 중립은 없다.
① 4/2는 중립이 없다(중립은 보통 4/3).
③ 복동실린더에도 사용한다.
④ 스풀형식에 따라 차단형으로도 설계된다.

미니 팁
"/2 = 두 스텝"으로 정리한다.

36 ☑□□□□
전압, 전류, 저항 중 옳은 짝을 고르시오.

① 전압 - Ω, 전류 - V, 저항 - A
② 전압 - V, 전류 - A, 저항 - Ω
③ 전압 - A, 전류 - Ω, 저항 - V
④ 모두 동일하다

해설
전압 V, 전류 A, 저항 Ω가 표준 짝이다.

미니 팁
기호 V - A - Ω을 함께 외운다.

37 ☑□□□□
도체의 저항에 영향을 주는 요인으로 옳지 않은 것은?

① 도체의 길이   ② 도체의 단면적
③ 도체의 재질   ④ 도체의 비중

해설
저항은 길이에 비례, 단면적에 반비례, 재질·온도에 의존한다.
① 길이가 길수록 저항이 커진다.
② 단면적이 클수록 저항이 작아진다.
③ 재질에 따른 고유저항값이 존재한다.

미니 팁
$R = \rho \dfrac{\ell}{A}$를 기억한다.

38 ☑□□□□
PTC 온도센서의 일반적 특성으로 알맞은 것은?

① 온도↑ → 저항↓   ② 온도↑ → 저항↑
③ 온도와 무관   ④ 빛에 반응

해설
PTC는 Positive Temperature Coefficient의 약자이다. 온도가 올라가면 저항값이 함께 커지는 성질을 가진 센서·소자를 말한다. 히터 보호, 전류 제한, 온도 검출 등에 쓴다.
① NTC의 성질이다.
③ 센서 기본 특성과 다르다.
④ 광센서의 반응이다

미니 팁
PTC는 '올라간다(저항)'로 기억한다.

정답 35 ② 36 ② 37 ④ 38 ②

39 ☑☐☐☐☐
모터 명판에서 반드시 확인할 항목으로 틀린 것은?

① 정격전압 ② 출력
③ 전류   ④ 저항

해설

모터 명판에는 보통 정격전압, 출력(kW/HP), 정격전류, 주파수, 속도(r/min), 역률, 효율, 절연등급 등이 표시된다. 권선 저항은 명판 고시 항목이 아니며, 필요시 따로 측정한다.

미니 팁

극수(P)도 함께 확인한다.

40 ☑☐☐☐☐
정격 60 [Hz]에서 4극 모터의 동기속도로 알맞은 것은?

① 3,600 [rpm]   ② 1,800 [rpm]
③ 1,500 [rpm]   ④ 900 [rpm]

해설

$N_s = \dfrac{120f}{P} = \dfrac{120 \times 60}{4} = 1800$ [rpm]이다.

미니 팁

극수↑ → 동기속도↓ 이다.

41 ☑☐☐☐☐
용접기 환기구(통풍구)의 목적은?

① 역률개선   ② 내부 열 배출
③ 전압 상승   ④ 전류 자동 보정

해설

통풍구는 내부 열을 배출해 과열을 막는다.

미니 팁

"환기 = 열 배출"로 이해한다.

42 ☑☐☐☐☐
아크용접작업 중 젖은 장갑을 사용하면 안 되는 주된 이유는?

① 정확도가 떨어진다.
② 감전 위험이 커진다.
③ 장갑이 무겁다.
④ 용착속도가 느려진다.

해설

물기는 전도성을 높여 감전 위험을 키운다.

미니 팁

"젖은 것 금지 = 감전 예방"을 기억한다.

정답 39 ④ 40 ② 41 ② 42 ②

43 ☑☐☐☐☐
아크발생 시 주변 사람 보호를 위한 기본 조치가 아닌 것은?

① 보호구 착용
② 차광막·차광면 사용
③ 불꽃방향을 사람과 반대 쪽으로
④ 전압 최대 가동

해설
아크작업 시 주변 사람 보호의 기본은 작업자·주변인의 눈·피부를 차광·차폐하고, 불꽃·스패터가 사람방향으로 가지 않도록 작업 각도를 잡는 것이다. 전압을 높이는 행위는 보호와 무관하며 오히려 아크가 강해져 위험이 커진다.

미니 팁
"빛·불꽃 = 차광·차폐"가 원칙이다.

44 ☑☐☐☐☐
용접기 출력단자의 올바른 설명은?

① 전압을 표시하는 계기이다.
② 전류를 조정하는 스위치이다.
③ 용접전류를 케이블로 연결하는 단자이다.
④ 접지를 보강하는 별도 막대이다.

해설
용접기 출력단자는 토치/홀더(전극)와 접지클램프(워크)로 용접전류를 흘려보내는 연결 지점이다.

미니 팁
"전류 나가는 문 = 출력단자"로 기억한다.

45 ☑☐☐☐☐
다음 중 셀룰로오스계 용접봉에 대한 일반적 주의로 가장 알맞은 것은?

① 재건조를 반복해도 상관없다.
② 원칙적으로 재건조 금지이다.
③ 300 ~ 350 [℃]에서 오래 재건조한다.
④ 저온 보온만 하면 된다.

해설
셀룰로오스계는 재건조 금지가 원칙이다(피복 손상·성능 저하 우려).

미니 팁
"셀룰로오스 = 재건조 금지"로 기억한다.

46 ☑☐☐☐☐
다음 중 아크용접기 구성과 역할 연결이 옳지 않은 것은?

① 어스클램프 - 접지 연결로 전류 순환
② 용접케이블 - 전류 전달
③ 용접봉홀더 - 용접봉 절연 보관
④ 용접기 본체 - 전류 공급

해설
용접봉홀더는 전극 고정과 전류 전달 역할을 하며, '보관' 장치는 아니다.

미니 팁
홀더 = '잡고 전류 흘린다'로 이해한다.

정답 43 ④ 44 ③ 45 ② 46 ③

47 ☑☐☐☐☐
필릿용접에서 루트 간격을 확보하는 주된 이유는?

① 언더컷방지 ② 오버랩방지
③ 용입 확보 ④ 비드 외관 향상

해설

일반적으로 2 ~ 3 [mm] 정도의 루트 간격 확보가 용입 확보에 유리하다.

미니 팁

'루트 간격 = 용입 통로'로 생각한다.

48 ☑☐☐☐☐
교류아크용접의 대표적 용도는?

① 스테인리스 박판 ② 일반 철판 구조물
③ 티타늄 정밀부품 ④ 초박판 파이프

해설

교류아크용접(SMAW, AC)은 장비가 단순하고 운용이 쉽고 자계 흡입(아크블로우)영향이 적어 일반 구조용 탄소강(철판) 작업에 널리 쓰인다. 두께가 보통 이상인 부재의 보강·보수에도 적합하다.
① TIG/DC나 저열입 공정이 유리하다.
③ 고청정 보호가 필요한 재료로 TIG(아르곤 보호)가 표준이다.
④ 열 입력제어가 까다로워 TIG/MIG가 일반적이다.

미니 팁

'범용 = AC, 정밀 = DC'로 구분한다.

49 ☑☐☐☐☐
모서리용접에서 크랙 발생을 줄이는 일반적 방법은?

① 서서히 냉각
② 수분 포함한 전극 사용
③ 빠른 작업시간
④ 루트 간격의 최소화

해설

모서리용접에서 크랙(균열)은 보통 급속 냉각, 수소(수분), 큰 수축 응력 때문에 잘 생긴다. 적정전류와 청결, 필요시 예열이 예방에 도움이 된다.
②, ④ 크랙 위험을 높이거나 품질을 낮춘다.

미니 팁

'건조·청결·적정열'이 균열 예방 3요소이다.

50 ☑☐☐☐☐
다음 중 용접자세와 코드 연결이 옳은 것은?

① 아래보기 - 3G ② 수평 - 2G
③ 수직 - 4G ④ 위로보기 - 1G

해설

아래보기(1G), 수평(2G), 수직(3G), 위로보기(4G)이다.

미니 팁

아래부터 '1바닥·2수평·3수직·4천장'으로 숫자와 자세를 같이 외운다.

51

산소-프로판절단의 일반적 특징으로 옳은 것은?

① 예열시간이 매우 짧다.
② 경제성이 좋다.
③ 박판 정밀 미세가공에 최적이다.
④ 산소가 필요 없다.

해설

프로판은 아세틸렌보다 가스 가격과 취급 비용이 낮아 경제성이 좋다. 다만 예열 온도가 낮아 예열·천공이 느린 편이며, 일반 구조용 절단·가열작업에 많이 쓴다.
① 예열시간이 매우 짧다 → 프로판은 보통 예열이 더 길다.
③ 박판 정밀 미세가공에 최적이다 → 미세·정밀 절단은 레이저·플라즈마·TIG 등이 유리하다.
④ 산소가 필요 없다 → 산소절단이므로 고압 산소가 필수이다.

미니 팁
현장 세팅 혼합비는 약 산소 : 프로판 = 4.5 : 1이다.

52

플라즈마절단의 재료 적합성으로 옳지 않은 것은?

① 탄소강　　② 스테인리스강
③ 알루미늄　④ 플라스틱

해설

플라즈마는 전도성 금속을 대상으로 한다. 목재는 비전도성으로 대상이 아니다.

미니 팁
플라즈마는 열영향부가 상대적으로 작다.

53

산소절단에서 드래그를 최소화하려면 먼저 고려할 사항으로 가장 알맞은 것은?

① 작업속도와 산소 압력
② 예열 없이 절단
③ 무조건 저속 진행
④ 토치 각도를 크게 기울임

해설

드래그(절단면의 뒤로 끌린 줄무늬)를 줄이려면 절단속도와 절단산소 압력(노즐 조건 포함)을 알맞게 맞추는 것이 핵심이다. 속도가 너무 느리면 슬래그가 많이 붙고, 너무 빠르면 절단이 끊기거나 드래그가 커진다. 산소 압력이 너무 낮아도, 너무 높아도 품질이 나빠진다.
② 예열 부족은 점화 불안정과 품질 저하를 초래한다.
③ 과도한 저속은 드래그·슬래그를 늘린다.
④ 각도 과대는 커프(절단폭)와 드래그를 악화시킨다.

미니 팁
절단면이 거칠면 속도를 약간 줄이고 압력·노즐상태를 점검한다.

54

가스절단장치 구성 중 역할 연결이 틀린 것은?

① 조정기 - 고압 → 저압 조정
② 절단 팁 - 가스 분사
③ 점화기 - 불꽃 점화
④ 역화방지기 - 가스 혼합

정답 51 ② 52 ④ 53 ① 54 ④

해설

역화방지기는 불꽃이 호스로 역류하는 현상을 막는 안전장치이다. 가스 혼합장치가 아니다.

미니 팁

역화 소음과 '팝' 소리가 나면 즉시 점검한다.

55 ☑ □ □ □ □

스카핑과 가우징을 비교한 설명으로 옳은 것은?

① 스카핑은 표면을 얇게 깎아 결함을 제거
② 가스가우징은 항상 비철에만 사용
③ 아크에어가우징은 소음이 작음
④ 스카핑은 압축공기를 사용

해설

스카핑(Scarfing)은 보통 가스(산소) 가열로 제품 표면의 결함층을 얇게 벗겨내어 결함을 제거·정리하는 작업이다.
가우징(Gouging)은 결함 부위를 홈(Groove) 형태로 파내는 작업으로, 가스가우징(산소가우징)이나 아크에어가우징 등을 사용한다.
② 가스가우징은 비철합금 절단 불가능
③ 아크에어가우징은 소음이 큰 편이다
④ 일반적으로 산소·가스 열원을 사용하며, 압축공기는 아크에어가우징에서 탄소봉과 함께 사용하는 것이 특징이다.

미니 팁

스카핑 토치는 산소 공급량이 많고 불꽃이 넓다.

56 ☑ □ □ □ □

작업 전 점검항목으로 보기 어려운 것은?

① 볼트풀림
② 윤활유 부족
③ 이상 진동·소음
④ 생산오차측정

해설

작업 전 점검은 설비가 안전하고 정상상태인지를 빠르게 확인하는 절차이다. 보통 볼트 풀림, 윤활 상태, 비정상 진동·소음 같은 항목을 확인한다. 생산 오차 측정은 제품 품질 검사(공정·출하 검사) 범주로, 작업 전 설비점검항목이라 보기 어렵다.

미니 팁

점검표를 사용하면 누락이 줄어든다.

57 ☑ □ □ □ □

전격(감전) 방지를 위한 기본 개인보호구 조합으로 가장 적절한 것은?

① 면장갑·고무슬리퍼
② 절연장갑·절연매트·절연공구
③ 내열장갑·가죽장화
④ 안전화·안전모

정답 ● 55 ① 56 ④ 57 ②

> **해설**

전기작업은 절연장갑·절연매트·절연공구 등 전용보호구가 필요하다.
① 면장갑은 젖으면 도전성이 커지고, 일반 고무 슬리퍼는 전기용 인증이 없어 위험
③ 내열·기계적 보호용이지 감전 보호 목적이 아니다.
④ 일반 운동화는 절연 성능이 검증되지 않았고, 일반 안전모는 낙하물 보호가 주 목적이다.

> **미니 팁**

보호구의 균열·오염을 매 회 작업 전에 확인한다.

58 ☑☐☐☐☐

낙하·비래 재해예방책으로 가장 적절하지 않은 것은?

① 안전모·보안경 착용
② 하중물 결속·보관
③ 낙하방지망 설치
④ 공구는 바닥 또는 안전난간 바깥 쪽에 보관

> **해설**

공구의 바닥보관은 작업 동선 방해·미끄럼·걸림 위험을 키우며, 고소작업에서는 공구 라인야드(추락방지 스트랩), 공구주머니/공구걸이, 안전난간 안쪽 보관이 원칙이다.

> **미니 팁**

상부작업 시 하부출입을 통제한다.

59 ☑☐☐☐☐

사다리 기둥과 수평면 각도기준으로 옳은 것은?

① 60° 이하   ② 70° 이하
③ 75° 이하   ④ 85° 이하

> **해설**

이동식 사다리의 기둥과 수평면각도는 75° 이하가 되도록 한다.

> **미니 팁**

바닥 미끄럼방지 고무패드를 확인한다.

60 ☑☐☐☐☐

경영자의 재해예방자세로 바람직하지 않은 것은?

① 안전투자가 생산투자임을 인식
② 재해예방이 노사 안정의 지름길 인식
③ 사회적 가치 확보를 위한 노력
④ 생산성 고려하여 예방활동 탄력적으로 운영

> **해설**

재해예방은 지속·일관되게 추진해야 한다.

> **미니 팁**

"탄력적으로"가 오답으로 자주 등장한다.

모아 설비보전기능사 필기

발행일	2026년 1월 1일 초판 1쇄
지은이	김영언
발행인	황모아
발행처	(주)모아교육그룹
주 소	서울특별시 영등포구 영신로 32길 29 세화빌딩 2층
전 화	02-2068-2393(출판, 주문)
등 록	제2015-000006호 (2015.1.16.)
이메일	moagbooks@naver.com
ISBN	979-11-6804-521-7 (13530)

이 책의 가격은 뒤표지에 있습니다.

Copyright ⓒ (주)모아교육그룹 Co., Ltd. All Rights Reserved.

이 책은 저작권법에 의해 보호를 받는 저작물이므로 저자와 출판사의 서면 허락 없이 내용의 전부 또는 일부를 이용하는 것을 금합니다.

"합격을 넘어 실무까지, 모아가 만듭니다!"

모아소방전기학원
모아직업기술교육원

소방기술사 강의

과정평가형

국가기간전략산업직종훈련

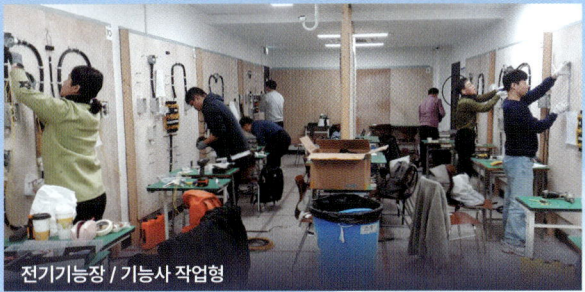
전기기능장 / 기능사 작업형

소방분야 소방기술사 / 소방시설관리사 / 소방설비기사(전기 / 기계) / 소방설비산업기사(전기 / 기계)

전기분야 전기안전기술사 / 전기응용기술사 / 발송배전기술사 / 건축전기설비기술사 / 전기기능장 / 전기기능사 / 전기기사·산업기사

안전분야 화공안전기술사 / 건축기사·산업기사 / 건축설비기사·산업기사 / 건설안전기술사 / 건설안전기사·산업기사
산업안전기사·산업기사 / 산업안전지도사 / 승강기기능사 / 공조냉동기계기사

통신분야 정보통신기술사

실무분야 소방감리실무 / 현장에서 통하는 소방설비 찐 실무

과정평가형 소방설비산업기사(전기 / 기계) / 산업안전산업기사 / 산업안전기사 / 건설안전기사 / 전기공사산업기사

국가기간전략훈련 [국기] 전기기능사 취득과정

위탁기관 위탁교육 서울시노동자복지관 / 제대군인지원센터 / 기아 AutoLand 조합원 단체 교육

모아소방전기학원

| 자격증 취득 & 과정 상담 | 모아소방전기학원
02.2068.2851 | 모아직업기술교육원
02.2068.2854 |

평일 09:00~19:00 / 토·일 08:00~17:00 (공휴일 휴무)

모아소방전기학원 × **모아직업기술교육원**

모아북스

"수험생의 불필요한 시간을 아끼는 것"
모아북스가 가장 중요하게 생각하는 가치입니다.

모아북스는 매년 달라지는 법령과 변화하는 출제 경향, 새롭게 제정되는 규정까지 수험생보다 먼저 학습하고, 핵심만을 빠르게 정리합니다. 합격을 위한 가장 빠르고 정확한 수험서를 만들기 위해 한 페이지 한 페이지에 진심을 담아 제작합니다.

▍모아 출판 프로세스

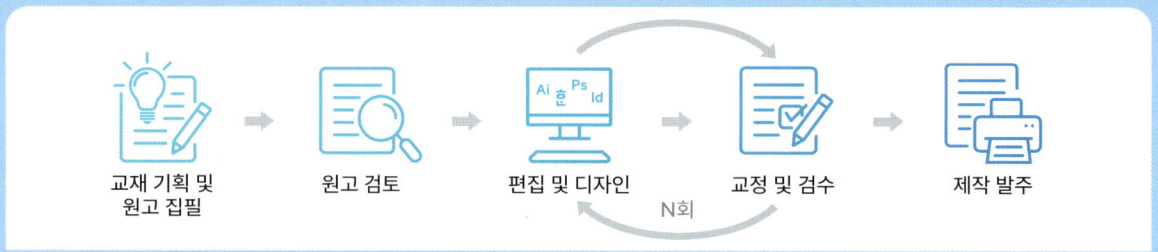

▍모아북스 블로그 소개

수험서를 구매하기 전 책을 훑어보러 서점까지 가기 힘드신가요? 모아북스 블로그에서는 수험생의 소중한 시간을 아껴드리기 위해 책의 구체적인 구성과 강점, 효과적인 학습법까지 직접 보는 것처럼 상세하게 소개해드립니다. 궁금한 교재가 있다면 모아북스 블로그에 '책 제목'을 검색해보세요!

모아북스 블로그

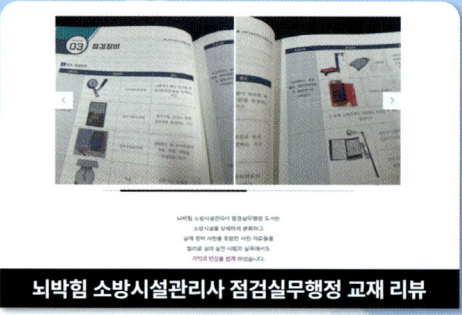

뇌박힘 소방시설관리사 점검실무행정 교재 리뷰

모아북스 블로그

▍고객의 소리

더 나은 교재 제작을 위해 여러분의 소중한 의견을 기다립니다. QR을 통해 남겨주신 피드백 중 우수 글에 선정되신 독자분께는 감사의 마음을 담아 소정의 선물을 드립니다.

고객의 소리